实例·欣赏

全球每年有百万人直接或
间接地被吸烟夺去生

Please

珍惜生命 请勿吸烟

公益广告

旅游景点广告

实例·欣赏

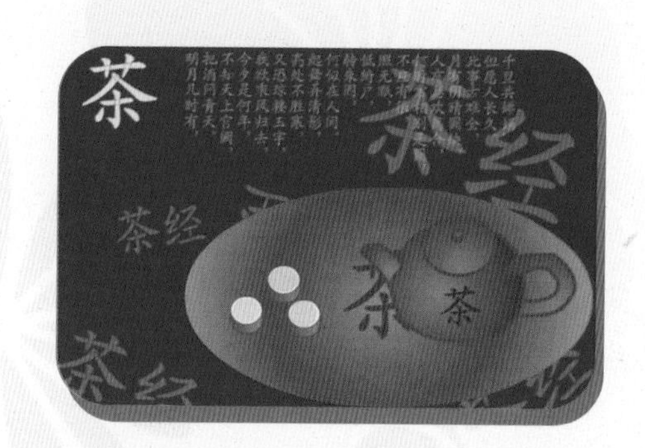

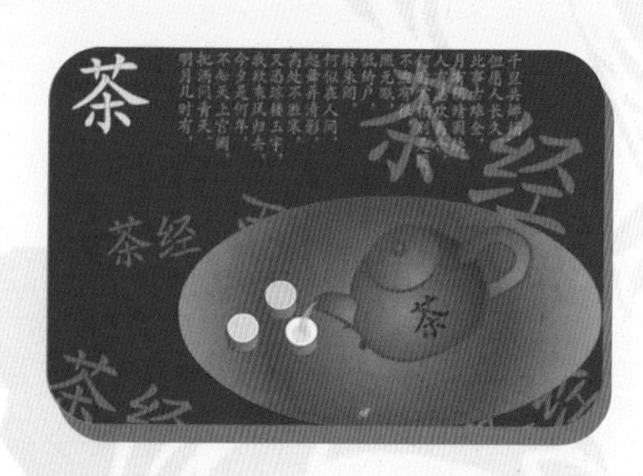

茶壶广告

诗词教学课件

实例·欣赏

教学光盘片头动画

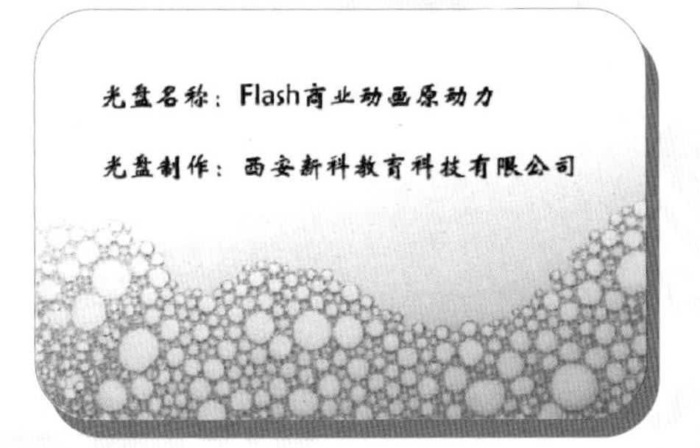

教学光盘片尾动画

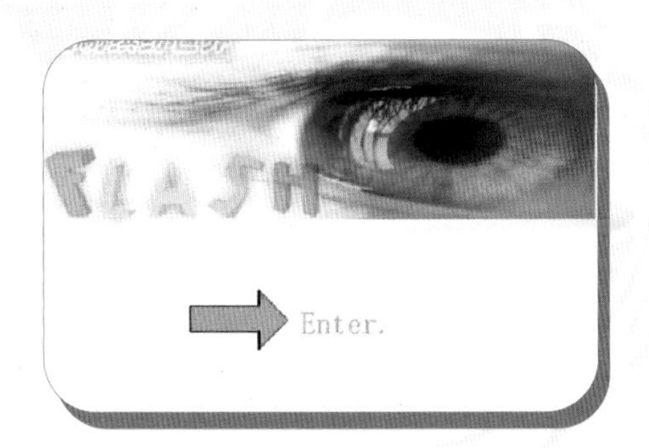

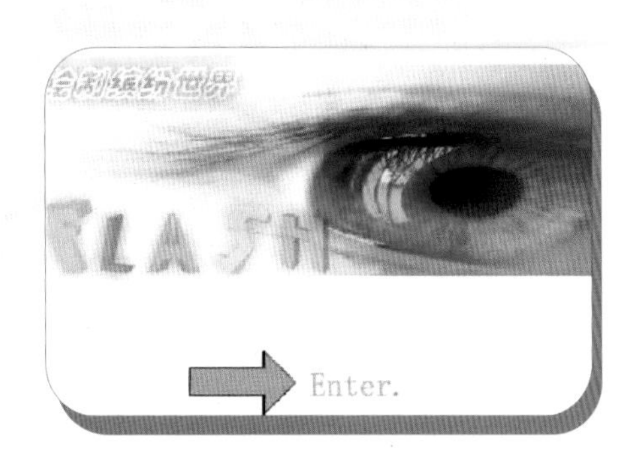

网站导航

中文 Flash CS3 基础与案例教程

鲜花网站首页

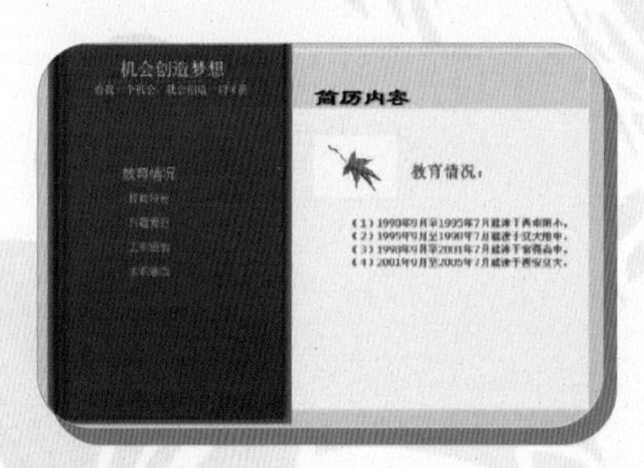

个人简历制作

电子杂志设计

中文 Flash CS3 基础与案例教程

刘鹰 李琳 编

西北工業大學出版社

【内容简介】本书为计算机基础与案例系列教材之一，主要内容包括 Flash CS3 基础知识，Flash CS3 工具的使用，图像的导入与编辑，对象的编辑操作，元件、实例和库，动画制作基础，交互式动画基础，组件，声音与视频，屏幕与模板，影片的测试与发布，Flash 广告设计，教学及光盘动画，网站设计以及 Flash 其他典型实例。书中配有生动典型的实例，每章后还附有练习题，使读者在学习和使用 Flash CS3 创作时更加得心应手，做到学以致用。

本书图文并茂，内容翔实，练习丰富，既可作为各大中专院校及社会培训班的教材使用，同时也非常适合电脑爱好者自学参考。

图书在版编目（CIP）数据

中文 Flash CS3 基础与案例教程/刘鹰，李琳编．—西安：西北工业大学出版社，2008.12
ISBN 978-7-5612-2489-2

Ⅰ．中…　Ⅱ．①刘…②李…　Ⅲ．动画—设计—图形软件，Flash CS3—教材　Ⅳ．TP391.41

中国版本图书馆 CIP 数据核字（2008）第 189096 号

出版发行：西北工业大学出版社
通信地址：西安市友谊西路 127 号　　邮编：710072
电　　话：（029）88493844　88491757
网　　址：www.nwpup.com
电子邮箱：computer@nwpup.com
印 刷 者：陕西天元印务有限公司
印　　张：20　彩插 4
字　　数：530 千字
开　　本：787 mm×1 092 mm　1/16
版　　次：2008 年 12 月第 1 版　2008 年 12 月第 1 次印刷
定　　价：35.00 元

前言

首先，感谢您在茫茫书海中翻阅此书！

对于任何知识的学习，最终都要达到学以致用的目的，尤其是计算机常用软件的学习效果，更能在日常工作中得以体现。相信大多数读者都常常会有这样的感觉，那就是尽管反复学习某个软件的基础知识，可是在实际操作中仍然不知所措；尽管有了很好的想法和创意，却不能用学过的软件知识得以顺利的实现。存在这种情况的原因就是某些书籍对计算机软件的讲解仅仅停留在表面上，并没有对其进行综合和实践的指导，虽然书中也附有很多精美的实例，但是有的是实用性不强，没有针对行业的需求；有的是步骤不完整，使读者难以独自操作完成；有的是仅仅针对单个实例进行讲解，没有分门别类进行总结分析。综上所述，我们在对本书的设计上力求避免以上诸多问题，努力做到实用、好用、耐用。

本书内容

Flash CS3 是 Adobe 公司出品的交互式动画制作软件，利用它制作的矢量动画，文件数据量非常小，可以任意缩放，并可以以“流”的形式在网上传输，这对于多媒体作品的网络应用是十分有利的，但是，Flash 的应用并不仅仅局限于网络领域，由于其能够制作出高质量的矢量动画，因此在多媒体、影视、教育等领域也发挥着重要的作用。

全书共分 15 章。其中前 11 章主要介绍 Flash CS3 基础知识和基本操作，使读者初步掌握 Flash CS3 应用的相关知识。第 12～15 章列举了几个有代表性的行业实例，通过理论联系实际，希望读者能够举一反三、学以致用，进一步巩固前面所学的知识。

本书特色

中文版本，易教易学：本书选取市场上最普遍、最易掌握的应用软件的中文版本，突出“易教学、上手快”的特点。

从零开始，结构清晰，内容丰富：本书以培养计算机技能型人才为目的，采用“基础知识+案例训练”的编写模式，从零开始、循序渐进、由浅入深。内容系统、全面，难点分散，将知识点融入到每个实例中，便于读者学习掌握。

以培养职业技能为核心，以工作实践为主线，本书从自学与教学的角度出发，将精简的理论与丰富实用的经典行业范例相结合，注重计算机软件实际操作能力的提高，将教学、训练、应用三者有机结合，在此基础上使读者增强其就业竞争力。

读者对象

- 大中专院校师生
- 电脑培训学校师生
- 相关专业人员
- 电脑爱好者

我们的目标是：令初学者茅塞顿开，入门者突飞猛进！其实，学电脑，并不难，一书在手，尽在掌握，快快开始行动吧！

编　者

目 录

第1章 Flash CS3 基础知识

第2章 Flash CS3 工具的使用

第3章 图像的导入与编辑

第4章 对象的编辑操作

第5章 元件、实例和库

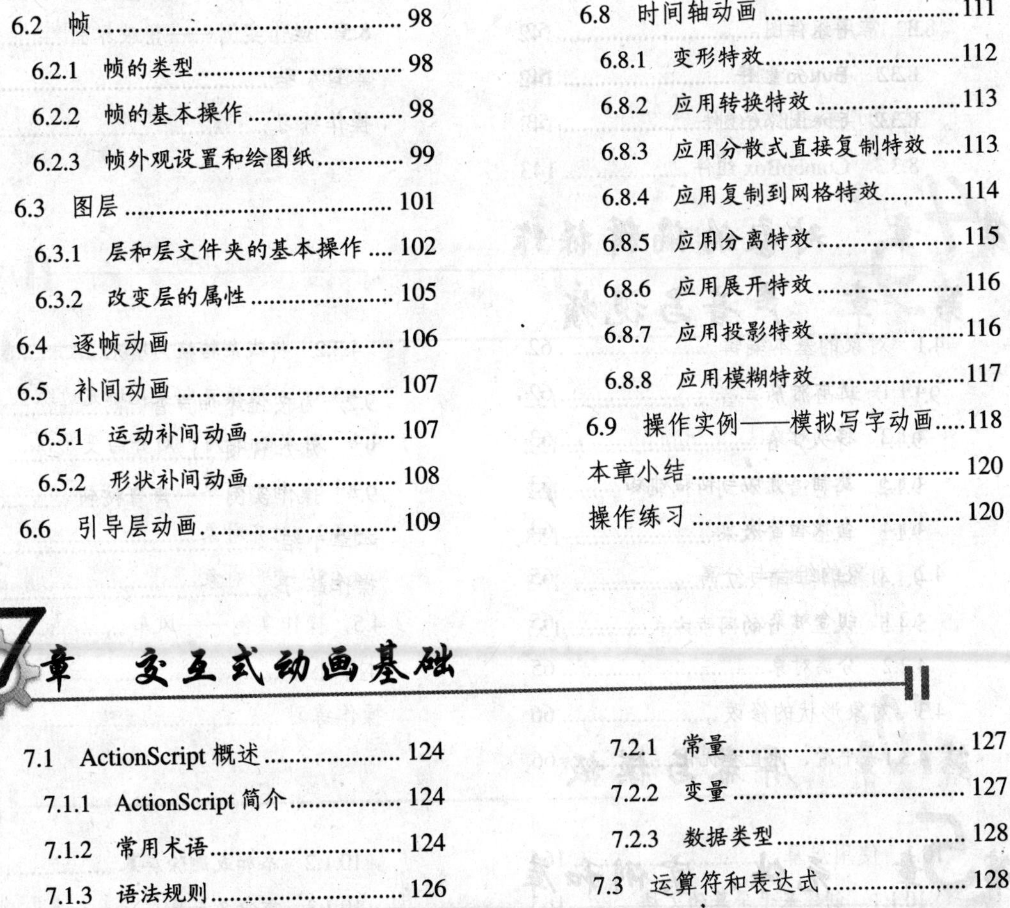

第6章 动画制作基础

第7章 交互式动画基础

第8章 组件

第9章 声音与视频

第10章 屏幕与模板

第11章 影片的测试与发布

第12章 Flash 广告设计

第13章 教学及光盘动画

第14章 网站设计

第15章 Flash其他典型实例

第 1 章

Flash CS3 基础知识

学习导航

Flash CS3 是目前互联网上最为流行的 Web 动画制作软件，它是由美国的 Adobe 公司推出的用于矢量图编辑和动画创作的专业软件。Flash CS3 软件的主要功能是制作动画、电脑游戏、广告和网页特效等。本章将具体介绍 Flash CS3 的新增功能、特点等基础知识。

学习要点

- Flash CS3 的功能介绍
- Flash CS3 的安装与卸载
- Flash CS3 的特点及应用
- Flash CS3 的工作界面
- Flash CS3 的基本操作

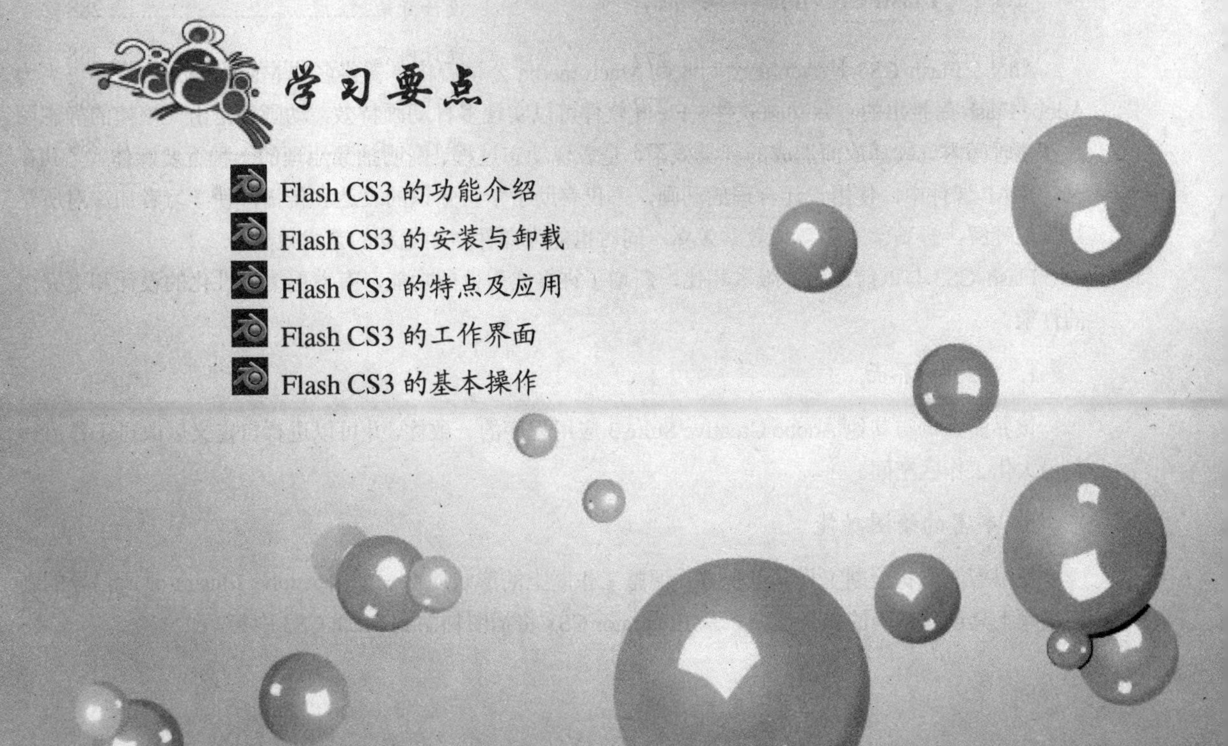

1.1 Flash CS3 功能介绍

1.1.1 Flash CS3 的基本功能

Flash CS3 的基本功能主要有 3 个，它撑起了整个 Flash 动画制作软件的强大功能。

1. 绘图和编辑图形

绘图和编辑图形是创作 Flash 动画的基础，也是进行多媒体创作的基础。使用 Flash 绘图和编辑图形并且在绘图的过程中学习怎样使用元件来组织图形元素，也是 Flash 动画的一个特点。

2. 遮罩

遮罩是 Flash 动画创作中不可缺少的，使用遮罩配合补间动画，用户可以创建丰富多采的动画效果：图像切换、火焰背景文字、管中窥豹等都是实用性很强的动画。并且，从这些动画实例中，用户可以举一反三，创建更多、实用性更强的动画效果。

遮罩的原理非常简单，但实现的方式多种多样，特别是和补间动画以及影片剪辑元件结合起来，可以创建千变万化的形式和效果。

3. 补间动画

补间动画是整个 Flash 动画设计的核心，也是 Flash 动画的最大优点，它有“动画补间”和“形状补间”两种形式。在应用影片剪辑元件和图形元件创作动画时，有一些细微的差别，用户应该完整把握这些细微的差别。

1.1.2 Flash CS3 的新增功能

Adobe Flash CS3 是 Adobe 公司收购 Macromedia 公司后将享誉盛名的 Macromedia Flash 更名为 Adobe Flash 后推出的一款动画软件。Flash 软件可以实现多种动画特效，动画都是由一帧帧的静态图片在短时间内连续播放而造成的视觉效果，是表现动态过程、阐明抽象原理的一种重要媒体。尤其在医学 CAI 课件中，使用设计合理的动画，不仅有助于学科知识的表达和传播，使学习者加深对所学知识的理解，提高学习兴趣和教学效率，同时也能为课件增加生动的艺术效果。

Flash CS3 与以前发布的版本相比，新增了许多实用性的功能，有着更为人性化的设计和更突出的性能。

1. Adobe 界面

该界面强调与其他 Adobe Creative Suite 3 应用程序的一致性，并可以进行自定义以改进工作流程和最大化工作区空间。

2. 丰富的绘图功能

使用智能形状绘制工具以可视方式调整工作区上的形状属性，使用 Adobe Illustrator 所倡导的新的钢笔工具创建精确的矢量插图，从 Illustrator CS3 将插图粘贴到 Flash CS3 中等。

3. Photoshop 和 Illustrator 导入

Adobe Photoshop 和 Illustrator 导入在保留图层和结构的同时，导入 Photoshop（PSD）和 Illustrator（AI）文件，然后在 Flash CS3 中编辑它们。使用高级选项在导入过程中优化和自定义文件。

4. 将动画转换为 ActionScript

即时将时间线动画转换为可由开发人员轻松编辑、再次使用和利用的 ActionScript 3.0 代码。将动画从一个对象复制到另一个对象。

5. 其他方面

（1）ActionScript 3.0 开发：使用新的 ActionScript 3.0 语言节省时间，该语言具有改进的性能和增强的灵活性。

（2）用户界面组件：使用新的、小巧的、可轻松设置外观的界面组件为 ActionScript 3.0 创建交互式内容。使用绘图工具以可视方式修改组件的外观，而不需要进行编码。

（3）高级 QuickTime 导出：使用高级 QuickTime 导出器，将在 SWF 文件中发布的内容渲染为 QuickTime 视频。导出包含嵌套的 MovieClip 的内容、ActionScript 生成的内容和运行时的效果（如投影和模糊）。

（4）复杂的视频工具：使用全面的视频支持，创建、编辑和部署流式或渐进式下载的 Flash Video。使用独立的视频编码器、Alpha 通道支持、高质量视频编解码器、嵌入的提示点、视频导入支持、QuickTime 导入和字幕显示等，确保获得最佳的视频体验。

（5）省时编码工具：使用新的代码编辑器增强功能节省编码时间。使用代码折叠和注释可专注于相关代码，及使用错误导航功能跳到错误代码处。

1.2　Flash CS3 的安装与卸载

掌握 Flash CS3 的安装与卸载是应用 Flash 软件的前提条件，下面分别介绍其安装与卸载的具体过程。

1.2.1　Flash CS3 的安装

在安装 Flash CS3 前，需要检查计算机是否达到了最低配置要求。由于现在计算机使用较多的是 Windows XP 系统，只有少数用户使用 Macintosh 系统，因此下面将介绍 Windows XP 系统下的最低配置。

（1）CPU：至少为 600 MHz PIII 以上的处理器。

（2）操作系统：Windows 98 SE，Windows 2000 或 Windows XP。

（3）内存：至少为 128 MB 容量的内存，建议使用 256 MB 或更高容量的内存。

（4）硬盘空间：至少有 190 MB 可用硬盘空间。

（5）显示器：支持 800×600 VGA 或更高分辨率的显示器，建议使用 1 024×768 VGA。

（6）其他配置：键盘、光驱和鼠标。

在计算机达到了最低配置要求后，就可以进行 Flash CS3 的安装了，下面给出它在 Windows XP 操作系统下的整个安装过程。

（1）将 Flash CS3 的安装光盘放入光驱，双击光盘中的安装文件，进入“正在初始化”文件界面（见图 1.2.1），稍等片刻，系统会进入“欢迎使用 Adobe Flash CS3”界面，显示一些欢迎信息，如图 1.2.2 所示。

（2）单击 下一步 > 按钮，进入“安装选项”界面（见图 1.2.3），显示该软件的安装选项，用户可以使用鼠标左键选择需要安装的选项。

图 1.2.1 “正在初始化”文件界面

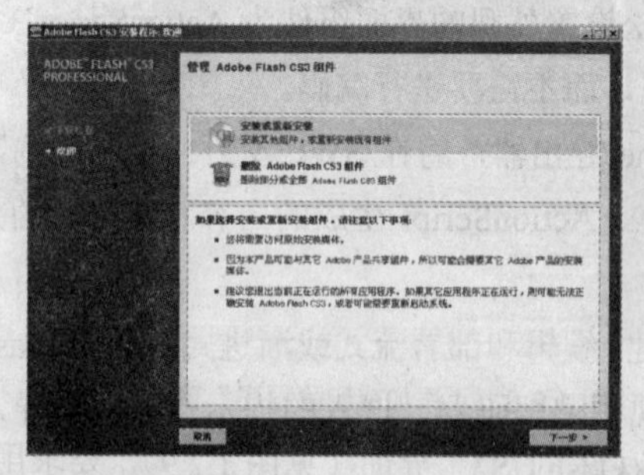

图 1.2.2 “欢迎使用 Adobe Flash CS3”界面

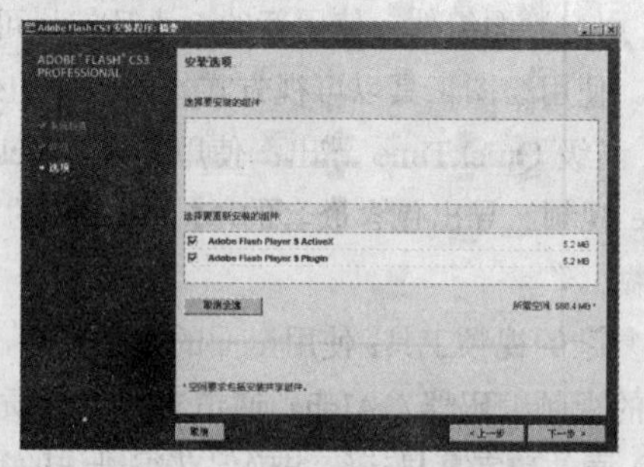

图 1.2.3 “安装选项”界面

（3）单击 下一步 > 按钮，进入“更改概述”界面，显示该软件的安装组件，如图 1.2.4 所示。

（4）单击 安装 > 按钮，进入“程序安装进度”界面（见图 1.2.5），显示 Flash CS3 的安装进度信息。如果想退出则单击 取消 按钮。

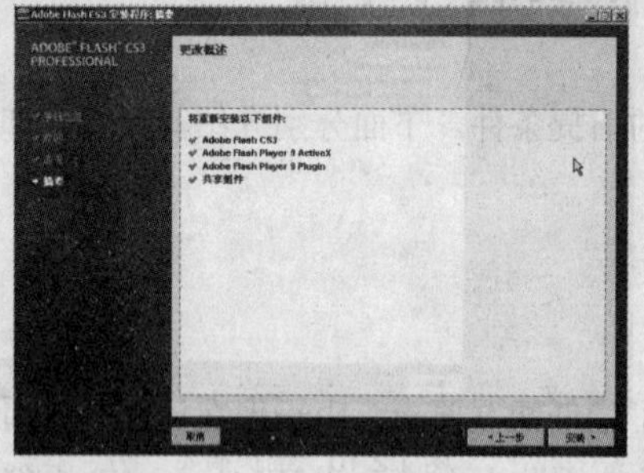

图 1.2.4 “更改概述”界面

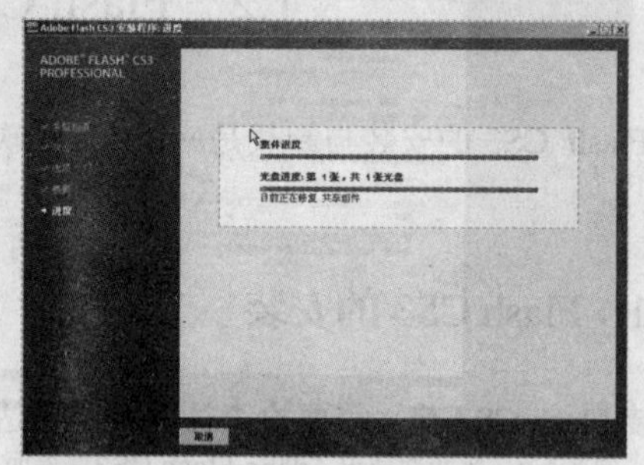

图 1.2.5 程序安装进度界面

（5）在出现的“安装完成”界面单击 完成 按钮完成安装，如图 1.2.6 所示。

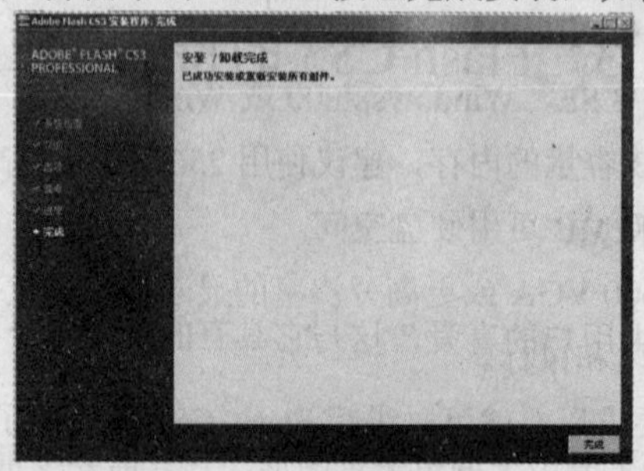

图 1.2.6 “安装完成”界面

1.2.2 Flash CS3 的卸载

当用户不再使用 Flash CS3 时，可以将其卸载，以节约磁盘空间。但 Flash CS3 的卸载绝不是简单地将 Flash CS3 所在的文件夹删除，因为删除后配置文件将仍然保留在系统中，会对系统的运行速度产生影响，所以正确的卸载是对计算机资源的保护。卸载 Flash CS3 的操作步骤如下：

（1）选择 开始 → 控制面板(C) 命令，打开“控制面板”窗口，如图 1.2.7 所示。

（2）选中“添加或删除程序”图标，双击鼠标左键进入“添加或删除程序”窗口，选择 Flash CS3 软件，如图 1.2.8 所示。

图 1.2.7 “控制面板”窗口

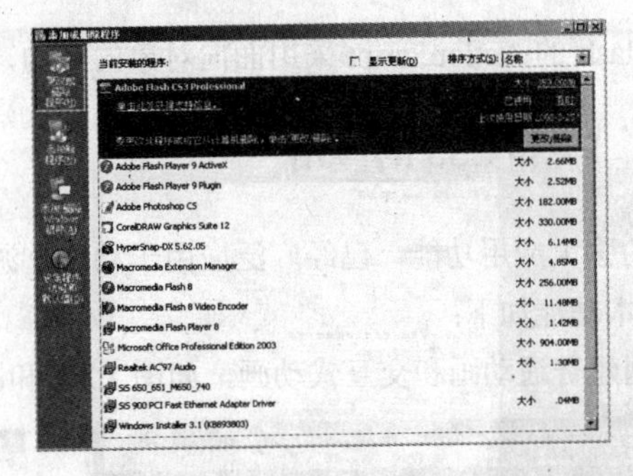

图 1.2.8 “添加或删除程序”窗口

（3）单击 更改/删除 按钮，进入“欢迎使用 Adobe Flash CS3”界面（见图 1.2.9），要求用户确认是否删除已安装的 Flash CS3 应用程序。

（4）单击 下一步 > 按钮，系统将打开如图 1.2.10 所示的维护摘要。

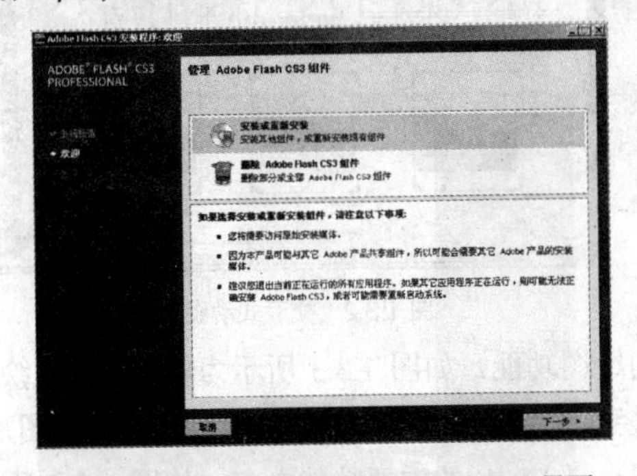

图 1.2.9 “欢迎使用 Adobe Flash CS3”界面

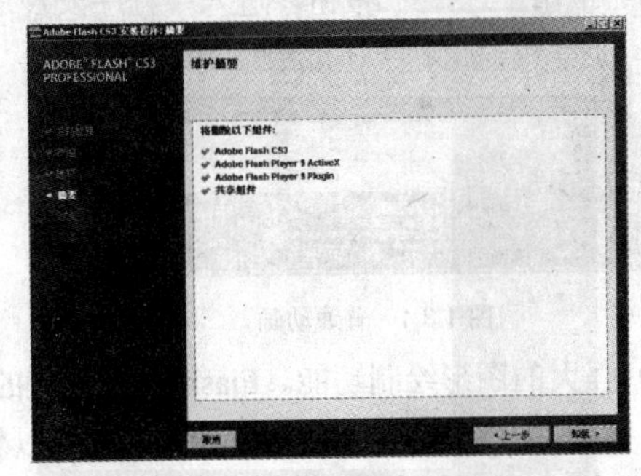

图 1.2.10 维护摘要

（5）单击 卸载 > 按钮即可。

1.3 Flash CS3 的特点及应用

1.3.1 Flash CS3 的特点

Flash CS3 之所以受到广大用户的喜爱，这与它具有的特点是分不开的，其特点主要有以下几个方面：

（1）文件体积小。Flash 主要用于编辑矢量图形，它只需要少量的数据就可以描述复杂的对象，这是 Flash 的最大优点。

（2）传输速度快。由于 Flash 文件的体积小，因此它在网络上的传输速度非常快。

（3）质量高。Flash 生成的网页和动画质量非常高。

（4）边下载边播放。由于 Flash 动画是一种流式动画，因此，它可以在 Internet 上边下载边播放。

（5）采用 MP3 压缩方式输出音频。由于在 Flash 中，声音文件使用 MP3 压缩格式，而 MP3 文件的压缩率高，且音质好，这就使得用户在保证声音质量的同时使其文件体积较小。

（6）插件工作方式。Flash 的工作方式是插件方式，用户只要在网络上安装了 Shockwave Flash 插件，该插件就会被嵌入到浏览器中，启动浏览器后就能够直接浏览到有 Flash 动画的网页。

（7）Flash 中包含众多功能强大的 ActionScript 函数、属性和目标对象，且支持低版本的 Flash 格式。

（8）Flash 的 ActionScript 采用面向对象的结构，进一步提高了程序的开发能力。

1.3.2　Flash CS3 的应用

Flash 的强大应用功能，已经广泛应用于动漫、游戏、网页、课件、广告、视频、播放器等诸多领域，其基本功能如下：

（1）创建普通动画和交互式动画，如图 1.3.1 和图 1.3.2 所示。

图 1.3.1　普通动画

图 1.3.2　交互式动画

（2）强大的图形绘制功能。Flash 具有强大的绘图功能，如图 1.3.3 所示为使用 Flash 绘制的图形。使用 Flash 的用户即使不擅长于绘画，也可以轻松地制作出翻转、拉伸、擦除、歪斜等图形效果。

（3）制作 Flash 游戏。制作精彩的 Flash 游戏也是 Flash 的重要功能之一。如图 1.3.4 所示即为使用 Flash 制作的一个小游戏。

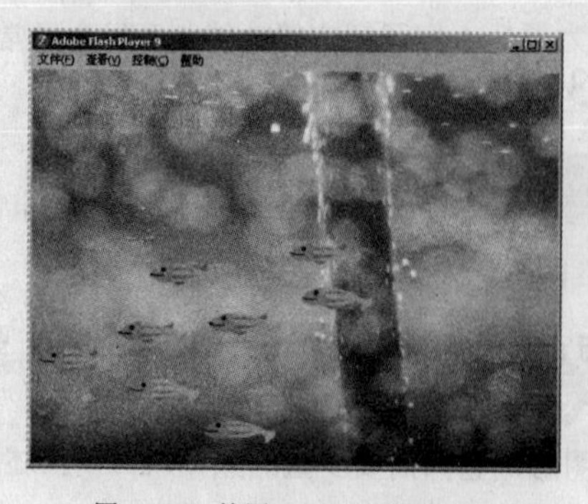

图 1.3.3　使用 Flash 绘制的图形

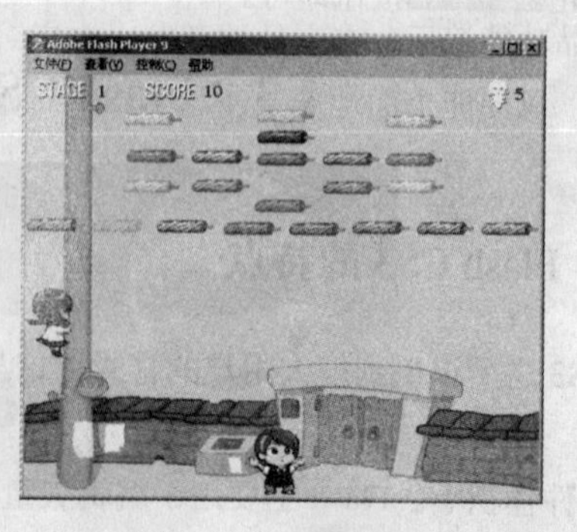

图 1.3.4　Flash 游戏

（4）制作电子贺卡。目前，静态纸质贺卡已经不能满足人们的需求，逢年过节，大家通常会选择给亲朋好友发一封电子邮件或送上一张 Flash 制作的电子卡片，以表达祝福。

（5）制作 MTV。目前，使用 Flash 制作 MTV 已经是众多闪客表现自己思想和对歌曲独到理解的重要手段，同时也是 Flash 的一个重要功能，更是 Flash 动画与音乐作品的完美组合。如图 1.3.5 所示即为用 Flash 制作的 MTV 片段。

图 1.3.5　MTV 片段

（6）网站片头。为了使浏览者对自己的网站过目不忘，现在几乎所有的个人网站或设计类网站都有网站片头动画。如图 1.3.6 所示即为锐志汽车的片头动画。

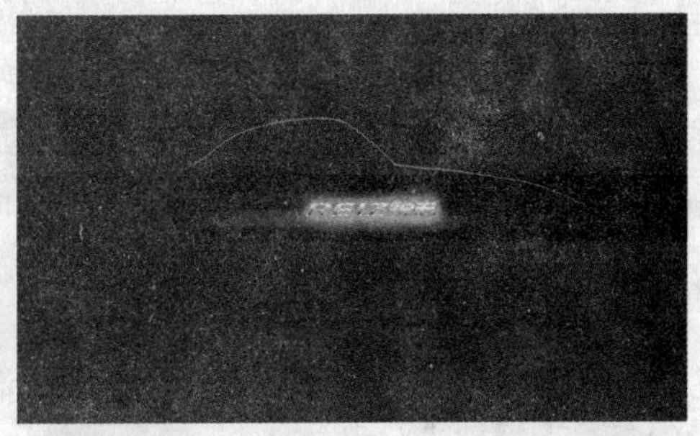

图 1.3.6　锐志汽车的片头动画

（7）导入和发布影片。用户可以在 Flash 中导入点阵图、QuickTime 格式的电影文件、MP3 格式的文件等。

（8）Flash 内建库中的内容可以被重复利用，从而节省空间。

（9）使用 QuickTime 软件，能够播放 Flash 图片、影片和具有交互功能的图像。

（10）支持事件响应和交互功能。每个 Flash 对象都可以有自己的事件响应，这样，用户就可以通过这些事件响应来控制动画。

（11）Flash 可以输出多种格式的文件，如 GIF，JEPG，EXE，PNG，HTML，MOV 等。

（12）产品功能演示。在产品被开发出来后，为了让人们了解它的功能，开发商经常用 Flash 制作一个演示片，以便能全面地展示产品的特点。如图 1.3.7 所示即为一个汽车演示动画。

图 1.3.7　汽车演示动画

图 1.3.7（续） 汽车演示动画

1.4 Flash CS3 的工作界面

启动 Adobe Flash CS3 Professional 应用程序，其工作界面如图 1.4.1 所示。

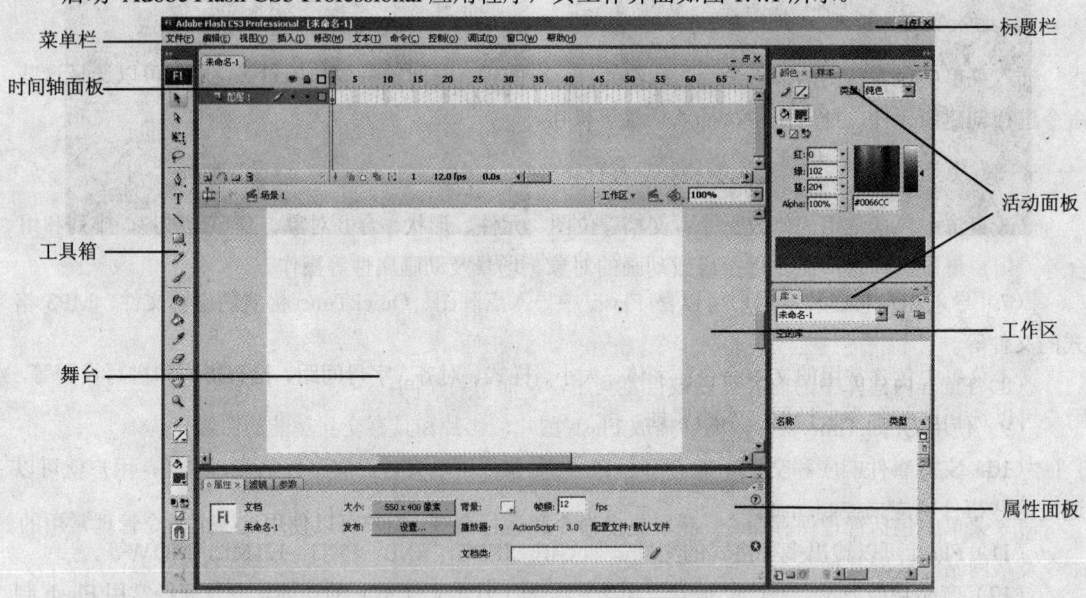

图 1.4.1 Flash CS3 的工作界面

1.4.1 标题栏

在标题栏中显示软件的名称、用户目前正在编辑文档的名称和控制面板工作窗口的按钮。这些按钮包括：最小化按钮，单击该按钮可最小化 Flash 窗口；还原按钮，单击该按钮可将 Flash 窗口还原；最大化按钮，单击该按钮可最大化 Flash 窗口；关闭按钮，单击该按钮可以将 Flash 窗口还原。

1.4.2　菜单栏

Flash CS3 的菜单栏包括文件(F)、编辑(E)、视图(V)、插入(I)、修改(M)、文本(T)、命令(C)、控制(O)、调试(D)、窗口(W)和帮助(H)11 个菜单项，提供了该软件的所有常规操作，下面分别进行介绍。

1. 文件菜单

文件菜单中包含文件操作命令：新建、保存、打开、关闭、导入、导出、发布、页面设置和打印等，用户可以选择这些命令进行文件的打开、关闭等操作。

2. 编辑菜单

编辑菜单中包含常用的编辑命令：撤销、重复、复制、粘贴、查找/替换、时间轴、编辑元件、快捷键和首选参数等，用户可以选择这些命令对图形进行编辑、自定义快捷键和设置系统的首选参数等。

3. 视图菜单

视图菜单中包含控制屏幕显示的命令：放大、缩小、转到、缩放比率、预览模式、工作区等。

4. 插入菜单

插入菜单中包含常用的插入命令：新建元件、时间轴、时间轴特效和场景等，用户可以选择这些命令进行创建新元件、插入图层、插入场景等操作。

5. 修改菜单

修改菜单中包括常用的修改命令：文档、位图、元件、形状、合并对象、变形、对齐、排列和组合等，用户可以选择这些命令进行修改动画的对象、场景及动画属性等操作。

6. 文本菜单

文本菜单中包含常用的文本命令：字体、大小、样式、对齐、字母间距、检查拼写和拼写设置等，用户可以选择这些命令来设置文本的属性。

7. 命令菜单

命令菜单中包括管理保存命令、获取更多命令和运行命令，用户可以使用这 3 个命令管理常用的命令及从网站上获取其他命令。

8. 控制菜单

控制菜单中包含常用的控制命令：播放、后退、前进一帧、测试影片、调试影片、测试场景等，用户可以选择这些命令控制影片的播放。

9. 调试菜单

调试菜单包括常用的调试脚本命令：调试影片、继续影片、结束调试对话框、跳入、跳过、跳出、删除所有断点、开始远程调试会话等，用户可以选择这些命令来控制影片的脚本命令。

10. 窗口菜单

窗口菜单中包含常用的控制窗口命令：直接复制窗口、工具栏、时间轴、库、动作、对齐、混色器和组件等，用户可以选择这些命令控制 Flash CS3 中的窗口布局、打开或关闭工具栏及打开和关闭各种面板等。

11. 帮助菜单

帮助菜单中包含常用的帮助命令：Flash 帮助、Flash CS3 的新增功能、Flash 技术支持中心、Adobe 在线论坛等，用户通过选择这些命令能更加深入了解 Flash CS3，以便能更好地应用该软件。

1.4.3 工具箱

在 Flash CS3 中，所有的绘图工具都集成在工具箱中，用户可以使用它们对图像或选区进行操作，工具箱包括选择工具、部分选取工具、任意变形工具、线条工具、套索工具、文本工具、矩形工具、铅笔工具、刷子工具、墨水瓶工具、颜料桶工具、滴管工具、橡皮擦工具、手性工具、缩放工具、笔触颜色和填充颜色等，如图 1.4.2 所示。

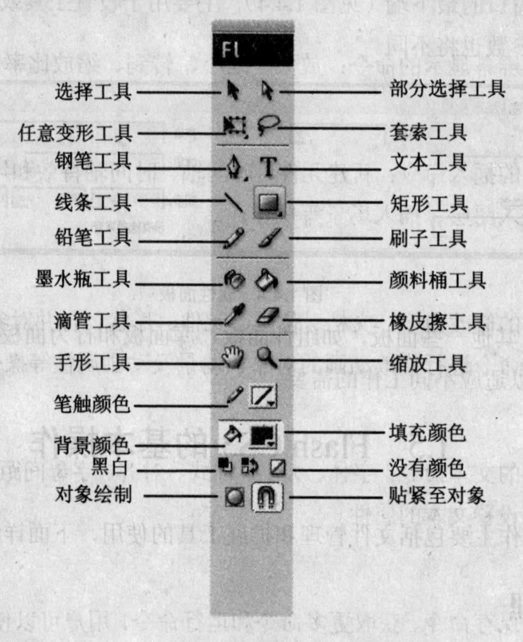

图 1.4.2 工具箱

1.4.4 舞台与工作区

舞台是 Flash CS3 工作界面中间的矩形区域，用于放置矢量图、文本框、按钮、位图或视频剪辑等。舞台的大小相当于用户定义的 Flash 窗口的大小，用户可以缩放舞台视图，或者打开网格、辅助线、标尺等辅助工具，以便于进行设计。

工作区是舞台周围的灰色区域，用于存放在创作时需要，但不希望出现在最终作品中的内容，因为在动画播放时，工作区中的内容不予显示。

1.4.5　时间轴面板

时间轴面板的默认位置是工作区的上面，菜单栏的下面，它可以用来控制元件出现的时间或移动的速度，如图 1.4.3 所示。

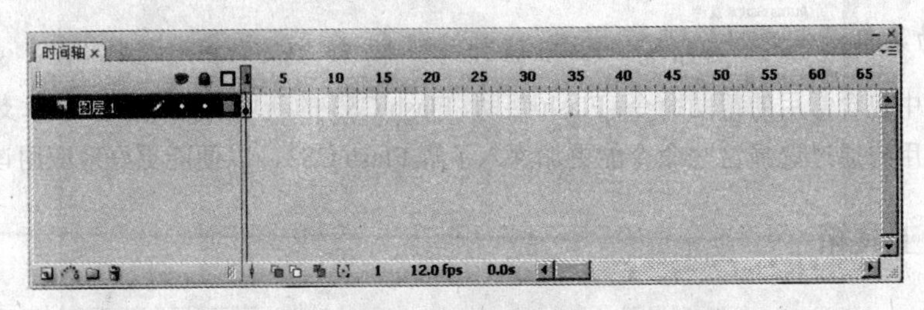

图 1.4.3　时间轴面板

1.4.6　属性面板

属性面板位于程序窗口的最下端（见图 1.4.4），主要用于设置工具或动画元素的参数，选取的对象不同，属性面板中的参数也将不同。

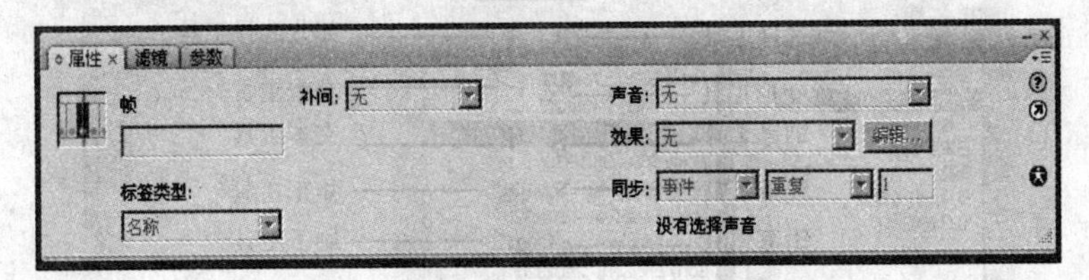

图 1.4.4　属性面板

Flash CS3 还提供了其他一些面板，如组件面板、库面板和行为面板等，用户可以根据需要对面板布局进行重新组合，以适应不同工作的需要。

1.5　Flash CS3 的基本操作

Flash CS3 的基本操作主要包括文件管理和扩展工具的使用，下面详细介绍。

1.5.1　文件管理

1. 创建文件

在 Flash CS3 中有两种格式的文件：一种是以.swf 为后缀名的动画文件；另一种是以.fla 为后缀名的源文件。所谓新建文件，是创建以.fla 为后缀名的、可直接打开编辑的源文件，一般有两种创建方法。

（1）创建常规文件。启动 Flash CS3 后，系统默认第一个文件（Flash 文件（ActionScript 3.0））是新文件。如果需要重新创建一个文件，可以选择 文件(F) → 新建(N)... Ctrl+N 命令，在弹出的“新建文档”对话框中选择合适的类型（见图 1.5.1），然后单击 确定 按钮。

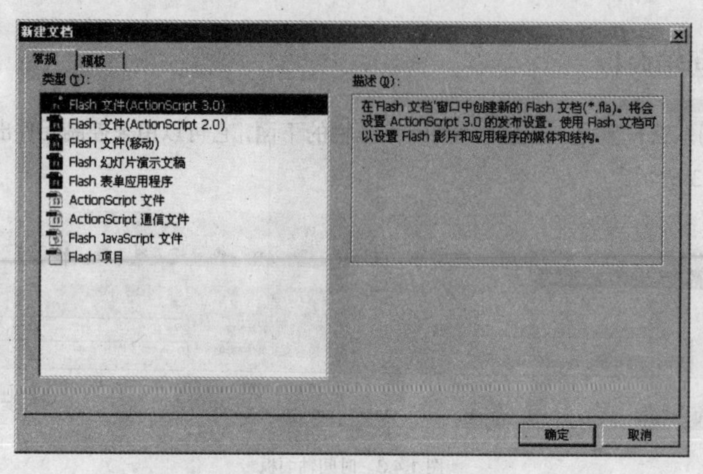

图 1.5.1 “新建文档”对话框

（2）用模板创建文件。单击“新建文档”对话框中的“模板”标签，“新建文档”对话框变为“从模板新建”对话框（见图 1.5.2），在选择要创建的模板以后，单击 确定 按钮，可以创建出以.fla 为后缀名的模板文件。

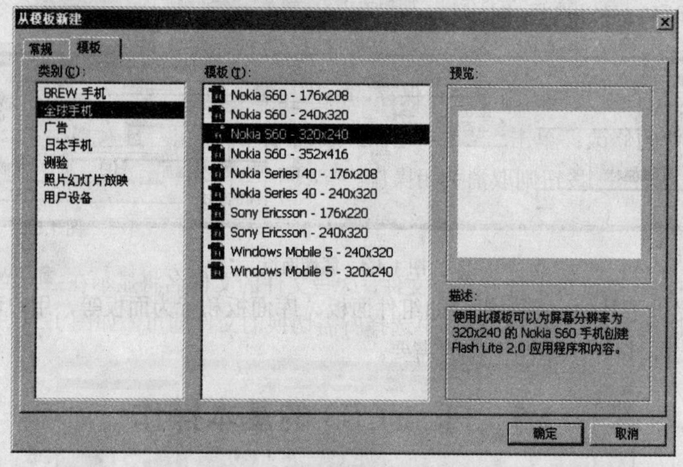

图 1.5.2 “从模板新建”对话框

2. 打开文件

要编辑用 Flash CS3 制作的动画文件，必须先将其打开。这里所说的文件是指 Flash 源文件，是可编辑的*.fla 文件，而不是*.swf 文件。打开文件的操作步骤如下：

（1）选择 文件(F) → 打开(O)... Ctrl+O 命令，弹出“打开”对话框，如图 1.5.3 所示。

（2）选择需要编辑的*.fla 文件，单击 打开(O) 按钮，即可打开该文件。

3. 保存文件

当要保存文件时，先切换到要保存文件所在的窗口，然后选择 文件(F) → 保存(S) Ctrl+S 命令，在弹出的“另存为”对话框中输入用户想要保存的文件名，然后单击 保存(S) 按钮即可。如果用户想要更改保存路径，可以选择 文件(F) → 另存为(A)... Ctrl+Shift+S 命令，在弹出的“另存为”对话框中选择想要保存的路径并输入文件名即可，如图 1.5.4 所示。

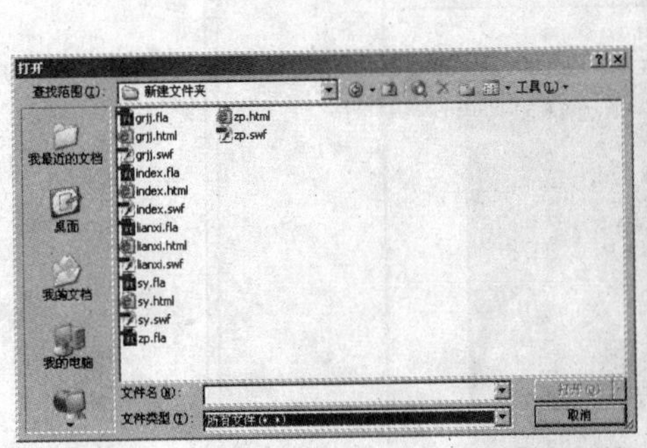

图1.5.3 “打开”对话框

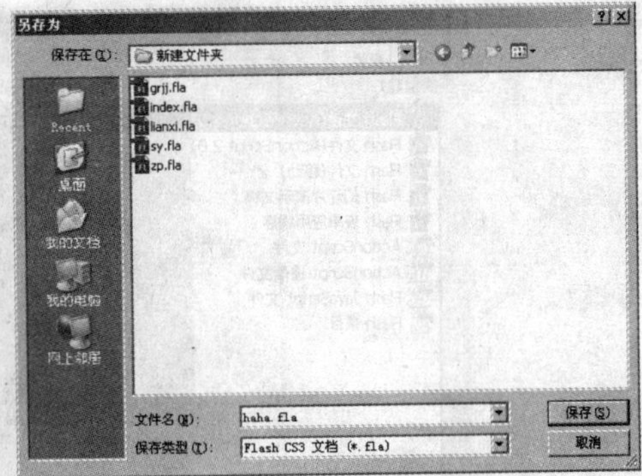

图1.5.4 “另存为”对话框

4. 关闭文件

在关闭文件之前需要对所编辑的文件进行保存。若要关闭多个文件中的一个，首先要切换为当前文件，然后选择 文件(F) → 关闭(C) Ctrl+W 命令或单击工作区右上角的“关闭”按钮 ×；若要同时关闭多个文件，可以选择 文件(F) → 全部关闭 Ctrl+Alt+W 命令；若要关闭文件并退出Flash CS3程序，可以选择 文件(F) → 退出(X) Ctrl+Q 命令。

如果没有保存就进行关闭操作，系统会弹出如图1.5.5所示的提示框，询问用户是否对文件的修改进行保存，单击 是(Y) 按钮可以保存对文件的修改；单击 否(N) 按钮将放弃保存对文件的修改；单击 取消 按钮则取消关闭操作。

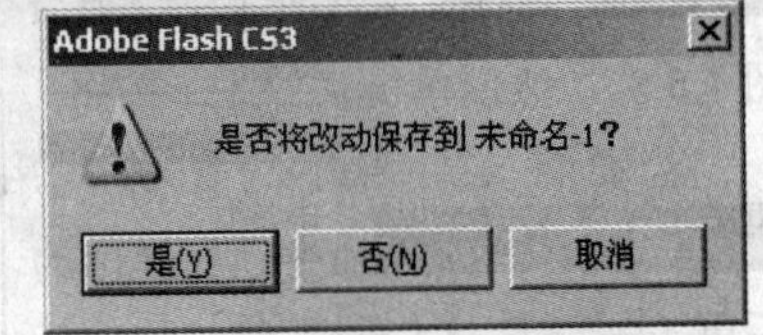

图1.5.5 保存对话框

5. 切换文件

Flash CS3允许在一个窗口中打开多个文件，这些文件的文件名将显示在 窗口(W) 菜单的底部，如果需要从一个文件切换到另一个文件，从中选择所需切换的文件即可，如图1.5.6所示。

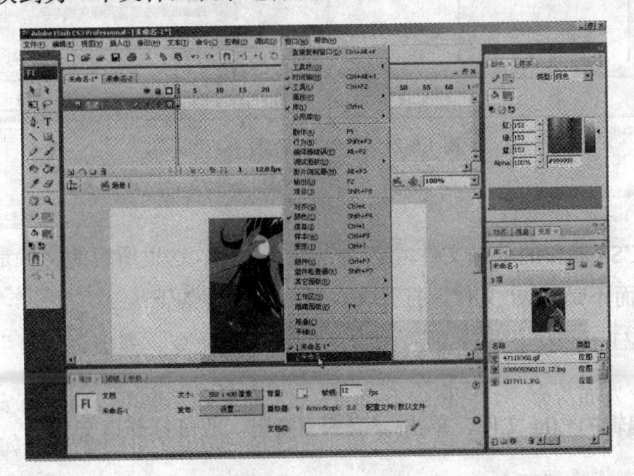

图1.5.6 切换文件

6. 播放文件

按“Enter”键，可以在工作区内播放动画文件；按“Ctrl+Enter”键，可以在播放窗口内播放动画文件，如图1.5.7所示。

图 1.5.7　播放文件

7. 导出文件

若要将文件导出为 Flash 影片，用户可以选择 文件(F) → 导出(E) → 导出影片(M)... Ctrl+Alt+Shift+S 命令，在弹出的“导出影片”对话框中设置保存路径及文件名（见图 1.5.8），然后单击 保存(S) 按钮。

若要将文件导出为图像，用户可以选择 文件(F) → 导出(E) → 导出图像(E)... 命令，在弹出的“导出图像”对话框中设置保存路径及文件名（见图 1.5.9），然后单击 保存(S) 按钮。

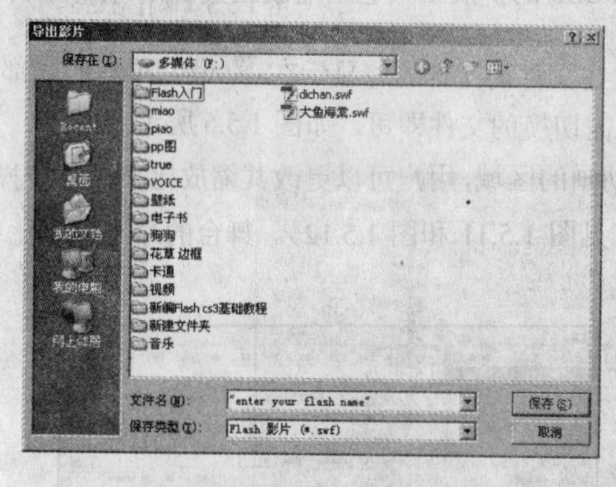

图 1.5.8　“导出影片”对话框

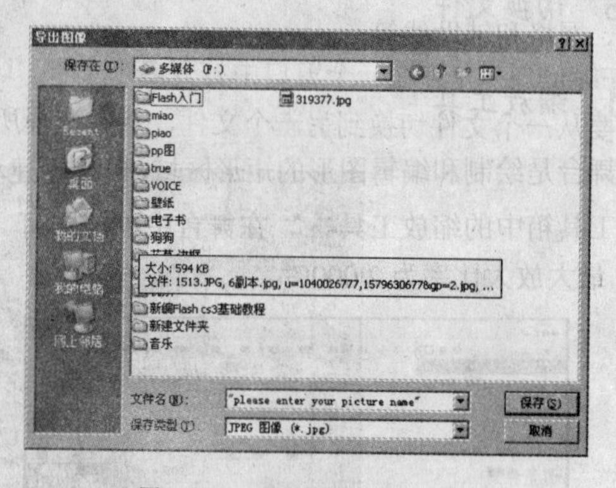

图 1.5.9　“导出图像”对话框

8. 发布文件

使用 Flash 中的“发布”命令，可以向 Internet 上发布动画，也可以向没有安装 Flash 插件的浏览器上发布各种格式的图形文件和视频文件，还可以创建能独立运行的小程序，如.exe 格式的可执行程序。发布动画文件的操作步骤如下：

（1）选择 文件(F) → 发布设置(G)... Ctrl+Shift+F12 命令，弹出“发布设置”对话框，如图 1.5.10 所示。

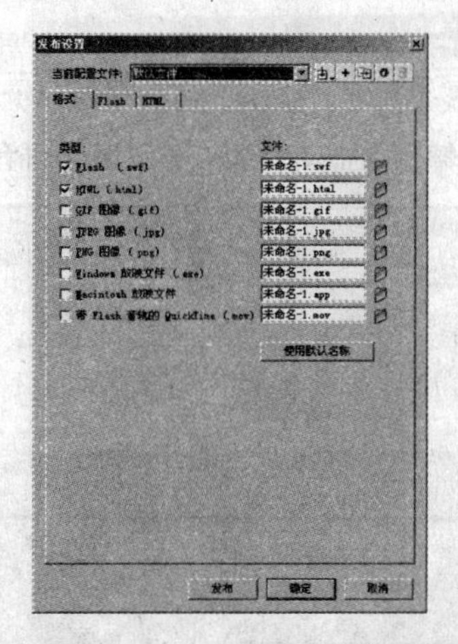

图 1.5.10　“发布设置”对话框

（2）在“类型”选项组中选择文件格式，然后在相应的选项卡中为所选定的文件格式设置各项属性。

（3）在“文件”文本框中输入各种格式文件的名称。若单击 使用默认名称 按钮，则对所有格式的文件使用默认的文件名。

（4）完成各项设置后，单击 发布 按钮，发布动画。

1.5.2　扩展工具的使用

扩展工具能够帮助用户更加方便地操作。Flash CS3 的扩展工具包括缩放工具、手形工具、标尺、网格和辅助线等。

1. 缩放工具

舞台是绘制和编辑图形的矩形区域，也是创建动画的区域，用户可以更改其缩放比率以方便操作。选择工具箱中的缩放工具，在舞台中单击即可（见图 1.5.11 和图 1.5.12）。舞台的最小缩小比率为8%，最大放大比率为 2 000%。

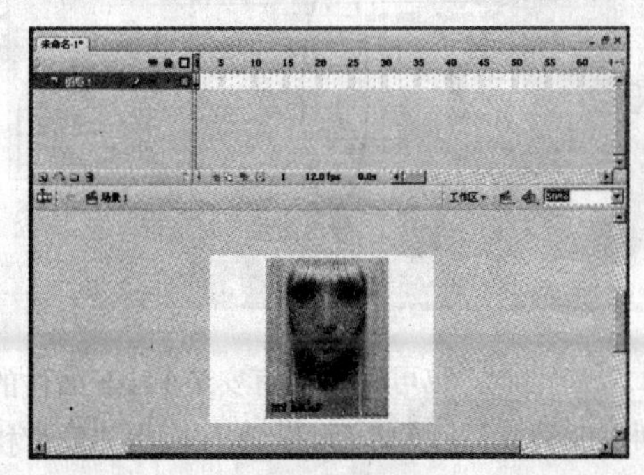

图 1.5.11　缩小舞台

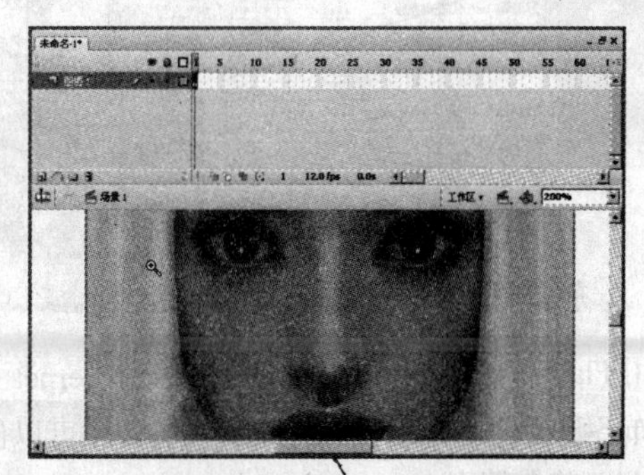

图 1.5.12　放大舞台

技巧

在使用缩放工具放大舞台后，若想缩小舞台，按住“Alt”键，当鼠标变成后单击舞台即可。

2. 手形工具

当舞台被放大后，将无法看到整个舞台，要在不缩小图像分辨率的情况下更改视图位置，方法是选择工具箱中的手形工具，单击舞台并拖动，即可移动整个舞台。如图 1.5.13 所示。

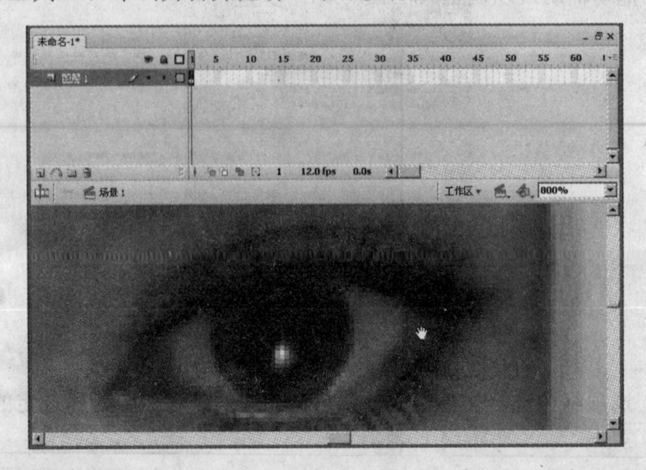

图 1.5.13　移动舞台

3. 标尺、网格和辅助线

为了准确定位对象，可以在工作区的上面和左面加入标尺或者在工作区内显示网格和辅助线，如图 1.5.14 所示。

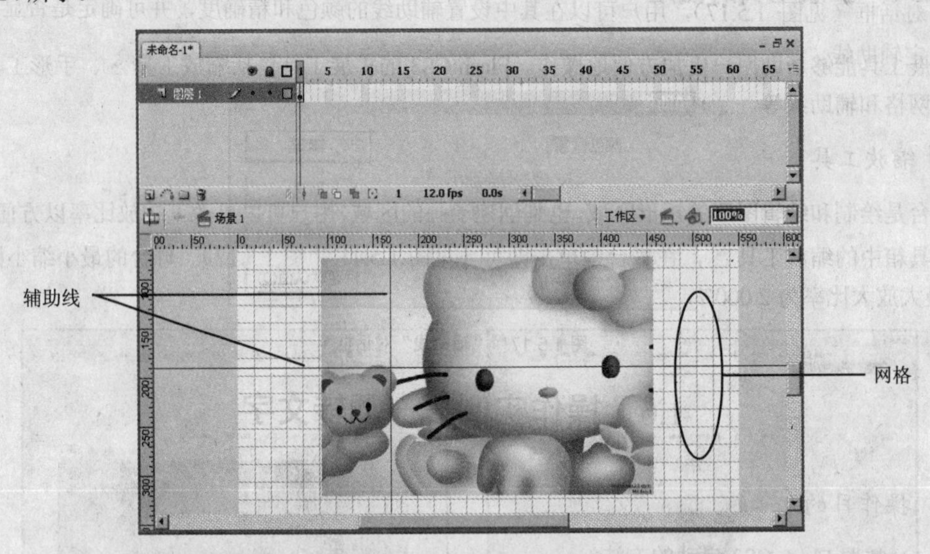

图 1.5.14　显示标尺、网格和辅助线

（1）标尺。选择 视图(V) → ✔标尺(R) Ctrl+Alt+Shift+R 命令，可以在工作区中显示标尺，再次选择可将其隐藏。

（2）网格。选择 视图(V) → 网格(D) → ✔显示网格(D) Ctrl+' 命令，可以在工作区中显示网格，再次选择可将其隐藏；选择 视图(V) → 网格(D) → 编辑网格(E)... Ctrl+Alt+G 命令，弹出“网格”对话框（见图 1.5.15），用户可在其中设置网格的颜色、间距、精确度等。

（3）辅助线。选择 视图(V) → 辅助线(E) ▸ → 显示辅助线(U) Ctrl+; 命令，然后将鼠标从标尺栏向工作区拖动，即可产生辅助线，再次选择可将其隐藏。选择工具箱中的选择工具 后，可以用鼠标拖动辅助线以调整其位置，如图 1.5.16 所示。

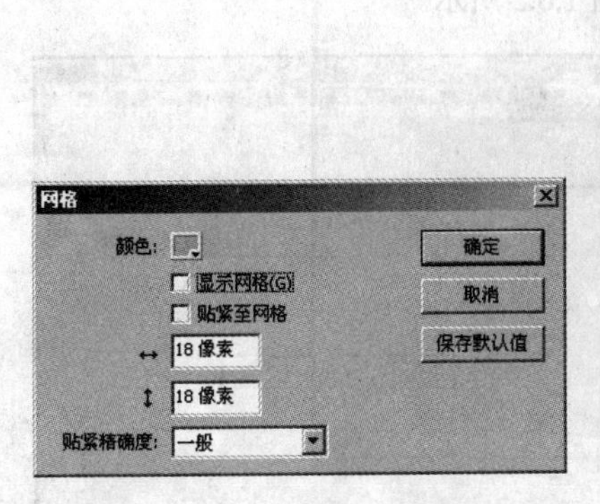

图 1.5.15 “网格”对话框

图 1.5.16 调整辅助线的位置

选择 视图(V) → 辅助线(E) ▸ → 锁定辅助线(K) Ctrl+Alt+; 命令，可以将辅助线锁定，此时无法使用鼠标调整其位置。

选择 视图(V) → 辅助线(E) ▸ → 编辑辅助线... Ctrl+Alt+Shift+G 命令，弹出“辅助线”对话框（见图 1.5.17），用户可以在其中设置辅助线的颜色和精确度，并可确定是否显示、贴紧或锁定辅助线。

图 1.5.17 “辅助线”对话框

1.6 操作实例——翻转文字

1. 操作目的

（1）掌握 Flash CS3 启动的方法。

（2）了解 Flash CS3 的功能。

（3）了解 Flash CS3 的操作界面。

（4）了解 Flash CS 动画制作过程。

（5）掌握文件操作的方法。

2. 操作内容

利用时间轴面板制作简单的 Flash 动画。

3. 操作步骤

（1）新建一个 Flash CS3 文档。

（2）按“Ctrl+J”键，弹出“文档属性”对话框，设置“尺寸”为“550 px×400 px”，“背景颜色”为“白色”，单击 确定 按钮。

（3）选择工具箱中的文本工具 T，打开属性面板，设置字体为“宋体”，字体大小为“30”（见图 1.6.1），在舞台中央输入文本“你好，Flash CS3！”，如图 1.6.2 所示。

图 1.6.1 “文本工具”属性面板

图 1.6.2 输入文本

（4）选择该层的第 20 帧，按“F6”键插入一个关键帧，如图 1.6.3 所示。

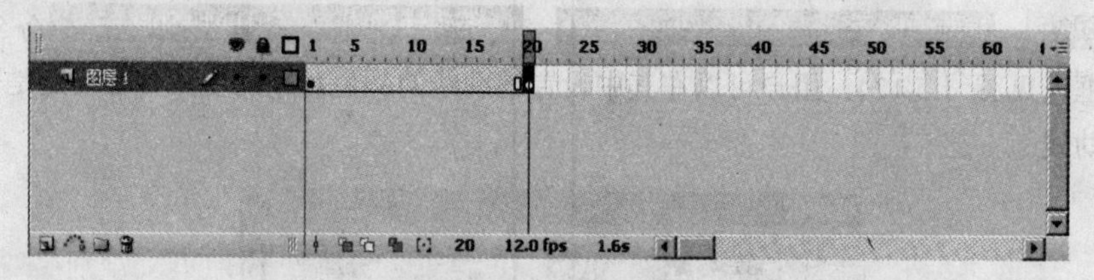

图 1.6.3 插入一个关键帧

（5）在该帧上选中文本，选择 修改(M) → 变形(T) → 水平翻转(H) 命令，如图 1.6.4 所示。

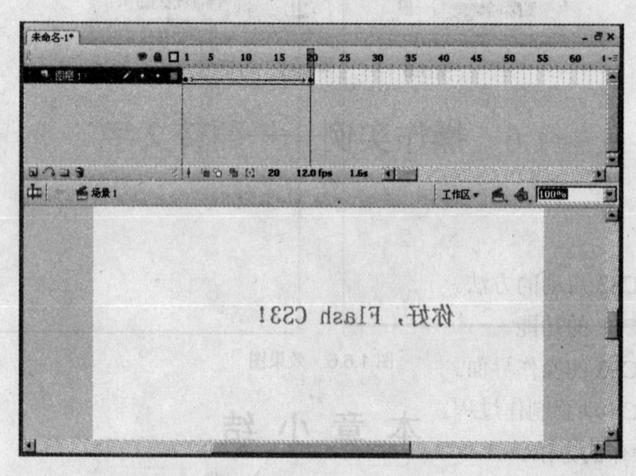

图 1.6.4 水平翻转对象

（6）选择该层第 1～20 帧之间的任意一帧，单击鼠标右键，在弹出的菜单中选择“创建补间动画”，如图 1.6.5 所示。

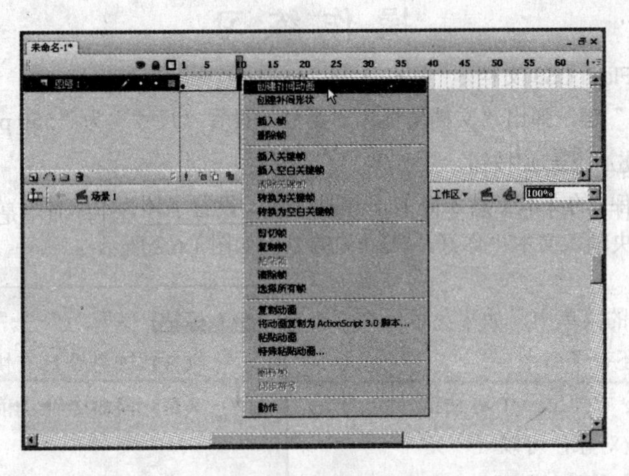

图 1.6.5　选择“创建补间动画”

（7）按“Ctrl+Enter”测试动画，最终效果如图 1.6.6 所示。

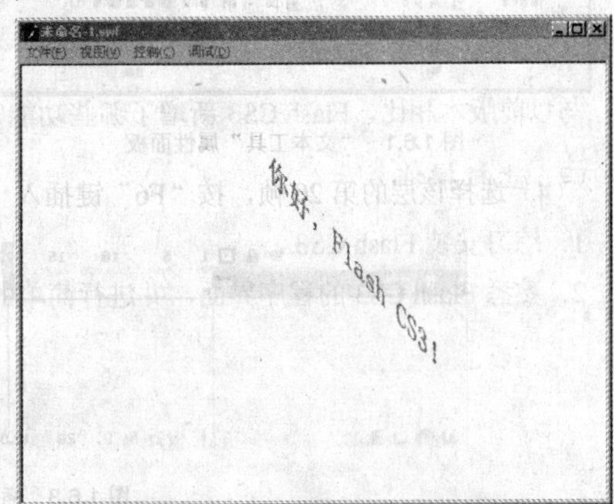

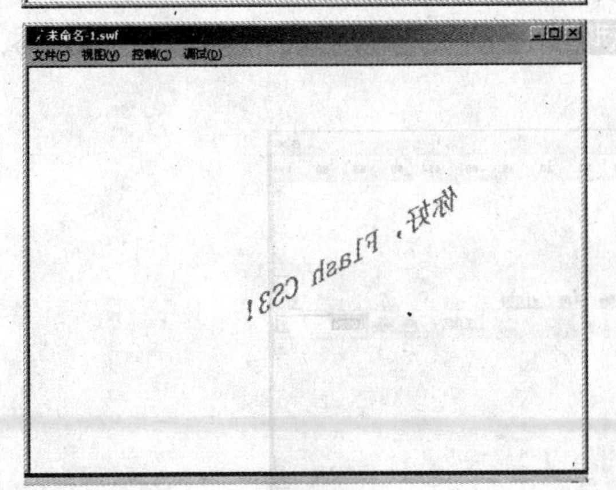

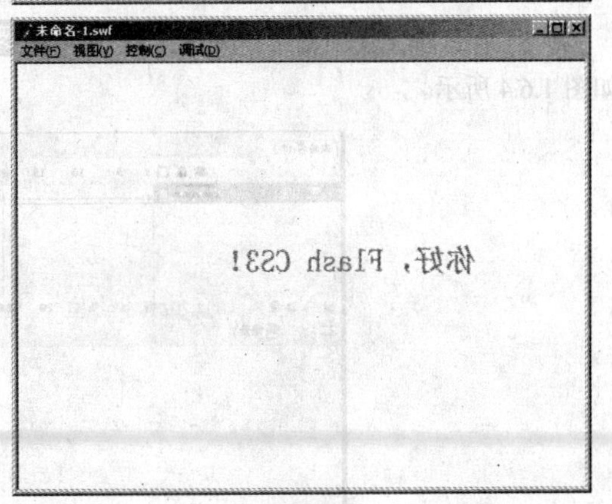

图 1.6.6　效果图

本 章 小 结

本章主要介绍了 Flash CS3 的基本功能、新增功能、特点及应用、工作界面以及基本操作。通过本章的学习，读者应该对 Flash CS3 有一个基本的了解，为以后更深入的学习该软件打下坚实的基础。

操作练习

一、填空题

1．舞台的最小缩小比率为__________%，最大放大比率为 2 000%。

2．Flash 中的文件是指 Flash 源文件，是可编辑的__________文件，而不是*.swf 文件。

二、选择题

1．在 Flash CS3 的菜单中，如果菜单命令后带有一个▸标记，表示（ ）。

（A）该命令下还有子命令　　（B）该命令具有快捷键

（C）单击该命令可弹出一个对话框　　（D）该命令在当前状态下不可用

2．为了准确定位对象，可以（ ）。

（A）在工作区的上面和左面加入标尺　　（B）在工作区的四周加入标尺

（C）在工作区内显示网格　　（D）在工作区内显示辅助线

三、简答题

与以前版本相比，Flash CS3 新增了哪些功能？

四、上机操作

1．练习安装 Flash CS3。

2．熟悉 Flash CS3 的程序界面，并进行简单的操作。

第 2 章

Flash CS3 工具的使用

学习导航

Flash CS3 具有强大的绘图和图形编辑功能，使用工具箱中的工具可以绘制并编辑 Flash 作品中的插图，从而使动画更加丰富多彩。本章将介绍 Flash CS3 中的选择工具、绘图工具、变形工具、填充工具以及文本工具的使用。

学习要点

- 选择工具
- 绘图工具
- 变形工具
- 填充工具
- 文本工具

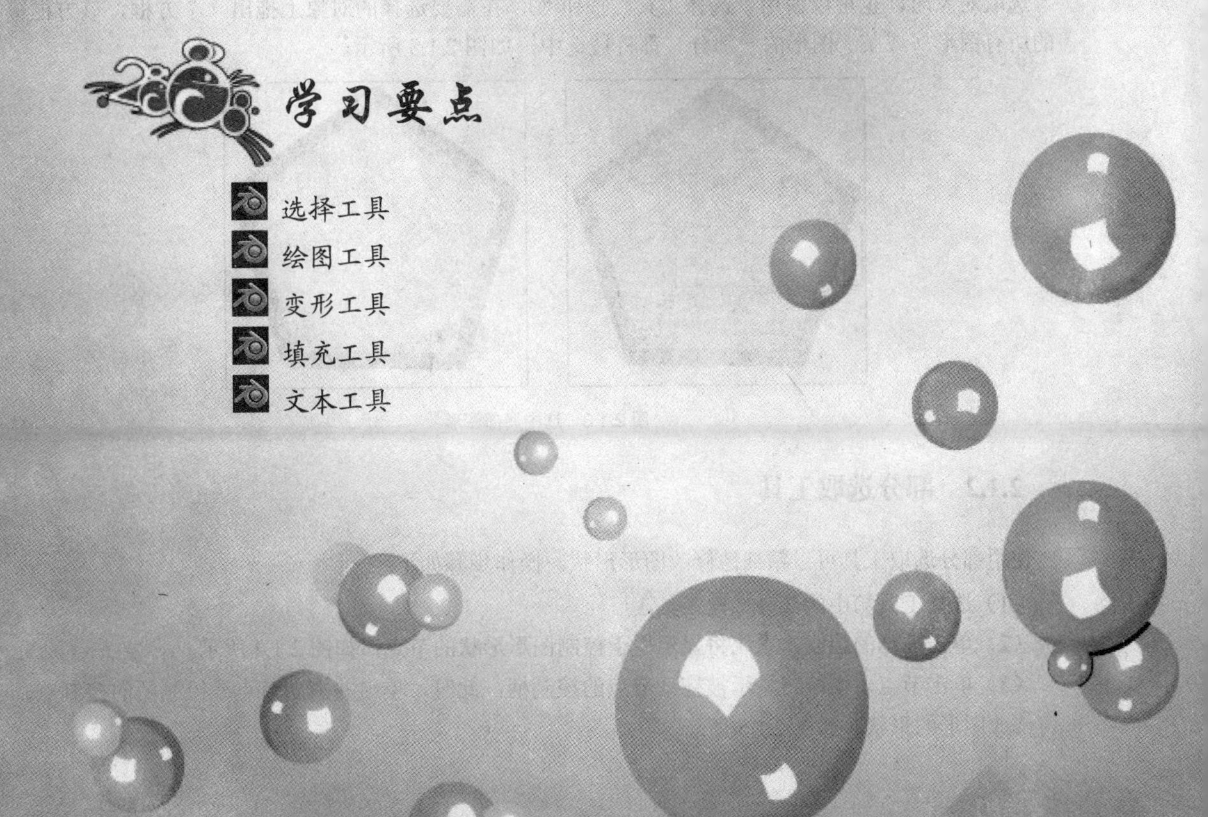

2.1 选 取 工 具

在 Flash CS3 中，可以使用选择工具、部分选取工具和套索工具对图形进行选择，下面分别对其进行介绍。

2.1.1 选择工具

使用选择工具选取对象时，只需先在工具箱中选取选择工具，然后在需要选取的对象（线条、填充区域、群组、文本）上单击鼠标即可选中该对象。

在选取线条时，如果单击线条，此时只能选中一条线段，如图 2.1.1 所示；如果双击该线条，则可选择整个线段，如图 2.1.2 所示。如果对象是一个有边线的填充区域，需要同时选中该填充区域和边线，则应在填充区域中的任意位置双击。

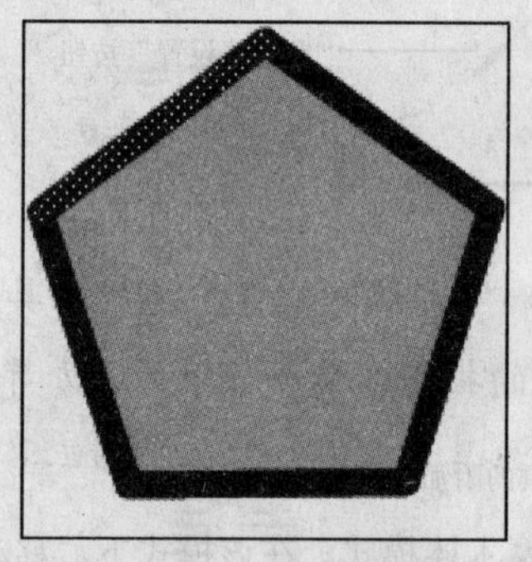

图 2.1.1 选取一条线段

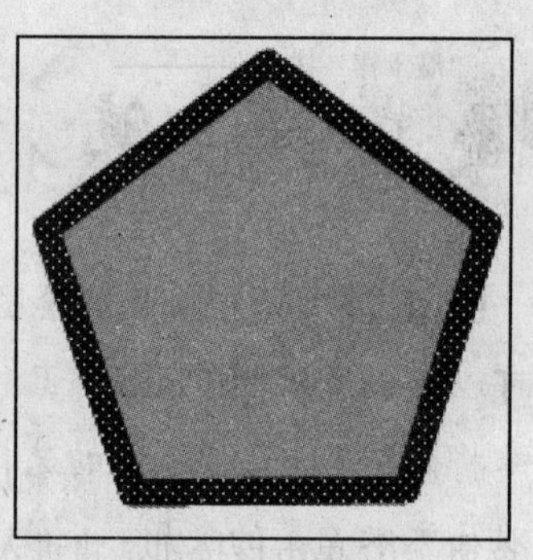

图 2.1.2 选取整个线段

选取对象时，也可以使用“选择工具”按钮，在需要选择的对象上拖出一个方框，该方框覆盖的所有图形（或某一图形的一部分）都将被选中，如图 2.1.3 所示。

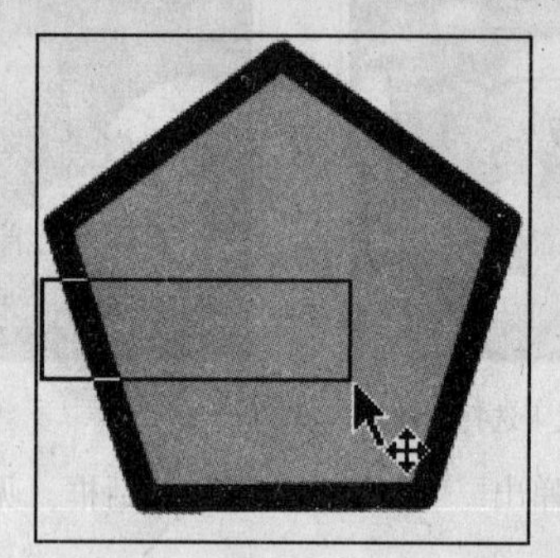

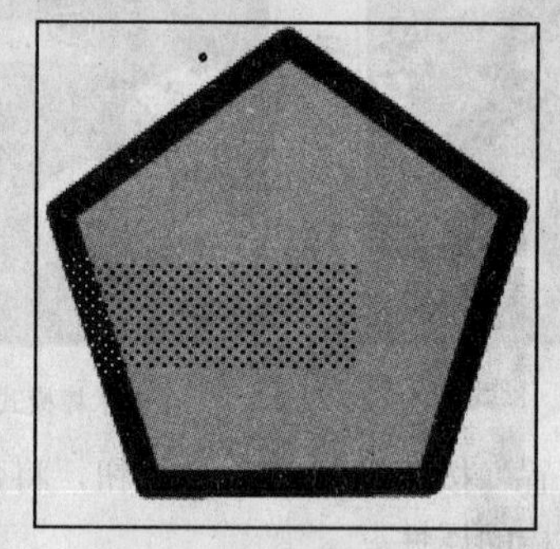

图 2.1.3 选中局部图形

2.1.2 部分选取工具

使用部分选取工具可以精细地修改图形形状，操作步骤如下：

（1）选择工具箱中的部分选取工具。

（2）单击图形的边线，系统将显示用于控制图形形状的节点，如图 2.1.4 所示。

（3）单击节点，系统将显示被拖动节点的控制柄。此时，单击并拖动节点或控制柄的控制点，即可修改图形的形状，如图 2.1.5 所示。

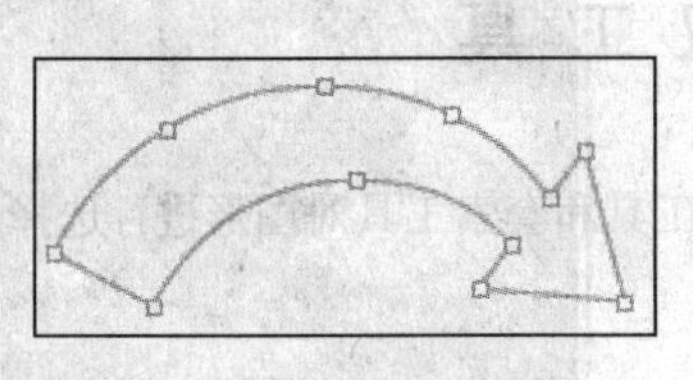

图 2.1.4　显示节点

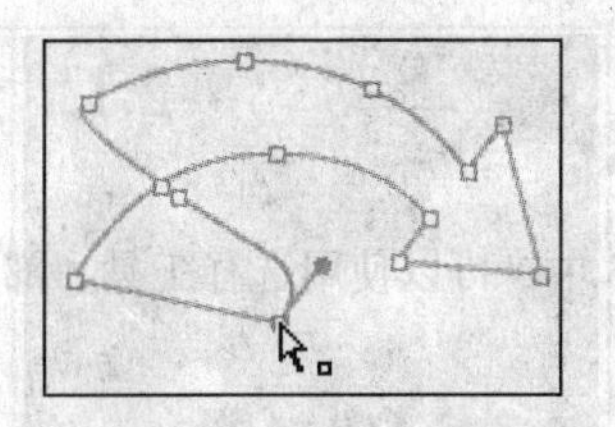

图 2.1.5　修改图形形状

2.1.3　套索工具

套索工具主要用于选择图形中颜色相同或相近的区域，而选择区域的范围则取决于魔术棒的属性设置。选择工具箱中的套索工具后，在工具箱的选项栏中将出现其附加选项，包括“魔术棒”按钮、“魔术棒设置”按钮和“多边形模式”按钮，如图 2.1.6 所示。

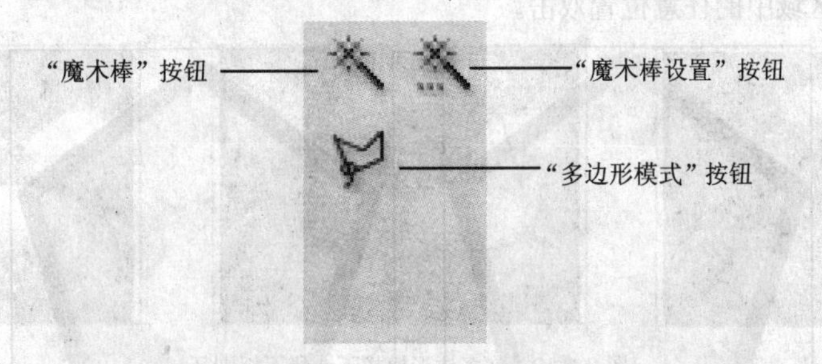

图 2.1.6　套索工具的附加选项

（1）“魔术棒”按钮：单击该按钮，将进入魔术棒模式。在该模式下，移动鼠标指针到图形上，当其呈现形状时，按住并拖动鼠标绘制封闭曲线，然后释放鼠标左键即可选择一个区域，如图 2.1.7 所示。

图 2.1.7　在魔术棒模式下选择不规则区域

（2）“魔术棒设置”按钮：单击该按钮，将弹出 “魔术棒设置”对话框（见图 2.1.8），用户可以在其中设置魔术棒的属性。

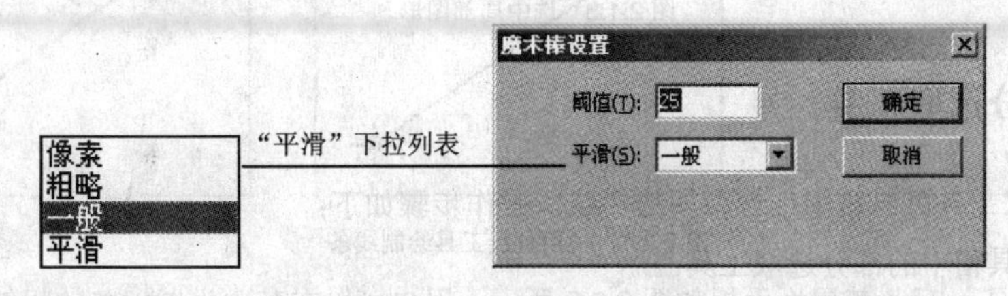

图 2.1.8　“魔术棒设置”对话框

1）阈值(T)：用于设置相邻像素的颜色相近程度，数值越大，魔术棒工具一次性选择的相似颜色区域就越大，如图 2.1.9 所示为阈值为 50 和 100 时的选取效果。

阈值为 50　　　　阈值为 100

图 2.1.9　不同阈值下的选取效果

2）平滑(S)：用于设置选择区域边缘的平滑度，包括像素、粗略、一般和平滑 4 个选项。

（3）"多边形模式"按钮：单击该按钮，将进入多边形模式。在该模式下，移动鼠标指针到图形上，当其呈现形状时，移动鼠标并连续单击，然后双击鼠标左键即可选择一个区域，如图 2.1.10 所示。

图 2.1.10　在多边形模式下选择不规则区域

2.2 绘 图 工 具

在 Flash CS3 中，绘图工具包括线条工具、铅笔工具、钢笔工具、矩形工具、椭圆工具、基本矩形工具、基本椭圆工具、多角星形工具、刷子工具和橡皮擦工具等，下面逐一介绍。

2.2.1　直线工具

直线工具主要用于绘制各种形状的线条。选择工具箱中的直线工具，将鼠标指针移动到舞台上，鼠标指针呈现＋形状，说明该工具已经被激活。这时，用户就可以按住鼠标左键作为线条的起点，然后拖动鼠标到另一点后释放鼠标，在两点之间绘制线条，如图 2.2.1 所示。

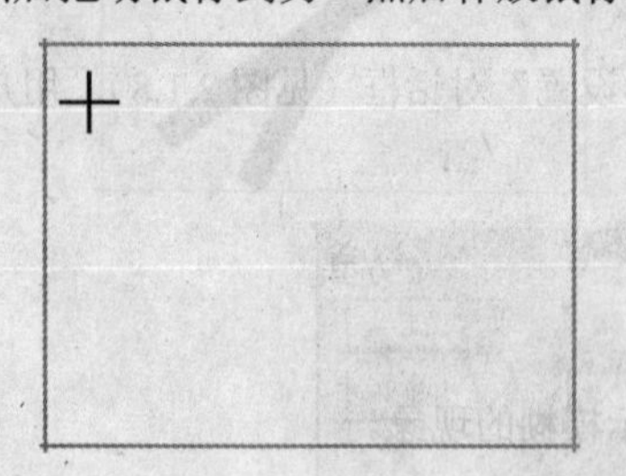

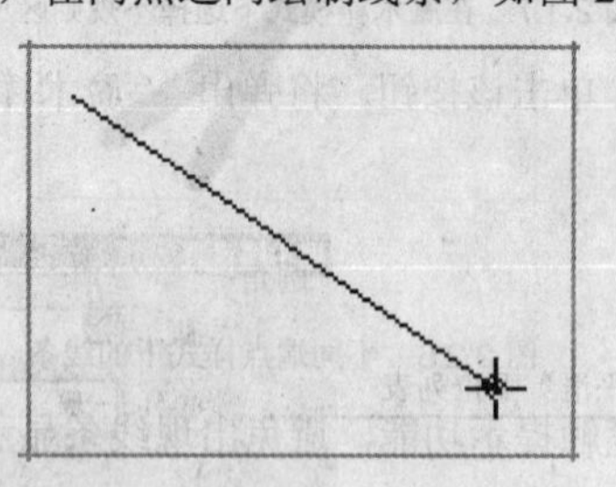

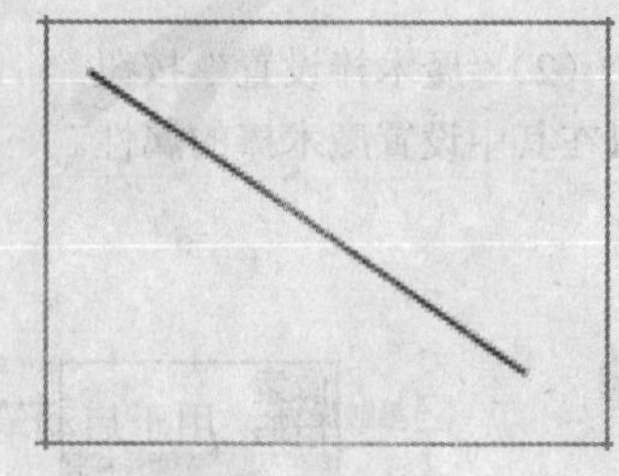

图 2.2.1　使用直线工具绘制线条

选择直线工具后，其属性面板如图 2.2.2 所示，用户可以在其中设置线条的粗细、颜色、样式等参数。

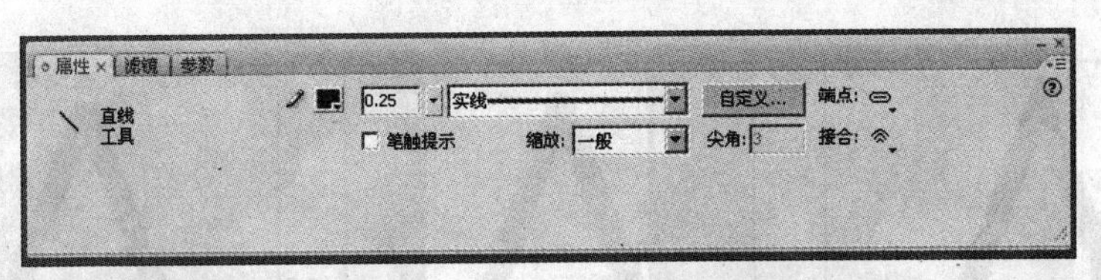

图 2.2.2　“直线工具”属性面板

（1）：用于设置线条的颜色。

（2）：用于设置线条的粗细，取值范围为 0.1～200。

（3）：用于设置线条的样式，如图 2.2.3 所示为不同样式的线条。

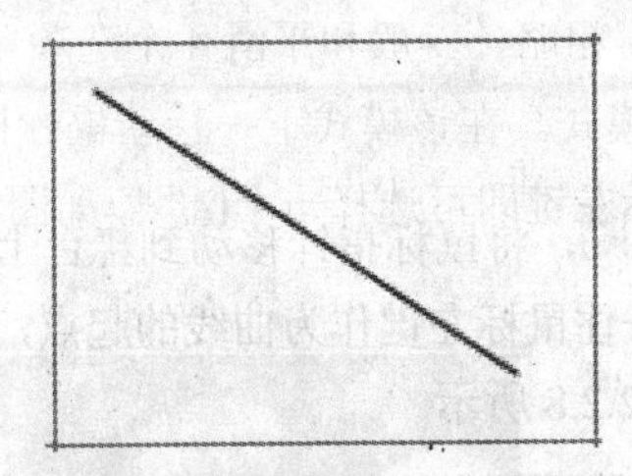

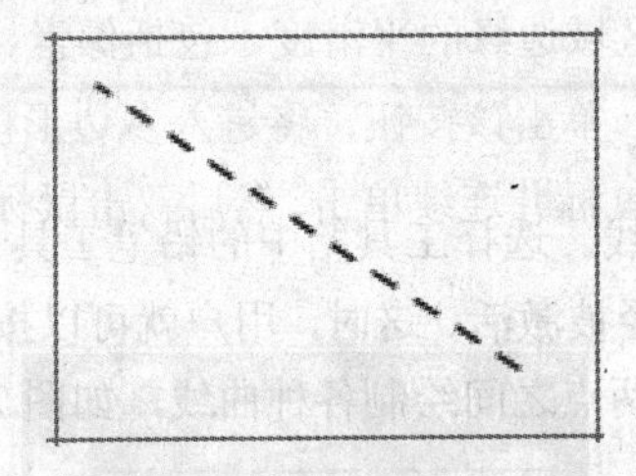

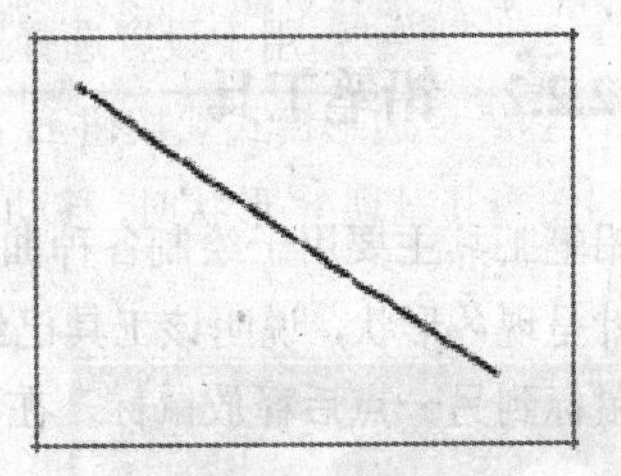

图 2.2.3　不同样式的线条

（4）：单击该按钮，将弹出如图 2.2.4 所示的“笔触样式”对话框，用户可以在其中自定义线条的样式，方法为在“类型”下拉列表中选择一种样式（例如选择“斑马线”选项），然后对其参数进行设置，如图 2.2.5 所示。

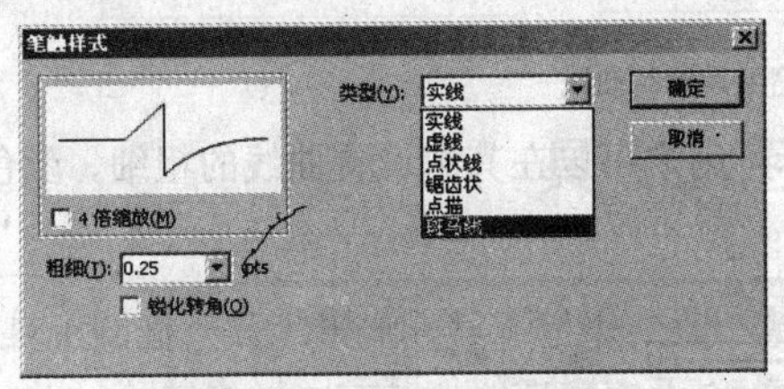

图 2.2.4　“笔触样式”对话框

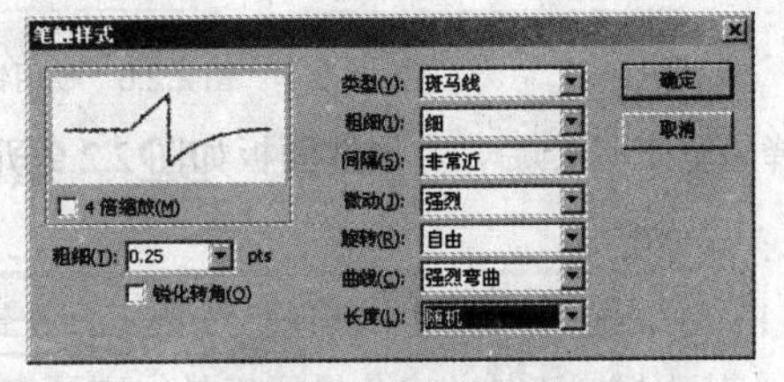

图 2.2.5　自定义线条的样式

（5）：用于设置线条端点的样式为无、圆角或方型。如图 2.2.6 所示即为不同端点样式下的线条。

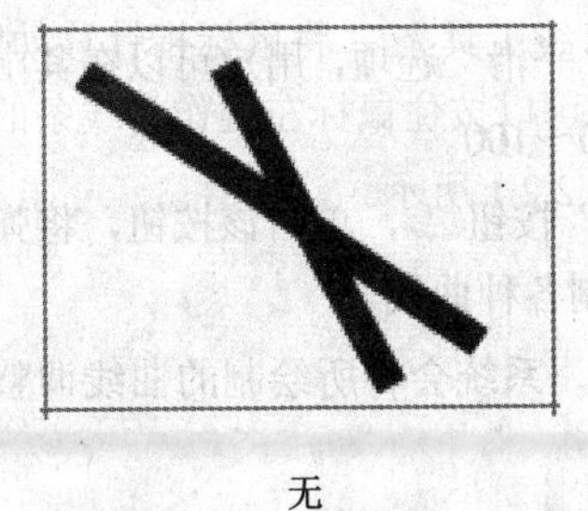

无　　圆角　　方型

图 2.2.6　不同端点样式下的线条

（6）：用于启动笔触提示功能，避免出现线条显示模糊的现象。

（7）：用于设置线条在播放器中的笔触缩放方式，有一般、水平、垂直和无 4 个选项。

（8）：用于设置尖角在接合处的倾斜程度。

（9）：用于设置线条在接合处的形状，有尖角、圆角和斜角 3 种，如图 2.2.7 所示。

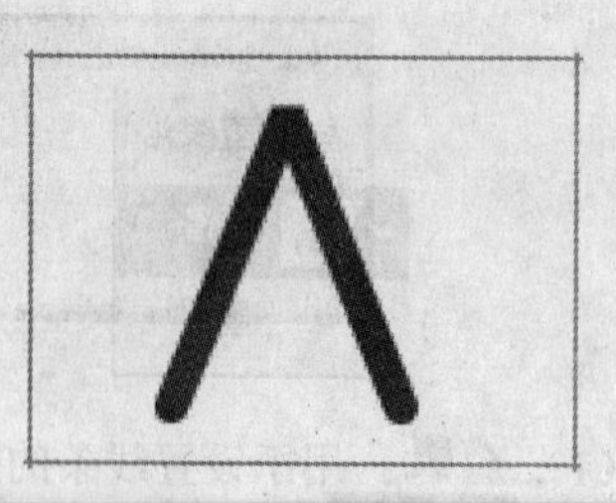

尖角　　　　圆角　　　　斜角

图 2.2.7　不同的线条接合形状

2.2.2　铅笔工具

铅笔工具主要用于绘制各种曲线。选择工具箱中的铅笔工具，将鼠标指针移动到舞台上，鼠标指针呈现形状，说明该工具已经被激活。这时，用户就可以按住鼠标左键作为曲线的起点，然后拖动鼠标到另一点后释放鼠标，在两点之间绘制各种曲线，如图 2.2.8 所示。

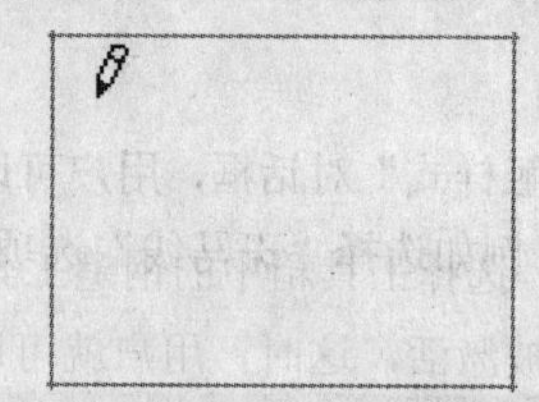
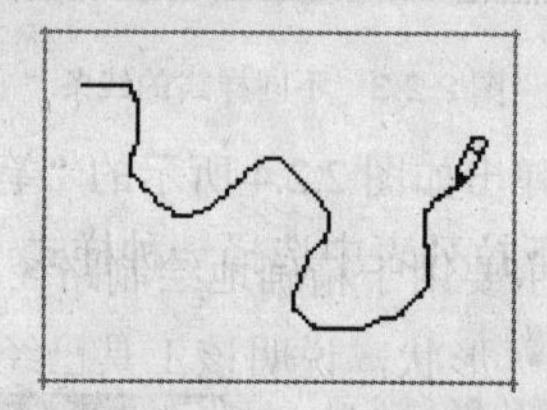
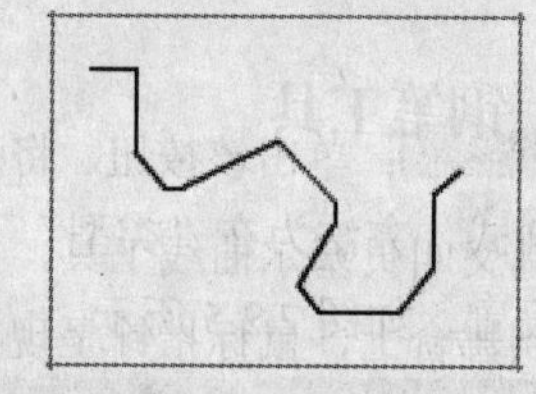

图 2.2.8　使用铅笔工具绘制曲线

选择铅笔工具后，其属性面板如图 2.2.9 所示，用户可以在其中设置曲线的粗细、颜色、样式等参数。

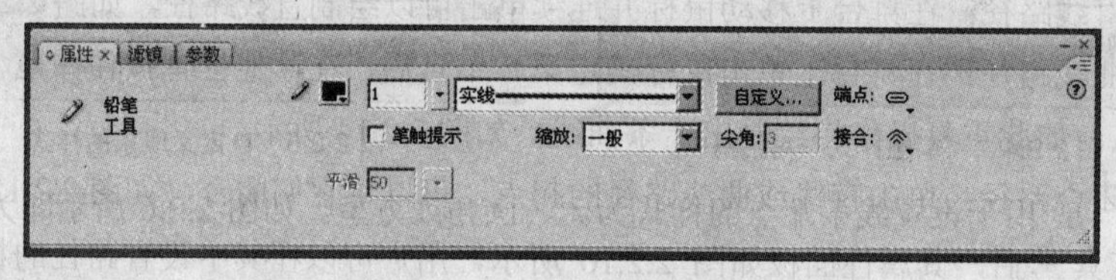

图 2.2.9　“铅笔工具”属性面板

铅笔工具的参数和直线工具的参数基本相同，只是多了一个“平滑”选项，用户可以在其中输入数值，设置铅笔笔触在“平滑”模式下的平滑程度，取值范围为 0～100。

选择铅笔工具后，在工具箱的选项栏中将出现“铅笔模式”按钮，单击该按钮，将弹出一个下拉菜单，用户可以根据需要选择适当的铅笔模式，然后再绘制各种曲线。

（1）直线化模式：该模式是系统的默认模式，在该模式下，系统会将所绘制的曲线调整为矩形、椭圆、三角形、正方形等较为规则的图形，如图 2.2.10 所示。

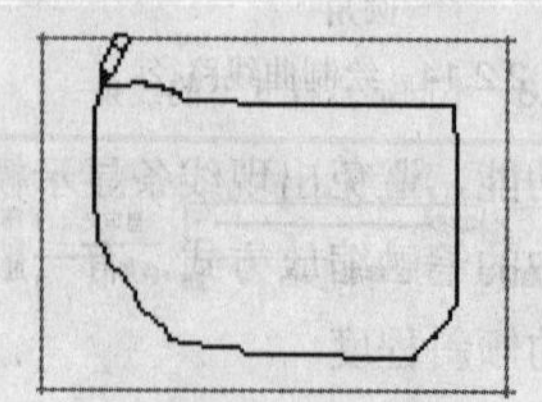
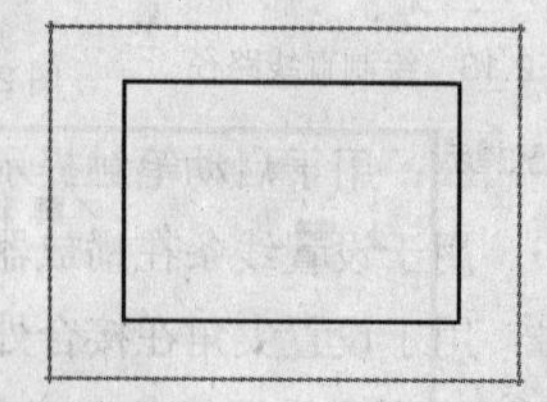

图 2.2.10　在“直线化”模式下绘制图形

（2）平滑模式：在该模式下，系统会对图形进行微调，使其更加平滑，如图 2.2.11 所示。

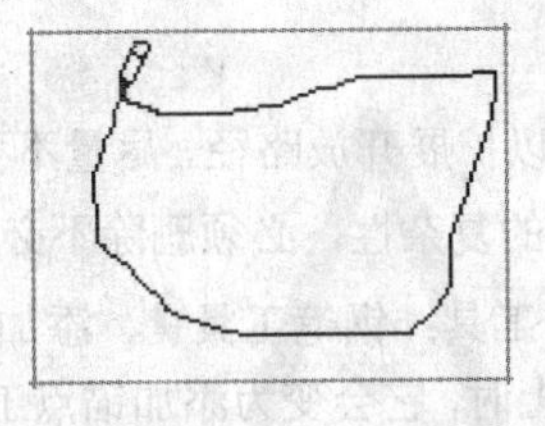

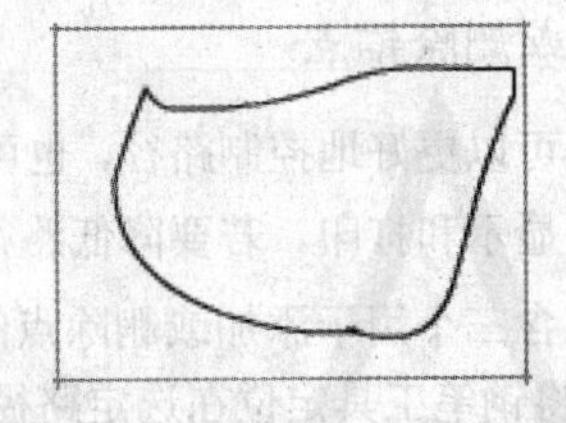

图 2.2.11 在“平滑”模式下绘制图形

（3）墨水模式：在该模式下，系统不会对图形进行任何调整，因此，绘制出的图形几乎不会发生变化，如图 2.2.12 所示。

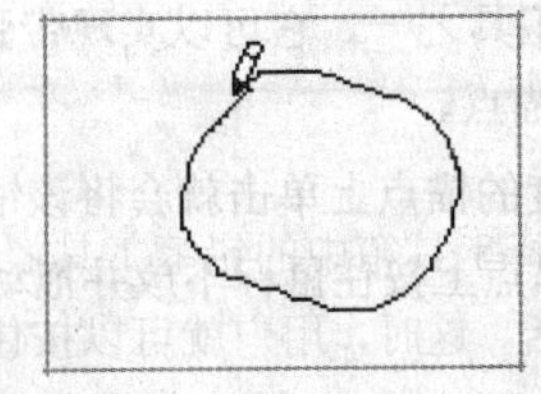

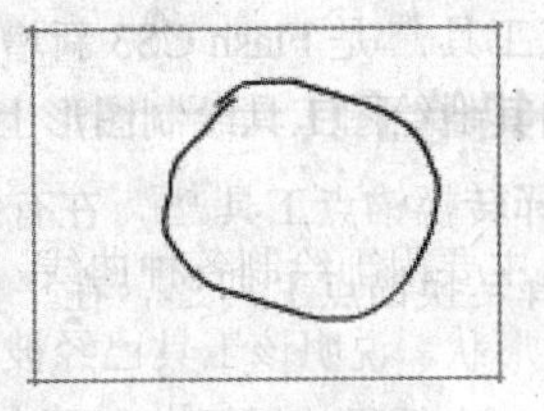

图 2.2.12 在“墨水”模式下绘制图形

2.2.3 钢笔工具

钢笔工具又叫贝塞尔曲线工具，主要用于精确地绘制路径。选择工具箱中的钢笔工具，将鼠标指针移动到舞台上，鼠标指针呈现形状，说明该工具已经被激活，这时，用户就可以绘制各种路径了。

1. 绘制各种路径

（1）绘制直线路径：在舞台上移动鼠标并连续单击可以绘制直线路径，如图 2.2.13 所示。

（2）绘制曲线路径：在舞台上单击鼠标确定第一个点后，在其他位置按住并拖动鼠标，然后单击确定第二个点，如此重复操作将绘制出一条曲线，如图 2.2.14 所示。

（3）绘制闭合路径：单击直线或曲线路径的起点，可以将它们闭合，如图 2.2.15 所示。

选择钢笔工具后，其属性面板如图 2.2.16 所示，用户可以在其中设置路径的粗细、颜色、样式等参数。钢笔工具的参数和直线工具的参数完全相同，不再赘述。

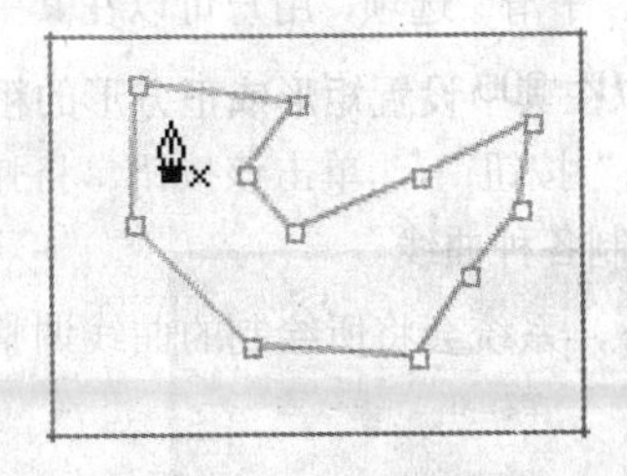

图 2.2.13 绘制直线路径

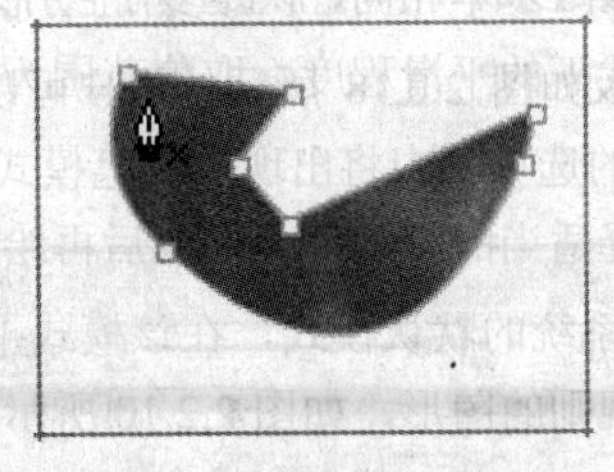

图 2.2.14 绘制曲线路径

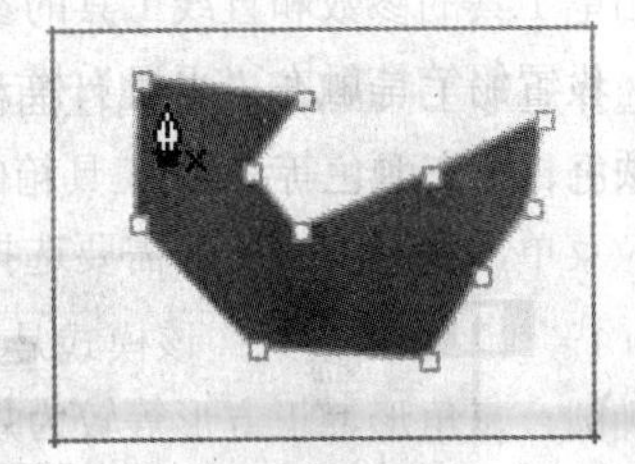

图 2.2.15 绘制闭合路径

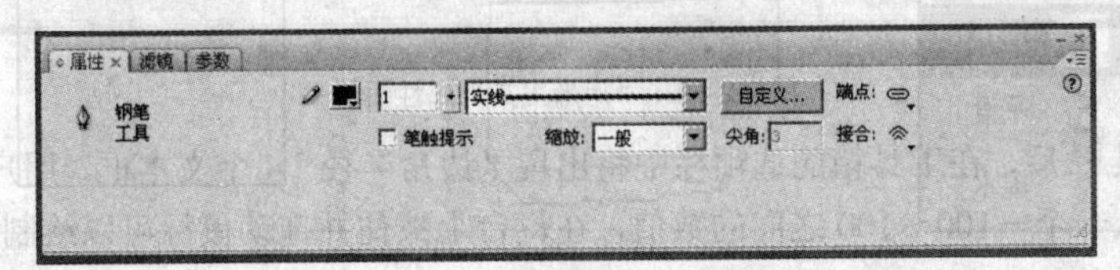

图 2.2.16 “钢笔工具”属性面板

2. 添加或删除锚点

添加锚点可以更好地控制路径，也可以扩展开放路径。尽量不要添加不必要的点，点越少的路径越容易编辑、显示和打印。若要降低路径的复杂性，必须删除不必要的点。

工具箱包含三个用于添加或删除点的工具：钢笔工具、添加锚点工具和删除锚点工具。默认情况下，将钢笔工具定位在选定路径上时，它会变为添加锚点工具；将钢笔工具定位在锚点上时，它会变为删除锚点工具。

3. 转换锚点

转换锚点工具是Flash CS3新增的工具之一。它可以实现带弧度的锚点与平直锚点间的切换，还可以显示用其他绘图工具绘制图形上的锚点。

（1）选择转换锚点工具，在有弧度的锚点上单击就会将该锚点转换为平直锚点。

（2）选择转换锚点工具，在平直锚点上按住鼠标不放并拖动，可将平直锚点转换为带弧度的锚点。

（3）选择转换锚点工具，在使用其他绘图工具绘制的图形上单击，可以显示出该图形的锚点。

2.2.4 矩形工具和基本矩形工具

1. 矩形工具

矩形工具主要用于绘制各种矩形和正方形。选择工具箱中的矩形工具，将鼠标指针移动到舞台上，鼠标指针呈现+形状，说明该工具已经被激活。这时，用户就可以按住鼠标左键不放并拖动绘制矩形了，如果要绘制正方形，只须在绘制的同时按住“Shift”键即可，如图2.2.17所示。

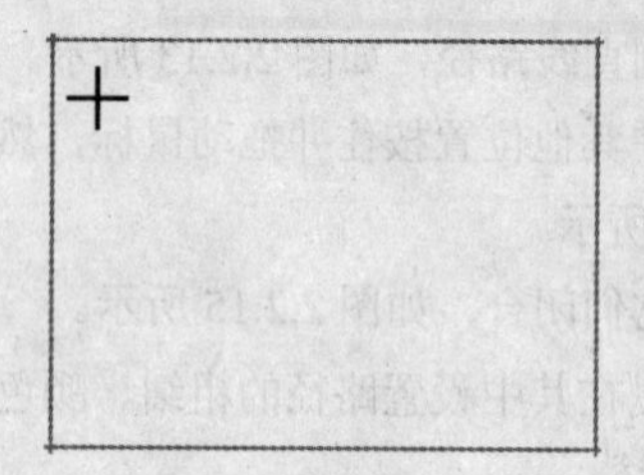
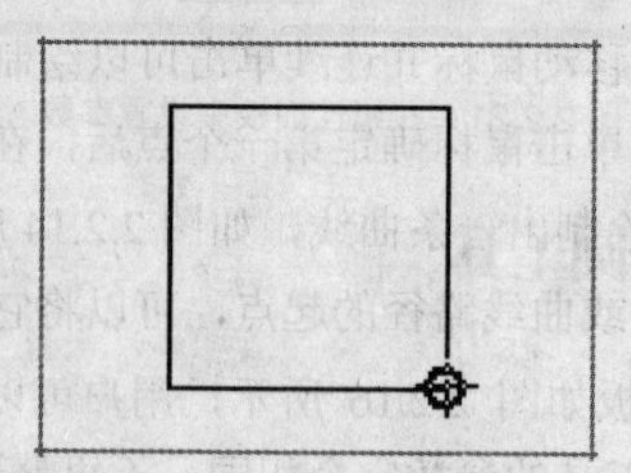

图2.2.17 使用矩形工具绘制正方形

选择矩形工具后，其属性面板如图2.2.18所示，用户可以在其中设置矩形或正方形的粗细、笔触颜色、填充颜色等参数。

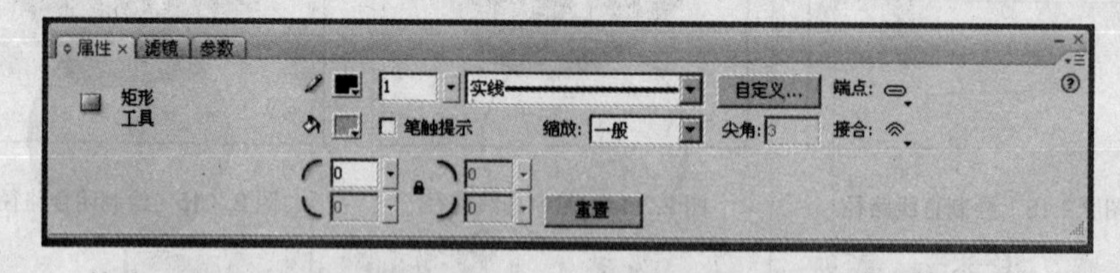

图2.2.18 “矩形工具”属性面板

选择矩形工具后，在工具箱的选项栏中将出现“边角半径”4个文本框，用户可以在“边角半径”文本框中输入一个－100～100之间的数值，在舞台上按住并拖动鼠标可以绘制“圆角矩形”，如图2.2.19所示。

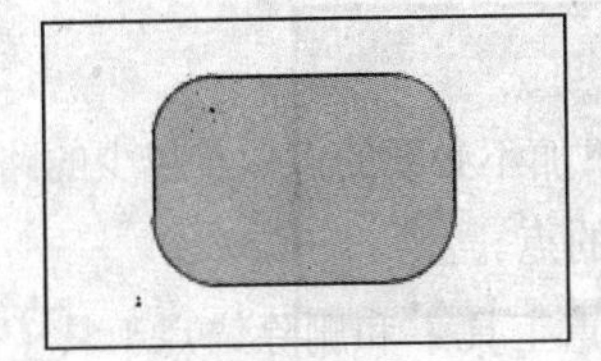

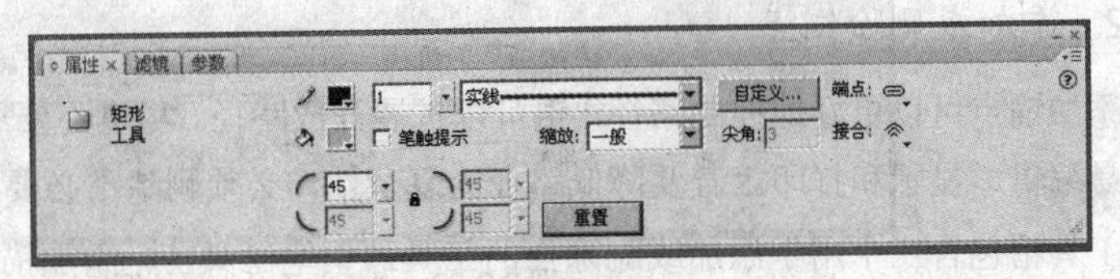

图 2.2.19　绘制圆角矩形和设置其属性

2. 基本矩形工具

基本矩形工具是 Flash CS3 新增工具之一，主要用于绘制圆角矩形，它的使用方法与矩形工具基本一样，但有两点不同。

（1）通过使用选择工具拖动边角上的节点，可以改变圆角矩形弧度，如图 2.2.20 所示。

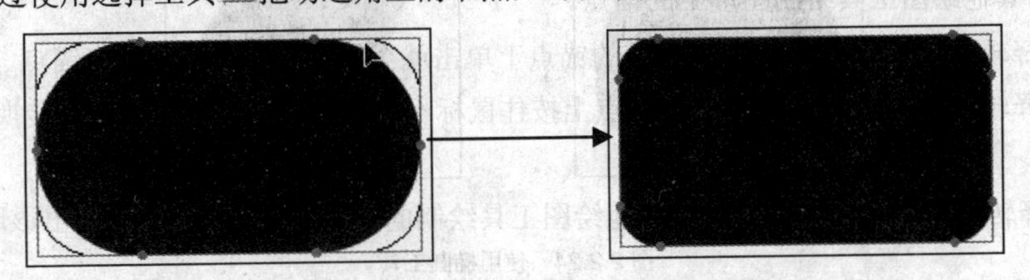

图 2.2.20　拖动节点改变圆角矩形弧度

（2）通过属性面板更改参数来改变矩形的形状，而矩形工具就无法做到，如图 2.2.21 所示。

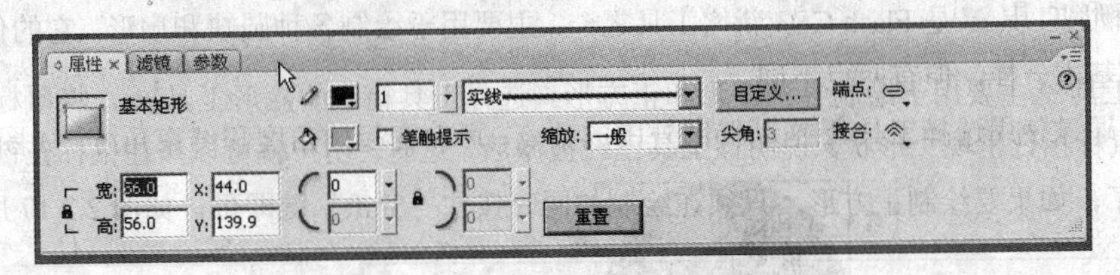

图 2.2.21　在属性面板中设置参数

2.2.5　椭圆工具和基本椭圆工具

1. 椭圆工具

椭圆工具主要用于绘制各种椭圆和圆形。选择工具箱中的椭圆工具，将鼠标指针移动到舞台上，鼠标指针呈现＋形状，说明该工具已经被激活。这时，用户就可以按住鼠标左键不放并拖动绘制椭圆了，如果要绘制圆形，只需在绘制的同时按住“Shift”键即可，如图 2.2.22 所示。

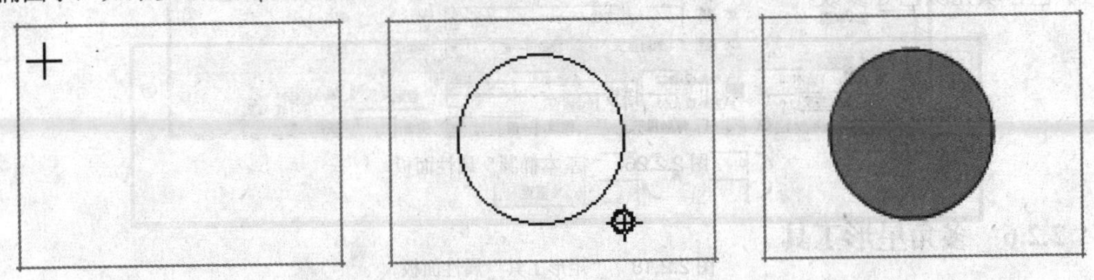

图 2.2.22　使用椭圆工具绘制圆形

选择椭圆工具后，其属性面板如图 2.2.23 所示，用户可以在其中设置椭圆或圆形的粗细、笔触颜色、填充颜色等参数。

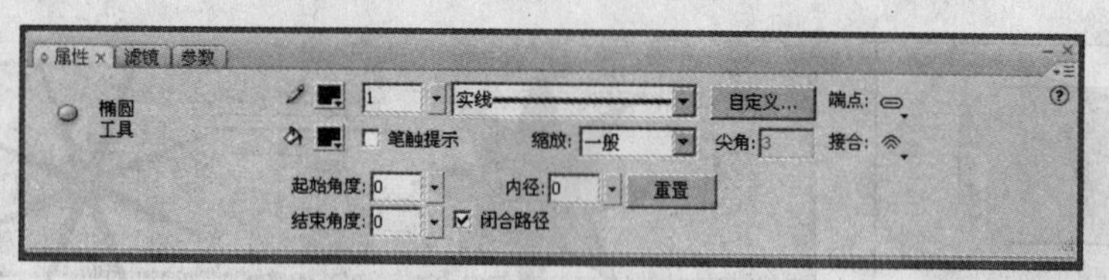

图 2.2.23 “椭圆工具”属性面板

选择椭圆工具后，在工具箱的选项栏中将出现“起始角度”和“结束角度”两个文本框，用户可以在这两个文本框中输入一个 0～360 之间的数值，在舞台上按住并拖动鼠标可以绘制圆缺和扇形，如图 2.2.24 所示。

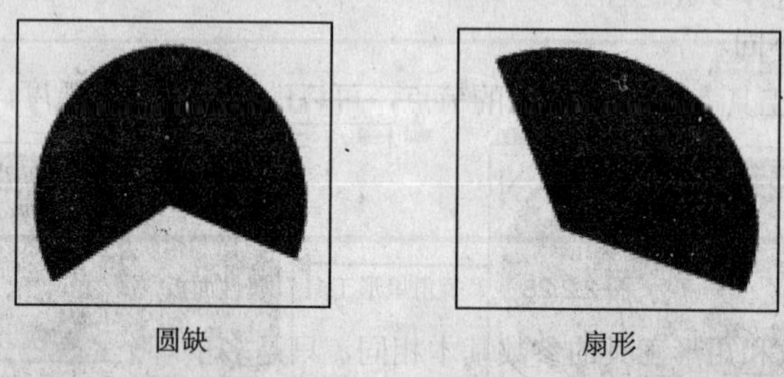

圆缺　　扇形

图 2.2.24 使用椭圆工具

2. 基本椭圆工具

基本椭圆工具是 Flash CS3 新增工具之一，主要用于绘制各种圆缺和扇形，它的使用方法与椭圆工具基本一样，但有两点不同。

（1）通过使用选择工具拖动椭圆外围的节点，可改变起始角度和结束角度，如图 2.2.25 所示。

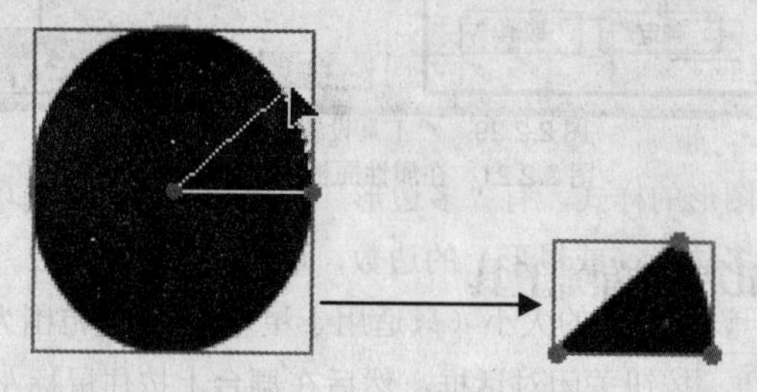

图 2.2.25 拖动节点绘制扇形

（2）通过属性面板更改参数来改变椭圆的起始角度、结束角度以及内径，而椭圆工具就无法做到，如图 2.2.26 所示。

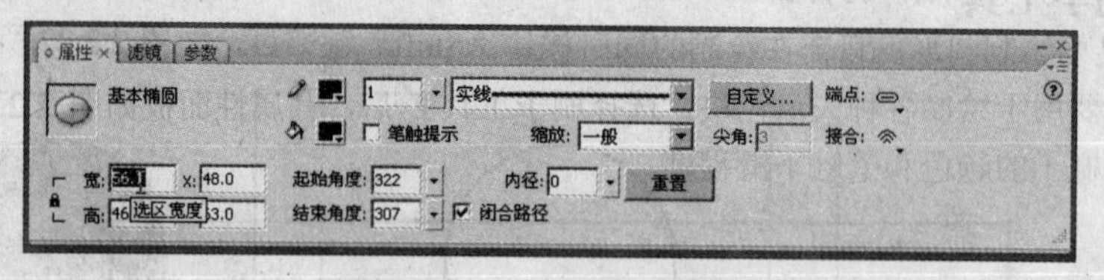

图 2.2.26 “基本椭圆”属性面板

2.2.6 多角星形工具

多角星形工具主要用于绘制各种多边形和星形。选择工具箱中的多角星形工具，将鼠标指针移动到舞台上，鼠标指针呈现+形状，说明该工具已经被激活。这时，用户就可以按住鼠标左键不放并拖动绘制多边形和星形了，如图 2.2.27 所示。

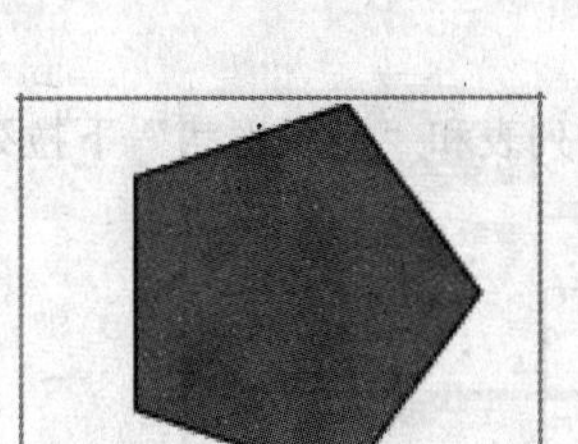

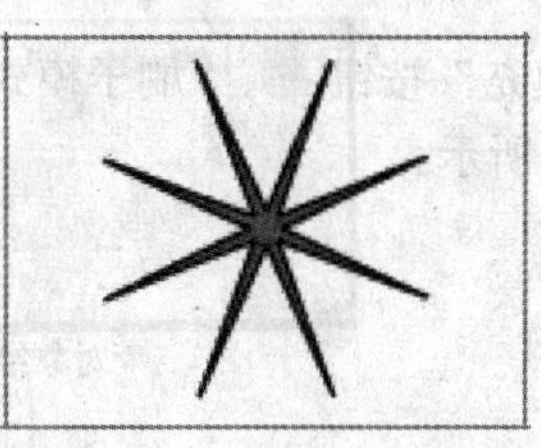

图 2.2.27 使用多角星形工具绘制多边形和星形

选择多角星形工具后，其属性面板如图 2.2.28 所示，用户可以在其中设置多边形或星形的粗细、笔触颜色、填充颜色等参数。

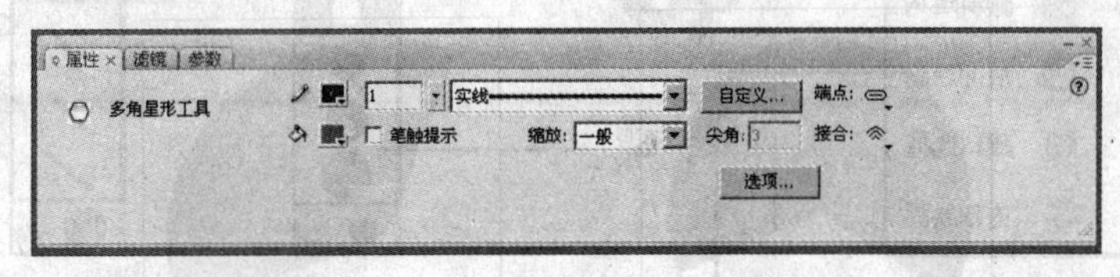

图 2.2.28 “多角星形工具”属性面板

多角星形工具的参数和矩形工具的参数基本相同，只是多了一个选项...按钮，单击该按钮，将弹出如图 2.2.29 所示的“工具设置”对话框，用户可以在其中设置图形的样式、边数和顶点的大小。

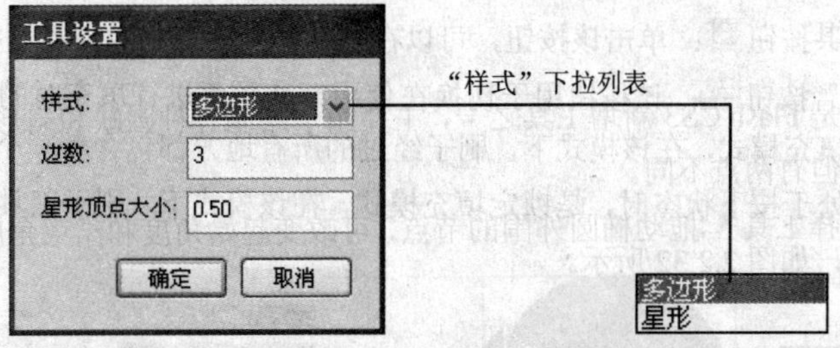

图 2.2.29 “工具设置”对话框

（1）样式：用于设置图形的样式，有“多边形”和“星形”两个选项。

（2）边数：用于设置多边形（或星形）的边数，取值范围为 3～32。

（3）星形顶点大小：用于设置顶点的大小（只适用于星形），取值范围为 0～1 之间的小数。

设置完毕后，单击确定按钮关闭对话框，然后在舞台上按住鼠标左键不放并拖动即可绘制多边形或星形了。

2.2.7 刷子工具

刷子工具主要用于绘制各种矢量色块。选择刷子工具后，其属性面板如图 2.2.30 所示，用户可以在其中设置刷子的颜色和笔触平滑程度。

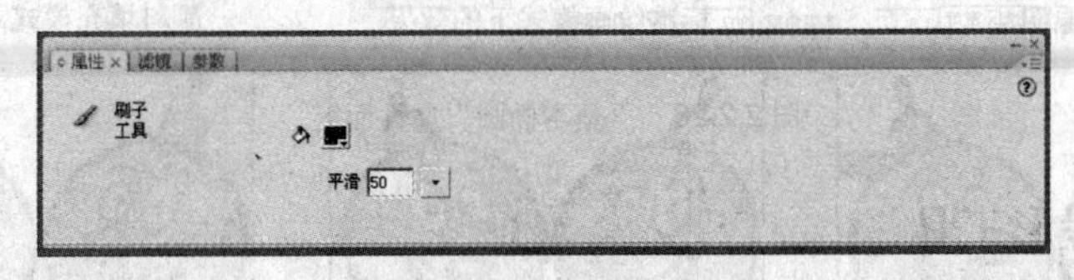

图 2.2.30 “刷子工具”属性面板

（1）：用于设置刷子的颜色。

（2）平滑 50：用于设置铅笔笔触在平滑模式下的平滑程度，取值范围为 0～100。

选择刷子工具后，在工具箱的选项栏中将出现刷子工具的附加选项，包括“对象绘制”按钮、

“锁定填充”按钮、“刷子模式”按钮、“刷子大小”下拉列表和“刷子形状”下拉列表，如图 2.2.31 所示。

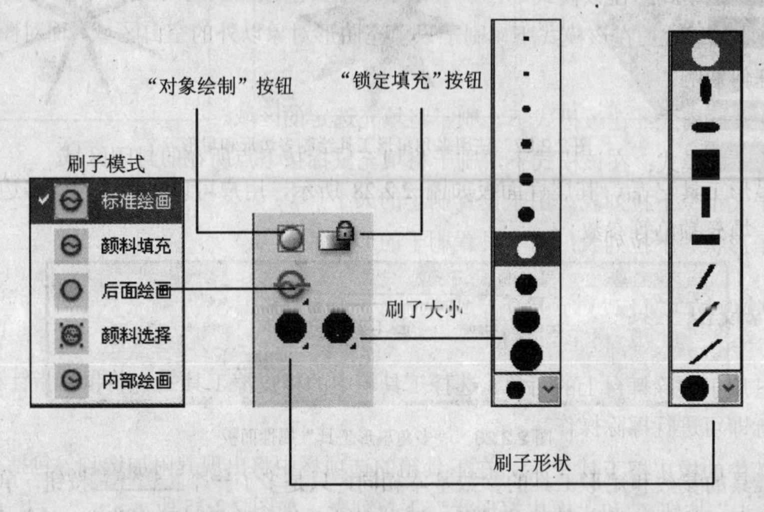

图 2.2.31　刷子工具的附加选项

（1）“对象绘制”按钮：单击该按钮，可以在合并绘制模型和对象绘制模型之间来回切换。

（2）“锁定填充”按钮：该按钮用于切换在使用渐变颜色进行填充时的参照点。当其处于弹起状态时，是非锁定填充模式，在该模式下，刷子经过的所有地方都包含着一个完整的渐变过程，如图 2.2.32 所示；当其处于按下状态时，是锁定填充模式，在该模式下，刷子工具将以整个图形为一个完整的渐变过渡区域，如图 2.2.32 所示。

图 2.2.32　在非锁定填充模式下绘制图形　　图 2.2.33　在锁定填充模式下绘制图形

（3）“刷子模式”按钮：单击该按钮会弹出一个下拉菜单，包括标准绘画、颜料填充、后面绘画、颜料选择和内部绘画 5 个选项。如图 2.2.34 所示为使用刷子工具在 5 种模式下的绘图效果。

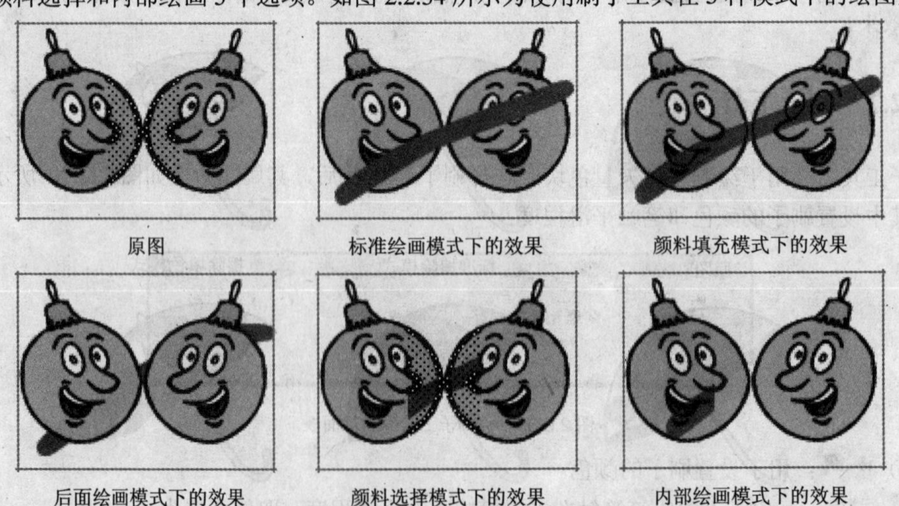

图 2.2.34　刷子工具在 5 种模式下的绘图效果

1）标准绘画模式：在该模式下，新绘制的图形会覆盖同一层中的原有图形。

2）颜料填充模式：在该模式下，刷子只填充空白区域以及封闭区域，而对边框线没有影响。

3）后面绘画模式：在该模式下，刷子只填充图形对象以外的空白区域，而对图形的填充区域和边框线没有任何影响。

4）颜料选择模式：在该模式下，刷子将填充选定的区域。

5）内部绘画模式：在该模式下，刷子将填充鼠标按下点所在的封闭区域。

（4）“刷子大小”下拉列表：用于设置刷子的大小。

（5）“刷子形状”下拉列表：用于设置刷子的形状。

2.2.8　橡皮擦工具

橡皮擦工具用于擦除舞台上的对象，选择工具箱中的橡皮擦工具，将鼠标指针移动到舞台上，按住并拖动鼠标即可进行擦除操作。

选择工具箱中的橡皮擦工具后，在工具箱的选项栏中将出现其附加选项，包括“橡皮擦模式”按钮、“水龙头”按钮和“橡皮擦形状”下拉列表，如图 2.2.35 所示。

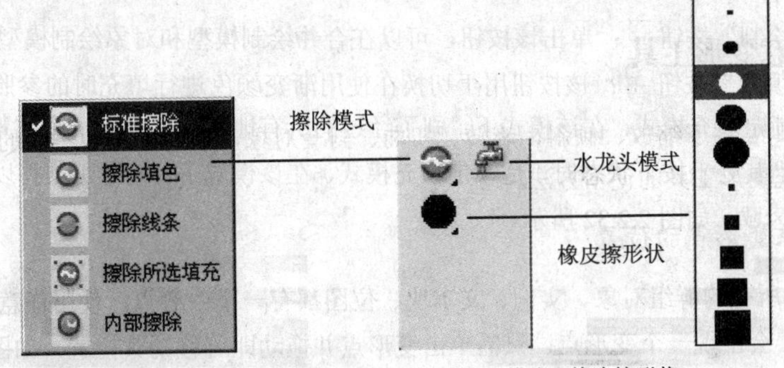

图 2.2.35　设置橡皮擦擦除模式、水龙头模式和橡皮擦形状

（1）“橡皮擦模式”按钮：单击该按钮，将弹出一个下拉菜单，其中包括标准擦除、擦除填色、擦除线条、擦除所选填充和内部擦除 5 个选项。如图 2.2.36 所示即为使用刷子工具在 5 种模式下的绘图效果。

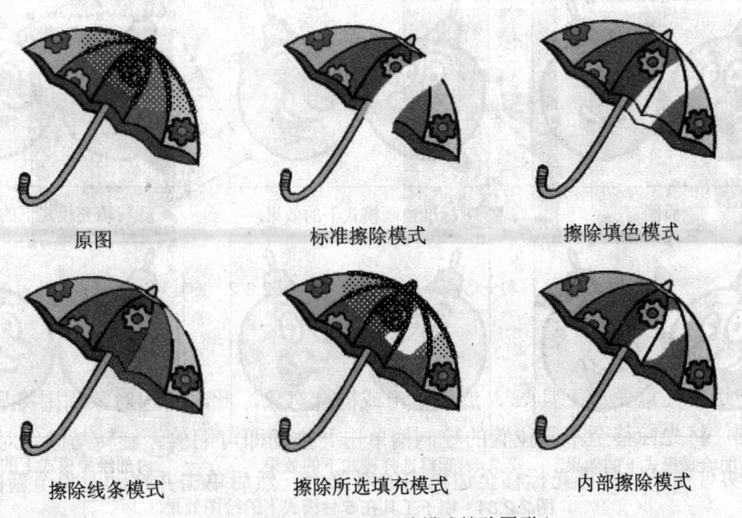

图 2.2.36　用 5 种橡皮擦模式擦除图形

1）标准擦除模式：在该模式下，可以擦除橡皮擦经过的所有线条和填充。

2）擦除填色模式：在该模式下，可以擦除填充色和打散的文字，但不能擦除矢量线条。

3）擦除线条模式：在该模式下，可以擦除矢量线条和打散的文字，但不能擦除填充色。

4）擦除所选填充模式：在该模式下，用户必须事先创建一个选区，然后再擦除该选区内的图形，但不会擦除矢量线条。

5）内部擦除模式：在该模式下，橡皮擦的起点必须在封闭图形的内部，否则将不擦除任何内容。

（2）“水龙头”按钮：单击该按钮，进入水龙头模式，将其移动到需要擦除的对象上，鼠标指针会呈现形状，此时，单击鼠标左键可以一次性将其擦除。

（3）“橡皮擦形状”下拉列表：在该下拉列表中提供了大小不同的矩形和圆形橡皮擦各5种，用户可以根据需要进行选择。

2.3 变 形 工 具

在Flash CS3中，变形工具包括任意变形工具和渐变变形工具，下面逐一介绍。

2.3.1 任意变形工具

任意变形工具用于缩放、倾斜、旋转、扭曲、封套对象，使对象呈现不同的效果。下面针对各种情况介绍填充变形工具的使用方法。

1. 调整对象变形点的位置

在Flash中，所有的群组对象、实例、文本块、位图都有一个中心点。使用任意变形工具选中对象后，对象的中心会出现一个变形点，只需单击变形点并拖动即可移动其位置，如图2.3.1所示。

当对象的变形点改变后，这时进行的变形操作将以新的变形点为中心。例如旋转对象时，其效果如图2.3.2所示。

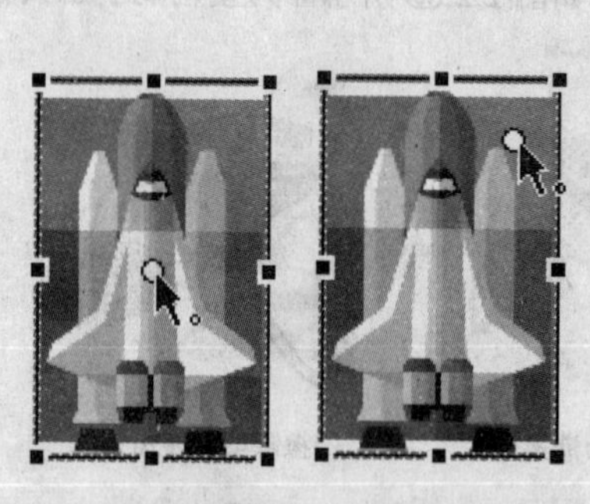

图2.3.1 移动变形点

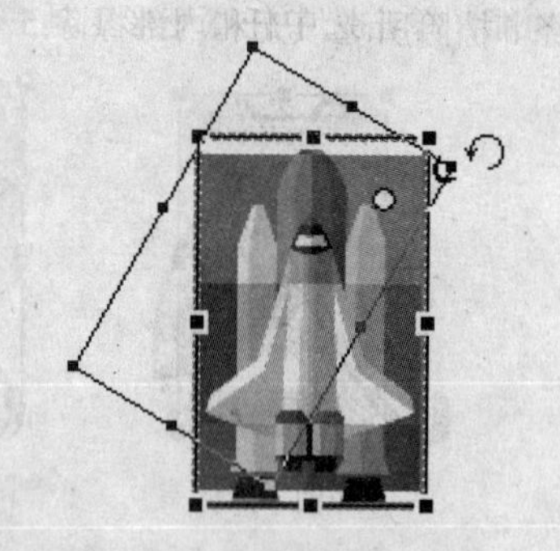

图2.3.2 旋转移动变形点后的对象

2. 缩放、倾斜与旋转对象

在工具箱中选中任意变形工具，然后单击或框选对象，此时所选对象周围将显示一个有8个控制柄的变形框。将光标移至不同位置的控制柄单击并拖动即可缩放、旋转与倾斜对象。

（1）要拖动对象，只需将光标移至边框内的对象上，然后单击并拖动对象至新的位置。注意不要拖动变形点。

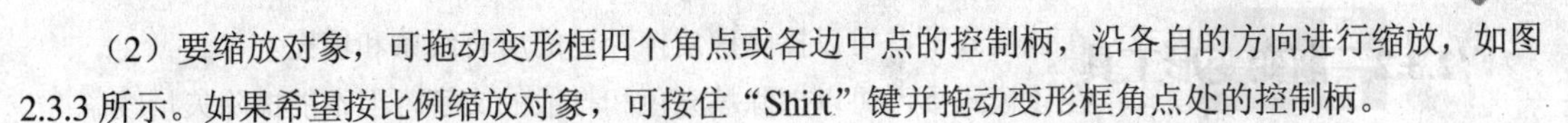

（2）要缩放对象，可拖动变形框四个角点或各边中点的控制柄，沿各自的方向进行缩放，如图2.3.3所示。如果希望按比例缩放对象，可按住“Shift”键并拖动变形框角点处的控制柄。

（3）要倾斜对象，则将光标移至边线附近，当光标呈⇋、⥮形状时单击并拖动，即可沿水平或垂直方向倾斜对象，如图2.3.4所示。

（4）要旋转对象，则将光标移至变形框的角点附近，当光标呈↺形状时单击并拖动，即可以对象的变形点为中心进行旋转，如图2.3.5所示。如按住“Shift”键拖动，可以45°角为增量进行旋转。

图2.3.3 缩放　　图2.3.4 倾斜　　图2.3.5 旋转

提示

使用工具箱中的任意变形工具变形时，既可执行单一的变形操作，也可以将诸如移动、旋转、缩放、倾斜和扭曲等多个变形操作组合在一起执

3. 扭曲与封套

扭曲与封套功能都只能应用于形状对象，而不能修改元件、位图、视频对象、组合对象或文本。如果对上述对象进行扭曲或封套变形，必须先将它们打散为形状对象。

其中，要使用扭曲功能，选中对象后，单击“任意变形工具”按钮选项中的“扭曲”按钮，然后将光标移至变形框的某个控制柄处单击并拖动即可，如图2.3.6所示。如在扭曲对象的同时按住“Shift”键，则可以进行对称扭曲。

使用封套功能可对对象进行细微的调整，此时将在对象周围显示一个封套控制框。通过拖动封套控制框上的控制点及切线手柄，可以改变封套的形状，封套内的对象也将随之改变，如图2.3.7所示。要使用封套功能，单击选中任意变形工具，在工具箱的“选项”区中选择“封套”按钮即可。

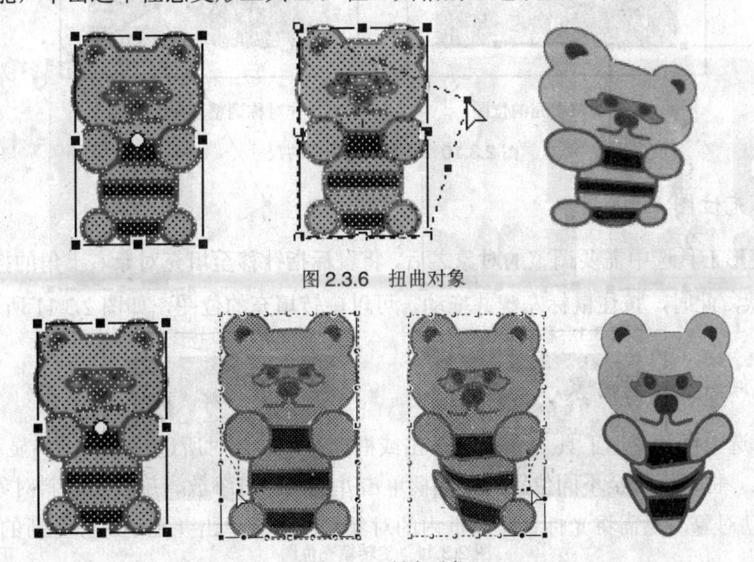

图2.3.6 扭曲对象

图2.3.7 封套对象

2.3.2 渐变变形工具

渐变变形工具用于调整渐变色或填充位图的尺寸、角度及中心点等。下面针对各种情况介绍填充变形工具的使用方法。

1. 调整中心点

当使用填充变形工具单击选中需要调整的对象时，在被调整对象的周围会显示一些控制手柄，如图 2.3.8 所示。

将鼠标指针移至填充对象的中心点位置，鼠标指针变为形状，此时，按住鼠标左键拖动填充对象，可以调整其填充中心点的位置，如图 2.3.9 所示。

图 2.3.8 选中对象

图 2.3.9 调整对象的填充中心点

2. 调整尺寸

在使用填充变形工具选中需要调整的对象之后，将鼠标指针移至填充对象左下角（或左边、下边）的控制点处，当鼠标指针呈现（或↔、↕）形状时，按住鼠标左键并拖动，可以对称（或非对称）调整填充的位图，如图 2.3.10 所示。

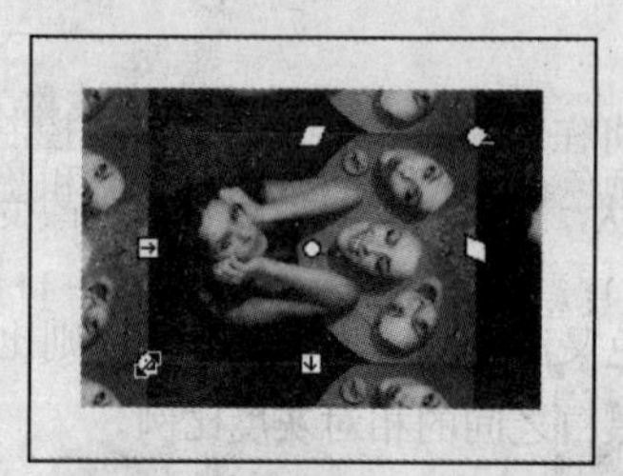

对称调整填充的位图

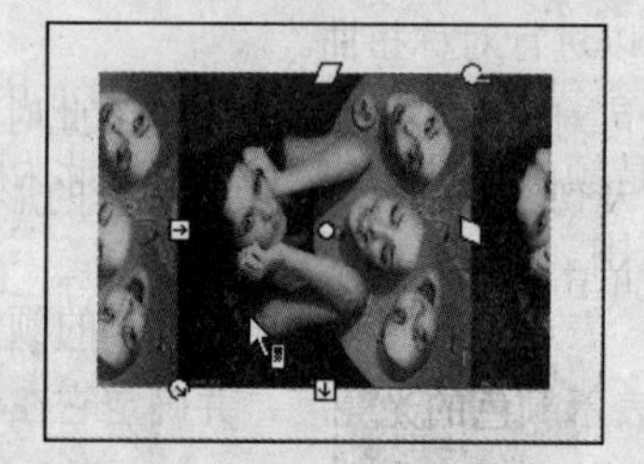

非对称调整填充的位图

图 2.3.10 调整填充位图的尺寸

3. 旋转填充位图

使用填充变形工具选中需要调整的对象之后，将鼠标指针移至填充对象右上角的控制点处，鼠标指针呈现形状，此时，按住鼠标左键并拖动，可以旋转填充的位图，如图 2.3.11 所示。

图 2.3.11 旋转填充位图

4. 扭曲填充位图

在使用填充变形工具选中需要调整的对象之后，将鼠标指针移至填充对象上边（或右边）的控制点处，鼠标指针呈现↕或↔形状，此时，按住鼠标左键并拖动，可以扭曲填充的位图，如图 2.3.12 所示。

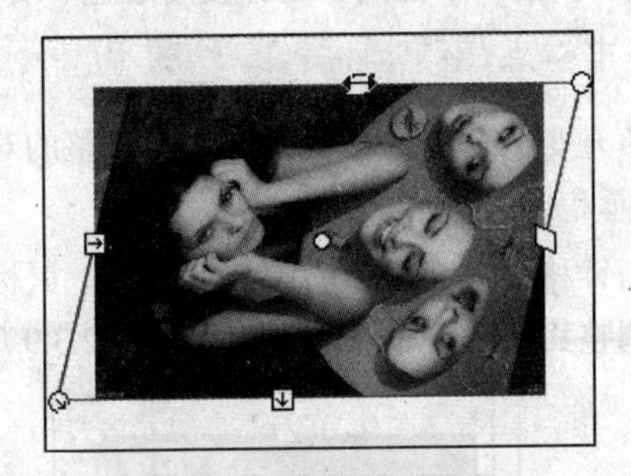

图 2.3.12　扭曲填充位图

2.4　填 充 工 具

Flash CS3 提供了一些填充图形的工具，例如滴管工具、颜料桶工具、墨水瓶工具等，下面具体介绍这些工具的使用方法。

2.4.1　颜色

在介绍填充工具之前先来了解一下颜色的有关知识。

1. 颜色的三要素

任何一种颜色都包含色调、饱和度和亮度。因此，色调、饱和度和亮度被称为颜色的三要素。

（1）色调：是颜色最明显的特性，并以此为颜色命名，例如红色、黄色和蓝色等。每一种颜色都有一定的色调范围。

（2）饱和度：表示色调的深度，已饱和的颜色又深又浓，未饱和的颜色则比较淡。

（3）亮度：表示颜色的光亮度，并确定它在黑白之间的相对灰度比例。

2. 颜色的定义方式

在 Flash CS3 中，对颜色的定义有 3 种方式。

（1）通过拖动颜色条上的滑块位置来定义。

（2）输入 RGB 值。其中的 R，G，B 分别表示红色、绿色和蓝色。计算机的显示器所显示的颜色就是这 3 种颜色的混合。每种颜色的值在 0～255 之间。如果 R，G，B 的值均为 0（即 0，0，0），则显示为黑色；如果均为 255（即 255，255，255），则显示为白色；值为（255，0，0）时显示为红色；值为（0，255，0）时显示为绿色；值为（0，0，255）时显示为蓝色。

（3）输入十六进制值。十六进制数由 0～9 和 A～F 这 16 个数字组成，逢 16 进位，F 和 1F 分别等于十进制的 15 和 31，而 FF 等于十进制的 255。一个（255，255，0）的 RGB 值转化为十六进制就是 FFFF00。网页中常使用十六进制的值表示颜色，RGB 中的 0～255 之间的值，对应在十六进制值 00～FF 之间。

3. 颜色面板

颜色面板是最强大的颜色设置工具，无论设置线条的颜色，还是填充单一颜色或渐变颜色，都可以使用颜色面板来完成。选择 窗口(W) → ✓ 颜色(C) Shift+F9 命令，打开颜色面板（见图 2.4.1），用户可以通过“类型”下拉列表选择使用纯色、线性、放射状或位图方式填充图形，如图 2.4.2 所示。

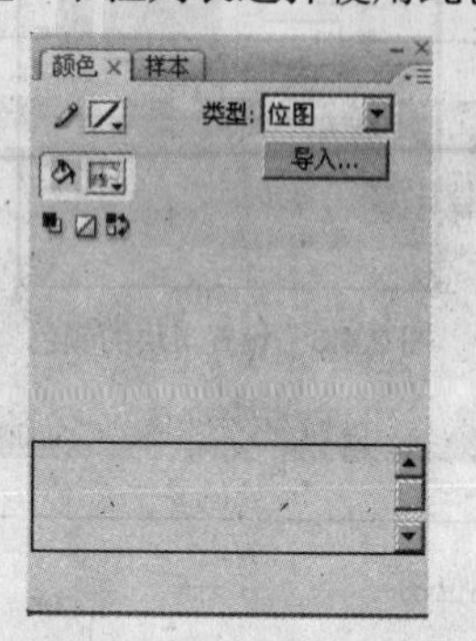

图 2.4.1　颜色面板

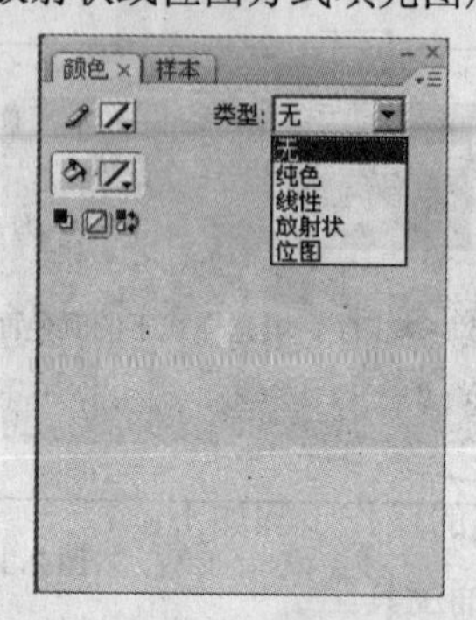

图 2.4.2　“类型”下拉列表

2.4.2　颜料桶工具

颜料桶工具用于为封闭的区域填充单一颜色、渐变色或位图。选择颜料桶工具，在选项栏中会出现如图 2.4.3 所示的附加选项，包括“锁定填充”按钮和“空隙大小”按钮，单击“空隙大小”按钮，弹出如图 2.4.4 所示的下拉菜单。

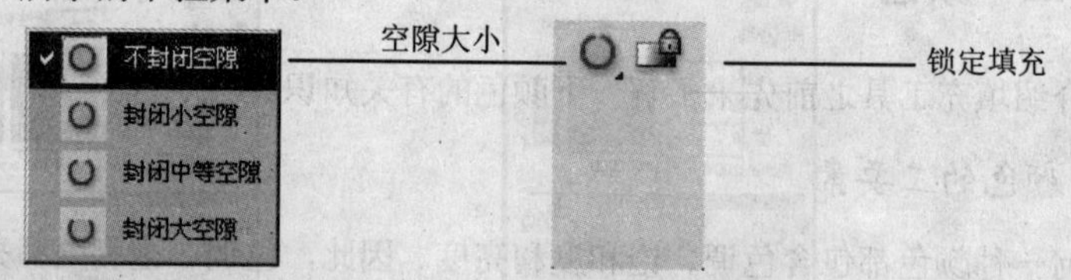

图 2.4.3　颜料桶工具附加选项

对“空隙大小”下拉菜单中的各选项说明如下：

（1）不封闭空隙：表示要填充的区域必须在完全闭合的状态下才能进行填充。

（2）封闭小空隙：表示要填充的区域在小缺口的状态下可以进行填充。

（3）封闭中等空隙：表示要填充的区域在稍大缺口状态下可以进行填充。

（4）封闭大空隙：表示要填充的区域若是有较大的缺口也可以进行填充。

1. 纯色填充

纯色填充的方法很简单，只需选择颜料桶工具，然后在颜色面板中选择需要的颜色，直接单击对象即可。

2. 线性填充

进行线性填充的操作步骤如下：

（1）选择颜料桶工具。

（2）选择 窗口(W) → ✓ 颜色(C) Shift+F9 命令，打开颜色面板。

（3）在“类型”下拉菜单中选择“线性”选项，此时的颜色面板如图 2.4.5 所示。

（4）选取一个滑块，在“红”、“绿”、“蓝”文本框中输入颜色值设置该滑块的颜色（见图 2.4.6），用同样的方法设置其他滑块的颜色。

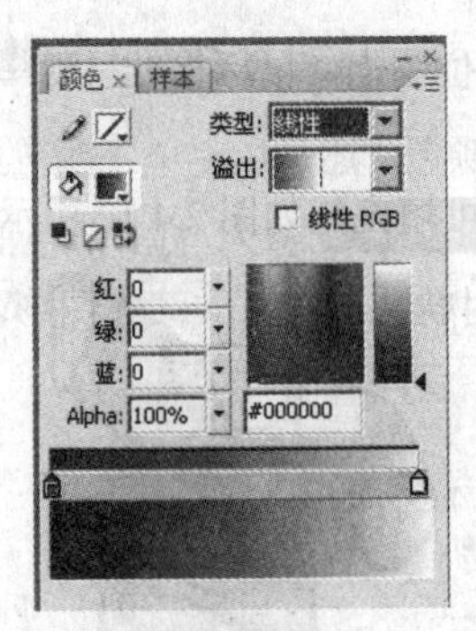

图 2.4.5　“线性”填充样式下的颜色面板

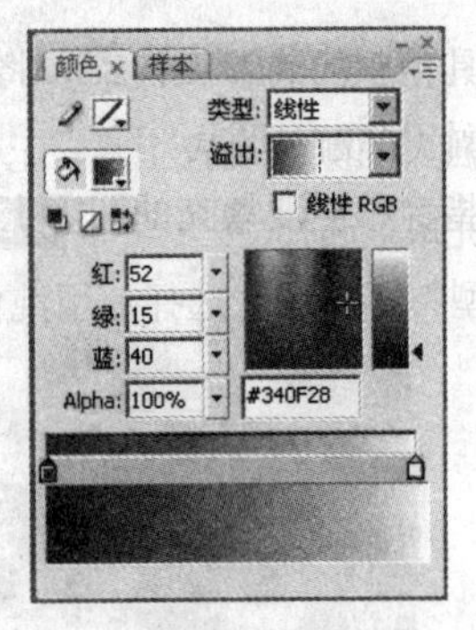

图 2.4.6　设置滑块的颜色

3. 放射状填充

进行放射状填充的操作步骤如下：

（1）选择颜料桶工具。

（2）选择 窗口(W) → 颜色(C) Shift+F9 命令，打开颜色面板。

（3）在“类型”下拉菜单中选择“放射状”选项，此时的颜色面板如图 2.4.7 所示。

（4）选取一个滑块，在“红”、“绿”、“蓝”文本框中输入颜色值设置该滑块的颜色（见图 2.4.8），用同样的方法设置其他滑块的颜色。

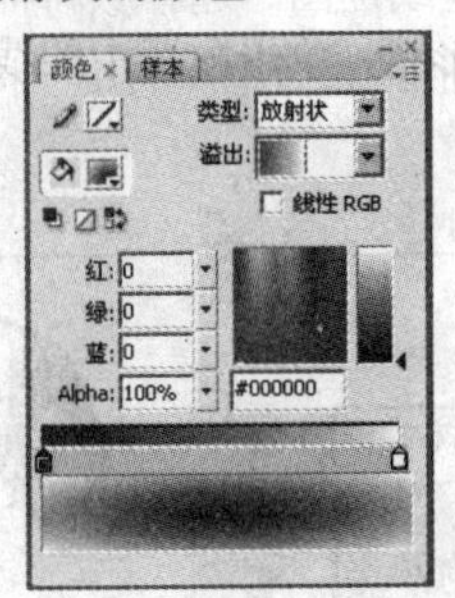

图 2.4.7　“放射状”样式下的颜色面板

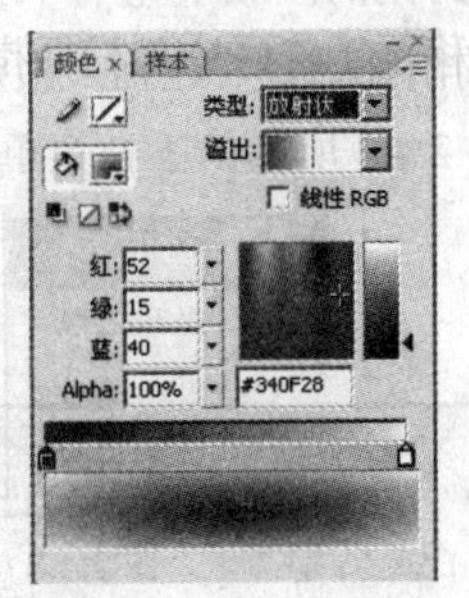

图 2.4.8　设置滑块的颜色

4. 位图填充

进行位图填充的操作步骤如下：

（1）选择 文件(F) → 导入(I) → 导入到舞台(I)... Ctrl+R 命令，弹出“导入”对话框（见图 2.4.9），选择一幅需要的图片，单击 打开(O) 按钮，将其导入到舞台中，如图 2.4.10 所示。

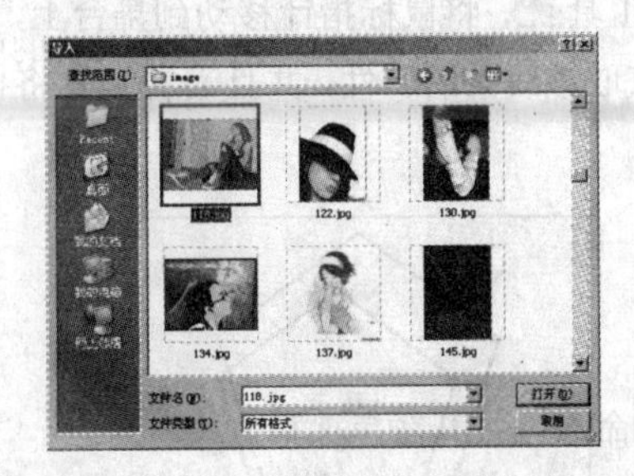

图 2.4.9　“导入”对话框

图 2.4.10　导入的图片

（2）按“Ctrl+B”键打散位图，图片呈现网格状，如图 2.4.11 所示。

（3）选择工具箱中的滴管工具，将其移至打散的位图上，鼠标指针呈现形状，单击位图吸取颜色后，鼠标指针呈现形状。

（4）将鼠标指针移至要填充的图形上，单击鼠标即可填充，如图 2.4.12 所示。

图 2.4.11　打散的位图

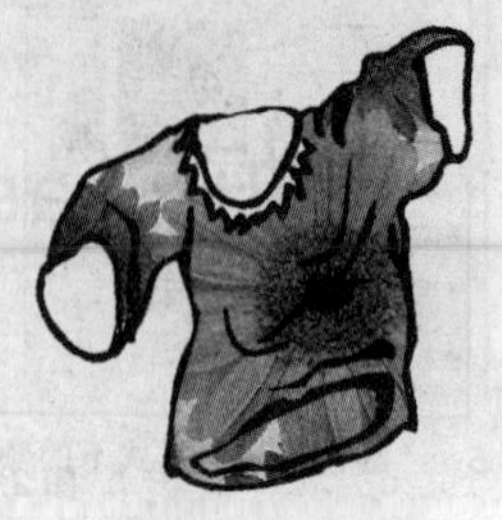
图 2.4.12　位图填充效果

2.4.3　墨水瓶工具

使用墨水瓶工具可以用一种纯色对图形中的线条进行着色，或者对其线条样式进行修改。操作步骤如下：

（1）选择工具箱中的墨水瓶工具。

（2）在属性面板中设置笔触颜色、笔触高度和笔触样式等属性，如图 2.4.13 所示。

（3）将鼠标指针移至工作区中，鼠标指针呈现形状，单击图形中的线条即可修改其样式，如图 2.4.14 所示。

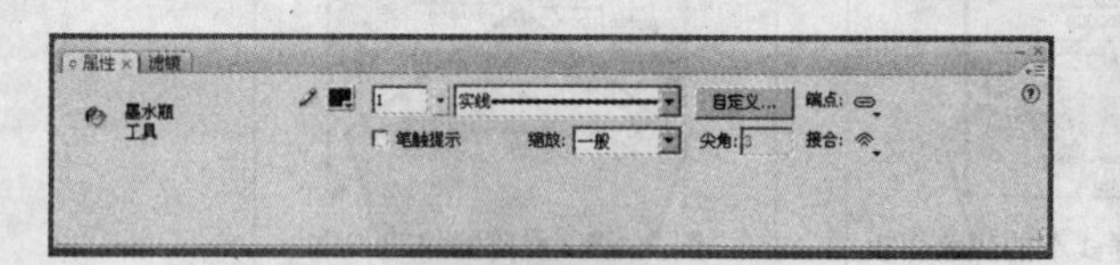

图 2.4.13　设置墨水瓶工具的属性

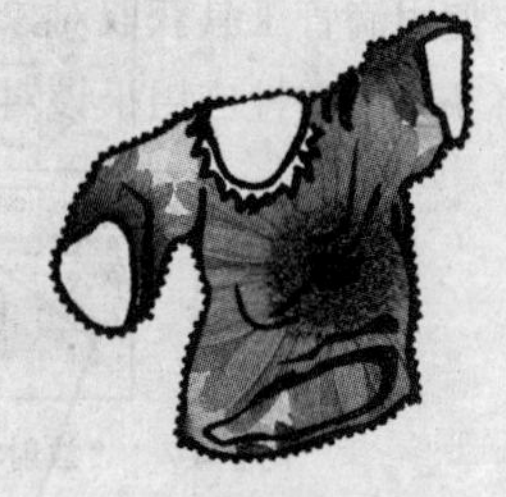
图 2.4.14　使用墨水瓶工具修改线条样式

2.4.4　滴管工具

在 Flash CS3 中，使用滴管工具可以将对象的填充颜色或线条属性复制到其他对象上，还可以采集位图图形作为填充内容。操作步骤如下：

（1）获取线条的属性。选择工具箱中的滴管工具，将鼠标指针移动到舞台上，当经过线条时，鼠标指针呈现形状，这时，单击鼠标左键即可获取该线条的属性，并且滴管工具将自动转换为墨水瓶工具，如图 2.4.15 所示。

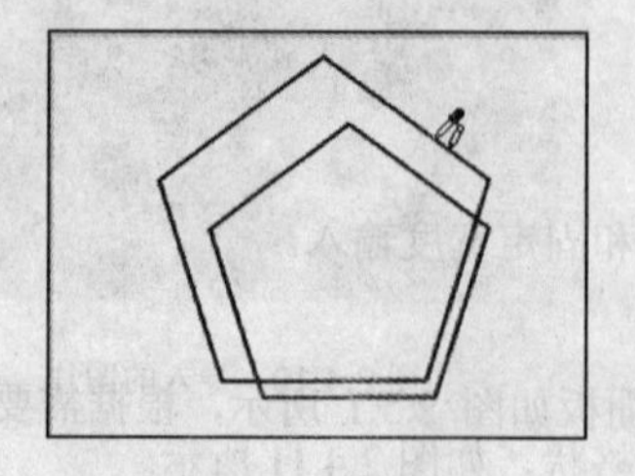
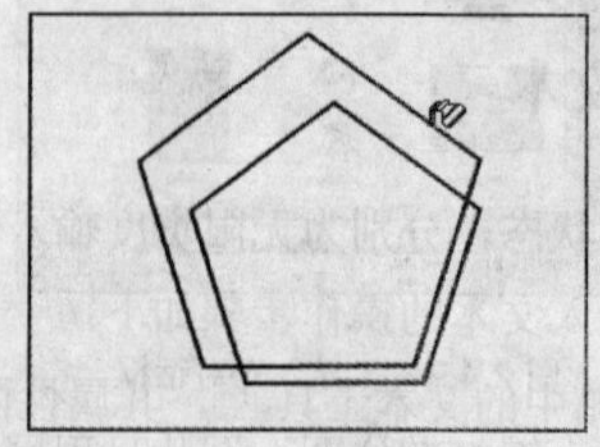
图 2.4.15　滴管获取线条属性

（2）获取文本的属性。当经过文本时，鼠标指针呈现形状，这时，单击鼠标左键即可获取该文本的属性，并且滴管工具将自动转换为文本工具，如图 2.4.16 所示。

您好Flash

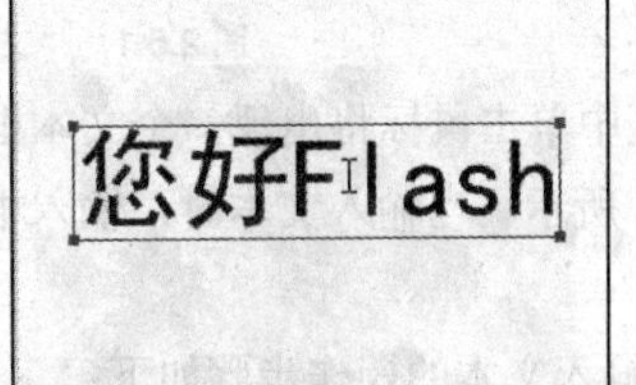

图 2.4.16　滴管获取文本属性

（3）获取矢量图或位图的属性。当经过矢量图或位图时，鼠标指针呈现形状，这时，单击鼠标左键即可获取它们的属性，并且滴管工具将自动转换为颜料桶工具，如图 2.4.17 所示。

图 2.4.17　滴管获取矢量图或位图属性

在使用滴管工具获取对象的属性之后，移动鼠标指针到具有相同类型的对象上，单击鼠标左键，即可将获取的属性应用于该对象，如图 2.4.18 所示。

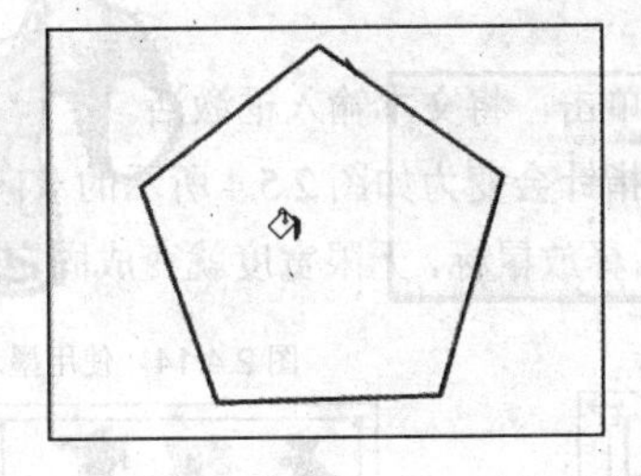

图 2.4.18　将获取的属性应用于其他对象

2.5　文 本 工 具

在 Flash CS3 中，文本包括静态文本、动态文本和输入文本 3 种类型。其中，静态文本是指在创作过程中确定动画内容的文本；动态文本是指能动态显示、及时更新的文本；输入文本是指允许用户在动画播放过程中进行修改的文本。下面具体介绍文本的创建和设置。

2.5.1　创建文本

文本有两种输入状态，分别为无限宽度输入和固定宽度输入。

创建无限宽度输入文本的操作步骤如下：

（1）选择工具箱中的文本工具 T，其属性面板如图 2.5.1 所示，根据需要设置文本的类型、字体、字号和文本颜色等属性。

图 2.5.1 “文本工具”属性面板

（2）在工作区中单击鼠标将出现一个文本框，当其右下角有一个小圆圈时，表示输入文本的宽度不限，如图 2.5.2 所示。当输入文本时，输入框的宽度会随着文字的输入而自动延长。当需要换行时按回车键即可。

创建固定宽度输入文本的操作步骤如下：

（1）选择工具箱中的文本工具T，其属性面板如图 2.5.1 所示，根据需要设置文本的类型、字体、字号和文本颜色等属性。

（2）在舞台上单击，然后按住鼠标左键向右拖动，当输入框到达一定的宽度后释放鼠标，这时右下角有一个小方块，表示输入文本的宽度固定，如图 2.5.3 所示。在固定宽度状态下，当输入文本时，输入框的宽度不会随着文字的输入而改变，当输入文本到达输入框的宽度时会自动换行。

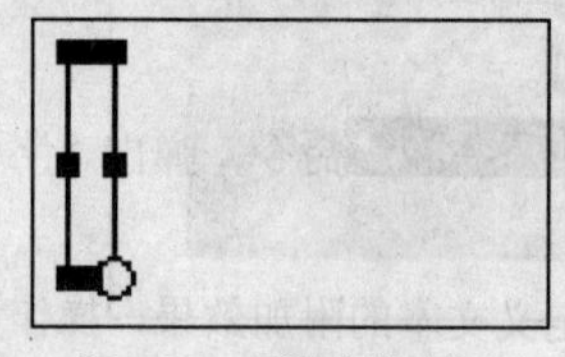

图 2.5.2 无限宽度输入

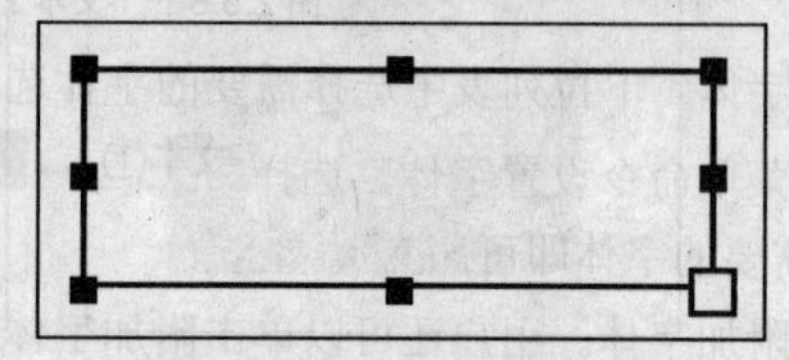

图 2.5.3 固定宽度输入

在实际操作中，无限宽度和固定宽度是可以相互转换的，其操作方法如下：

（1）将无限宽度更改为固定宽度。

1）选择工具箱中的文本工具T。

2）移动鼠标到需要进行调整的文本位置并单击，将文本输入框激活。

3）移动鼠标到输入框的圆形手柄处，鼠标指针会变为如图 2.5.4 所示的双向箭头形状。

4）单击并拖动鼠标，调整好输入框的宽度后释放鼠标，无限宽度就变成固定宽度了，如图 2.5.5 所示。

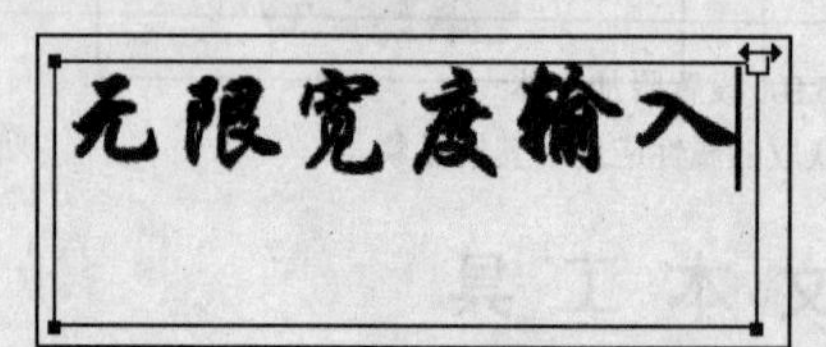

图 2.5.4 鼠标指针变为双向箭头形状

图 2.5.5 无限宽度变为固定宽度

（2）将固定宽度更改为无限宽度。

1）选择工具箱中的文本工具T。

2）移动鼠标到需要进行调整的文本位置并单击，将文本输入框激活。

3）移动鼠标到输入框的方形手柄处，鼠标指针变为如图 2.5.6 所示的双向箭头形状。

4）双击鼠标左键，固定宽度就变为无限宽度了，如图 2.5.7 所示。

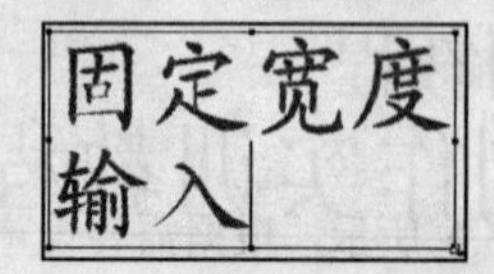

图 2.5.6 鼠标指针变为双向箭头形状

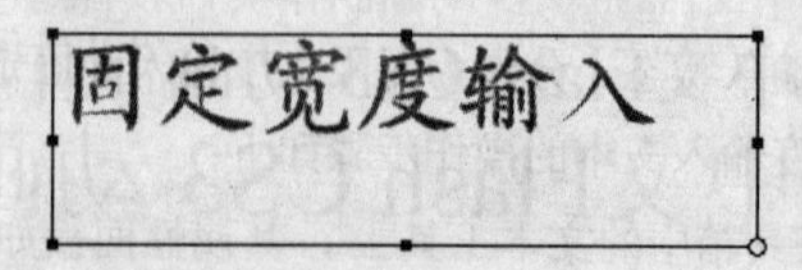

图 2.5.7 固定宽度变为无限宽度

2.5.2 设置文本属性

在输入文本之后，用户还可以设置文本的字体、字号、文本颜色、字母间距、字符位置、排版方向以及超链接等属性，下面分别对其进行介绍。

1. 设置字体

在 Flash CS3 中，用户可以通过属性面板或菜单命令设置文本的字体属性。

（1）通过属性面板设置字体。操作步骤如下：

1）选择工具箱中的文本工具T，打开属性面板，如图 2.5.8 所示。

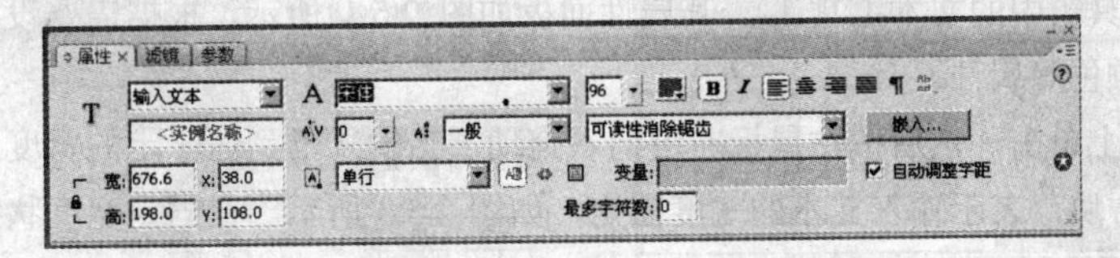

图 2.5.8 “文本工具”属性面板

2）在“字体”下拉列表中选择需要的字体选项即可。

（2）通过菜单命令设置字体。选择 文本(T) → 字体(F) 命令，弹出“字体”子菜单，在其中选择一种需要的字体即可。

（3）设置附加字体。用户还可以单击附加字体按钮定义文本的附加效果，操作步骤如下：

1）选中要设置附加字体的文本。

2）单击属性面板中的“切换粗体”按钮B或“切换斜体”按钮I，添加粗体或斜体效果，如图 2.5.9 所示。

图 2.5.9 设置附加字体

2. 设置字号

设置字号的操作步骤如下：

（1）选中要设置字号的文本。

（2）在属性面板的字号文本框中输入一个介于 0～2 500 的数值，或者单击“字号”文本框右侧的下三角按钮，在弹出的滑动条中拖动滑块调整字号，也可以选择 文本(T) → 大小(S) 命令，在弹出的“大小”子菜单中选择需要的字号。如图 2.5.10 所示为字号为 10，20，30 和 40 时的文本效果。

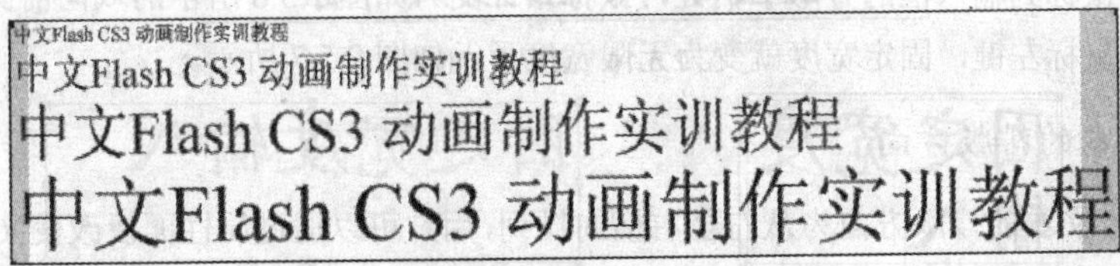

图 2.5.10 设置字号

3. 设置文本颜色

设置文本颜色的操作步骤如下：

（1）选中要设置颜色的文本。

（2）单击“文本（填充）颜色”按钮，打开如图 2.5.11 所示的颜色列表，从中选择一种颜色。

（3）如果用户对颜色列表中的颜色不满意，可以单击“颜色”按钮，在弹出的“颜色”对话框中自定义颜色，如图 2.5.12 所示。

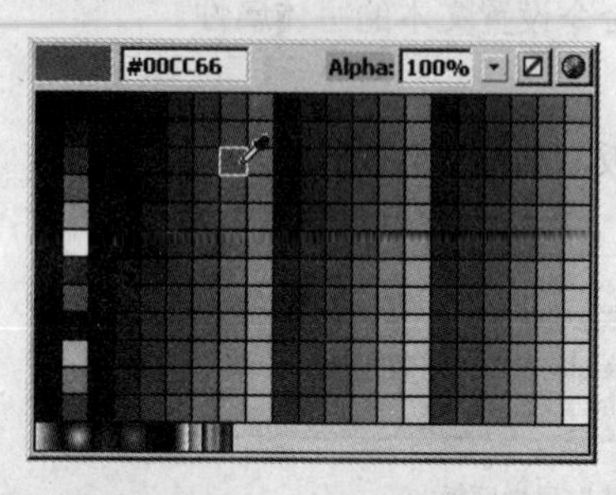

图 2.5.11　颜色列表

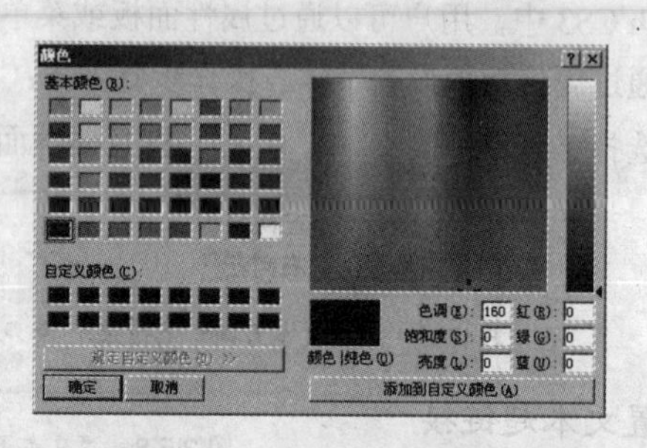

图 2.5.12　“颜色”对话框

4. 设置字母间距

设置字母间距的操作步骤如下：

（1）选中要设置字母间距的文本。

（2）在“字母间距”文本框中输入一个介于－60～60 之间的数值，或者单击其右侧的下三角按钮，在弹出的滑动条中拖动滑块调整字母间距。如图 2.5.13 所示为字母间距为－10，0，10 和 20 时的文本效果。

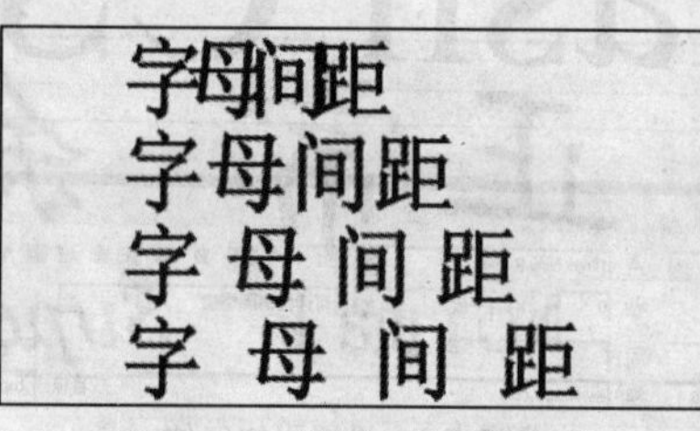

图 2.5.13　设置字母间距效果

5. 设置字符位置

在“字符位置”下拉列表中有 3 个选项：一般、上标和下标。选择“上标”选项，可以把文本缩小并上升到基线之上；选择“下标”选项，可以把文本缩小并降低到基线之下，如图 2.5.14 所示。

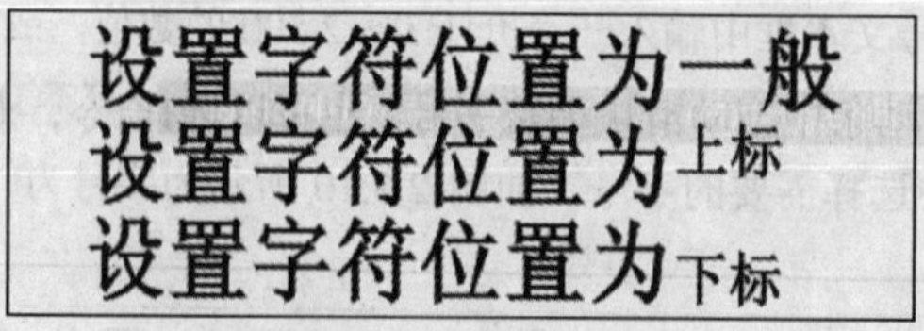

设置字符位置为一般
设置字符位置为上标
设置字符位置为下标

图 2.5.14　设置字符位置

6. 设置文本的排版方向

一般情况下，文本的排版方向为从左至右横向排列，用户可以通过属性面板改变文本的排版方向，操作步骤如下：

（1）选中要设置排版方向的文本。

（2）单击属性面板中的“改变文本方向”按钮，弹出如图 2.5.15 所示的下拉菜单。若选择 水平 选项，文本将从左至右横向排列；若选择 垂直，从左向右 选项，文本将从左至右纵向排列；若选择 垂直，从右向左 选项，文本将从右至左纵向排列。

当文本呈垂直方向排列时，将激活属性面板中的“旋转”按钮，单击它可旋转文本，如图 2.5.16 所示。

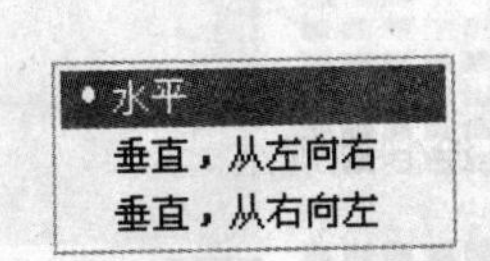

图 2.5.15　“改变文本方向”下拉菜单

图 2.5.16　旋转文本

7. 设置文本超链接

在 Flash CS3 中，为了增强动画的互动效果，常常为文本设置超链接，操作步骤如下：

（1）选中要设置超链接的文本。

（2）在属性面板的“URL 链接”文本框中输入完整的链接地址，例如“http://www.163.com”，如图 2.5.17 所示。

图 2.5.17　设置文本超链接

（3）在“目标”下拉列表中选择链接网页的打开方式。若选择 _blank 选项，则会打开一个新的浏览器窗口显示超链接对象；若选择 _parent 选项，则会在当前窗口的父窗口中显示超链接对象；若选择 _self 选项，则会在当前窗口中显示超链接对象；若选择 _top 选项，则会在级别最高的窗口中显示超链接对象。

（4）选择 控制(O) → 测试影片(M) Ctrl+Enter 命令，测试影片效果，如图 2.5.18 所示。

Flash CS3

图 2.5.18　鼠标指针经过时的效果

2.6　操作实例——绘制蝴蝶结

1. 操作目的

（1）掌握绘图工具。
（2）掌握填充工具。
（3）了解矢量图和位图。
（4）了解图形的制作过程。

2. 操作内容

利用钢笔工具、铅笔工具、颜料桶工具和墨水瓶工具绘制蝴蝶结。

3. 操作步骤

（1）新建一个 Flash CS3 文档。

（2）按“Ctrl+J”键，弹出“文档属性”对话框，设置“尺寸”为“400 px×300 px”，“背景颜色”为“白色”，单击确定按钮。

（3）选择工具箱中的钢笔工具，在舞台上逐步绘制蝴蝶结图形，如图 2.6.1 所示。

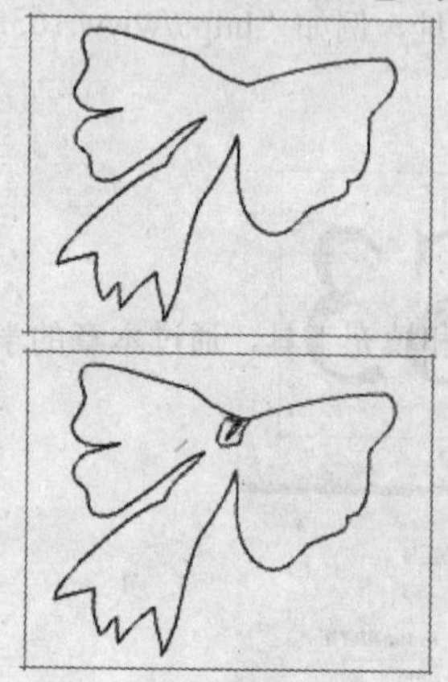
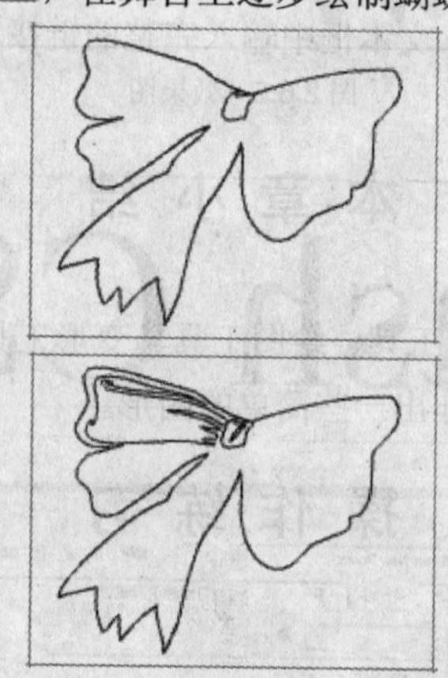
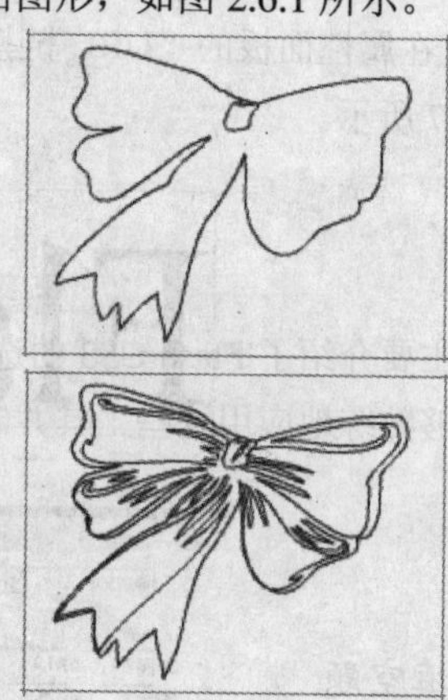

图 2.6.1　绘制蝴蝶结图形

（4）选择工具箱中的颜料桶工具，在属性面板中设置填充颜色为“#F4449F”，然后将鼠标指针移至蝴蝶结图形上，单击鼠标左键进行填充，如图 2.6.2 所示。

（5）选择工具箱中的选择工具，将鼠标指针移至蝴蝶结图形的边线上，双击鼠标左键，选中所有线条，如图 2.6.3 所示。

图 2.6.2　填充图形

图 2.6.3　选中所有线条

（6）选择工具箱中的墨水瓶工具，在属性面板中设置笔触颜色为“黑色”，笔触高度为“3”，更改选中线条的颜色和粗细，如图 2.6.4 所示。

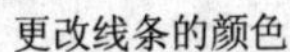

更改线条的颜色　　　　更改线条的粗细

图 2.6.4　更改线条的颜色和粗细

（7）按“Ctrl+Enter”快捷键测试动画，最终效果如图 2.6.5 所示。

图 2.6.5　效果图

本 章 小 结

本章主要介绍了 Flash CS3 的选择工具、绘图工具、变形工具和填充工具，通过本章的学习，读者应该能够熟练地应用这些工具并制作出一些简单的图形。

操 作 练 习

一、填空题

1．铅笔工具有伸直模式、平滑模式和＿＿＿＿＿＿3 种。

2．颜料桶工具用于为封闭的区域填充单一颜色、渐变色或＿＿＿＿＿＿。

3．＿＿＿＿＿＿主要用于选择图形中颜色相同或相近的区域。

4．＿＿＿＿＿＿主要用于更改轮廓线的粗细、颜色和样式。

二、选择题

1．没有参数的工具是（　）。

（A）直线工具　　　　（B）选择工具

（C）铅笔工具　　　　（D）刷子工具

2．RGB 表示红色、绿色和（　）。

（A）白色　　　　（B）绿色

（C）蓝色　　　　（D）黑色

3．（　）被称为颜色的三要素。

（A）色调　　　　（B）饱和度

（C）亮度　　　　　　　　　　　　　　　　　　（D）透明度

三、简答题

在 Flash CS3 中，可以使用哪些工具修改图形形状？

四、上机操作题

1．练习绘制小鸟，如题图 2.1 所示。

题图 2.1　小鸟效果图

2．练习绘制向日葵，如题图 2.2 所示。

题图 2.2　向日葵效果图

3．绘制三角形、菱形、梯形和平形四边形等图形。

图像的导入与编辑

学习导航

Flash 作为一款矢量动画设计软件，不但具有矢量绘制功能，而且具有导入及编辑位图的功能，从而使动画流畅而充满美感。本章将介绍静态图像基础、导入图形图像并且对其进行各种编辑操作的方法。

学习要点

- 静态图像基础
- 导入图形图像
- 编辑位图

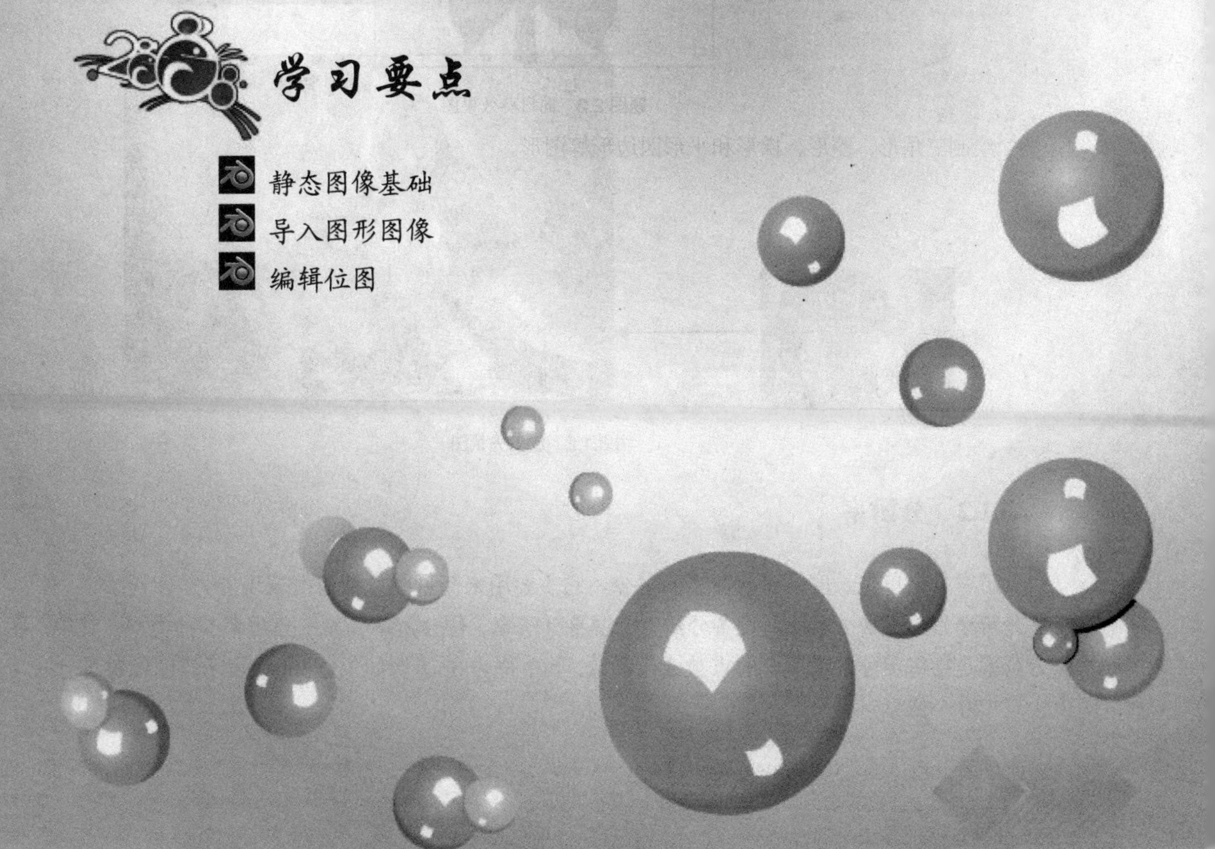

3.1 静态图像基础

任何动画都是由一幅幅静态图像构成的，因此处理静态图像是进行 Flash 创作的基础。本节将介绍一些静态图像的基础知识，包括位图与矢量图、分辨率、颜色模式、颜色深度、Alpha 通道和图像文件格式等。

3.1.1 位图与矢量图

在计算机中，图像的表示方法主要有两种，即位图与矢量图。其中，位图图像比较细腻，色彩的变化比较丰富，当把位图放大到一定程度时，会出现失真现象，即“马赛克”现象，如图 3.1.1 所示；矢量图是由一系列的点、线、面组成的，因此，当对它进行放大操作时，不会出现失真现象，如图 3.1.2 所示。

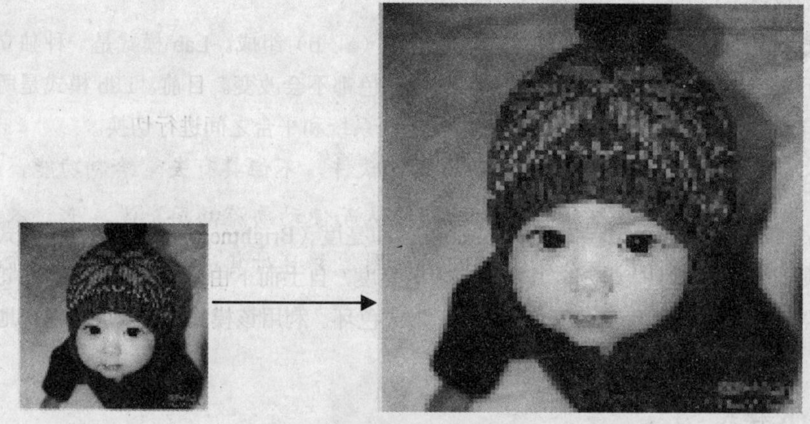

图 3.1.1　放大位图

图 3.1.2　放大矢量图

3.1.2 分辨率

分辨率是指单位长度内所含像素的多少，它主要用来衡量图像细节的表现能力。

分辨率包括图像分辨率、设备分辨率、屏幕分辨率、位分辨率、输出分辨率 5 种类型。其中，图像分辨率是指每英寸图像所含的点数或像素数，其单位为 dpi，例如 100 dpi 就表示该图像每英寸长度上含有 100 个像素点。

在位图中，分辨率的大小直接影响图像的品质，分辨率越高图像就越清晰。另外，一幅图像文件的大小与其尺寸和分辨率有着密切的关系，即一个尺寸相同的图像，分辨率越高，文件就越大。

3.1.3　颜色模式

颜色模式是人们对颜色的描述方法，常见的颜色模式有RGB模式、Lab模式、HSB模式和CMYK模式4种。

1. RGB模式

RGB模式由红（Red）、绿（Green）和蓝（Blue）3种原色组成。在RGB模式下，像素由一个24位数表示，其中红、绿、蓝3种原色各占用了8位，因此，每一种原色都可以表现出256种不同深度的色调，3种原色混合起来就可以生成16 777 216种颜色，也就是真彩色。

2. Lab模式

Lab模式由一个发光率（Lightness）和两种颜色（a，b）组成。Lab模式是一种独立于设备的颜色模式，即不论使用何种显示器或打印机，Lab的颜色都不会改变。目前，Lab模式是所有颜色模式中包含色彩范围最广的模式，它能毫无偏差地在不同系统和平台之间进行切换。

3. HSB模式

HSB模式由色相（Hue）、饱和度（Saturation）和亮度（Brightness）组成。HSB模式可由底与底对接的两个圆锥体立体模型来表示，其中轴向表示亮度，自上而下由白变黑；径向表示饱和度，自内向外逐渐变高；而圆周方向则表示色相的变化，形成色环。利用该模式，用户可以轻松地选择各种亮度的颜色。

4. CMYK模式

CMYK模式由青（Cyan）、洋红（Magenta）、黄（Yellow）和黑（Black）4种颜色组成。在处理图像时，一般不采用CMYK模式，因为这种模式的文件较大，会占用较多的磁盘空间和内存。CMYK模式通常被用于彩色印刷。

3.1.4　颜色深度

颜色深度是指每个像素可以显示出的颜色数，通常用多少量化数（bite）来表示，即量化数越高，每个像素可显示出的颜色数目就越多。

对应不同的量化数，颜色有伪彩色、高彩色和真彩色之分。其中，伪彩色是8位颜色，采用这种方式，每个像素所能显示的颜色数是2的8次方，即256种颜色；高彩色是16位颜色，采用这种方式，每个像素所能显示的颜色数是2的16次方，即65 536种颜色；真彩色是24位颜色，采用这种方式，每个像素所能显示的颜色数是2的24次方，即16 777 216种颜色。

颜色深度和文件的大小有着密切的关系，即量化数越高，色彩就越丰富、真实，所产生的文件也就越大。

3.1.5　Alpha通道

Alpha通道也被写做α（希腊字母）通道，它使用不同的灰度值来表示透明度的大小，一般情况

下，纯白为不透明，纯黑为完全透明，介于白黑之间的灰色表示部分透明。

Alpha 通道的作用主要有以下 3 个方面：

（1）用于合成不同的图像，实现混合叠加。

（2）用于选择图像的某一区域，方便修改处理。

（3）利用 Alpha 通道对基色通道的影响，制作丰富多彩的视觉效果。

3.1.6 图像文件格式

下面介绍几种常见的图像格式。

1. JPEG 格式

JPEG 的英文全称为 Joint Photographic Expert Group，它是一种压缩比很高的有损压缩方式，该格式的优点是所生成的文件比较小，但在压缩时存在着一定程度的失真，因此可能会丢掉一些数据，保存后的图像效果也没有原图像的效果好，因此在制作印刷作品时最好不要选择此种格式来保存图像。

2. GIF 格式

GIF 的英文全称为 Graphics Interchange Format，它是由 CompuServe 公司设计的格式。GIF 格式不支持 Alpha 通道，不支持 24 位真彩色。GIF 格式的最大优点就是所生成的文件比较小，非常适合在 Internet 中传输和使用，并且支持透明背景和动画功能，它以 gif 为后缀名。

3. PNG 格式

PNG 的英文全称为 Portable Network Graphic，它是 Fireworks 文件的默认格式，具有 JPEG 和 GIF 格式的全部优点，如支持透明背景、动画和 24 位真彩色等。

4. BMP 格式

BMP 格式是 Windows 中的标准图像文件格式，有压缩和不压缩两种形式。BMP 格式支持 RGB、灰度、索引、位图等色彩模式，但不支持 Alpha 通道，能够被多种 Windows 应用程序所支持。

3.2 导入图形图像

在制作 Flash 动画的过程中，除了可以用工具箱中的工具绘制矢量图形外，还可以从外部导入一些图形图像。

3.2.1 导入位图

在 Flash 中，被导入的位图将成为当前图层中的单个对象，并且保留其透明度等属性。导入位图的操作步骤如下：

（1）选择 文件(F) → 导入(I) → 导入到舞台(I)... Ctrl+R 命令，弹出“导入”对话框，如图 3.2.1 所示。

（2）在该对话框中选择所要导入的位图图像，例如“32pic_13.jpg”。

（3）单击 打开(O) 按钮，即可将位图图像导入到工作区中，如图 3.2.2 所示。

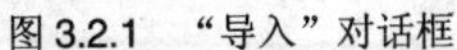

图 3.2.1　“导入”对话框

图 3.2.2　导入的位图图像

3.2.2　导入矢量图

在 Flash 中，还可以导入由 FreeHand 或 Illustrator 等软件制作的矢量图形。导入矢量图的操作步骤如下：

（1）选择 文件(F) → 导入(I) → 导入到舞台(I)... Ctrl+R 命令，弹出“导入”对话框。

（2）在该对话框中选择所要导入的矢量图形，如图 3.2.3 所示。

（3）单击 打开(O) 按钮，将矢量图形导入到工作区中，如图 3.2.4 所示。

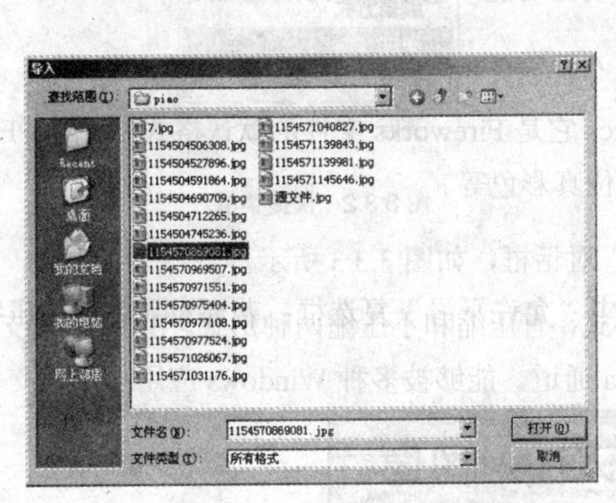

图 3.2.3　“导入”对话框

图 3.2.4　导入的矢量图形

3.2.3　导入图像序列

（1）选择 文件(F) → 导入(I) → 导入到舞台(I)... Ctrl+R 命令，弹出“导入”对话框。

（2）在该对话框中选择所要导入图像序列中的一个图像（该序列中的其他图像都位于相同的文件夹中）。

（3）单击 打开(O) 按钮，弹出如图 3.2.5 所示的提示框。

（4）单击 是(Y) 按钮，将导入图像序列中的所有图像；单击 否(N) 按钮，将只导入选中的图像；单击 取消 按钮，则取消导入操作。

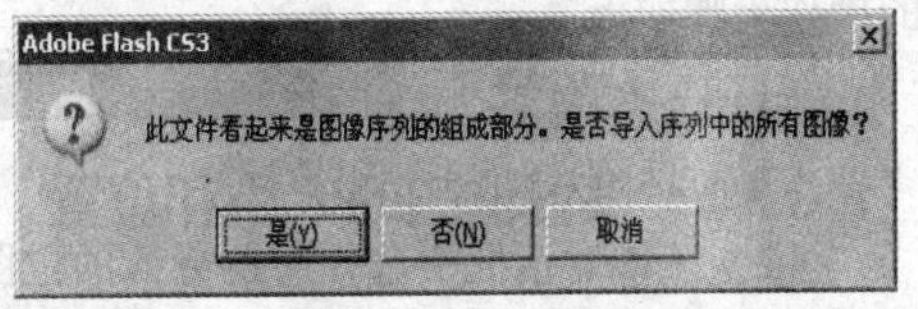

图 3.2.5　提示框

3.3 编辑位图

导入位图后，用户可以用多种方式来编辑它们，包括设置位图属性、设置位图的大小和位置、分离位图、去除位图背景色、修改位图中的颜色、将位图转化为矢量图和使用位图填充文字等，下面分别对其进行介绍。

3.3.1 设置位图属性

对导入的位图设置压缩、反锯齿属性的操作步骤如下：

（1）选择 窗口(W) → 库(L) Ctrl+L 命令，打开库面板，如图 3.3.1 所示。

（2）选中需要设置压缩、反锯齿等属性的位图，单击鼠标右键，弹出如图 3.3.2 所示的快捷菜单。

图 3.3.1 库面板

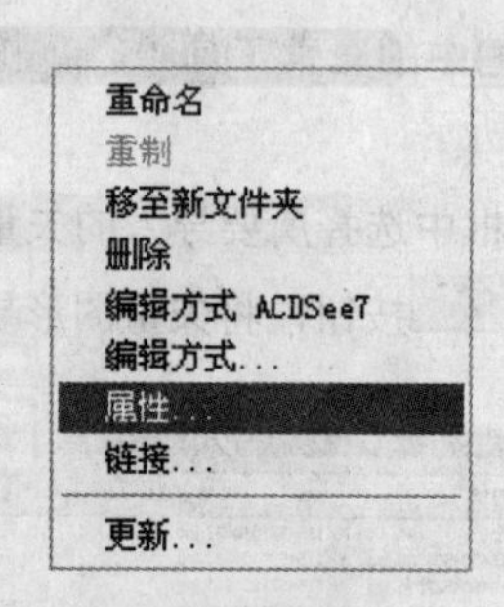

图 3.3.2 快捷菜单

（3）选择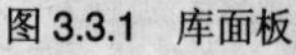命令，弹出“位图属性”对话框，如图 3.3.3 所示。

（4）若要为位图设置反锯齿效果，可以选中“允许平滑”复选框；若要设置位图的压缩属性，在“压缩”下拉列表中选择一种压缩方式即可。

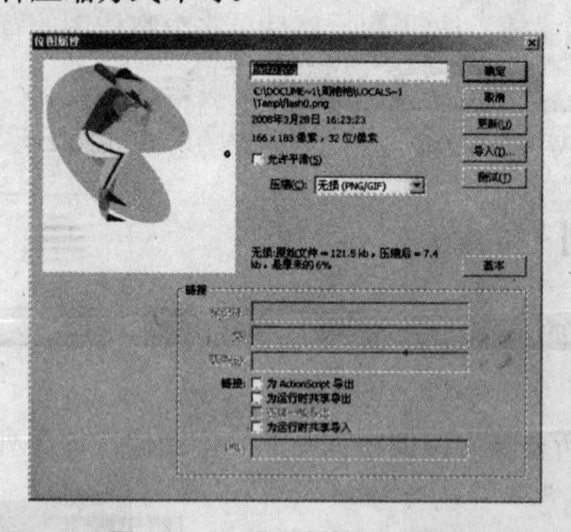

图 3.3.3 “位图属性”对话框

3.3.2 设置位图的大小和位置

通过属性面板可以对位图的大小和位置进行精确调整，操作步骤如下：

（1）选择 窗口(W) → 属性(P) → 属性(P) Ctrl+F3 命令，打开属性面板。

（2）选中要设置大小和位置的位图。

（3）在属性面板中的"宽"文本框中输入位图的宽度；在"高"文本框中输入位图的高度；在"X"文本框中输入位图的横坐标；在"Y"文本框中输入位图的纵坐标，如图 3.3.4 所示。

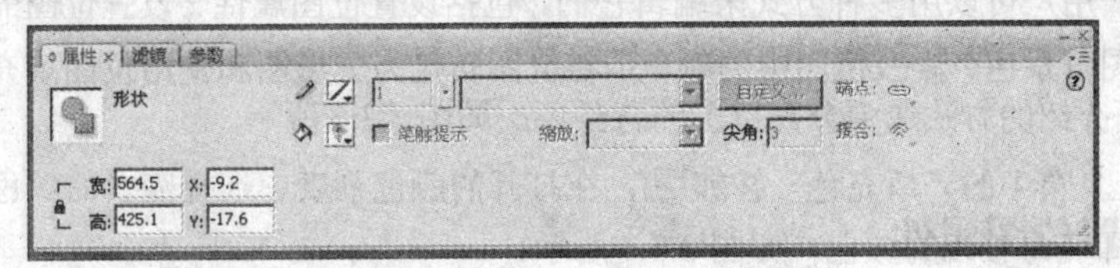

图 3.3.4 设置位图的大小和位置

3.3.3 去除位图背景色

将位图导入 Flash 后，可以将其背景色去除，操作步骤如下：

（1）选中要去除背景色的位图。

（2）选择 修改(M) → 分离(K) Ctrl+B 命令或按"Ctrl+B"键，分离位图。

（3）选择工具箱中的套索工具，单击选项栏中的"魔术棒设置"按钮，弹出"魔术棒设置"对话框，如图 3.3.5 所示。

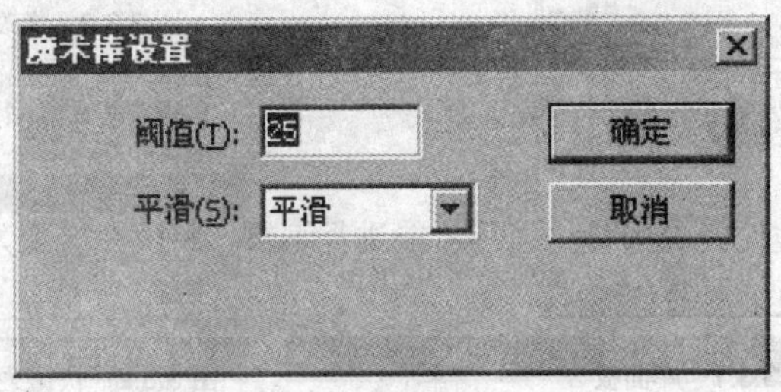

图 3.3.5 "魔术棒设置"对话框

（4）在该对话框中设置相应的参数，参数越大，能够选择的颜色范围也就越大。

（5）在位图以外的区域单击鼠标，取消分离位图的选中状态。

（6）单击选项栏中的"魔术棒"按钮，然后单击分离位图的背景，选中所有的背景色，如图 3.3.6 所示。

（7）按"Delete"键删除选中的背景色，如图 3.3.7 所示。

图 3.3.6 选中背景色

图 3.3.7 删除背景色

3.3.4 修改位图中的颜色

利用 Flash CS3 中的工具还可以修改导入位图的颜色，例如修改其背景色，操作步骤如下：

（1）选中要修改颜色的位图。

（2）按前面介绍的方法选中分离位图的背景色，如图 3.3.6 所示。

（3）单击工具箱中的“填充色”按钮，在打开的颜色列表中选择需要的颜色（见图 3.3.8），则位图的背景色即变为相应的颜色，如图 3.3.9 所示。

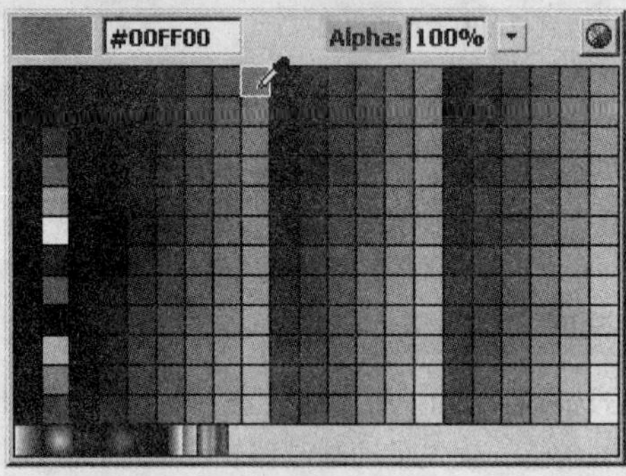

图 3.3.8 颜色列表

图 3.3.9 修改位图的背景色

3.3.5 将位图转换为矢量图

在 Flash 中，只有当位图经过矢量化之后才能进行编辑，将位图转换为矢量图的操作步骤如下：

（1）选中要转换为矢量图的位图。

（2）选择 修改(M) → 位图(B) → 转换位图为矢量图(B)... 命令，弹出“转换位图为矢量图”对话框，如图 3.3.10 所示。

对其中各项说明如下：

颜色阈值：设置区分颜色的阈值，其范围为 1～500 之间的整数。如果两个像素的 RGB 颜色值之间的差值小于阈值，这两个像素将被转换为同一种颜色。因此，阈值越小，颜色转换越多，与源图像的差别也就越小。

最小区域：设置转换时最小区域的像素数，其范围为 1～1 000 之间的整数，其值越小，转换后的图像越精确，与源图像的差别也就越小。

曲线拟合：设置曲线的平滑程度。

角阈值：设置转换时如何处理对比强烈的边界，是进行平滑处理还是保留拐点。

（3）设置各项完毕后，单击 确定 按钮，弹出“正在转换位图为矢量图”对话框，如图 3.3.11 所示。

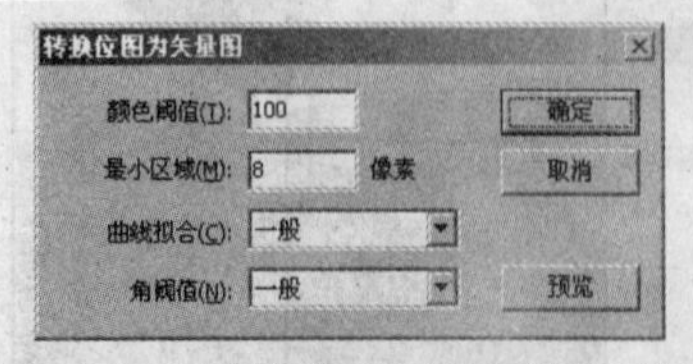

图 3.3.10 “转换位图为矢量图”对话框

图 3.3.11 “正在转换位图为矢量图”对话框

（4）位图越复杂，转换的时间越长。稍等片刻，转换后的图像如图 3.3.12 所示。

转换前

转换后

图 3.3.12　转换前和转换后的图像

3.3.6　使用外部程序编辑位图

无论 Flash CS3 的功能多么强大，但它毕竟是一款矢量动画制作软件，所以在图像修改方面的功能相对较弱。当要编辑 Flash 中的位图时，可以通过一些专业的图形软件来进行，下面以用 Fireworks 编辑位图为例进行介绍，操作步骤如下：

（1）在 Flash CS3 中选中要进行编辑的位图，如图 3.3.13 所示。

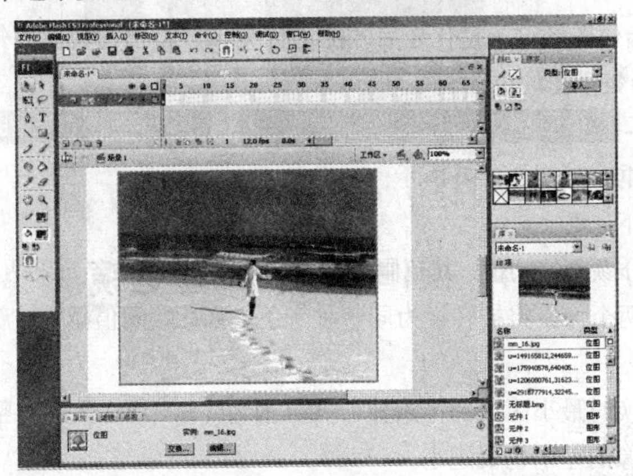

图 3.3.13　选中位图

（2）单击属性面板中的 编辑... 按钮，系统自动启动 Fireworks，然后弹出“查找源”对话框（见图 3.3.14），若单击 使用 PNG 按钮，则使用 PNG 格式编辑该位图；若单击 使用此文件 按钮，则使用源图像的格式进行编辑。

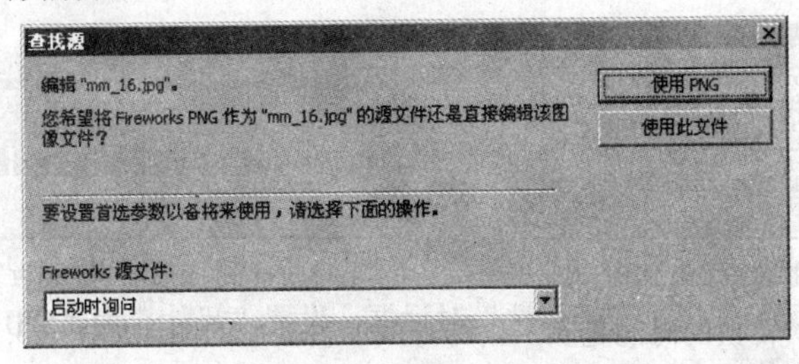

图 3.3.14　“查找源”对话框

（3）单击使用此文件按钮，启动 Fireworks 软件编辑位图，如图 3.3.15 所示。

（4）本例为位图添加“查找边缘”滤镜效果，如图 3.3.16 所示。

图 3.3.15　启动 Fireworks 软件编辑位图

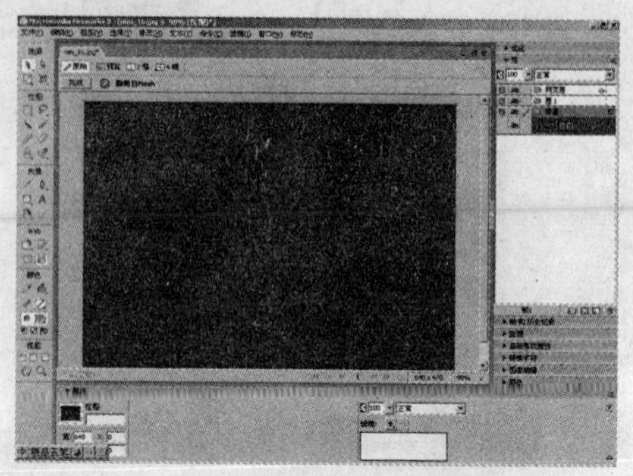

图 3.3.16　为位图添加“查找边缘”滤镜效果

（5）编辑完毕后，单击完成按钮返回到 Flash CS3 软件中，位图对象会自动更新，如图 3.3.17 所示。

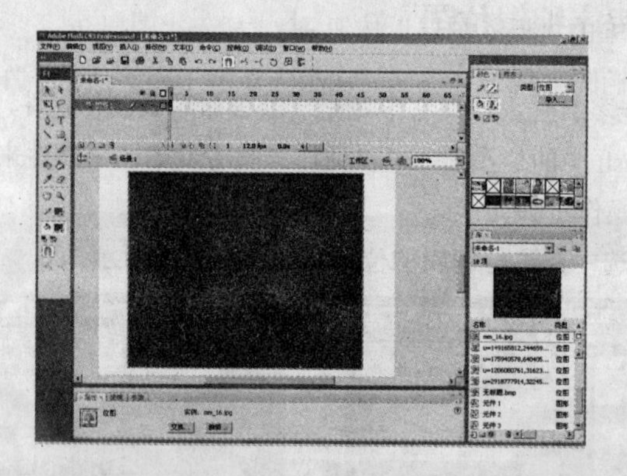

图 3.3.17　Flash CS3 自动更新位图

3.4　操作实例——望远镜

1. 操作目的

（1）掌握 Flash CS3 启动的方法。

（2）了解 Flash CS3 的功能。

（3）了解 Flash CS3 的操作界面。

（4）了解 Flash 动画的制作过程。

（5）掌握文件操作的方法。

2. 操作内容

利用导入命令和图像编辑命令，绘制一个望远镜效果。

3. 操作步骤

（1）新建一个 Flash CS3 文档。

（2）按“Ctrl+J”键，弹出“文档属性”对话框，设置“尺寸”为“550 px×400 px”，“背景颜色”为“白色”，单击确定按钮。

（3）选择 文件(F) → 导入(I) → 导入到舞台(I)... Ctrl+R 命令，弹出“导入”对话框，如图3.4.1所示。

（4）选中要导入的图片，单击 打开(O) 按钮将其打开，如图3.4.2所示。

图3.4.1 “导入”对话框

图3.4.2 导入图片

（5）选中图片，在属性面板中设置其“宽”为“550”，“高”为“400”，使图片覆盖整个工作区。

（6）单击时间轴面板中的“插入图层”按钮，插入“图层2”。

（7）选择工具箱中的椭圆工具，在属性面板中设置填充颜色为“白色”，笔触颜色为“黑色”，按住“Shift”键，在“图层2”中绘制一个圆形，如图3.4.3所示。

（8）复制并粘贴圆形到如图3.4.4所示的位置。

图3.4.3 绘制圆形

图3.4.4 复制圆形

（9）选择工具箱中的选择工具，单击两个圆形相交处的弧线（见图3.4.5），按“Delete”键将其删除，得到望远镜的轮廓，如图3.4.6所示。

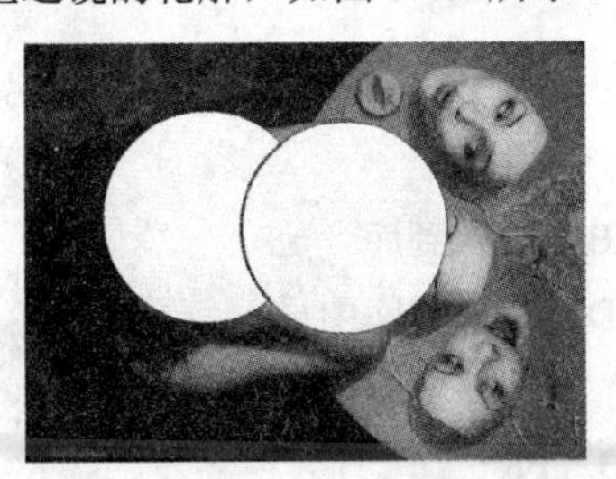

图3.4.5 选中弧线

图3.4.6 删除弧线

（10）选中“图层1”中的图片，选择 修改(M) → 分离(K) Ctrl+B 命令将其打散。选中望远镜的边线，按“Ctrl+X”键剪切，然后选择 编辑(E) → 粘贴到当前位置(P) Ctrl+Shift+V 命令，将剪切的边线粘贴到“图层1”的相同位置。

（11）选中“图层2”中的望远镜，选择 窗口(W) → 颜色(C) Shift+F9 命令，打开颜色面板，设置“Alpha”为“60%”，更改其透明度，如图3.4.7所示。

（12）选中“图层1”中望远镜轮廓外的部分，按“Delete”键删除，如图3.4.8所示。

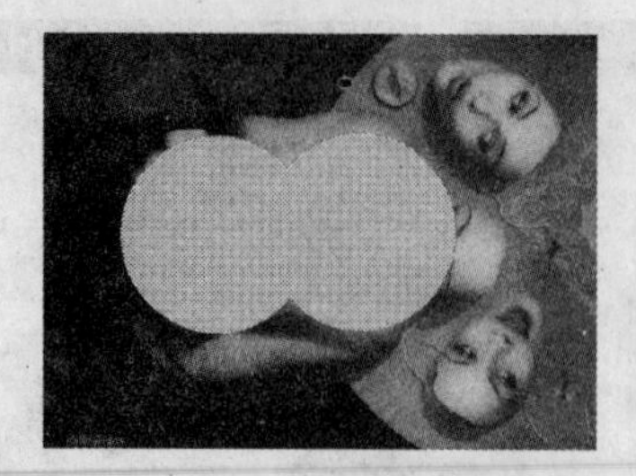

图 3.4.7　更改透明度

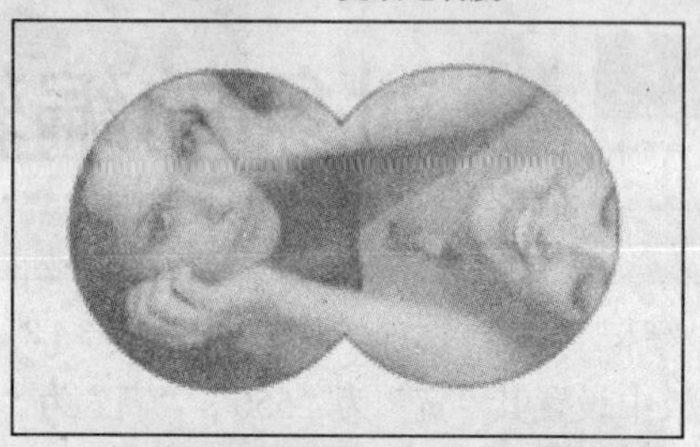

图 3.4.8　删除望远镜轮廓外的部分

（13）按"Ctrl+S"键保存文件。

本 章 小 结

本章主要介绍了静态图像基础、导入图形图像、编辑位图等知识，通过本章的学习，读者应该学会图像的导入、设置位图的属性、设置位图的大小、位置和颜色，以及位图与矢量图的转换等。

操 作 练 习

一、填空题

1．在计算机中，图像的表示方法主要有两种，即__________与矢量图。

2．__________是指单位长度内所含像素的多少，它主要用来衡量图像细节的表现能力。

二、选择题

1．Flash CS3 提供的导入图像的方法有（　）。

（A）导入到舞台　　（B）导入到库

（C）导入到元件　　（D）从外部库中导入

2．用于打散位图的快捷键是（　）。

（A）Ctrl+R　　（B）F8

（C）Ctrl+B　　（D）Ctrl+L

三、简答题

常见的颜色模式有哪几种？

四、上机操作题

1．向 Flash 文档中导入一幅位图，然后设置该位图的属性。

2．练习制作放大镜的效果。

对象的编辑操作

学习导航

Flash CS3 不但可以用工具箱绘制出图形图像、输入文本等，同时还提供了强大的对象编辑功能，利用这些功能，不但可以制作出精美的图形图像和特效字等，还大大地增加了对象的特殊效果并节省了时间，下面我们就来学习编辑工具以及编辑命令的使用。

学习要点

- 对象的基本编辑
- 对象的组合与分离
- 对象的形状修改
- 对象的排列、对齐与变形

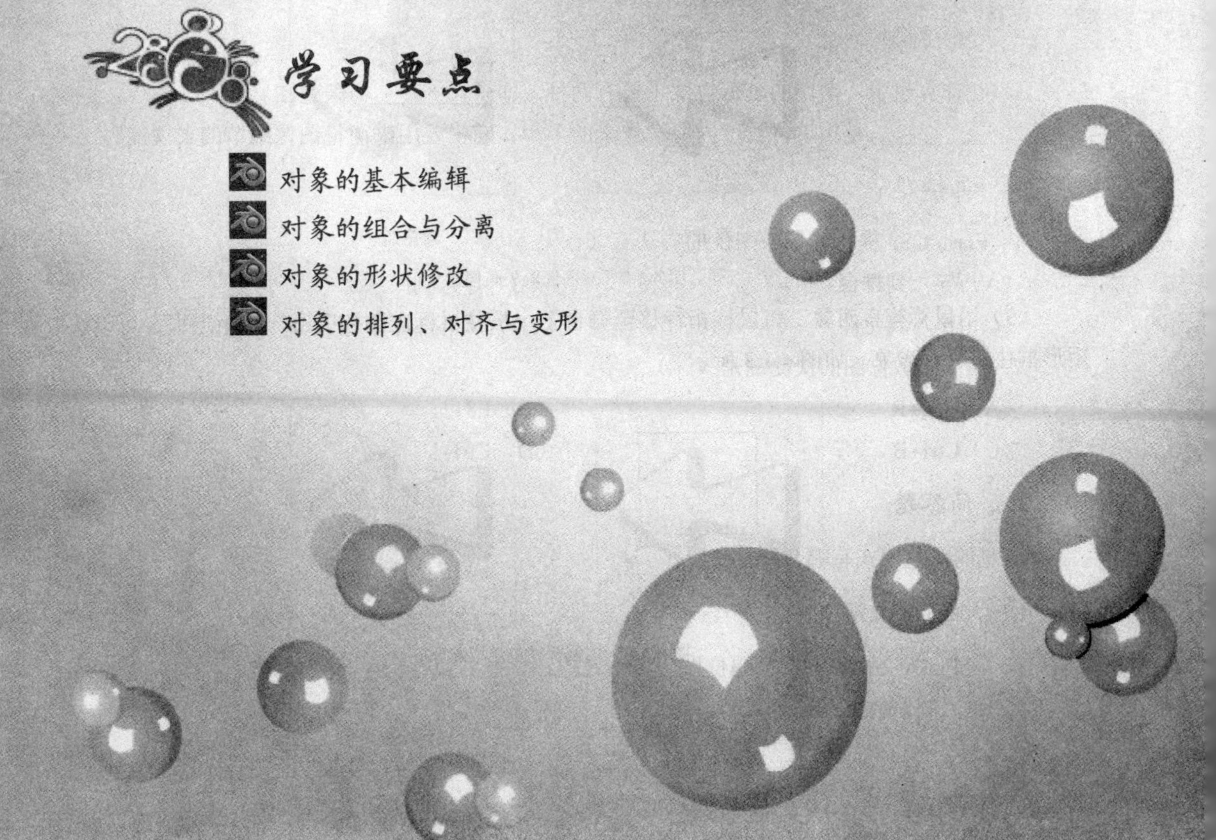

4.1　对象的基本编辑

在 Flash CS3 中，对象是指文档中所有可以被选取和操作的元素，如矢量图、位图、文本和实例等，下面介绍对象的各种操作。

4.1.1　选取对象

选取对象是编辑对象的前提条件，在 Flash 中，通常使用选择工具选取对象。下面介绍几种选取对象的方法。

（1）单击对象。无论是图形、文本，还是实例，都可以使用鼠标单击的方法进行选取。用鼠标单击矢量图内部，可以选取其内部内容；用鼠标单击矢量图边框，可以选取其边框，如图 4.1.1 所示。

选取矢量图内部内容

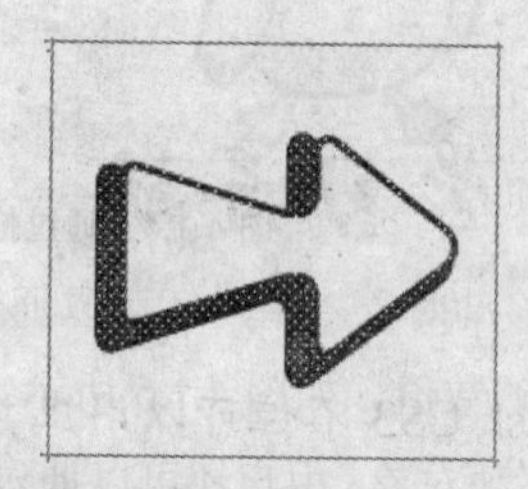

选取矢量图边框

图 4.1.1　单击选取矢量图对象

（2）双击对象。将鼠标指针移至对象上，双击鼠标左键，可以快速选取与之相连的所有对象，例如带有边框和填充色的组合图形，如图 4.1.2 所示。

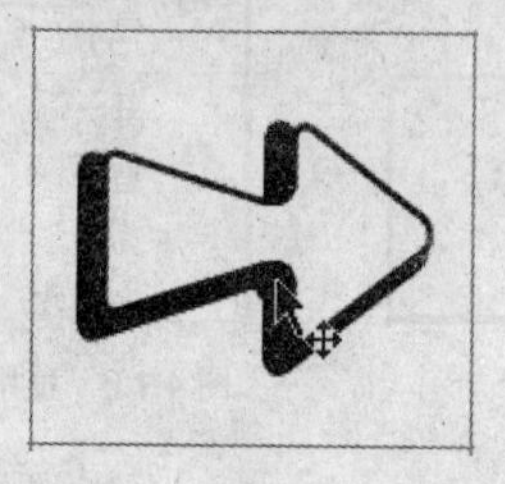

双击前

双击后

图 4.1.2　双击选取矢量图对象

（3）用鼠标拖曳对象。将鼠标指针移至舞台上，按住鼠标左键拖曳出一个矩形框，可以选取被矩形框住的所有对象，如图 4.1.3 所示。

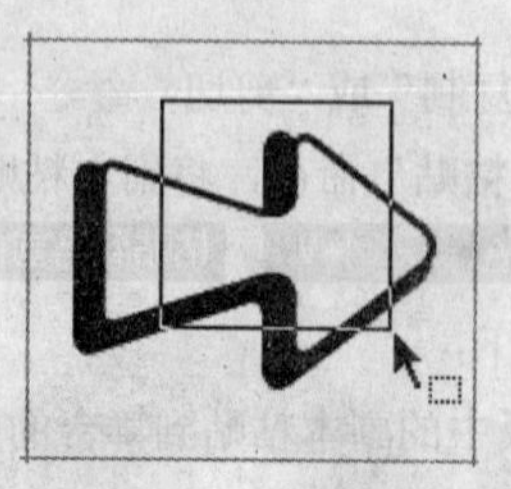

图 4.1.3　用鼠标拖曳选取对象

（4）用“Shift”键辅助选取对象。将鼠标指针移至舞台上，在按住“Shift”键的同时单击鼠标左键，可以同时选取多个对象。

4.1.2　移动对象

如果对象的位置不符合需要，可以在选取之后，按以下方式之一将其进行移动：

（1）通过拖动方式移动对象。将鼠标指针移至对象上，按住并拖动鼠标到新的位置，然后释放鼠标左键，即可移动对象，如图 4.1.4 所示。

图 4.1.4　通过拖动方式移动对象

（2）使用属性面板移动对象。用户还可以通过属性面板精确定位对象的位置，方法为在“X”和“Y”文本框中输入新的数值，如图 4.1.5 所示。

（3）使用信息面板移动对象。用户还可以通过信息面板定位对象的位置，方法为选择 窗口(W) → 信息(I)　Ctrl+I 命令，打开如图 4.1.6 所示的信息面板，在“X”和“Y”文本框中输入新的数值即可。

图 4.1.5　使用属性面板移动对象

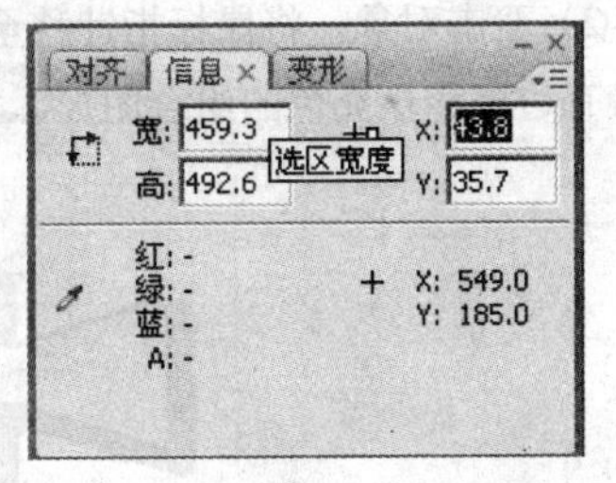

图 4.1.6　使用信息面板移动对象

4.1.3　复制、剪切与粘贴对象

复制对象是指将所选对象复制到剪贴板上，粘贴对象是指将剪贴板上的对象粘贴到指定的位置。在 Flash CS3 中复制、剪切和粘贴对象的操作步骤如下：

（1）选取对象。

（2）单击鼠标右键，在弹出的快捷菜单中选择“复制”或“剪切”命令，将其复制到剪贴板上。

（3）单击鼠标右键，在弹出的快捷菜单中选择“粘贴”命令，将副本粘贴到指定的位置。

另外，在 编辑(E) 菜单中还提供了 粘贴到中心位置(A)　Ctrl+V、粘贴到当前位置(P)　Ctrl+Shift+V 和 选择性粘贴(S)... 3 个粘贴命令，对它们的功能介绍如下：

（1）粘贴到中心位置(A)　Ctrl+V：用于将剪贴板中的副本粘贴到舞台的中心位置。

（2）粘贴到当前位置(P)　Ctrl+Shift+V：用于将副本粘贴到复制对象的原位置。

（3）选择性粘贴(S)...：选择该命令后，将弹出如图 4.1.7 所示的“选择性粘贴”对话框，若选

择“Flash 绘画”选项，则将剪贴板中的内容粘贴到舞台中；若选择“设备独立位图”选项，则将剪贴板中的内容作为一幅独立位图插入到舞台中。

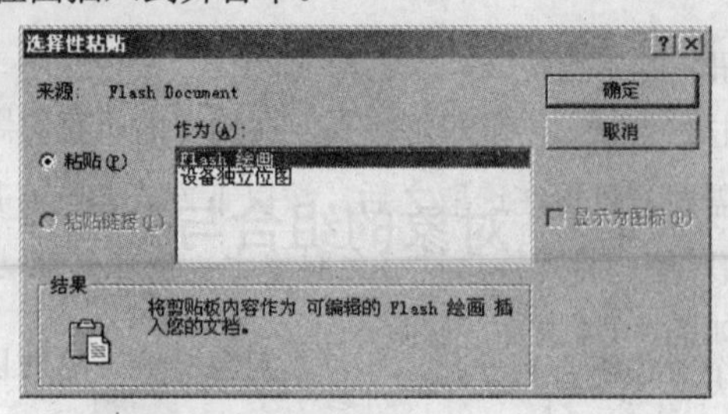

图 4.1.7 “选择性粘贴”对话框

4.1.4 查找和替换

使用查找和替换功能可以查找 Flash 文档中的一些元素，如颜色、文本、字体、元件、声音、视频、位图等，然后用相同类型的元素进行替换。例如将当前文档中的黑色替换成蓝色的操作步骤如下：

（1）选择 编辑(E) → 查找和替换(F) Ctrl+F 命令，将打开如图 4.1.8 所示的查找和替换面板。

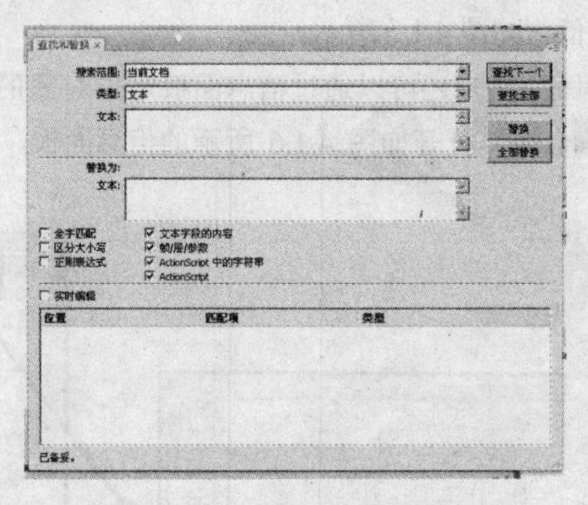

图 4.1.8 查找和替换面板

（2）单击“搜索范围”下拉列表，并选择“当前文档”选项。

（3）单击“类型”下拉列表并选择“颜色”选项，查找和替换面板中的参数将随之发生改变。

（4）单击“颜色”选项按钮，从弹出的颜色列表中选择“黑色”，如图 4.1.9 所示。

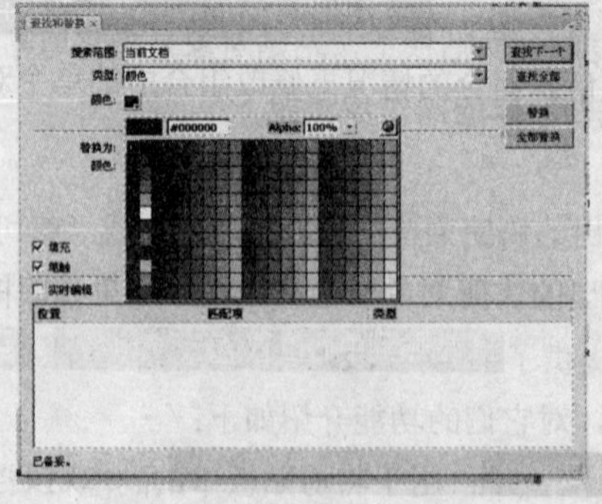

图 4.1.9 颜色列表

（5）单击“替换为”下面的“颜色”选项按钮，从弹出的颜色列表中选择“蓝色”。

（6）选中“填充”、“文本”和“笔触”复选框，设置查找黑色的填充颜色、黑色的文本以及黑色的笔触颜色。

（7）单击 查找全部 按钮，开始查找。

（8）查找完毕后，单击 全部替换 按钮即可将当前文档中的所有的黑色替换成蓝色。

4.2　对象的组合与分离

在 Flash CS3 中可将多个对象组合到一起，还可将对象分离，这对以后绘制对象和编辑对象有着重要的作用，下面详细介绍其操作的方法。

4.2.1　组合对象

组合对象指将多个对象组合成一个整体，以后对这个整体的操作就像是对单个对象的操作一样简单，从而节省了编辑时间。组合对象的操作步骤如下：

（1）选取要进行组合的对象，如图 4.2.1 所示。

（2）选择 修改(M) → 组合(G)　Ctrl+G 命令或按“Ctrl+G”键即可将它们组合，如图 4.2.2 所示。

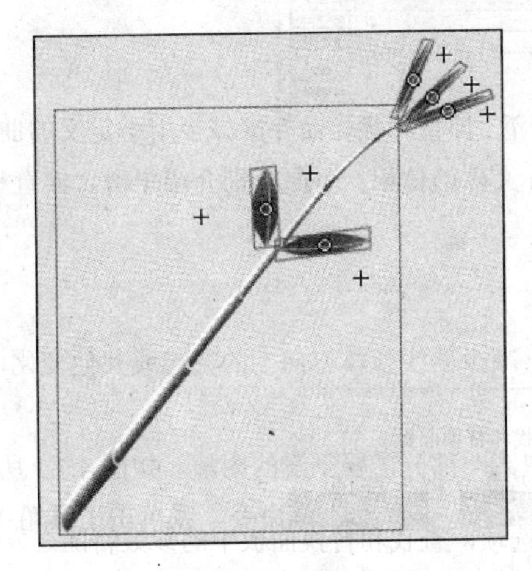

图 4.2.1　组合前的对象

图 4.2.2　组合后的对象

如果需要，用户可以选择 修改(M) → 取消组合(U)　Ctrl+Shift+G 命令或按“Ctrl+Shift+G”键解除这种组合，甚至可以在不解除组合的情况下修改组合中的单个对象。

4.2.2　分离对象

分离对象指将位图、实例、文本等对象打散，使之成为单独的可供 Flash 编辑的矢量图形。分离对象的操作步骤如下：

（1）选取要分离的对象。

（2）选择 修改(M) → 分离(K)　Ctrl+B 命令或按“Ctrl+B”键即可将其分离。若选取分离后的对象，则该对象将以网格状显示，如图 4.2.3 所示。

分离前　　　　分离后

图 4.2.3　分离位图效果

4.3　对象形状的修改

在 Flash CS3 中，修改对象的形状能够改善和优化对象质量，通过这些效果处理后往往在细节方面使对象更加完美。

4.3.1　平滑、伸直和优化

平滑、伸直和优化可以使线条变得柔和，通过平滑、伸直和优化命令来减少用于定义的曲线数量，这样不仅改变了对象的曲线和轮廓，还减少了 Flash 文件的体积。下面分别介绍平滑、伸直和优化命令的使用方法。

1. 平滑

平滑命令可以使曲线变得平滑柔和，美化图形，减少曲线整体方向上的突起或其他变化，同时还会减少曲线中的线段数。平滑命令的使用方法如下：

（1）使用选择工具选择一条曲线，或者选中某一部分需要平滑的图形，如图 4.3.1 所示。

（2）选择修改(M)→形状(P)→平滑(S)命令，或单击工具箱中的平滑按钮，多次执行可以加强平滑的效果，如图 4.3.2 所示。

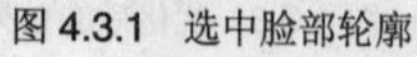

图 4.3.1　选中脸部轮廓

图 4.3.2　执行平滑命令

2. 伸直

伸直命令可以使绘制好的曲线和线段变成直线，它同样可以减少图形中的线条数。伸直命令的使用方法如下：

（1）使用选择工具选中要平滑的曲线，如图 4.3.3 所示。

（2）选择 修改(M) → 形状(P) → 伸直(T) 命令，或单击工具箱中的平滑按钮，多次执行可以加强平滑的效果，如图 4.3.4 所示。

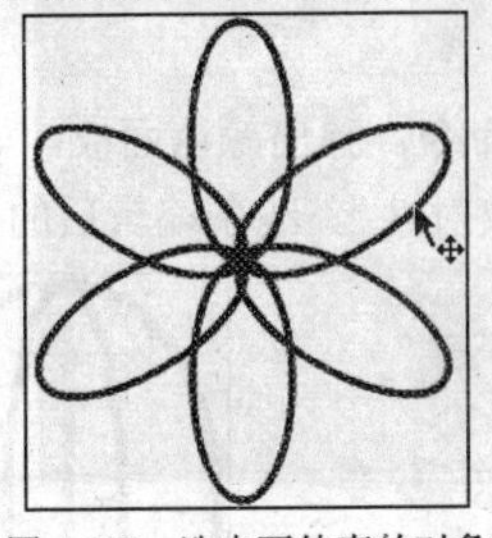

图 4.3.3 选中要伸直的对象

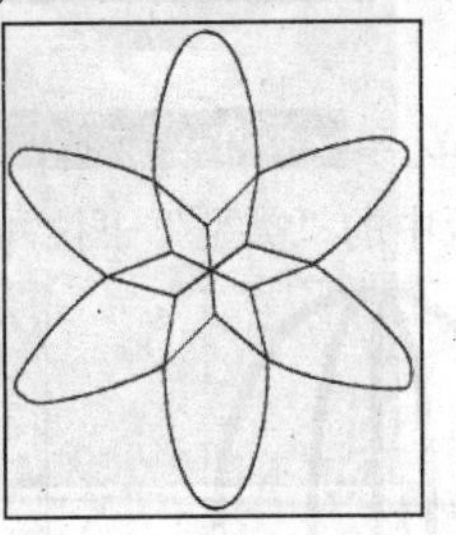

图 4.3.4 执行伸直命令

3. 优化

优化命令通过减少图形线条和填充区域边的数量来使图形曲线变得更加平滑柔和，并且能够减小 Flash 文档和导出 Flash 影片的大小。优化命令的使用方法如下：

（1）使用选择工具选中要优化的对象，如图 4.3.5 所示。

（2）选择 修改(M) → 形状(P) → 优化(O)... Ctrl+Alt+Shift+C 命令后，弹出如图 4.3.6 所示的“最优化曲线”对话框。

图 4.3.5 选中要优化的对象

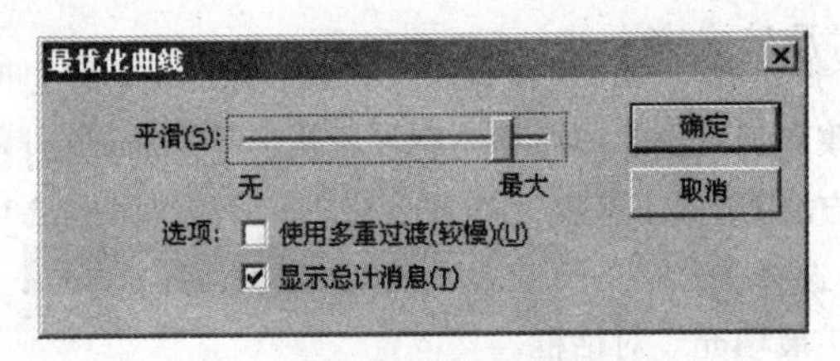

图 4.3.6 “最优化曲线”对话框

（3）通过拖动“最优化曲线”对话框中的“平滑”选项滑块，来指定平滑的程度。选中“使用多重过滤”复选框，系统将会自动对图形进行多次优化。选中“显示总计消息”复选框，在优化完成后，系统将会弹出优化结果提示框，如图 4.3.7 所示。

（4）单击 确定 按钮，优化后的效果如图 4.3.8 所示。

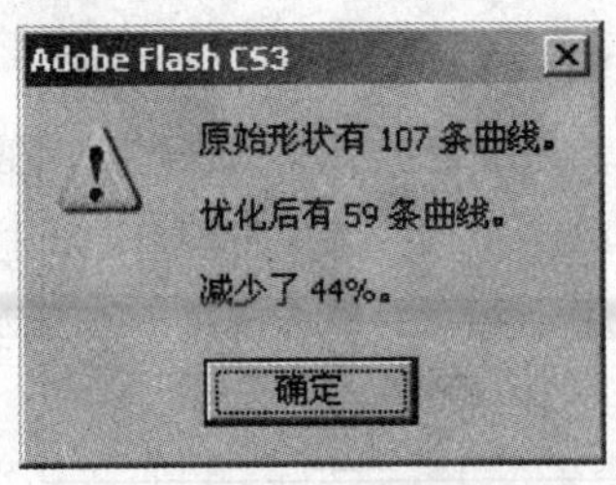

图 4.3.7 优化结果提示框

图 4.3.8 优化后的效果

4.3.2 将线条转换为填充

在 Flash CS3 中，虽然使用直线工具和铅笔工具都能绘制出均匀、粗细不等的线条，但不能美化线条，通过使用将线条转换为填充命令我们就可以对线条进行编辑了，并绘制出精美的线条。将线条转换为填充命令的使用方法如下：

（1）使用选择工具选中要编辑的线条，如图 4.3.9 所示。

（2）选择 修改(M) → 形状(P) → 将线条转换为填充(C) 命令，即可将选中的线条转换为填充。

（3）选择 窗口(W) → ✔ 颜色(C) Shift+F9 命令，弹出颜色面板，如图 4.3.10 所示。

（4）在颜色面板中的“类型”下拉列表中选择“放射性”。线条编辑后的效果如图 4.3.11 所示。

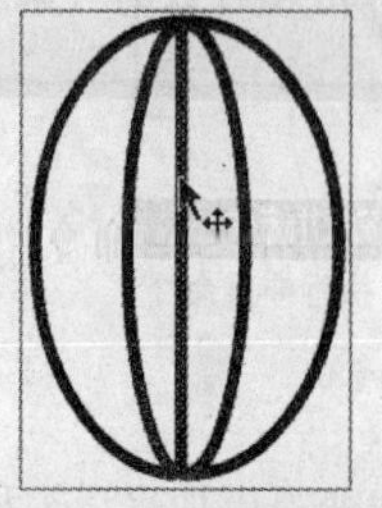

图 4.3.9　选中要编辑的线条

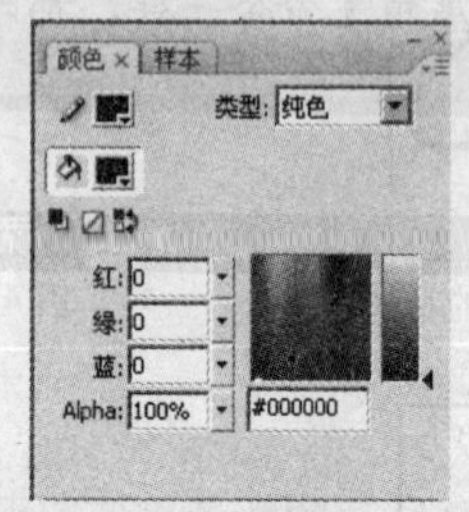

图 4.3.10　颜色面板

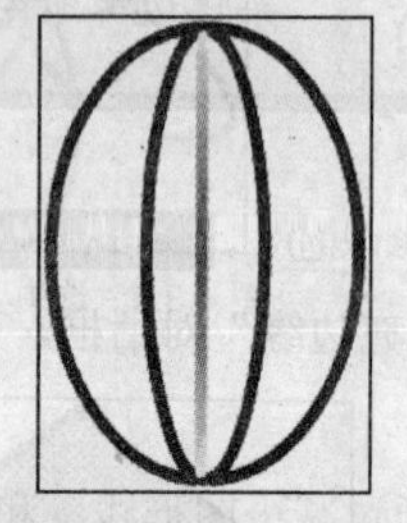

图 4.3.11　线条效果图

4.3.3　扩展填充与柔化填充边缘

扩展填充命令和柔化边缘命令都是针对对象的边缘进行编辑的命令，通过这两个命令，可以制作出许多精美的图像效果，下面分别介绍扩展填充命令和柔化边缘命令。

1. 扩展填充命令

扩展填充命令用于向内插入或向外扩展填充对象，其使用方法如下：

（1）使用选择工具选中舞台中的图形，如图 4.3.12 所示。

（2）选择 修改(M) → 形状(P) → 扩展填充(E)... 命令，弹出如图 4.3.13 所示的“扩展填充”对话框。

图 4.3.12　选中图形

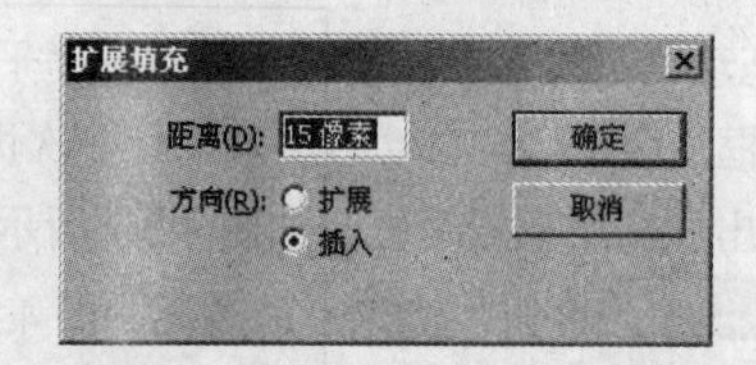

图 4.3.13　“扩展填充”对话框

（3）通过选择“扩展填充”对话框中的各个选项来确定扩展填充的程度。在“距离”文本框中输入数值，用来设置扩展宽度，它的单位是像素。选中“方向”选项中的“扩展”单选按钮表示向外扩展，选中“插入”单选按钮表示向内扩展。本例选择“插入”单选按钮，单击 确定 按钮，效果如图 4.3.14 所示。

图 4.3.14　扩展填充后的效果

2. 柔化填充边缘

柔化填充边缘命令用于对象边缘的编辑，可以使直线边缘柔化为曲线，反之亦可。柔化填充边缘命令的使用方法如下：

（1）使用选择工具选中舞台上的对象，如图4.3.15所示。

提示 柔化边缘命令与扩展填充命令一样，都只能作用在打散的对象上。

（2）选择 修改(M) → 形状(P) → 柔化填充边缘(F)... 命令，弹出如图4.3.16所示的“柔化填充边缘”对话框。

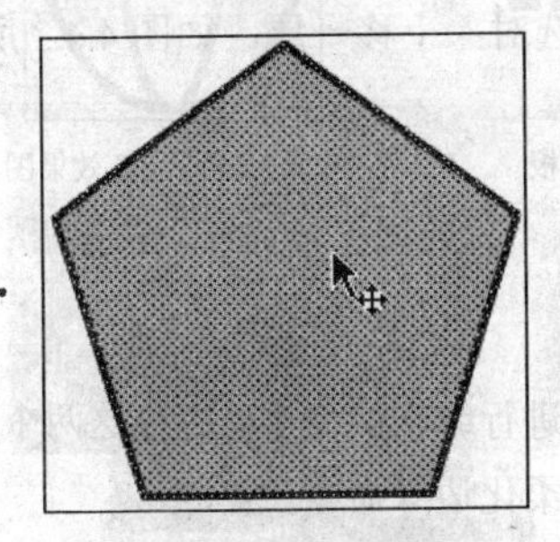

图4.3.15 选中对象

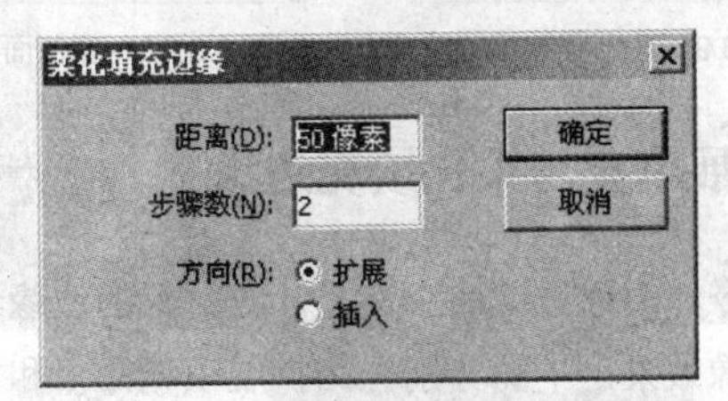

图4.3.16 “柔化填充边缘”对话框

（3）通过选择“柔化填充边缘”对话框的各个选项来确定柔化填充边缘的程度。在“距离”文本框中输入数值，用来设置柔化宽度，它的单位是像素。在“步骤数”文本框中输入数值设置柔化边缘的数目，数值越大柔化边缘越多，效果越明显。选中“方向”选项中的“扩展”单选按钮表示选中对象的边缘向外柔化，选中“插入”单选按钮表示选中对象的边缘向内柔化。本例选择“扩展”单选按钮，单击 确定 按钮，效果如图4.3.17所示。

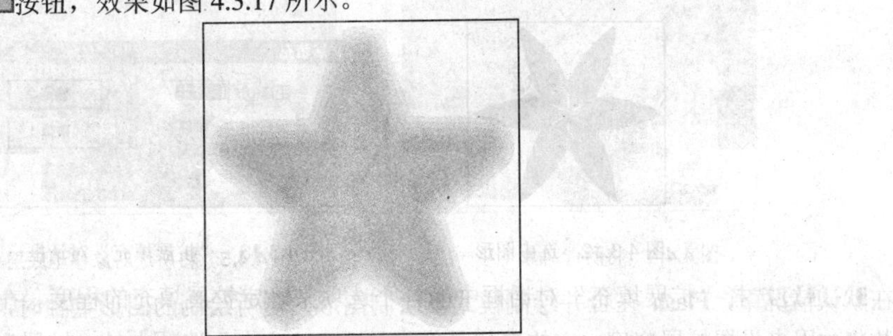

图4.3.17 柔化填充后的效果

4.4 对象的排列、对齐与变形

4.4.1 排列对象

在Flash中创建多个对象时，它们按照创建的先后顺序从下至上进行叠放，即最后创建的对象总是位于最上面，如图4.4.1所示。

图 4.4.1　叠放对象示意图

要调整对象的叠放顺序，应先选择对象，然后选择 修改(M) → 排列(A) 命令中的子菜单命令。

（1）移至顶层(F)　Ctrl+Shift+上箭头：将所选对象移至顶层，如图 4.4.2 所示。

（2）上移一层(R)　Ctrl+上箭头：将所选对象上移一层，如图 4.4.3 所示。

图 4.4.2　将所选对象移至顶层

图 4.4.3　将所选对象上移一层

（3）下移一层(E)　Ctrl+下箭头：将所选对象下移一层，如图 4.4.4 所示。

（4）移至底层(B)　Ctrl+Shift+下箭头：将所选对象移至底层，如图 4.4.5 所示。

图 4.4.4　将所选对象下移一层

图 4.4.5　将所选对象移至底层

在默认情况下，Flash 在合并绘制模式下绘制图形，当所绘制的图形重叠时，系统会自动对重叠的部分进行合并，因此，对这种相互重叠的图形是不能够调整顺序的，否则会出现图像被切割的现象，如图 4.4.6 所示。

图 4.4.6　图像被切割

4.4.2　对齐对象

对齐对象就是指将 Flash 中的对象沿水平或垂直方向对齐。用户可以沿所选对象的右边缘、中心和左边缘来垂直对齐对象；或者沿所选对象的上边缘、中心或下边缘来水平对齐对象。

在 Flash CS3 中，用户可以使用对齐面板来对齐对象（见图 4.4.7），而且可以对所选对象应用一个或多个对齐选项。对齐对象的操作步骤如下：

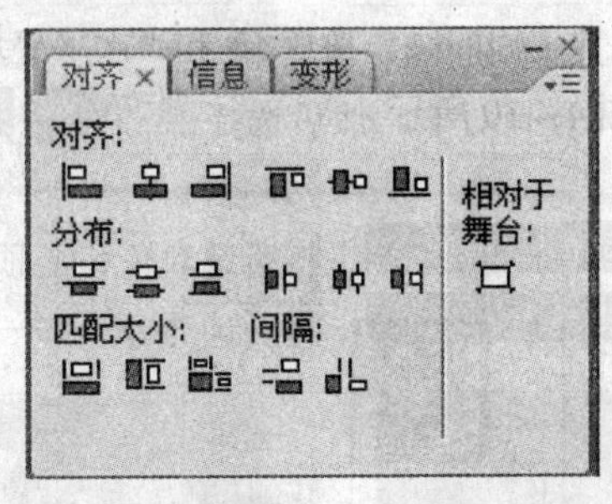

图 4.4.7　对齐面板

（1）对齐：该区域包括“左对齐”按钮、“水平中齐”按钮、“右对齐”按钮、“上对齐”按钮、“垂直中齐”按钮和“底对齐”按钮，单击它们将以相应方式对齐对象。

若在对齐之前单击“相对于舞台”按钮，则所选对象将相对于舞台进行左对齐、水平中齐、右对齐、上对齐、垂直中齐或底对齐，如图 4.4.8 所示。

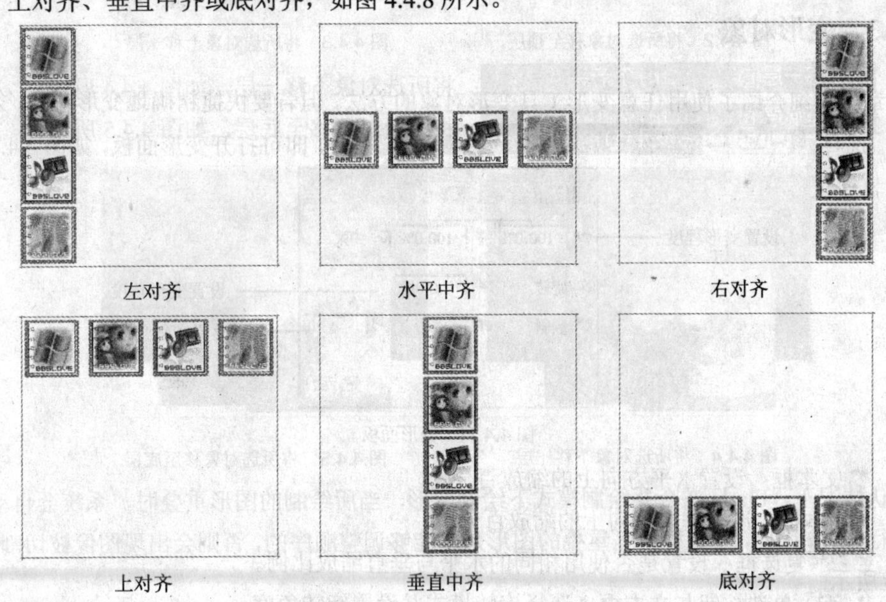

图 4.4.8　在水平方向或垂直方向上对齐对象

（2）分布：该区域包括“顶部分布”按钮、“垂直居中分布”按钮、“底部分布”按钮、“左侧分布”按钮、“水平居中分布”按钮和“右侧分布”按钮，单击它们将以舞台中心或边界为准分布对象。

（3）匹配大小：该区域包括“匹配宽度”按钮、“匹配高度”按钮和“匹配宽和高”按钮，单击它们将使所选对象的宽度相同或高度相同，或宽度和高度均相同，如图 4.4.9 所示。

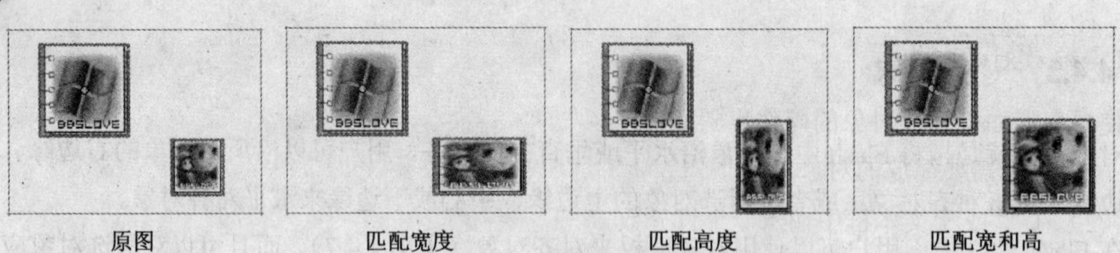

图 4.4.9　匹配对象的大小

（4）间隔：该区域包括“垂直平均间隔”按钮和“水平平均间隔”按钮，单击它们可以使每个对象之间的距离相等，如图 4.4.10 所示。

图 4.4.10　调整对象之间的间隔

4.4.3　变形对象

第 2 章中详细介绍了使用任意变形工具变形对象的方法，但若要快捷精确地变形对象，须要使用变形面板。选择窗口(W)→变形(T) Ctrl+T命令，即可打开变形面板，如图 4.4.11 所示。

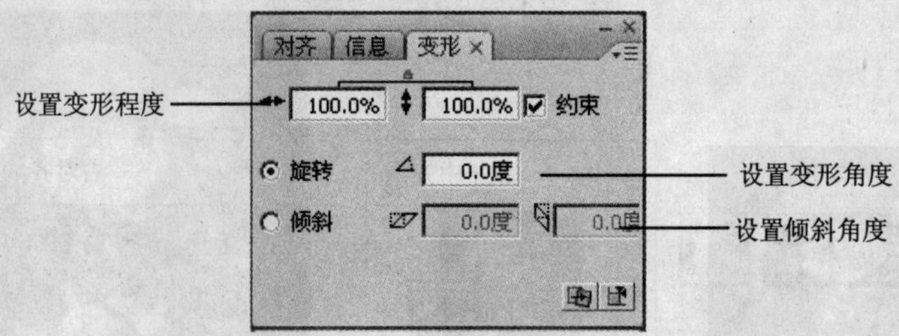

图 4.4.11　变形面板

（1）文本框：设置水平方向上的缩放百分比。

（2）文本框：设置垂直方向上的缩放百分比。

（3）约束复选框：设置是否使用相同的水平与垂直缩放比例。

（4）旋转单选按钮与文本框：选择旋转模式并设置旋转角度。

（5）倾斜单选按钮与文本框：选择倾斜模式并设置倾斜角度。

（6）“复制并应用变形”按钮：复制对象并将变形操作应用于副本。

（7）“重置”按钮：取消变形操作，恢复原形状。

使用变形面板可以对所选对象进行缩放、旋转和倾斜等变形操作，当对变形效果不满意时，还可以恢复对象的原始外观，下面分别介绍这些操作。

1. 缩放对象

使用变形面板缩放对象的操作步骤如下：

（1）选择需要缩放的对象。

（2）在↔或↕文本框中输入一个百分数。

（3）按“Enter”键缩放对象，如图 4.4.12 所示。

原图

在水平方向上缩小对象

在垂直方向上缩小对象

在水平方向上放大对象

在垂直方向上放大对象

图 4.4.12　缩放对象

如果在输入百分数之前选中了☑约束复选框，则将等比例缩放对象，如图 4.4.13 所示。

原图

等比例缩小对象

等比例放大对象

图 4.4.13　等比例缩放对象

2. 旋转对象

使用变形面板旋转对象的操作步骤如下：

（1）选择需要旋转的对象。

（2）选中◉旋转单选按钮，并在其后的文本框中输入一个范围在 0°～360°或-1°～-360°之间的数值。

（3）按“Enter”键沿顺时针或逆时针旋转对象，如图 4.4.14 所示。

原图

顺时针旋转对象

逆时针旋转对象

图 4.4.14 旋转对象

3. 倾斜对象

使用变形面板倾斜对象的操作步骤如下：

（1）选择需要倾斜的对象。

（2）选中 ⊙倾斜 单选按钮，在▱文本框中输入水平方向上的倾斜角度；在◸文本框中输入垂直方向上的倾斜角度。

（3）按“Enter”键在水平或垂直方向上倾斜对象，如图 4.4.15 所示。

原图

在水平方向上倾斜对象

在垂直方向上倾斜对象

图 4.4.15 倾斜对象

4. 恢复对象的原始外观

如果用户对某一对象的变形效果不满意，还可以使用变形面板将其恢复到原始的状态，操作步骤如下：

（1）选择需要恢复到原始外观的对象。

（2）单击“重置”按钮 取消变形操作，恢复原状，如图 4.4.16 所示。

变形效果

恢复至原状

图 4.4.16 恢复对象的原始外观

另外，用户还可以选择 修改(M) → 变形(T) → 取消变形(T) Ctrl+Shift+Z 命令或按“Ctrl+Shift+Z”键取消对对象所做的变形操作。

4.5　操作实例——风车

1. 操作目的

（1）掌握对象的基本编辑方法。

（2）了解修改对象形状的方法。

（3）掌握排列和变形对象的方法。

（4）了解对齐对象的方法。

2. 操作内容

利用工具箱、变形命令等绘制一个风车图形。

3. 操作步骤

（1）新建一个 Flash CS3 文档。

（2）按“Ctrl+J”键，弹出“文档属性”对话框，设置“尺寸”为“550 px×400 px”，“背景颜色”为“白色”，单击 确定 按钮。

（3）选择工具箱中的椭圆工具，在舞台上绘制一个椭圆并将其填充为绿色。再选择工具箱中的直线工具，在椭圆的中心绘制一条直线，然后用鼠标将被直线分离的一半椭圆拖出来，如图 4.5.1 所示。只保留这一半椭圆，将剩余的部分删除。

（4）选择工具箱中的任意变形工具，将该对象旋转一定的角度，然后按“Ctrl+C”组合键将其复制到剪贴板上，再按“Ctrl+V”组合键，将其粘贴到舞台上，并为其填充红色，然后再旋转一定的角度，如图 4.5.2 所示。

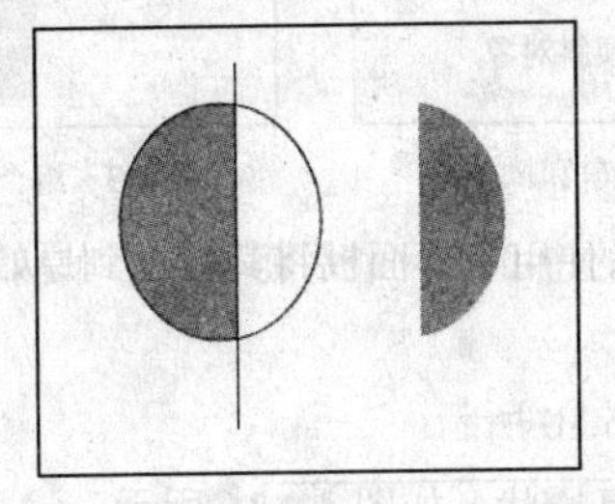

图 4.5.1　从椭圆中分离出一半椭圆

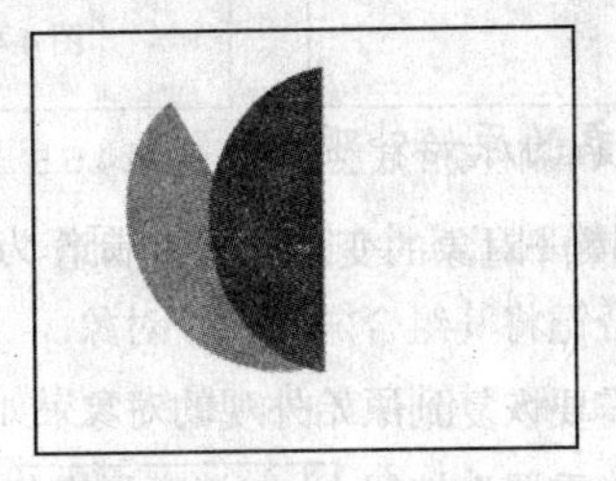

图 4.5.2　复制并旋转椭圆

（5）按照步骤（4）的方法继续复制椭圆，并为其填充不同的颜色，再旋转一定的角度，如图 4.5.3 所示。

（6）继续上述操作，直到将其拼成一个风车形状。选择工具箱中的选取工具框选这些半圆，按“Ctrl+G”组合键将其组合为一个对象，如图 4.5.4 所示。

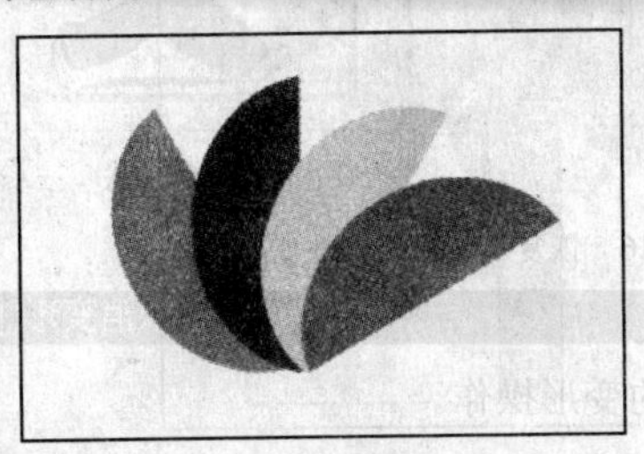

图 4.5.3　继续复制椭圆

图 4.5.4　组合图形

（7）选择工具箱中的矩形工具，绘制一个矩形，将其选中后按“Ctrl+G”组合键进行组合，风车柄即制作完成，如图 4.5.5 所示。然后将风车柄移动到风车上面，如图 4.5.6 所示。

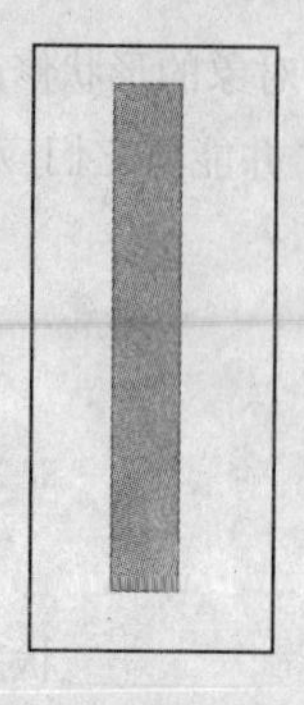

图 4.5.5 制作风车柄

图 4.5.6 将风车柄移动到风车上

（8）用选取工具选中风车柄，然后选择 修改(M) → 排列(A) → 移至底层(B) 命令，将其移动到风车的下面，如图 4.5.7 所示。这时的风车和风车柄是两个对象，如图 4.5.8 所示。选中它们后，按“Ctrl+G”组合键将其组合，如图 4.5.9 所示。

图 4.5.7 将风车柄移动至底层

图 4.5.8 选中风车和风车柄

图 4.5.9 组合风车和风车柄

（9）继续用椭圆工具绘制出一个小圆作为风车的中心轴，最后将车身、车柄和车轴全部选中，按“Ctrl+G”组合键将其组合成为一个对象。

（10）按“Ctrl+S”保存文件，最终效果如图 4.5.10 所示。

图 4.5.10 “风车”效果

本章小结

本章主要介绍了对象的基本编辑，对象的组合与分离，对象的形状修改和对象的排列、对齐与变形等。通过本章的学习，用户应该熟练掌握各种对象操作，并能将它们应用到动画制作中。

操作练习

一、填空题

1. __________是编辑对象的前提条件。
2. 双击组合对象，可以将舞台从场景编辑状态切换至__________状态。

二、选择题

1. 分解对象的快捷键是（ ）。
   A. Ctrl+A　　B. Ctrl+B
   C. Ctrl+C　　D. Ctrl+D
2. 按（ ）键可以创建组合对象。
   A. Ctrl+G　　B. Ctrl+Shift+G
   C. Alt+G　　D. Shift+G
3. 可以选取对象的操作有（ ）。
   A. 单击　　B. 双击
   C. 用鼠标拖曳　　D. "Shift"键+单击
4. 如果某一 Flash 文件会被多次调用，应该使用（ ）命令来保存该文件。
   A. 保存　　B. 另存为
   C. 保存为模板　　D. 保存并压缩

三、简答题

在 Flash 中编辑对象时，如何对齐对象？

四、上机操作题

1. 绘制如题图 4.1 所示的图形。

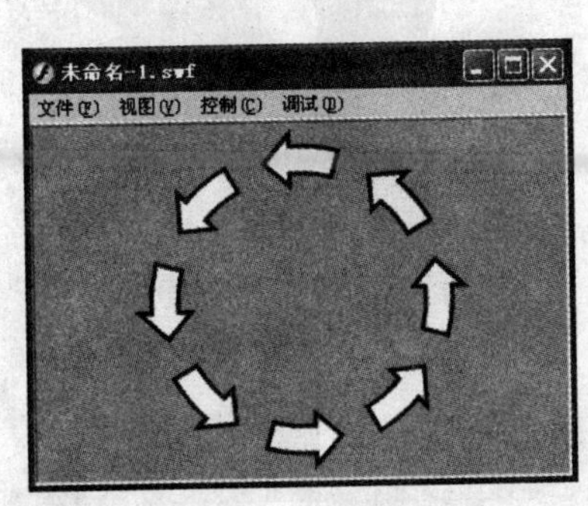

题图 4.1　效果图

2．绘制如题图 4.2 所示的图形。

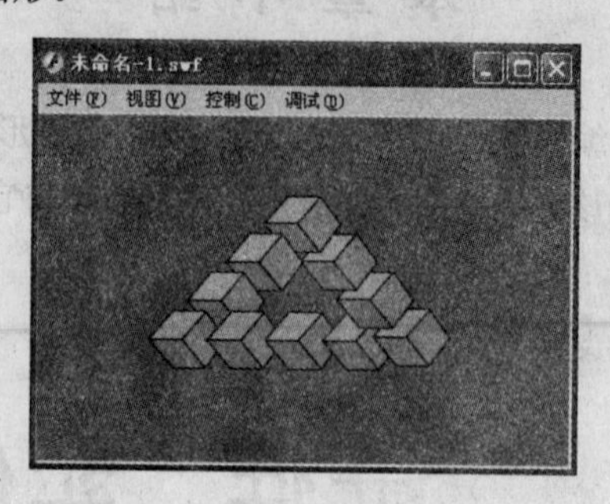

题图 4.2　效果图

第5章

元件、实例和库

学习导航

元件是动画的基本元素，在Flash动画中出现的任何内容都是由元件组成的，所有的元件都存放在库面板中。把元件从库面板拖动到工作区中就创建了该元件的一个实例，也就是说，实例是元件的具体应用。本章将介绍元件与实例的区别以及它们的使用方法。

学习要点

- 元件
- 实例
- 库

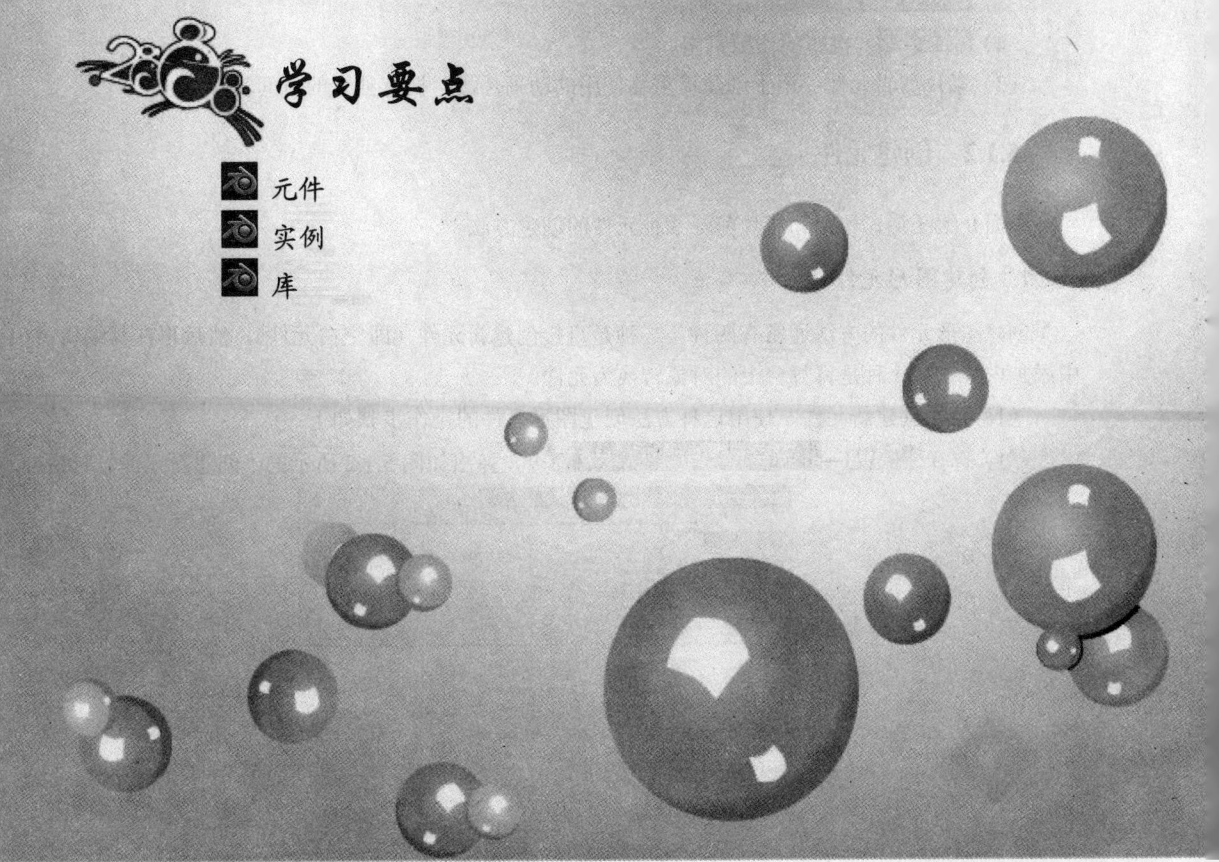

5.1 元 件

元件是指在 Flash 中可重复使用的图形、按钮和影片剪辑等，元件只需创建一次，即可在整个文档中重复使用。如果对元件的内容进行更改，那么，由它创建而成的所有实例都会随之更新，而不必逐一进行更改，大大节省了用户的时间，简化了动画的编辑过程。

5.1.1 元件的类型

Flash CS3 中的元件主要有图形、按钮和影片剪辑 3 种类型，不同类型的元件具有不同的功能，下面分别进行介绍。

（1）图形元件：用于存储静态图像，不能添加交互控制。

（2）按钮元件：用于创建响应鼠标事件的交互式按钮，有“弹起”、“指针经过”、“按下”和“点击”4 个状态帧，如图 5.1.1 所示。

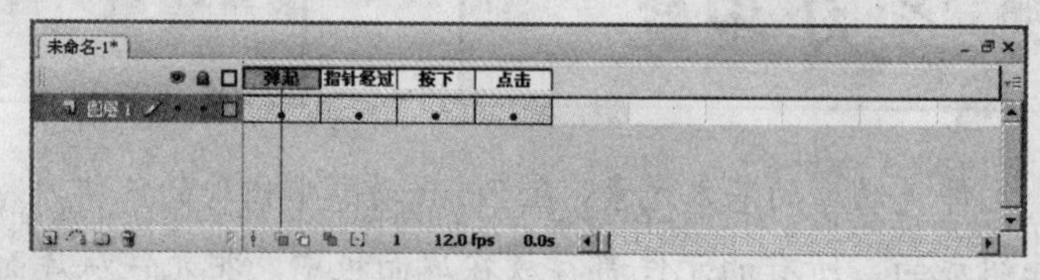

图 5.1.1 按钮元件的 4 个状态帧

对 4 个状态帧说明如下：

1）弹起：按钮在默认状态下的效果。

2）指针经过：当鼠标指针移动到按钮上时的效果。

3）按下：当按下按钮时的效果。

4）点击：按钮的作用范围。

（3）影片剪辑元件：用于创建可重复使用的动画片段，拥有独立的时间轴。

5.1.2 创建元件

下面介绍图形、按钮和影片剪辑 3 种元件的创建方法。

1. 创建图形元件

创建图形元件的方法通常有两种：一种是直接创建新元件（即空白元件），然后再在其编辑窗口中添加内容；另一种是将舞台上的对象转换为元件。

（1）直接创建新元件。使用这种方法创建图形元件的操作步骤如下：

1）选择 插入(I) → 新建元件(N)... Ctrl+F8 命令，弹出如图 5.1.2 所示的“创建新元件”对话框。

图 5.1.2 “创建新元件”对话框

2）在“类型”选项区中选中“图形”单选按钮，设置元件的类型为“图形”。

3）在“名称”文本框中输入图形元件的名称。

4）单击 确定 按钮，进入图形元件的编辑窗口，此时，元件的名称将显示在场景名称的旁边；元件的注册点将以“+”形状显示在编辑窗口的中心位置。

5）在编辑窗口中添加文本、图形、图像等内容，如图 5.1.3 所示。

6）编辑完毕后，单击 场景 1 图标，返回到主场景。选择 窗口(W) → 库(L) Ctrl+L 命令打开库面板，即可看到新建的元件，如图 5.1.4 所示。

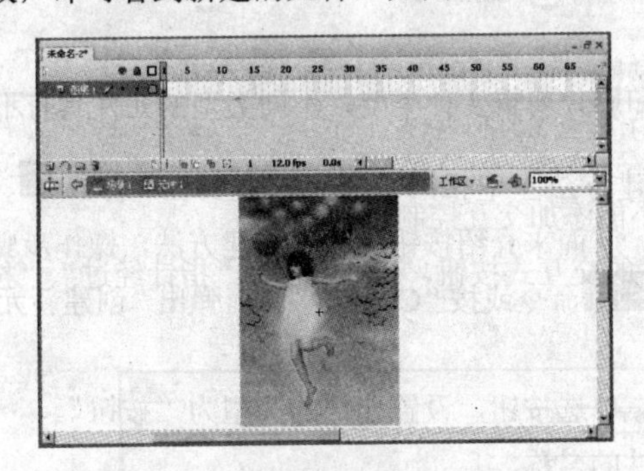

图 5.1.3　编辑图形元件的内容

图 5.1.4　库面板

（2）将舞台上的对象转换为元件。使用这种方法创建图形元件的操作步骤如下：

1）选取要转换为图形元件的对象。

2）选择 修改(M) → 转换为元件(C)... F8 命令或按“F8”键，弹出“转换为元件”对话框，如图 5.1.5 所示。

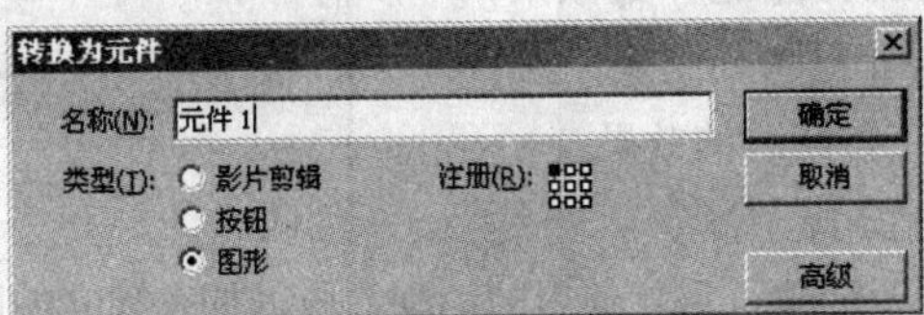

图 5.1.5　“转换为元件”对话框

3）在“类型”选项区中选中“图形”单选按钮，设置元件的类型为“图形”。

4）在“名称”文本框中输入图形元件的名称。

5）在“注册”选项区中设置图形元件注册点的位置，共有 9 个选项，用户可以根据需要进行选择。如图 5.1.6 所示为注册点在左上角和左下角时的效果。

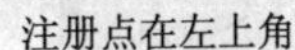

注册点在左上角

注册点在左下角

图 5.1.6　注册点在左上角和左下角时的效果

6）单击 确定 按钮，即可完成转换。

2. 创建按钮元件

按钮元件是一种特殊的元件，在动画播放过程中，其默认状态是静止的，用户可以通过移动或单击鼠标改变它的状态，如图 5.1.7 所示。

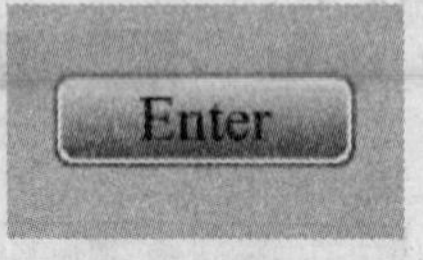

默认状态

移动鼠标指针到按钮上

单击按钮

图 5.1.7　按钮的不同状态

按钮元件的创建方法与图形元件的创建方法基本相同，只不过需要在 弹起 、 指针经过 、 按下 和 点击 4 个状态帧添加内容。下面来介绍按钮元件的创建方法，操作步骤如下：

（1）选择 插入(I) → 新建元件(N)... Ctrl+F8 命令或按“Ctrl+F8”键，弹出“创建新元件”对话框，如图 5.1.2 所示。

（2）在“类型”选项区中选中“按钮”单选按钮，设置元件的类型为“按钮”。

（3）在“名称”文本框中输入按钮元件的名称。

（4）单击 确定 按钮，进入按钮元件的编辑窗口，此时，元件的名称将显示在场景名称的旁边；元件的注册点将以“＋”形状显示在编辑窗口的中心位置，如图 5.1.8 所示。

（5）分别选中 指针经过 、 按下 和 点击 帧，按“F6”键插入关键帧，如图 5.1.9 所示。

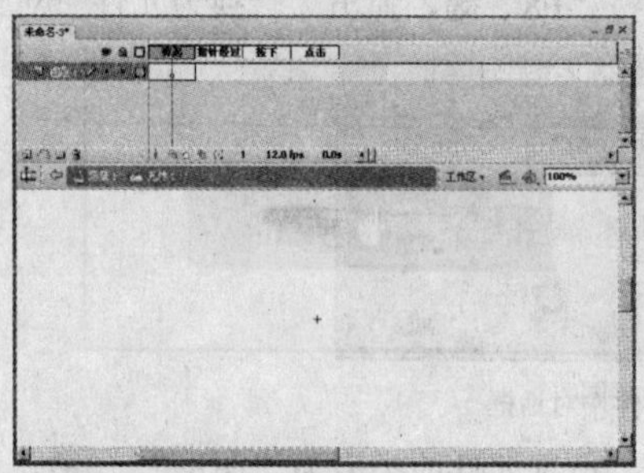
图 5.1.8　按钮元件的编辑窗口

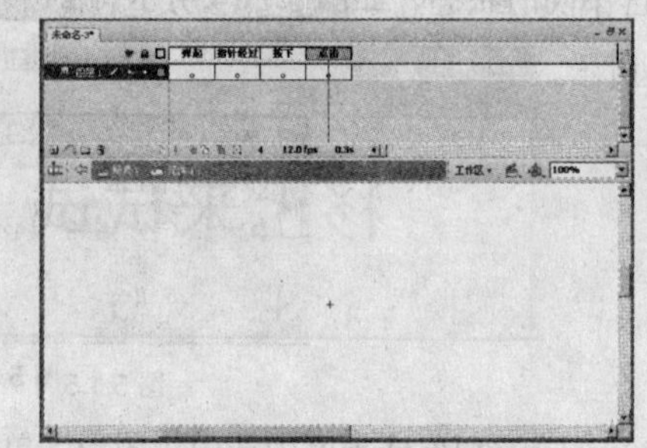
图 5.1.9　插入关键帧

（6）选中 弹起 帧，选择工具箱中的文本工具 T ，在属性面板中设置字体为“隶书”，字体大小为“50”，文本颜色为“黑色”，在舞台的中心位置输入文本“默认状态”，如图 5.1.10 所示。

（7）重复第（6）步的操作，在 指针经过 帧输入文本“移上来试试”，在 按下 帧输入文本“单击我试试”，如图 5.1.11 所示。

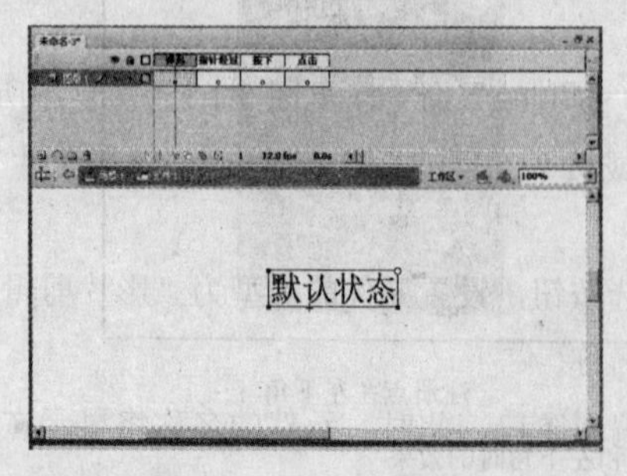

图 5.1.10　在“弹起”帧中输入文本

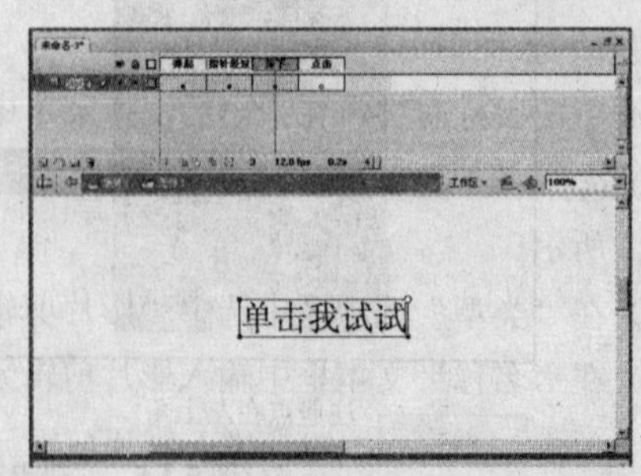

图 5.1.11　在“指针经过”帧和“按下”帧中输入文本

（8）选中 点击 帧，选择工具箱中的矩形工具，在属性面板中设置笔触颜色为“无”，填充颜色为“#339999”，在舞台的中心位置绘制一个矩形，如图 5.1.12 所示。

（9）单击 场景 1 图标，返回到主场景。

（10）选择 窗口(W) → 库(L) Ctrl+L 命令，打开库面板，从中拖动按钮元件到舞台的中心位置，如图 5.1.13 所示。

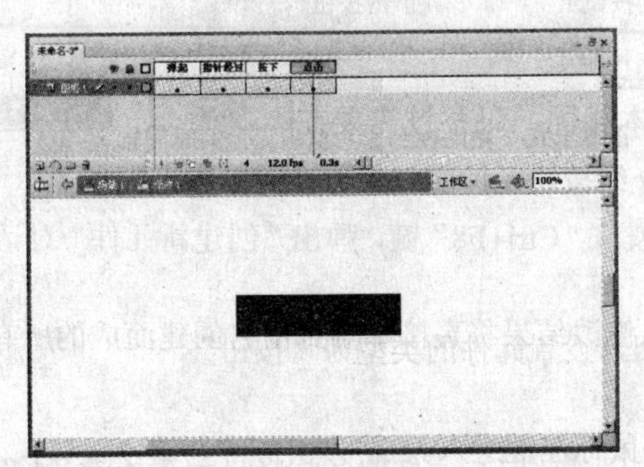

图 5.1.12　在“点击”帧中绘制矩形

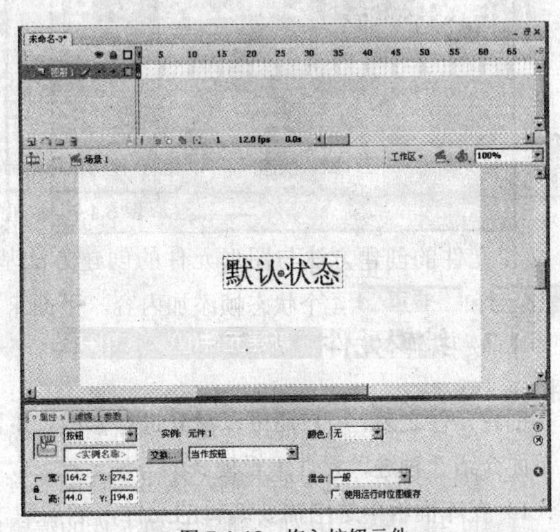

图 5.1.13　拖入按钮元件

（11）按“Ctrl+Enter”键，测试动画效果，当用户移动鼠标指针到按钮上或单击按钮时，按钮会呈现出不同的状态，如图 5.1.14 所示。

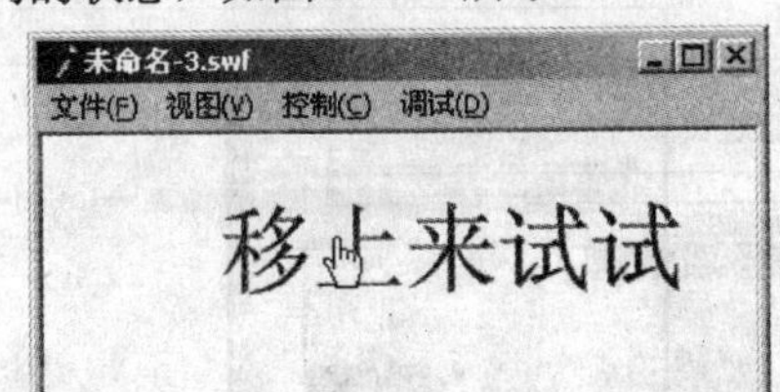

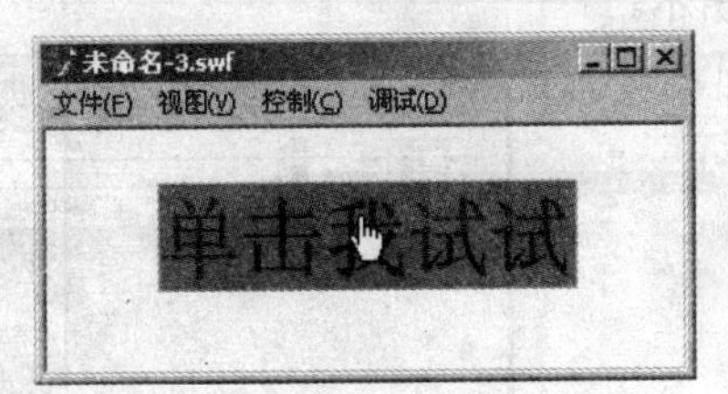

图 5.1.14　效果图

3. 创建影片剪辑元件

创建影片剪辑元件的方法通常有 3 种：一种是直接创建新元件（即空白元件），然后再在其编辑窗口中添加内容；一种是将舞台上的对象转换为元件；还有一种就是将动画转换为元件。前两种方法与图形元件的基本相同，不再赘述。下面介绍如何将动画转换成元件，操作步骤如下：

（1）打开要转换为影片剪辑元件的动画，在时间轴面板中从左上向右下拖动鼠标，选取该动画的所有帧。

（2）单击鼠标右键，在弹出的快捷菜单中选择“复制帧”命令（见图 5.1.15），复制所选的帧。

（3）选择 插入(I) → 新建元件(N)... Ctrl+F8 命令或按“Ctrl+F8”键，弹出“创建新元件”对话框，如图 5.1.2 所示。

（4）在“类型”选项区中选中“影片剪辑”单选按钮，设置元件的类型为“影片剪辑”。

（5）在“名称”文本框中输入影片剪辑元件的名称。

（6）单击 确定 按钮，进入影片剪辑元件的编辑窗口，此时，元件的名称将显示在场景名称的旁边；元件的注册点将以“＋”形状显示在编辑窗口的中心位置。

（7）选中第 1 帧，单击鼠标右键，在弹出的快捷菜单中选择“粘贴帧”命令，将所复制的帧粘贴到影片剪辑元件的时间轴上，如图 5.1.16 所示。

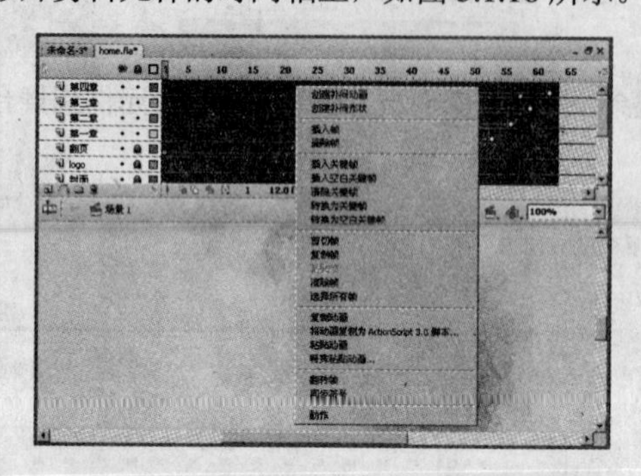

图 5.1.15　复制帧

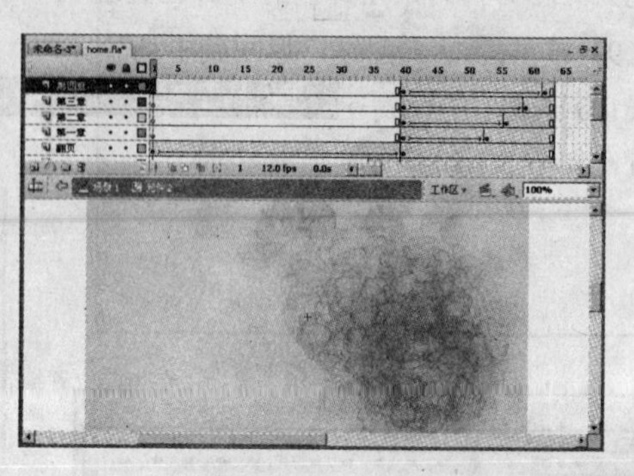

图 5.1.16　粘贴帧到影片剪辑元件的时间轴上

5.1.3　编辑元件

在创建元件之后，用户还可以对其进行修改，并且修改结果将直接影响到由它创建而成的所有实例。下面介绍 5 种进入元件编辑模式的方法。

（1）在库面板中选中需要编辑的元件，然后双击鼠标左键进入。

（2）在舞台上选中需要编辑的元件，然后双击鼠标左键进入。

（3）单击编辑栏中的“编辑元件”按钮，在弹出的下拉菜单中选择需要编辑的元件也可进入，如图 5.1.17 所示。

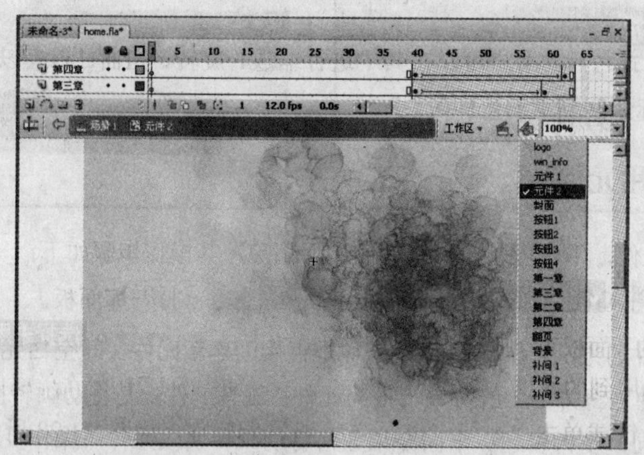

图 5.1.17　“编辑元件”下拉菜单

（4）在舞台上选中需要编辑的元件，单击鼠标右键，在弹出的快捷菜单中选择在当前位置编辑(E)、编辑或在新窗口中编辑命令进入。

1）在当前位置编辑(E)：选择该命令，舞台上的所有对象都会显示在编辑窗口中，但只能对选中的元件进行编辑，并且其他对象的透明度会降低，如图 5.1.18 所示。

2）编辑：选择该命令，只有被选中的元件显示在编辑窗口中，如图 5.1.19 所示。

3）在新窗口中编辑：选择该命令，将打开一个新的编辑窗口，并且在该窗口中只显示选中的元件，如图 5.1.20 所示。

图 5.1.18 选择“在当前位置编辑”命令进入编辑模式前后的效果

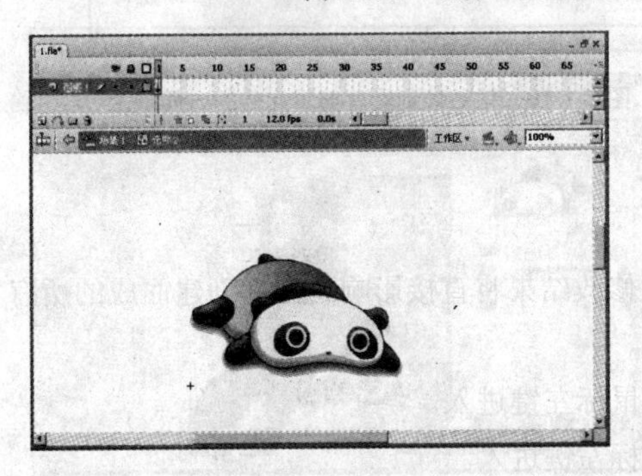

图 5.1.19 选择“编辑”命令进入编辑模式的效果

图 5.1.20 选择“在新窗口中编辑”命令进入编辑模式的效果

(5)在舞台上选中需要编辑的元件，然后选择 编辑(E) → 编辑所选项目(I) 或 在当前位置编辑(E) 命令进入。

进入元件的编辑模式之后，用户可以在其中进行缩放、旋转、扭曲、封套以及删除操作，编辑完成后，单击 场景 1 图标返回到主场景即可。

5.1.4 删除无用元件

对于毫无用处的元件，用户可以随时将它们进行删除，其操作步骤如下：

（1）选择 窗口(W) → 库(L) Ctrl+L 命令，打开库面板。

（2）单击右上角的“面板菜单”按钮，在弹出的下拉菜单中选择 选择未用项目 选项，Flash CS3 将查找出文档中所有没用到的元件，并以高亮方式显示，如图 5.1.21 所示。

（3）按“Delete”键或单击“删除”按钮，将它们删除，如图 5.1.22 所示。

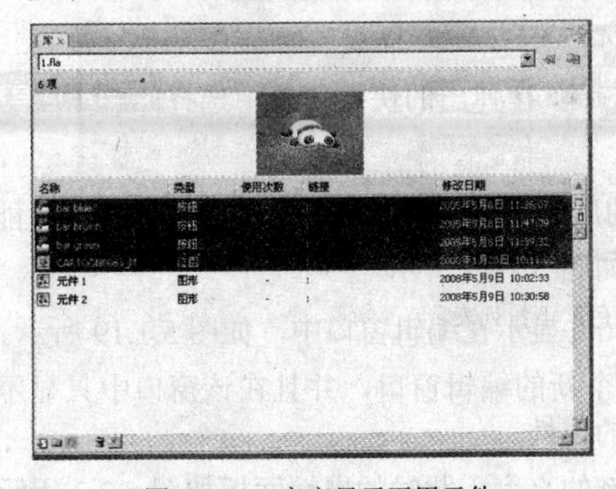

图 5.1.21 高亮显示无用元件

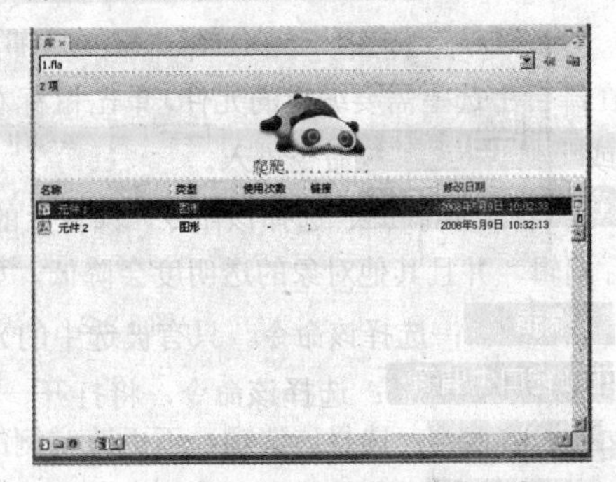

图 5.1.22 删除无用元件

5.2 实　　例

用户可以将实例理解为元件在动画中的应用，在创建了元件之后，就可以在动画中的任何地方（场景或其他元件的编辑窗口中）创建它的实例了。如果对实例进行操作，将不会影响到元件自身的属性。

5.2.1 创建实例

如果要创建实例，只需在库面板中选中要创建实例的元件，然后按住并拖动它到需要的地方，释放鼠标即可，如图 5.2.1 所示。

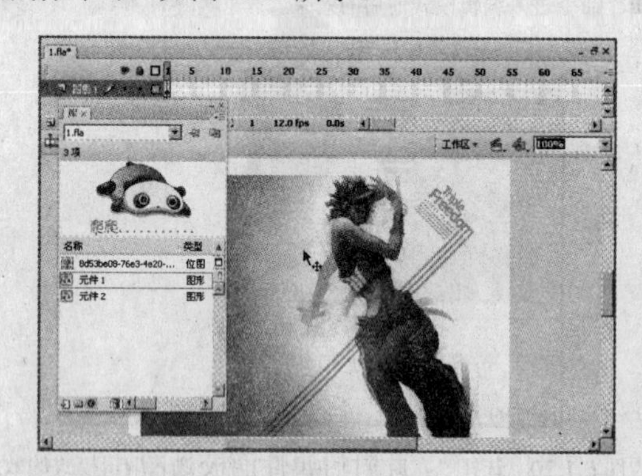

图 5.2.1　创建实例

> 在默认情况下，实例会被添加到当前图层的第 1 帧中，如果需要将其添加到特定的帧中，则必须事先插入关键帧。

5.2.2 更改实例的属性

在创建实例之后，用户可以通过属性面板更改其属性，如亮度、颜色和透明度等。更改实例属性的操作步骤如下：

（1）选中需要更改属性的实例。

（2）单击属性面板中“颜色”后面的下拉框，在弹出的如图 5.2.2 所示的下拉列表中选择需要的选项，然后设置相关参数即可。

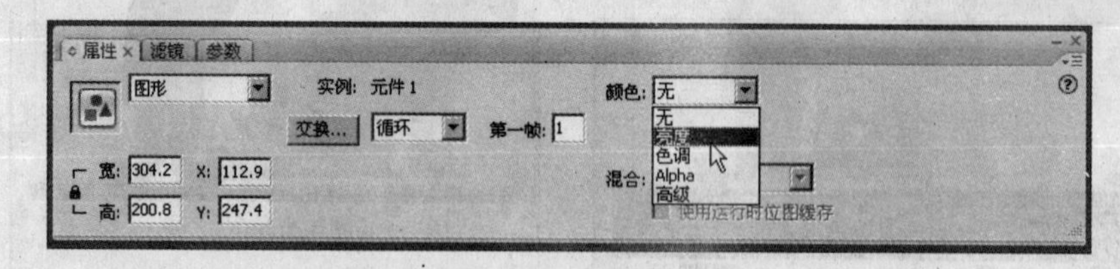

图 5.2.2　“颜色”下拉列表

对其中各项说明如下：

1）无：选择该选项，不更改实例的属性。

2）亮度：选择该选项，可以更改实例的亮度，此时的属性面板如图 5.2.3 所示。

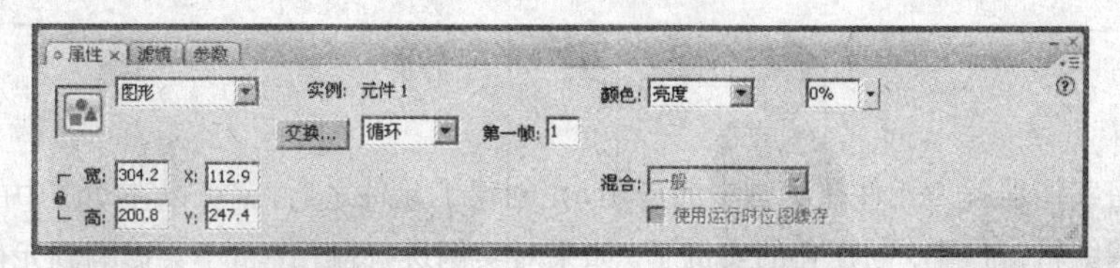

图 5.2.3　选择“亮度”选项时的属性面板

“亮度数量”下拉列表 0% 是亮度属性的唯一参数，用户可以在其中输入一个介于－100%～100%之间的数值。当其值小于 0 时，效果相对原图亮度降低；当大于 0 时，效果相对原图亮度升高。如图 5.2.4 所示为亮度数量为－30%和 30%时的实例效果。

亮度数量为-30%

亮度数量为 30%

图 5.2.4　亮度数量为-30%和 30%时的实例效果

3）色调：选择该选项，通过覆盖颜色更改实例的颜色，此时的属性面板如图 6.2.5 所示。

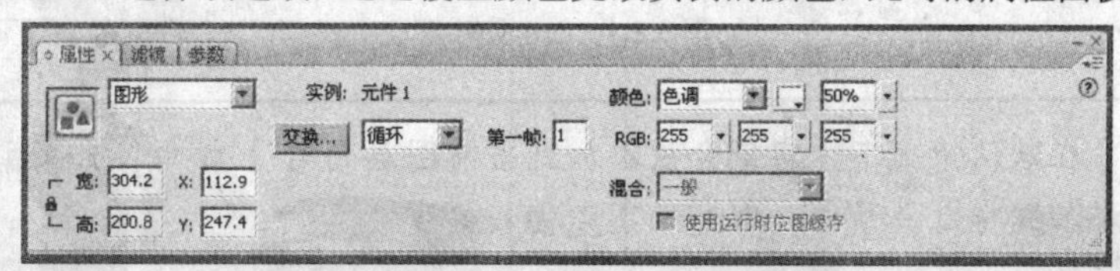

图 5.2.5　选择“色调”选项时的属性面板

色调属性有“颜色”按钮、“色彩数量”下拉列表 50% 及 RGB: 设置区等多个参数，用户可以单击“颜色”按钮，在打开的颜色列表中选择覆盖颜色，或者在 RGB: 设置区中分别输入红、绿、蓝 3 种颜色的值获取覆盖颜色。如图 5.2.6 所示为实例被黄色和红色覆盖时的效果。

颜色为黄色

颜色为红色

图 5.2.6　实例被黄色和红色覆盖时的效果

选中覆盖颜色后，用户可以在“色彩数量”下拉列表 50% 中输入颜色的覆盖程度，其中，0%表示实例不被所选的颜色覆盖；100%表示实例完全被所选颜色覆盖。在默认情况下，色调的色彩数量为 50%。如图 5.2.7 所示为色彩数量为 20%和 80%时的实例效果。

色彩数量为 20%

色彩数量为 80%

图 5.2.7　色彩数量为 20%和 80%时的实例效果

4）Alpha：选择该选项，可以更改实例的透明度，此时的属性面板如图 5.2.8 所示。

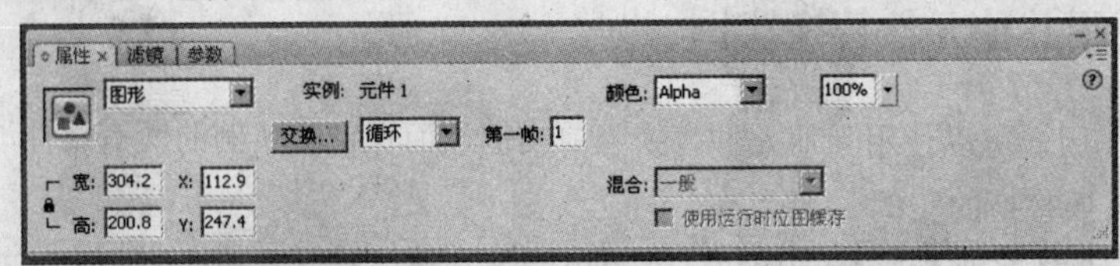

图 5.2.8　选择“Alpha”选项时的属性面板

Alpha 属性也只有“Alpha 数量”下拉列表 100% 一个参数，用户可以在其中输入一个 0～100%之间的数值。在默认情况下，Alpha 数量为 100%，即实例完全不透明。如图 5.2.9 所示为 Alpha 数量为 20%和 80%时的实例效果。

Alpha 数量为 20%

Alpha 数量为 80%

图 5.2.9　Alpha 数量为 20%和 80%时的实例效果

5）高级：选择该选项，可以对实例的颜色进行高级设置，此时的属性面板如图 5.2.10 所示。单击 设置... 按钮，将弹出“高级效果”对话框，用户可以在其中调节红、绿、蓝和透明度的值。最终颜色的值是将当前红、绿、蓝和 Alpha 的值乘以左边的百分数，然后再加上右边的常数值，如当前绿色值为 100，左边的百分比值为 50%，右边的值为 128，就会产生一个新的绿色值 178，如图 5.2.11 所示。

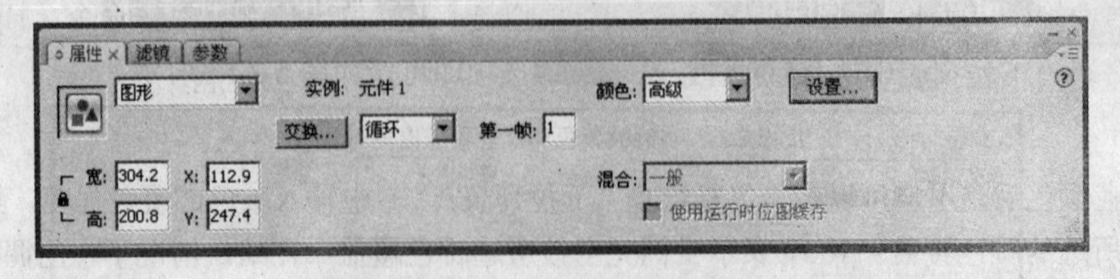

图 5.2.10　选择“高级”选项时的属性面板

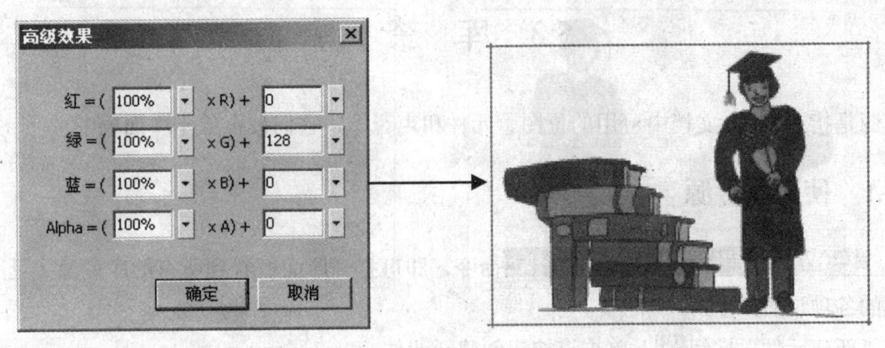

图 5.2.11　为实例设置值为 128 的颜色

5.2.3　使用其他元件替换实例

在 Flash 中，用户可以使用其他元件替换当前实例，而保留该实例的所有属性，操作步骤如下：

（1）选中需要替换的实例。

（2）单击属性面板中的 交换... 按钮，在弹出的“交换元件”对话框中选中用于替换的元件，如图 5.2.12 所示。

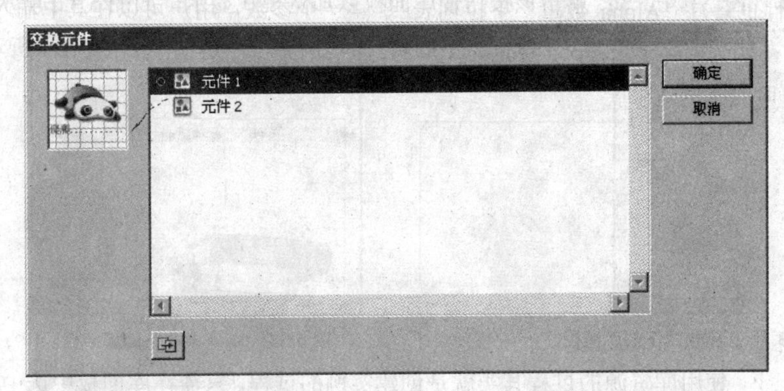

图 5.2.12　“交换元件”对话框

（3）单击 确定 按钮，所选实例即被替换。

5.2.4　改变实例类型

用户还可以改变实例的类型以重新定义它在动画中的表现，例如可以将按钮实例改变为影片剪辑，从而不必用鼠标操作按钮就可以连续播放，操作步骤如下：

（1）选中要改变行为方式的按钮实例。

（2）选择 窗口(W) → 属性(P) → 属性(P) Ctrl+F3 命令，打开属性面板，在“实例行为”下拉列表中选择 影片剪辑 选项即可，如图 5.2.13 所示。

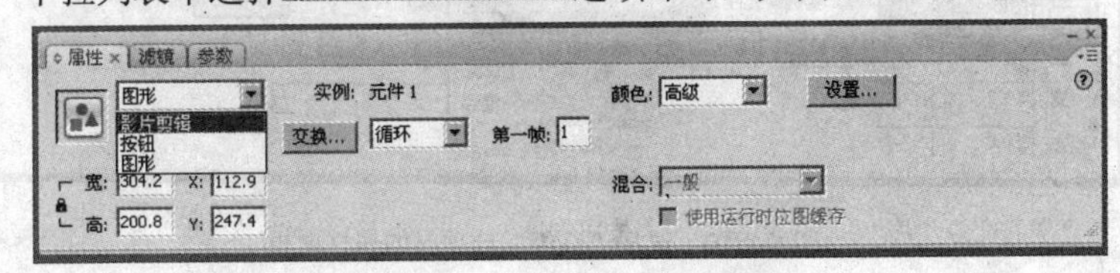

图 5.2.13　“实例行为”下拉列表

5.3 库 资 源

库资源是指在 Flash 文档中可用的位图、元件和声音等，它们被存放于库面板中。

5.3.1 使用库资源

选择 窗口(W) → 库(L) Ctrl+L 命令，即可打开库面板看到所有的库资源（见图 5.3.1）。对库面板的各项说明如下：

（1）“新建元件”按钮：单击该按钮创建新元件。

（2）“新建文件夹”按钮：当用户制作复杂动画时，通常需要许多元件，这时就可以将这些元件放在不同的文件夹中进行分类管理，单击该按钮即可创建库文件夹。

（3）“属性”按钮：在库面板中选中某项库资源后，单击该按钮可弹出相应的对话框。

（4）“删除”按钮：单击该按钮删除选中的库资源。

（5）“切换排序顺序”按钮：单击该按钮改变库资源在库面板中的排列顺序。

（6）“窄库视图”按钮：单击该按钮使库面板以正常模式显示，如图 5.3.1 所示。

（7）“宽库视图”按钮：单击该按钮使库面板以加宽模式显示，如图 5.3.2 所示。

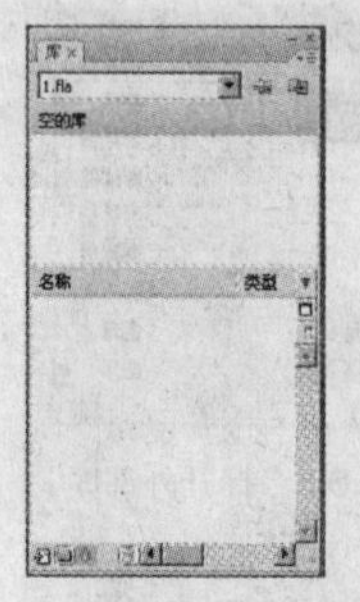

图 5.3.1 正常模式下的库面板

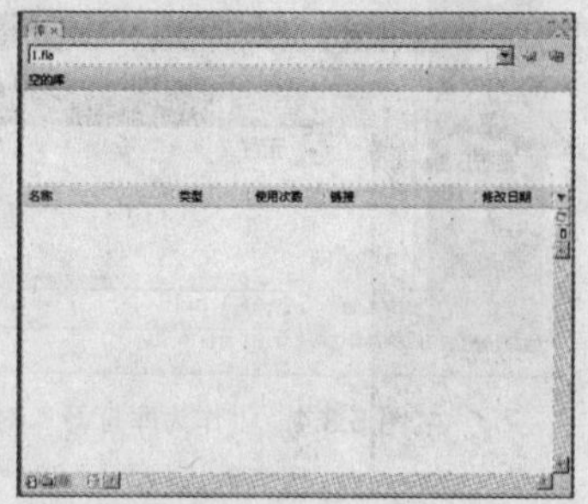

图 5.3.2 加宽模式下的库面板

在一般情况下，使用库资源的过程其实就是创建实例的过程，只需在库面板中选中要创建实例的元件，然后按住鼠标并拖动它到需要的地方，释放鼠标即可。

另外，Flash CS3 还自带了许多公用库资源，分别存放在“学习交互”、“按钮”和“类”库中，用户可以直接使用它们。选择 窗口(W) → 公用库(B) 命令下的子菜单命令，打开 3 种类型的公用库，如图 5.3.3 所示。

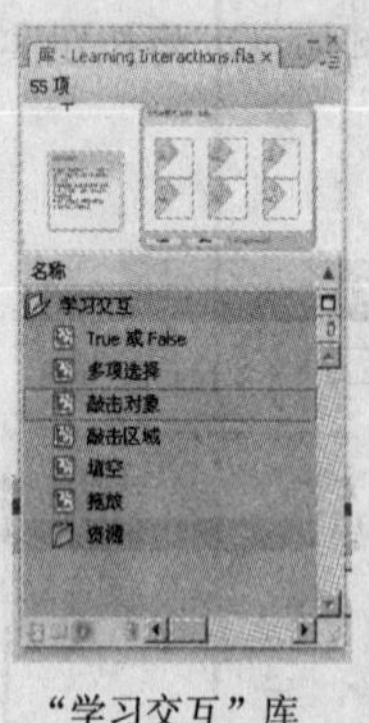

“学习交互”库

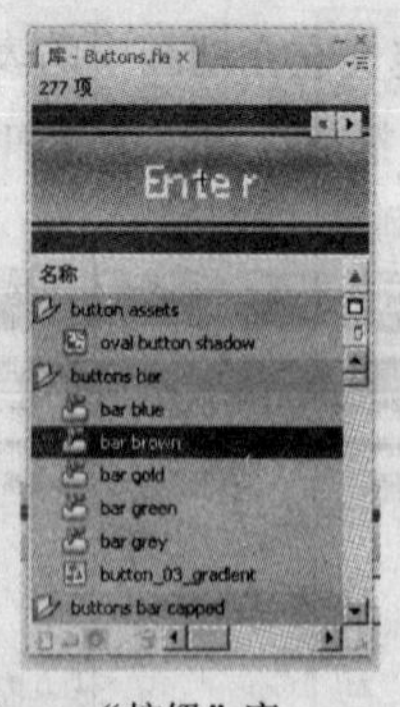

“按钮”库

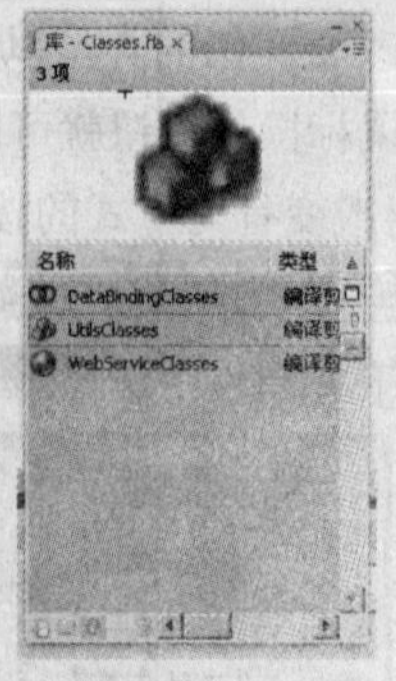

“类”库

图 5.3.3 系统自带的公用库

（1）“学习交互”库：该库中保存的是一些交互控制模板，引用这些模板后，只需进行少量的修改，即可创建一个交互式控制动画。

（2）“按钮”库：该库中保存了多种类型的按钮。

（3）“类”库：该库中只提供了 DataBindingClasses 、 UtilsClasses 和 WebServiceClasses 3 项内容，当用户引用它们后，可以实现数据链接、网络服务器设置等功能。

在制作动画时，用户不仅可以使用 Flash CS3 自带的公用库资源，还可以使用其他文档的库资源，这就需要将该外部库打开，操作步骤如下：

（1）选择 文件(F) → 导入(I) → 打开外部库(O)... Ctrl+Shift+O 命令，弹出如图 5.3.4 所示的“作为库打开”对话框。

（2）选择需要使用库资源的 Flash 文档。

（3）单击 打开(O) 按钮，所选文档的库资源即可显示在当前文档中（见图 5.3.5），用户可以直接使用它们。

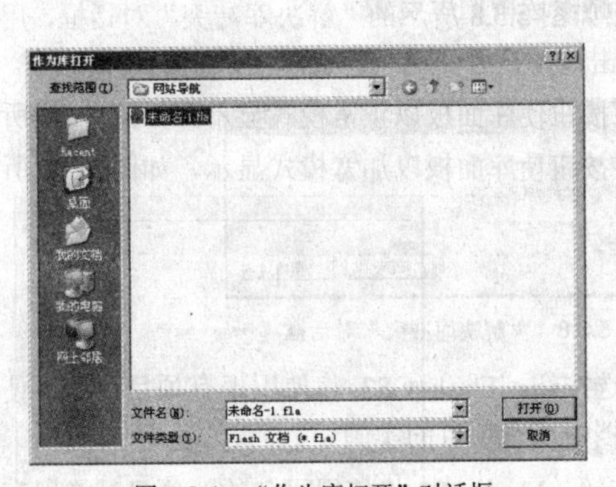

图 5.3.4　“作为库打开”对话框

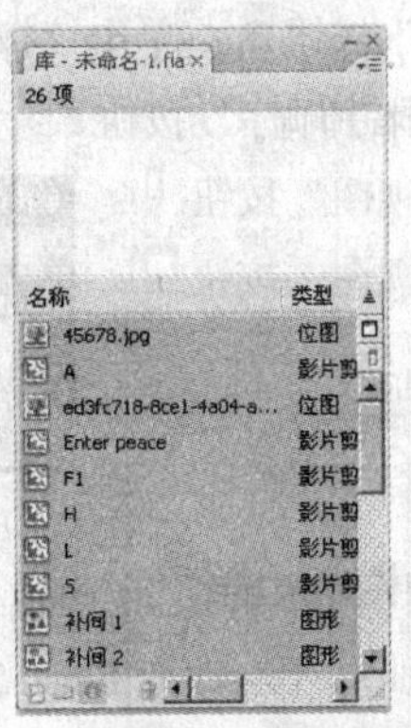

图 5.3.5　打开外部库

5.3.2　重命名库资源

在制作动画的过程中，通常需要对某些库资源进行重新命名，其操作步骤如下：

（1）在库面板中选中要重命名的库资源，如图 5.3.6 所示。

（2）双击鼠标左键，或者单击鼠标右键，在弹出的快捷菜单中选择“重命名”命令，该资源的名称变为输入框，如图 5.3.7 所示。

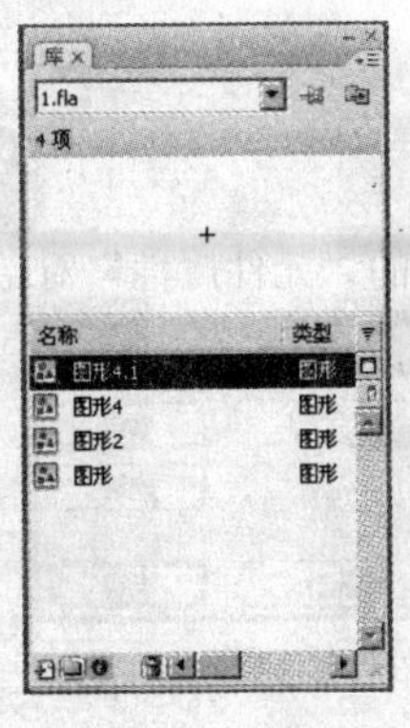

图 5.3.6　选中库资源

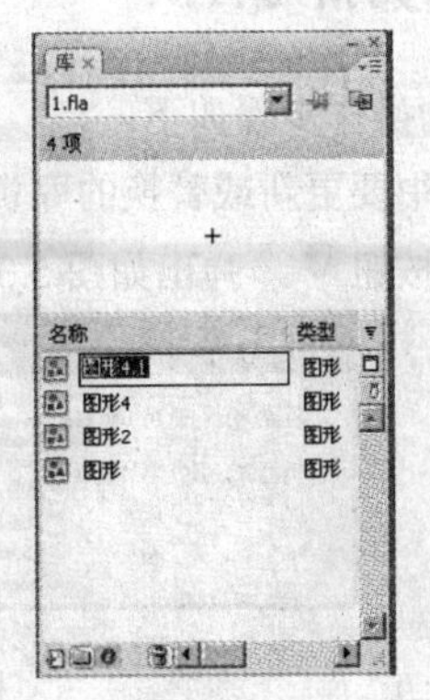

图 5.3.7　库资源的名称变为输入框

（3）在其中输入新的名称，然后按“Enter”键即可。

5.3.3　在文档之间复制库资源

用户可以通过复制与粘贴的方式在文档之间复制库资源，操作步骤如下：

（1）打开源文档和目标文档。

（2）切换源文档为当前文档，选中要复制的库资源，选择 编辑(E) → 复制(C) Ctrl+C 命令进行复制。

（3）切换目标文档为当前文档，选择 编辑(E) → 粘贴到当前位置(P) Ctrl+Shift+V 命令进行粘贴。

5.3.4　解决库资源之间的冲突

在文档之间复制库资源时，常会发生库资源冲突的现象，即其他资源与当前文档中的资源重名。如果发生了这种冲突，Flash CS3 会弹出如图 5.3.8 所示的“解决库冲突”对话框，用户可以选择是否用新项目替换现有项目。

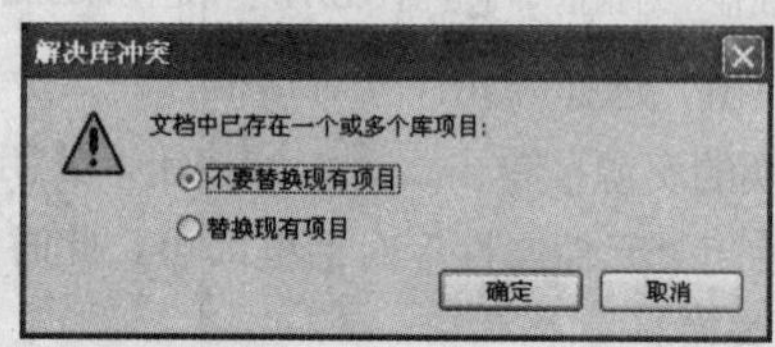

图 5.3.8　“解决库冲突”对话框

（1）不要替换现有项目：选中该单选按钮，Flash CS3 将使用现有项目，而不使用正在导入或复制的新项目，因此，不会改变 Flash 文档中现有项目的实例。

（2）替换现有项目：选中该单选按钮，Flash CS3 将使用同名的新项目替换现有项目，同时替换现有项目的所有实例。

用这种方法替换的库项目是无法撤销的，所以在执行替换之前一定要将 Flash 文档进行备份。

5.3.5　库资源的更新与替换

更新与替换库资源的操作步骤如下：

（1）在库面板中选中要更新或替换的库资源。

（2）单击“属性”按钮，弹出如图 5.3.9 所示的“元件属性”对话框。

图 5.3.9　“元件属性”对话框

（3）单击 高级 按钮，将“元件属性”对话框从基本模式转换为高级模式，以显示“链接”

和“源”选项区，如图5.3.10所示。

（4）单击 浏览(B)... 按钮，在弹出的“定位Adobe Flash文档文件”对话框中选择一个包含更新或替换资源的Flash文档，如图5.3.11所示。

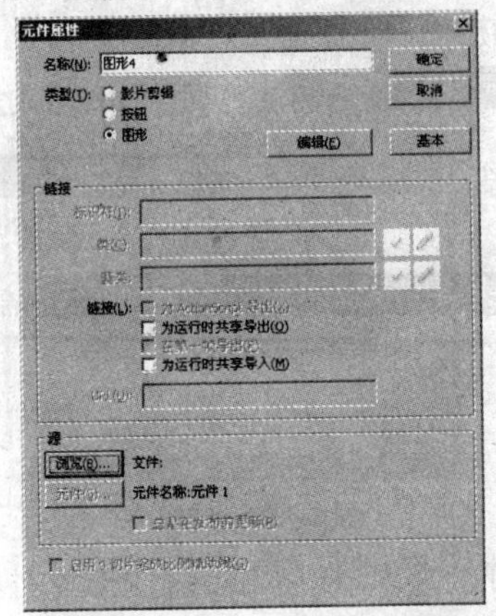

图5.3.10　“元件属性”对话框

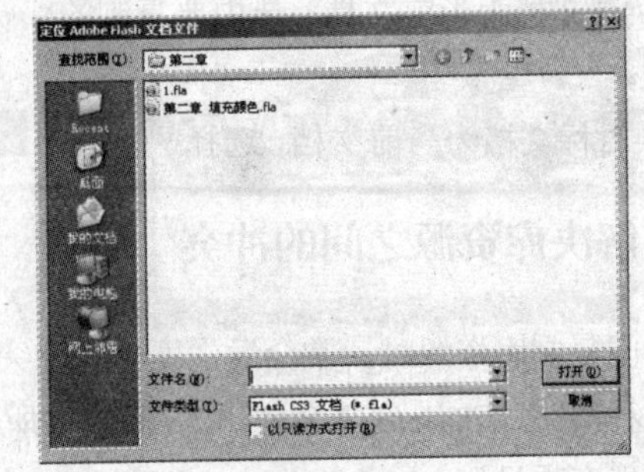

图5.3.11　“定位Adobe Flash文档文件”对话框

（5）单击 打开(O) 按钮，弹出“选择源元件”对话框，在其中显示了选中文档的所有资源（见图5.3.12），选择用于更新或替换的资源，单击 确定 按钮，关闭“选择源元件”对话框。

（6）单击 确定 按钮，关闭“元件属性”对话框即可。此时，库资源的原始名称和属性都会被保留，但其内容将被新内容所替换。

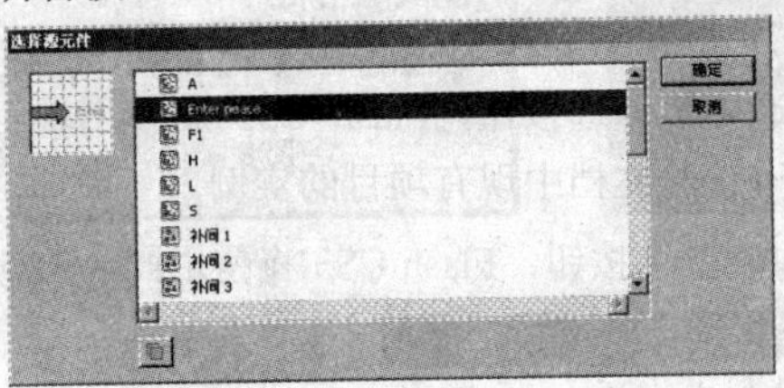

图5.3.12　“选择源元件”对话框

5.4　操作实例——静态倒影

1. 操作目的

（1）掌握创建元件的方法。

（2）掌握转换元件的方法。

（3）了解库面板。

（4）掌握各种变形工具的使用方法。

（5）掌握设置Alpha值的方法。

2. 操作内容

利用元件制作出汽车倒影的效果。

3. 操作步骤

（1）新建一个Flash文档。

（2）按“Ctrl+J”键，弹出“文档属性”对话框，设置“尺寸”为“400 px×300 px”，“背景颜色”为“#669999”，单击 确定 按钮。

（3）选择 文件(F) → 导入(I) → 导入到舞台(I)... Ctrl+R 命令，弹出“导入”对话框，导入一幅轿车图像，如图 5.4.1 所示。

（4）选中图像，选择 修改(M) → 分离(K) Ctrl+B 命令将其打散，如图 5.4.2 所示。

图 5.4.1 导入的轿车图像

图 5.4.2 打散图像

（5）选择工具箱中的套索工具，单击选项栏中的“魔术棒”按钮，在轿车外的区域单击鼠标左键将其选取，然后按“Delete”键进行删除，只保留轿车部分，如图 5.4.3 所示。

（6）选中轿车，选择 修改(M) → 转换为元件(C)... F8 命令，弹出“转换为元件”对话框，设置“名称”为“轿车”，“类型”为“图形”（见图 5.4.4），单击 确定 按钮，将其转换为元件。

图 5.4.3 删除轿车外的部分

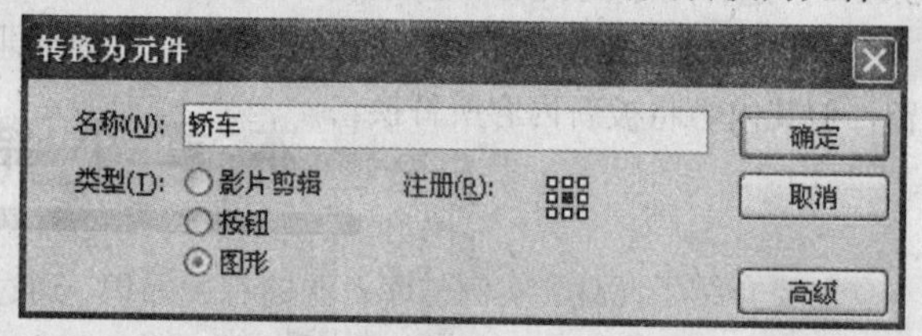

图 5.4.4 “转换为元件”对话框

（7）选择 窗口(W) → 库(L) Ctrl+L 命令，打开库面板，从中拖动“轿车”元件到舞台中，在舞台中就有了该元件的两个实例，如图 5.4.5 所示。

（8）选中拖入的实例，选择 修改(M) → 变形(T) → 垂直翻转(V) 命令，将其垂直翻转 180°，然后选择工具箱中的选择工具调整它们的位置，如图 5.4.6 所示。

图 5.4.5 创建“轿车”元件的实例

图 5.4.6 调整轿车的位置

（9）选中位于下面的轿车，在属性面板的“颜色”下拉列表中选择“Alpha”选项，并在其后的文本框中输入 Alpha 的值为“20%”，更改其透明度，如图 5.4.7 所示。

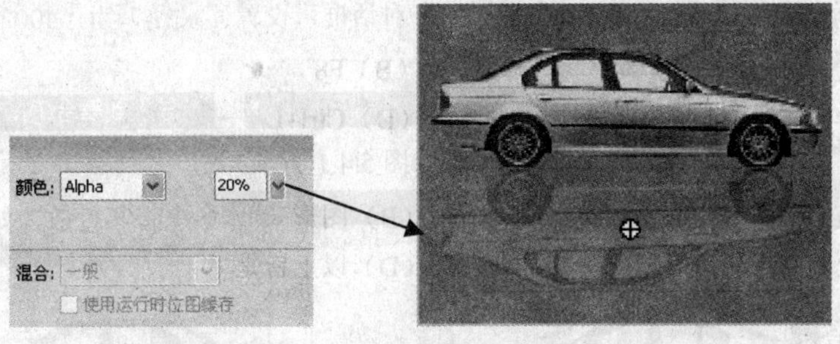

图 5.4.7　更改轿车的透明度

（10）按“Ctrl+Enter”键，预览效果，如图 5.4.8 所示。

图 5.4.8　效果图

本章小结

本章主要介绍了元件、实例与库资源的有关知识。通过本章的学习，用户应该掌握元件与实例的关系并能进行具体应用。

操作练习

一、填空题

1. 在 Flash CS3 中用户可以创建 3 种类型的元件，分别为________、________和________。
2. 所谓________是指可重复使用的影片剪辑、按钮或图形等。
3. 所谓________就是元件在工作区中的具体应用。
4. Flash CS3 中的元件主要有________、按钮和影片剪辑 3 种类型。
5. ________是指在 Flash 文档中可用的位图、元件和声音等，它们被存放于库面板中。

二、选择题

1. 按钮的状态帧包括（　）。

（A）弹起　　　　（B）指针经过

（C）按下　　　　（D）点击

2.（　）不是公用库资源。

（A）学习交互库　　　　（B）按钮库

（C）声音库　　　　（D）类库

3．用于新建元件的快捷键是（　）。

（A）Ctrl+F8　　（B）F8

（C）Ctrl+F11　　（D）Ctrl+L

4．（　）元件是一个 4 帧的动画片段。

（A）按钮　　（B）图形

（C）影片剪辑　　（D）以上皆是

三、简答题

1．如何创建按钮元件？

2．如何创建影片剪辑元件？

四、上机操作题

1．在舞台中创建图形元件的若干实例，并更改它的透明度。

2．导入一幅位图，然后将其转换为元件，转换前后的库面板如题图 5.1 和题图 5.2 所示。

题图 5.1　转换前

题图 5.2　转换后

第6章

动画制作基础

学习导航

Flash 动画有别于 GIF 动画和 3D 动画，它采用矢量绘图技术，当动画画面无限放大时，画面质量不会损失，并且大大缩小了动画文件的大小。本章将介绍几种常见动画的制作方法。

学习要点

- 帧
- 图层
- 场景
- 逐帧动画
- 补间动画
- 引导层动画
- 遮罩层动画
- 时间轴动画

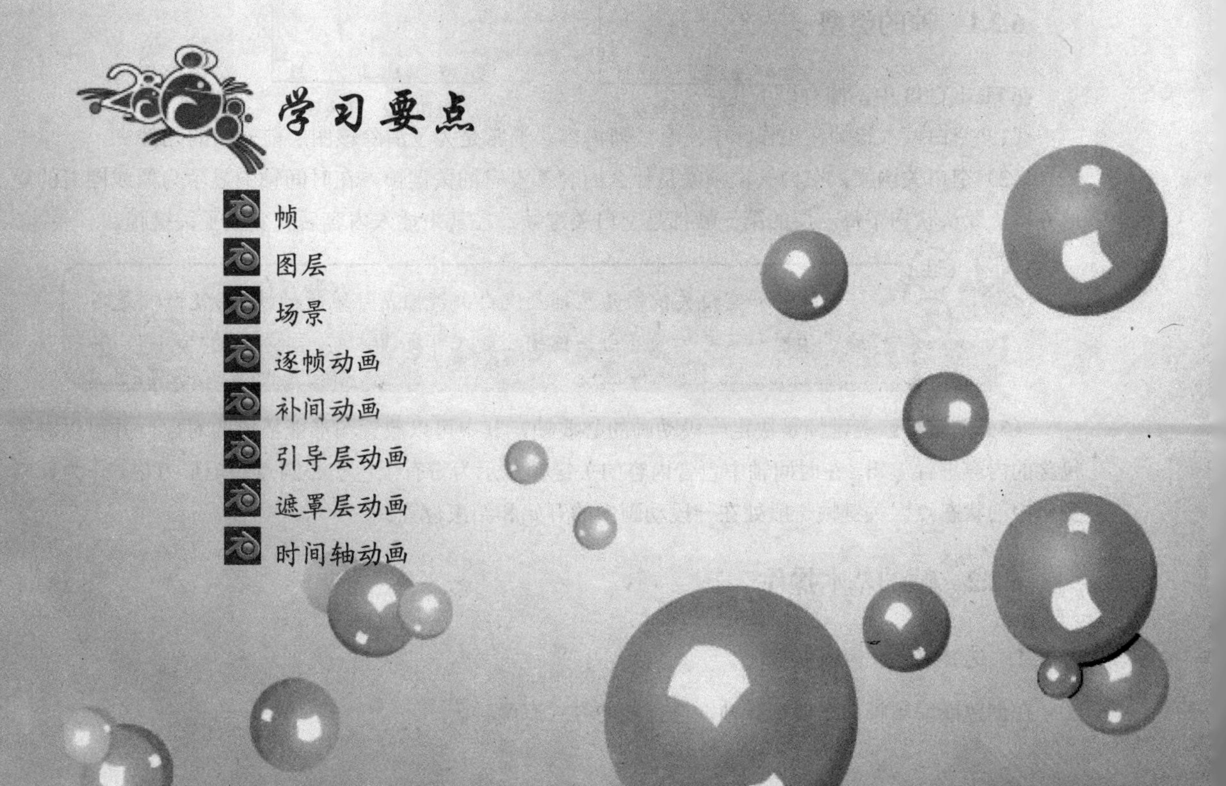

6.1 时间轴面板

时间轴是整个 Flash 动画的核心，使用它可以组织和控制动画中的内容在特定的时间出现在画面上。时间轴面板如图 6.1.1 所示。

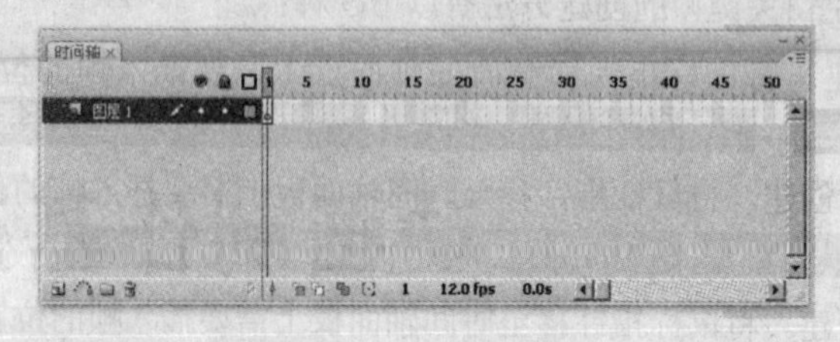

图 6.1.1 时间轴面板

时间轴面板分为左、右两个部分，左侧是图层面板，右侧是帧面板。创建动画后，时间轴的标尺将显示动画的帧数，随着播放指针的移动，在工作区中会显示指针所经过的各帧中的动画画面。

6.2 帧

在 Flash 动画制作中，帧的概念与电影中的一样，就是一张张静止的图片。帧是组成动画的基本单位，理解帧的概念并使用好帧是成功创作 Flash 动画的关键。帧就是在最小的时间单位中出现的画面，帧中装载了在 Flash CS3 中播放的内容。在传统的动画制作过程中，动画的每帧都要单独绘制，这种绘制动画的方法在 Flash 中即为“帧并帧”动画，其工作量大而烦琐，为此 Flash 提供了过渡动画的制作方法，即利用关键帧处理技术插入动画。

6.2.1 帧的类型

在 Flash CS3 中，帧有以下几种类型：

（1）空白帧：该帧在工作区中没有任何内容。通常是为了清除该图层前面帧的元件。

（2）空白关键帧：空白关键帧就是什么内容都没有的关键帧，在时间轴中显示为黑线围着的矩形方格。默认状态下每一层的第一帧都是空白关键帧，在其中插入内容后就变成了关键帧。

空白帧和空白关键帧的区别是空白关键帧是可编辑的帧，而空白帧是不可编辑的帧，只有插入空白关键帧之后才可编辑。

（3）关键帧：关键帧是决定一段动画的必要帧，其中可以放置图形能播放的对象，并可以对所包含的内容进行编辑。在时间轴中包含内容的关键帧显示为带有黑色实心圆点的矩形方格。作为要素变化中的状态点，关键帧一般处在一段动画中的开始和结束位置。

6.2.2 帧的基本操作

1. 选择帧

在创建或编辑帧前先要选择帧，选择帧的方式有两种。

（1）单帧的选取：单击一个帧就可以选中该帧。

（2）多个帧的选取：先单击某一帧，然后拖动鼠标选出所有需要的帧；或右击鼠标在弹出的快捷菜单中选择"选择所有帧"命令。

2. 创建帧

普通帧、关键帧和空白关键帧的创建方法有以下3种：

（1）通过菜单创建。将鼠标指针移至时间轴面板上需要插入帧的位置，然后选择 插入(I) → 时间轴(T) → 帧(F) F5 / 关键帧(K) / 空白关键帧(B) 命令。

（2）通过快捷菜单创建。将鼠标指针移至时间轴面板上需要插入帧的位置，单击鼠标右键，在弹出的快捷菜单中选择 插入帧 / 插入关键帧 / 插入空白关键帧 命令。

（3）通过快捷键创建。将鼠标指针移至时间轴面板上需要插入帧的位置，按"F5"键插入帧；按"F6"键插入关键帧；按"F7"键插入空白关键帧。

2. 编辑帧

在创建动画的过程中，常常需要对其中的帧进行复制、粘贴、剪切、清除和删除等操作。

（1）复制帧。选中要复制的帧，选择 编辑(E) → 时间轴(M) → 复制帧(C) Ctrl+Alt+C 命令进行复制。

（2）粘贴帧。在复制帧之后，选择 编辑(E) → 时间轴(M) → 粘贴帧(P) Ctrl+Alt+V 命令，将复制的帧粘贴至目标帧上。

（3）剪切帧。选中要剪切的帧，选择 编辑(E) → 时间轴(M) → 剪切帧(T) Ctrl+Alt+X 命令进行剪切。

（4）清除帧。清除帧是指清除某帧所对应的对象，而使其变为空白关键帧或空白帧。清除帧的具体方法如下：选中要清除的一个帧或多个帧，选择 编辑(E) → 时间轴(M) → 清除帧(L) Alt+Backspace 命令进行清除。如果清除的是单个帧或关键帧，则该帧变为空白关键帧；如果清除的是一串连续的帧，则第1个帧变为空白关键帧，后面清除的帧变为普通帧。

（5）删除帧。删除帧是指将选中的帧删除，同时其后的帧自动左移。选中要删除的一帧或多帧，选择 编辑(E) → 时间轴(M) → 删除帧(R) Shift+F5 命令即可删除。

（6）翻转帧。翻转帧是指将整个动画从后往前播放，使第一帧变成最后一帧，最后一帧变成第一帧。

6.2.3　帧外观设置和绘图纸

1. 设置帧外观

我们不仅可设置帧的位置、大小和长短，还可以预览帧上的内容，只要单击时间轴面板右侧的按钮，从弹出的快捷菜单中选择相关选项即可。下面分别介绍帧外观菜单的各个选项。

（1）很小：设置时间轴中帧的间距最小。

（2）小：设置时间轴中帧的间距比较小。

（3）标准：为系统默认选项，设置时间轴中帧的间距为正常显示。

（4）中等：设置时间轴中帧的间距比较大。

（5）大：设置时间轴中帧的间距最大。

（6）较短：设置改变帧的高度。

（7）彩色显示帧：为系统默认选项，帧的不同部分将被设置成不同颜色。

（8）预览：在时间轴中显示动画中的元件，如图 6.2.1 所示。

（9）关联预览：以按钮符号放大或缩小的比例为标准，显示其相对整个动画的大小。

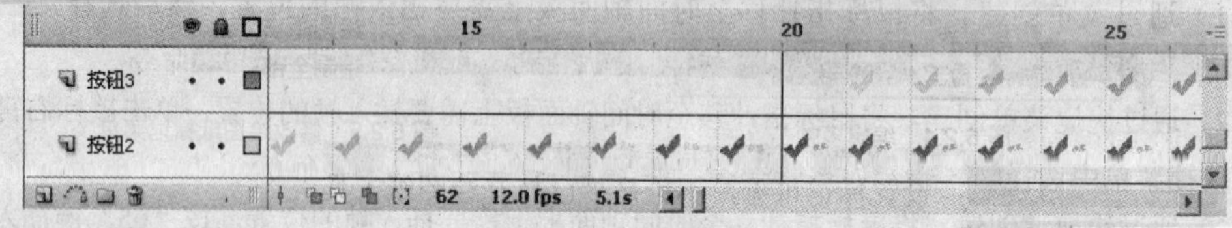

图 6.2.1　选择“预览”命令后的时间轴效果

2. 绘图纸工具

（1）“绘图纸外观”按钮：显示游标内各帧的内容，通过调整时间轴中的括弧设置可同时显示帧的内容，如图 6.2.2 所示。

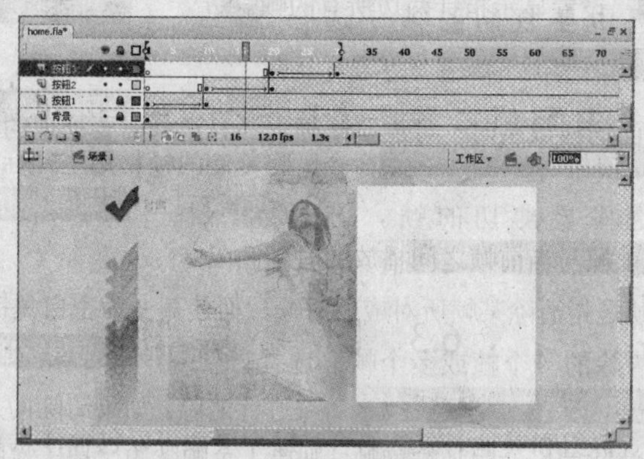

图 6.2.2　显示绘图纸外观

（2）“绘图纸外观轮廓”按钮：显示游标内除关键帧外的所有帧的轮廓图，如图 6.2.3 所示。

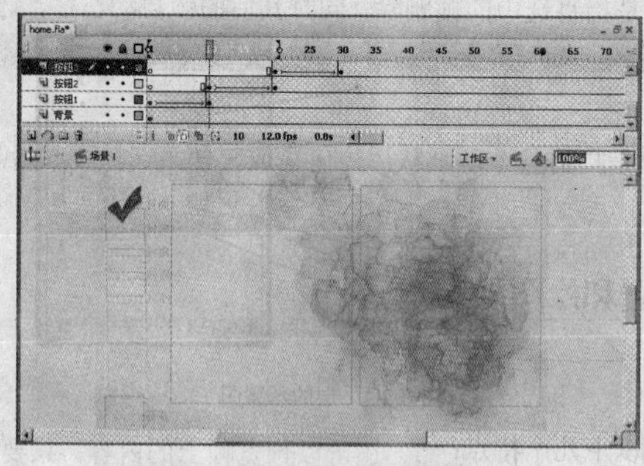

图 6.2.3　显示绘图纸外观轮廓

（3）“编辑多个帧”按钮：只会显示在确定显示范围内的关键帧，而由 Flash 运算产生的帧不会显示，如图 6.2.4 所示。

（4）“修改绘图纸标记”按钮：设置绘图纸的范围、固定绘图纸和允许显示标记，单击它将弹出如图6.2.5所示的下拉菜单。下面分别介绍“修改绘图纸标记”下拉菜单的各个选项。

图6.2.4 编辑多帧

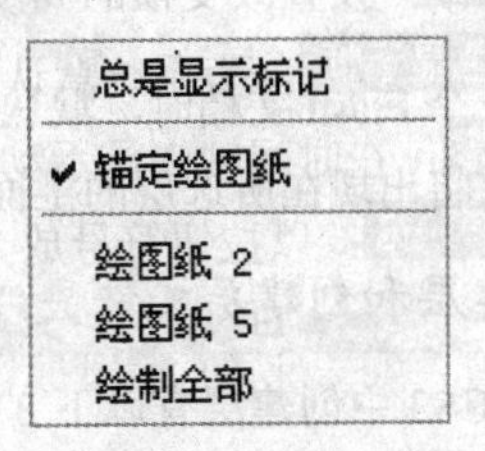

图6.2.5 修改绘图纸标记菜单

1）总是显示标记：设置标记可见，不论是否已打开绘图纸工具。

2）锚定绘图纸：将时间轴上的游标锁定在当前位置。通常情况下，游标是随指针的变动而变动的。

3）绘图纸 2：设置只显示当前指针左右两边的2帧。

4）绘图纸 5：设置只显示当前指针左右两边的5帧。

5）绘制全部：设置显示指针两边所有的帧。

3. 播放头

当用户拖动时间轴上面的播放头时，可浏览动画，并且选择需要处理的帧。

4. 播放时间

运行时间显示的是第1帧与当前帧之间播放的时间间隔。

6.3 图 层

可以把层理解为元件、群组和其他对象的组合。每一层都可以包含任意数量的对象，层对象在该层上又有它们内部的堆叠顺序。处于上面的层中的内容，在视觉上将会挡住下面层的内容，如图6.3.1所示。

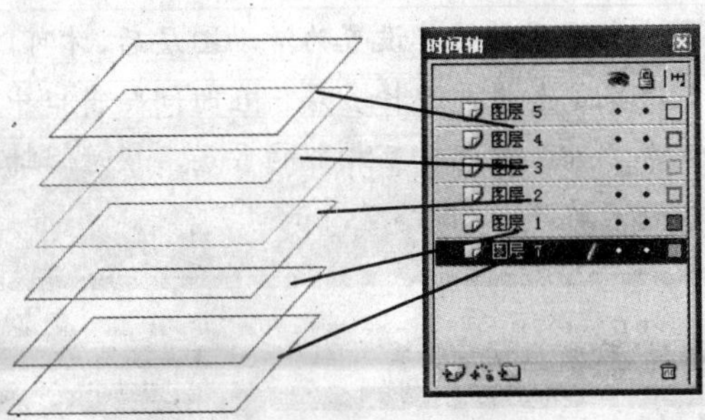

图6.3.1 层的示意图

Flash CS3中的图层有以下几个特点：

（1）当用户在某个图层中进行绘画和编辑时，不会影响到其他图层中的内容。

（2）图层是透明的，透过图层上没有对象的区域可以看到下面图层中的对象。

（3）图层的层数仅受计算机内存的限制，并且增加图层的数量不会增加最终输出影片文件大小。

（4）因为用户在时间轴中设置动画时都是针对图层而言的，所以用户在制作动画时通常需要将不同类型的对象放入不同的层中。

6.3.1 层和层文件夹的基本操作

在新建一个 Flash 文档时，默认状态只包含一层，它包含一个空白关键帧。在新建一个新层或文件夹之后，它将出现在所选层的上面，新添加的层将成为活动层。

1. 创建层和创建层文件夹

在 Flash CS3 中创建层有以下 3 种方法：

（1）单击时间轴底部的“插入图层”按钮。

（2）选择 插入(I) → 时间轴(T) → 图层(L) 命令。

（3）右击时间轴中的一个层名，在弹出的快捷菜单中选择“插入图层”命令。

文件夹能有效地组织层，从而方便用户编辑或调试动画。在 Flash CS3 中创建文件夹有以下 3 种方法：

（1）单击时间轴底部的“插入图层文件夹”按钮。

（2）选择 插入(I) → 时间轴(T) → 图层文件夹(O) 命令。

（3）右击时间轴中的一个层名，在弹出的快捷菜单中选择“插入文件夹”命令。

2. 选择层和层文件夹

当图层处于活动状态时，在图层名的右边将出现一个铅笔图标。

要选中层，可执行以下操作之一：

（1）在时间轴中单击层的名称。

（2）在时间轴中单击该层的某一帧。

（3）在工作区中选择位于该层的一个对象。

要选中层文件夹，在时间轴中单击层文件夹的名称。如果层文件夹没有打开，单击文件夹前的图标，当要关闭文件夹的时候单击图标。

注意：只有在选中图层并将其设置为活动图层后，才可以在该图层上绘制、填充和修改对象。如果要选择多层，在时间轴窗口中按住“Shift”键并单击层的名称；如果要选择不相邻的多层，在时间轴窗口中按住“Ctrl”键并单击层的名称，如图 6.3.2 所示。

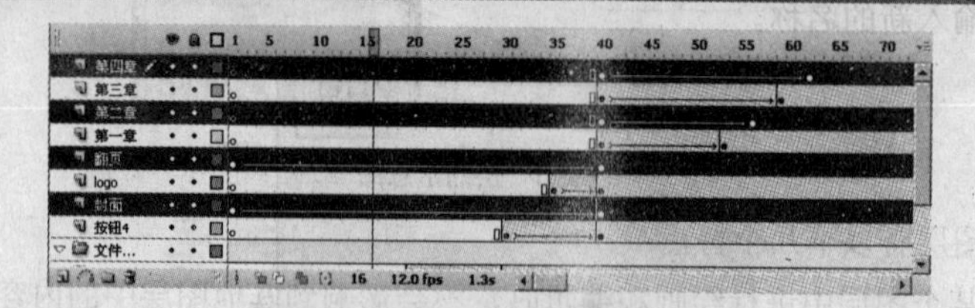

图 6.3.2 选择不相邻的多层

3. 删除层和层文件夹

要删除层，可执行以下操作之一：

（1）选中要删除的图层，单击时间轴中的“删除”按钮。

（2）将要删除的图层拖到“删除”按钮上。

（3）右击要删除的图层，在弹出的快捷菜单中选择“删除图层”命令。

要删除层文件夹，可执行以下操作之一：

（1）选中要删除的层文件夹，单击时间轴中的“删除”按钮。

（2）将要删除的层文件夹拖到“删除”按钮上。

（3）右击要删除的层文件夹，在弹出的快捷菜单中选择“删除文件夹”命令。

4. 锁定、解除锁定层和层文件夹

要锁定或解除锁定图层，可执行以下操作之一：

（1）单击时间轴中层名称右边的锁定列可锁定该层，再次单击可解除锁定。

（2）单击时间轴上方的“锁”图标可锁定所有层，再次单击解除对所有层的锁定。

（3）在时间轴的锁定栏单击并垂直拖动鼠标可使经过的层改变锁定状态。

（4）按住“Alt”键的同时单击图层右边的锁定列，可以锁定或解除锁定除所单击的图层以外的所有图层。

要锁定或解除锁定层文件夹，可执行以下操作之一：

（1）单击时间轴中层文件夹名称右边的锁定列可锁定该层文件夹，再次单击可解除锁定。

（2）单击时间轴上方“锁”图标可锁定所有层文件夹，再次单击解除对所有层文件夹的锁定。

（3）在时间轴的锁定栏单击并垂直拖动鼠标可使经过的层文件夹改变锁定状态。

（4）按下“Alt”键的同时单击层文件夹右边的锁定列，可以锁定或解除锁定除所单击的层文件夹以外的所有层文件夹。

当对文件夹锁定或解除锁定时，其文件夹内的所有层将随之被锁定或解除锁定。

5. 重命名层和层文件夹

在默认情况下，层是按它们被创建的顺序命名的，对层重命名可更好地反映出其内容。

要重命名图层，可执行以下操作之一：

（1）在时间轴中双击图层名并输入新的名称。

（2）右击图层名，在弹出的快捷菜单中选择“属性”命令，弹出“图层属性”对话框（见图6.3.3），在“名称”文本框中输入新的名称。

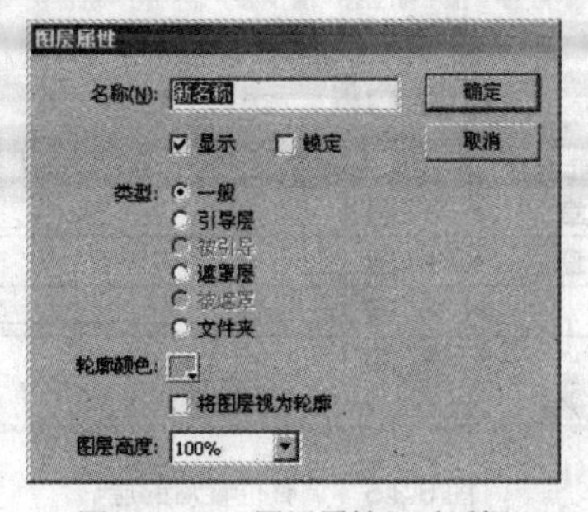

图6.3.3　“图层属性”对话框

要重命名层文件夹，可执行以下操作之一：

（1）在时间轴中双击层文件夹名并输入新的名称。

（2）右击层文件夹名，在弹出的快捷菜单中选择“属性”命令，在弹出的“图层属性”对话框的“名称”文本框中输入新的名称。

6. 显示、隐藏层和层文件夹

在工作时可以显示或隐藏某些层，隐藏的层不能被编辑。还可以用指定的颜色显示某一层中所有对象的轮廓，这样有助于辨认某一对象所属的层。在时间轴中每个被隐藏的层的名称处有一红色的 ✕ 标记。

要显示或隐藏层，可执行以下操作之一：

（1）在时间轴中层名称的右方有眼睛的一列单击，可显示或隐藏该层。

（2）在时间轴中单击眼睛图标可隐藏或显示所有层。

要显示或隐藏层文件夹，可执行以下操作之一：

（1）在时间轴中层文件夹名称的右方有眼睛的一列单击，可显示或隐藏该层文件夹。

（2）在时间轴中单击眼睛图标可隐藏或显示所有层文件夹。

当隐藏或显示文件夹后，文件夹内的所有图层都将随之隐藏或显示。

7. 改变层和层文件夹的顺序

在时间轴中层的顺序决定了重叠对象间的覆盖情况，位于上层的对象处在位于下层对象的上方。如果需要，可在时间轴窗口中拖动层以改变其顺序。

改变层顺序的操作步骤如下：

（1）选择用户要改变顺序的层，如图 6.3.4 所示。

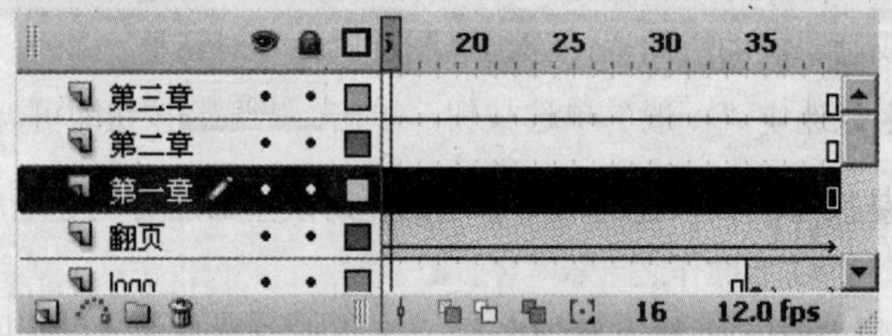

图 6.3.4 选中要改变顺序的层

（2）拖动当前层向上移动，然后释放鼠标。当前层出现在层堆栈中的新位置，如图 6.3.5 所示。

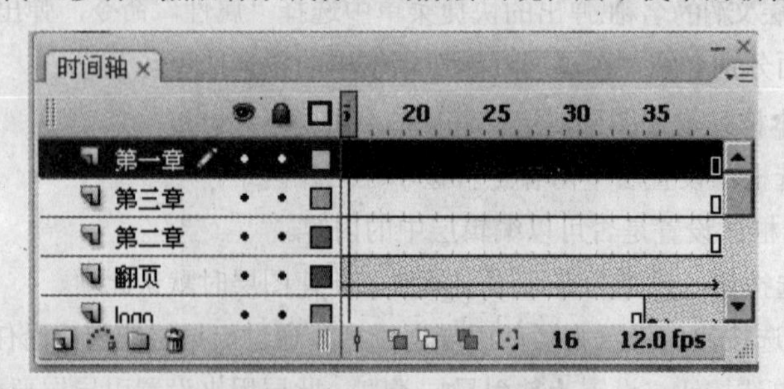

图 6.3.5 调整位置后的层

改变层文件夹顺序的操作步骤如下：

（1）选择用户要改变的层文件夹。

（2）拖动当前层文件夹向上或向下移动，然后释放鼠标即可。

8. 层的转化

有时候根据制作的需要，要将普通图层转化为引导层或者遮罩层。在后面我们会具体介绍这两种层的应用。

（1）将普通层转化为引导层或遮罩层。其操作步骤如下：

1）在时间轴面板中双击要转换层的层图标，弹出“图层属性”对话框，如图 6.3.6 所示。

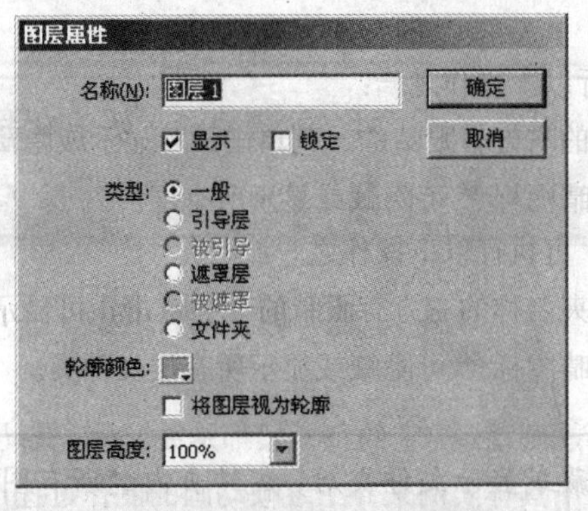

图 6.3.6 “图层属性”对话框

2）在“类型”区域选中“引导层”或“遮罩层”单选按钮。

3）单击 确定 按钮，该图层的图标变为或。

4）双击其下层的层图标，在弹出的“图层属性”对话框中选中“被引导”或“被遮罩”单选按钮。

5）单击 确定 按钮即可建立各自对应的链接层。

（2）将引导层或遮罩层转化为普通层。其操作步骤如下：

1）双击引导层或遮罩层的层图标，弹出“图层属性”对话框。

2）在“类型”区域选中“一般”单选按钮，单击 确定 按钮即可。

6.3.2 改变层的属性

在前面已经讲述了用“图层属性”对话框来更改层和层文件夹名。尽管用户可以直接使用时间轴来设置层和层文件夹中的大部分属性，但有些情况下使用“图层属性”对话框进行设置更为方便。在时间轴中右击图层或层文件夹，在弹出的快捷菜单中选择“属性”命令，弹出“图层属性”对话框，如图 6.3.6 所示。下面分别介绍“图层属性”对话框中的各个选项。

（1）名称(N): 文本框：设置图层或层文件夹的名称。

（2）☑显示 复选框：设置层中内容是否显示在工作区中。

（3）☑锁定 复选框：设置是否可以编辑层中的内容。

（4）⊙正常 单选按钮：设置为普通图层类型，新建图层时默认此项。

（5）⊙引导层 单选按钮：设置为运动引导层类型，通过引导层能创建沿任意轨道运动的动画。

（6）⊙被引导 单选按钮：设置为被引导层类型，此层用来设置引导层要引导的动画起始和终止状态。当该层在运动引导层正下方时，将和引导层一起创建任意轨迹的动画。

（7）遮罩层单选按钮：这种类型的层将遮掩与之相链接的任何层上的对象。

（8）被遮罩单选按钮：只有当层在运动引导层或另一个链接的被引导层的正下方时，该选项才可用。

（9）文件夹单选按钮：设置当前层为文件夹形式，将层都包含在该文件夹中。

（10）轮廓颜色：用于设置该层中对象轮廓的颜色。

（11）将图层视为轮廓复选框：决定是否显示该层中内容的轮廓。

（12）图层高度：100% 文本框：设置层的高度，这在层中处理波形（如声波）时很实用，有 100%、200%和 300%三种高度。

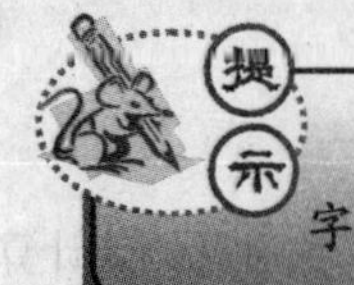

提示 打开“图层属性”对话框最快的方法是双击当前层或层文件夹的名字左边的图层或层文件夹图标。

6.4 逐帧动画

逐帧动画主要用于创建不规则动画，它的每一帧都是关键帧，其动画效果是通过关键帧内容的不断变化而产生的。下面通过一个具体实例来介绍逐帧动画的制作过程，其操作步骤如下：

（1）选择 文件(F) → 新建(N)... Ctrl+N 命令，创建一个新的动画文件，其首帧被自动设为关键帧。

（2）选中第 2～8 帧，按“F6”键，插入 7 个关键帧，如图 6.4.1 所示。

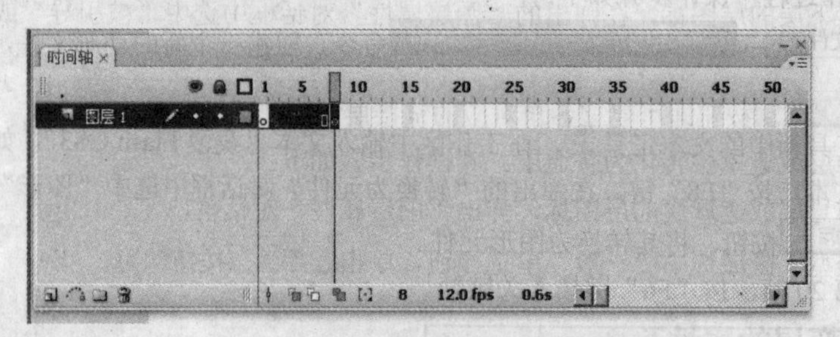

图 6.4.1 插入 7 个关键帧

（3）制作各关键帧的内容，如图 6.4.2 所示。

（4）按“Ctrl+Enter”键，测试动画效果。

第 1 帧

第 2 帧

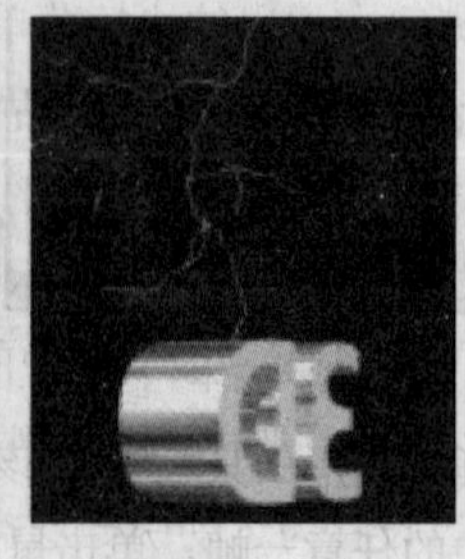

第 3 帧

第 4 帧

图 6.4.2 制作动画各帧

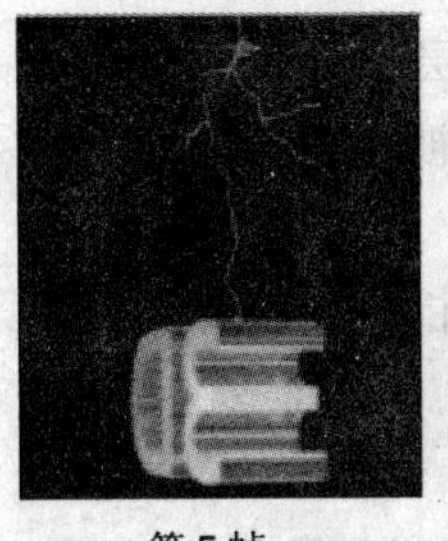

第5帧

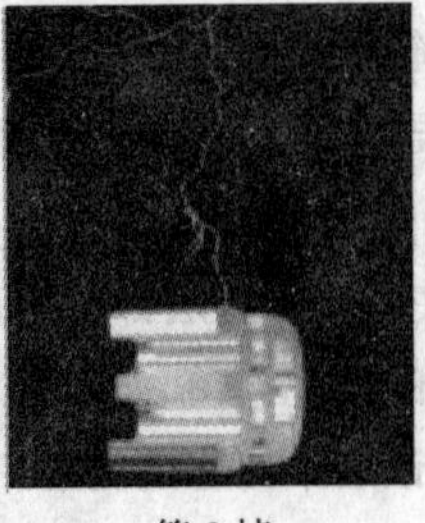

第6帧

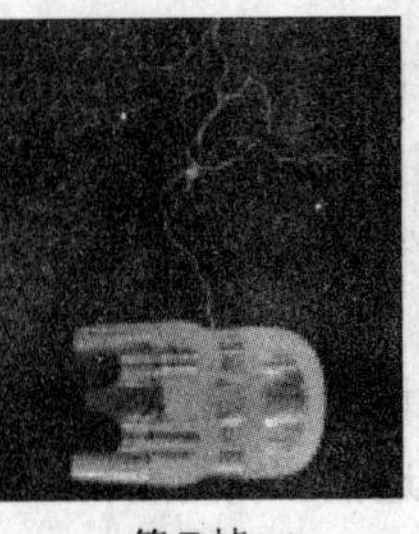

第7帧

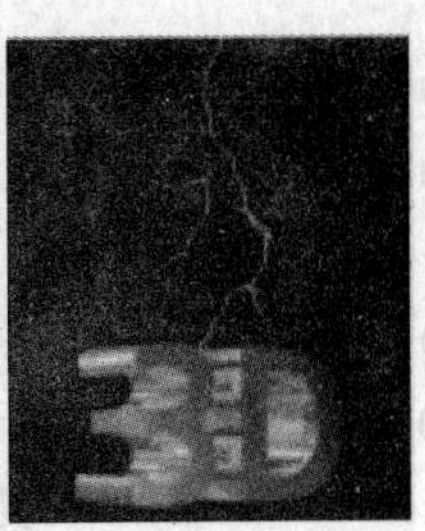

第8帧

图6.4.2（续） 制作动画各帧

6.5 补间动画

补间动画只需创建开始与结束关键帧中的内容，而关键帧之间的内容则由软件通过插值计算自动得出。Flash CS3提供了两种计算生成关键帧之间内容的方法，一种是运动补间动画；另一种是形状补间动画。在补间动画中，Flash存储的仅仅是帧之间的改变值，因此，生成的动画文件要比逐帧动画小得多。

6.5.1 运动补间动画

运动补间动画是Flash中最常见的动画方式，通过运动补间动画，可以对实例、图像、群组或文本对象的大小、位置、颜色或透明度进行渐变，从而产生动画效果。下面通过一个具体实例来介绍运动补间动画的制作过程，操作步骤如下：

（1）选择 文件(F) → 新建(N)... Ctrl+N 命令，创建一个新的动画文件，其首帧被自动设为关键帧。

（2）选择工具箱中的文本工具 T，在工作区中输入文本“我爱Flash CS3”，如图6.5.1所示。

（3）选中文本，按“F8”键，在弹出的“转换为元件”对话框中选中“图形”单选按钮（见图6.5.2），单击 确定 按钮，将其转换为图形元件。

（4）选中第20帧，按“F6”键插入关键帧。

图6.5.1 在第1帧中输入文本

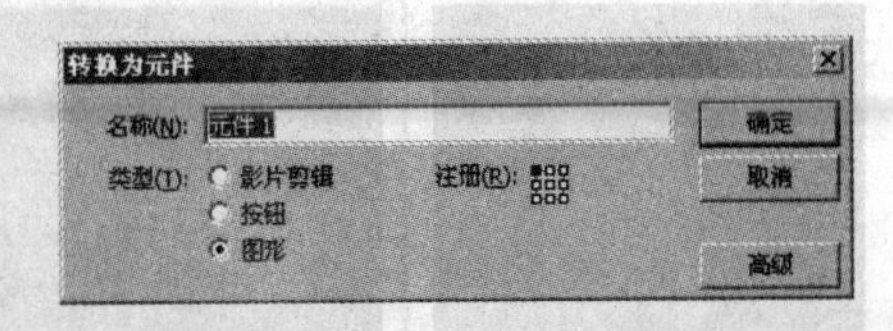

图6.5.2 “转换为元件”对话框

（5）选择工具箱中的任意变形工具，将该帧中的对象缩小，如图6.5.3所示。

（6）选中第1～19帧中的任意一帧，单击鼠标右键，在弹出的快捷菜单中选择 创建补间动画 命令。此时，在两个关键帧之间出现了一条带箭头的直线且帧的背景变为淡紫色，如图6.5.4所示。

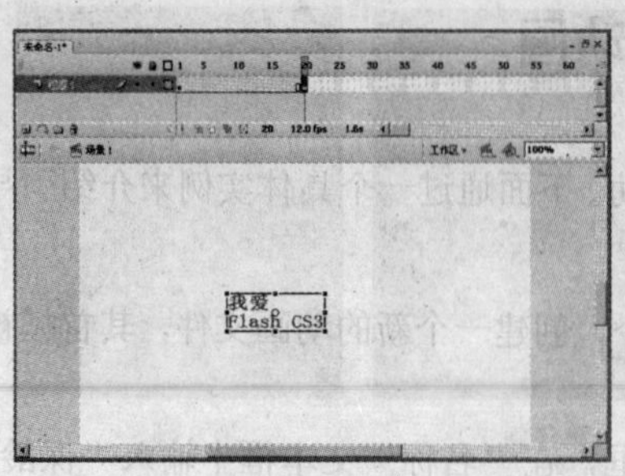

图 6.5.3　创建运动补间动画

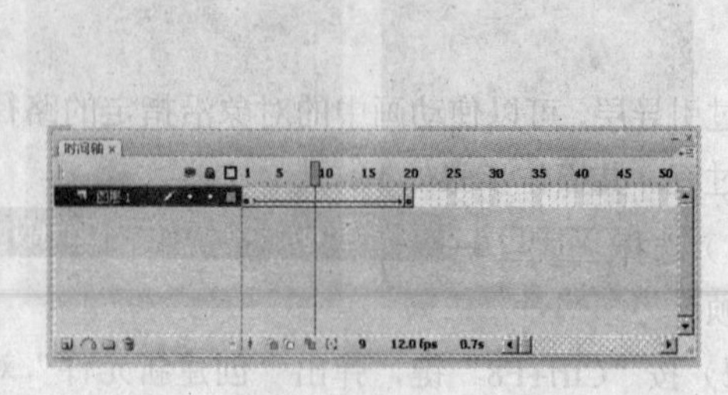

图 6.5.4　缩小第 20 帧中的对象

（7）按“Ctrl+Enter”键，测试动画效果。

6.5.2　形状补间动画

形状补间动画对于表现关键帧之间的形状变化是非常有效的，但是 Flash 只能对分离的形状创建形状补间动画。下面通过一个具体实例来介绍形状补间动画的制作过程，操作步骤如下：

（1）选择 文件(F) → 新建(N)... Ctrl+N 命令，创建一个新的动画文件，其首帧被自动设为关键帧。

（2）选择 文件(F) → 导入(I) → 导入到舞台(I)... Ctrl+R 命令，弹出“导入”对话框，导入一幅图像到第 1 帧中。

（3）按“Ctrl+B”键打散导入的图像，如图 6.5.5 所示。

（4）选中第 20 帧，按“F6”键插入关键帧。

（5）使用工具箱中的任意变形工具选中图像，则在图像四周会出现 8 个方形控制柄，将鼠标指针移至边角控制柄的附近，当其呈现形状时，拖动鼠标旋转图像，如图 6.5.6 所示。

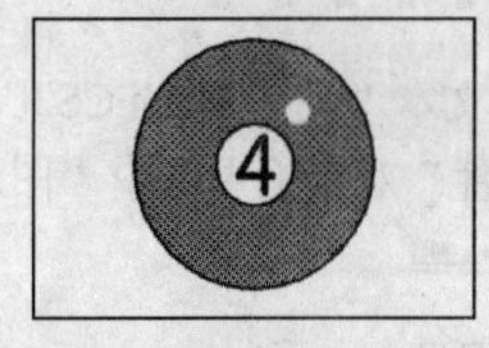

图 6.5.5　打散的图像

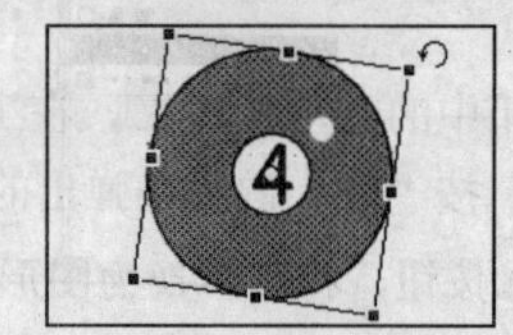

图 6.5.6　旋转第 20 帧中的对象

（6）选中第 1～19 帧中的任意一帧，在属性面板中设置“补间”为“形状”。此时，在两个关键帧之间将出现一条带箭头的直线，并且帧的背景变为淡绿色，如图 6.5.7 所示。

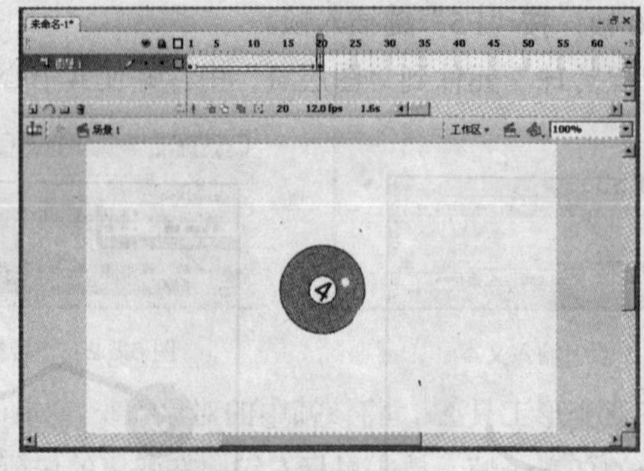

图 6.5.7　创建形状补间动画

（7）按“Ctrl+Enter”键，测试动画效果。

6.6　引导层动画

通过引导层，可以使动画中的对象沿指定的路径运动。下面通过一个具体实例来介绍引导层动画的制作过程，其操作步骤如下：

（1）选择 文件(F) → 新建(N)... Ctrl+N 命令，创建一个新的动画文件，其首帧被自动设为关键帧。

（2）按“Ctrl+F8”键，弹出“创建新元件”对话框，在“名称”文本框中输入“保龄球”，在“类型”选项区中选中“图形”单选按钮，如图6.6.1所示。

（3）单击 确定 按钮，进入其编辑窗口。选择 文件(F) → 导入(I) → 导入到舞台(I)... Ctrl+R 命令，弹出“导入”对话框，导入一张保龄球图片，如图6.6.2所示。

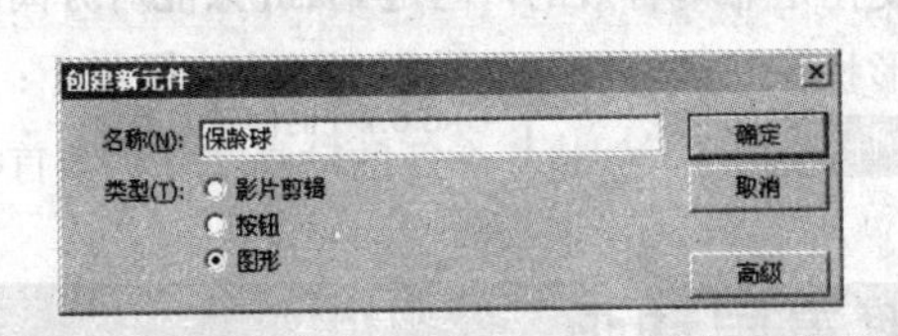

图6.6.1　“创建新元件”对话框

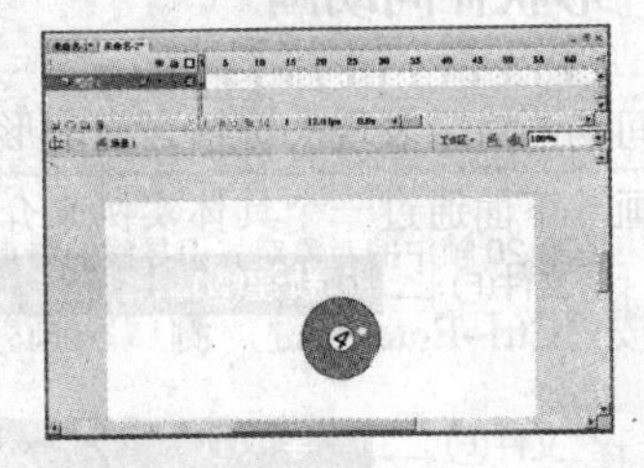

图6.6.2　导入图片

（4）单击图标，选择 场景 1 返回到主场景。

（5）单击时间轴面板中的“添加运动引导层”按钮，为“图层1”插入一个运动引导层，如图6.6.3所示。

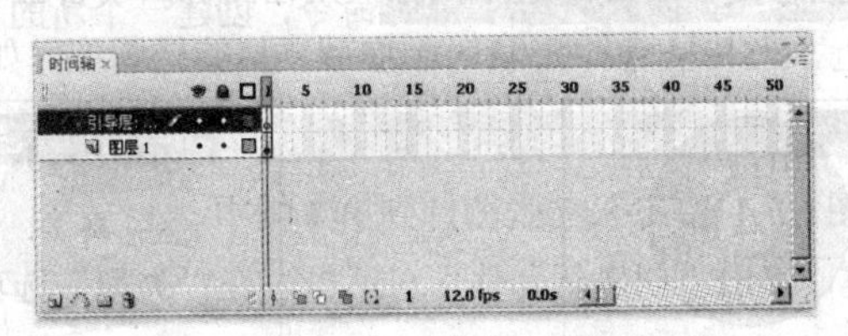

图6.6.3　插入运动引导层

（6）选择工具箱中的铅笔工具，在选项栏中设置铅笔模式为“墨水”，在引导层中绘制一条曲线，如图6.6.4所示。

（7）选中引导层的第20帧，按“F5”键插入帧。

（8）从库面板中拖动“保龄球”元件到“图层 1”中，并使其中心点与引导层的起点对齐，如图6.6.5所示。

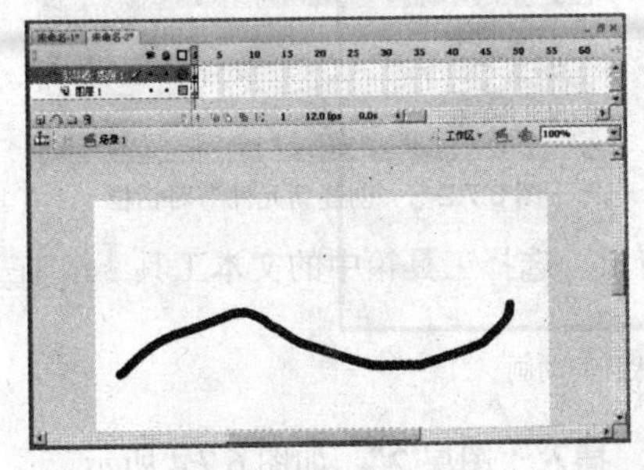

图6.6.4　绘制引导线

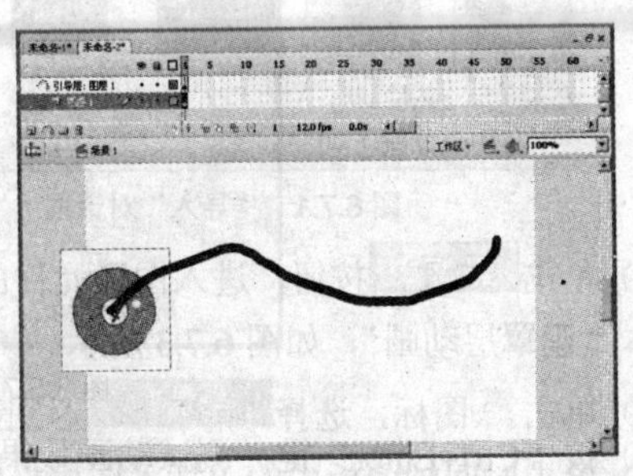

图6.6.5　使第1帧中的对象对齐引导线的起点

（9）选中“图层 1”的第 20 帧，按“F6”键插入关键帧。使用工具箱中的选择工具调整该帧中的对象中心对齐引导线的终点，如图 6.6.6 所示。

（10）选中第 1～19 帧中的任意一帧，单击鼠标右键，在弹出的快捷菜单中选择 创建补间动画 命令，创建一段运动补间动画，时间轴面板如图 6.6.7 所示。

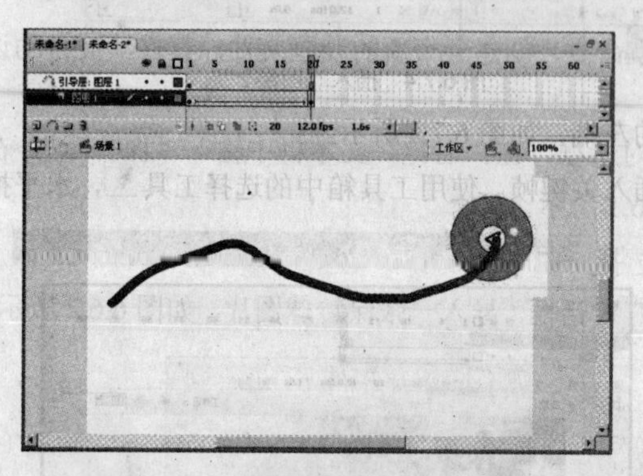

图 6.6.6 使第 20 帧中的对象对齐引导线的终点

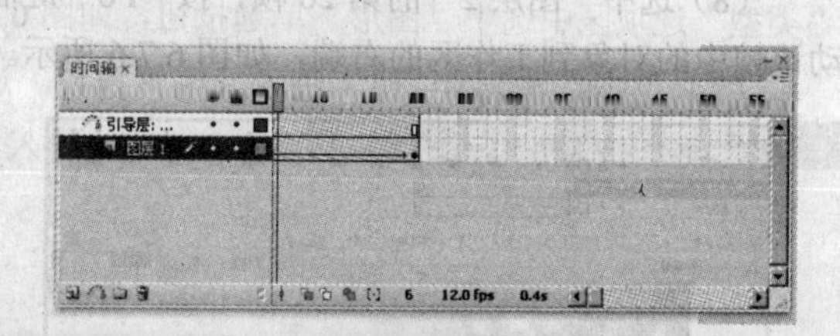

图 6.6.7 时间轴面板

（11）按“Ctrl+Enter”键，测试动画效果。

6.7 遮罩层动画

遮罩层是一种很有意思的层，其中对象的形状决定着被遮罩层中内容的显示。下面通过一个具体实例来介绍遮罩层动画的制作过程，操作步骤如下：

（1）选择 文件(F) → 新建(N)... Ctrl+N 命令，创建一个新的动画文件，其首帧被自动设为关键帧。

（2）选择 文件(F) → 导入(I) → 导入到舞台(I)... Ctrl+R 命令，弹出“导入”对话框（见图 6.7.1），导入一张图片到第 1 帧中。

（3）按“Ctrl+F8”键，弹出“创建新元件”对话框，在“类型”选项区中选中“图形”单选按钮，如图 6.7.2 所示。

图 6.7.1 “导入”对话框

图 6.7.2 “创建新元件”对话框

（4）单击 确定 按钮，进入图形元件的编辑窗口。选择工具箱中的文本工具，在工作区中输入文本“遮罩层动画”，如图 6.7.3 所示。

（5）单击图标，选择 场景 1 返回到主场景。

（6）单击时间轴面板中的“插入图层”按钮，插入“图层 2”，如图 6.7.4 所示。

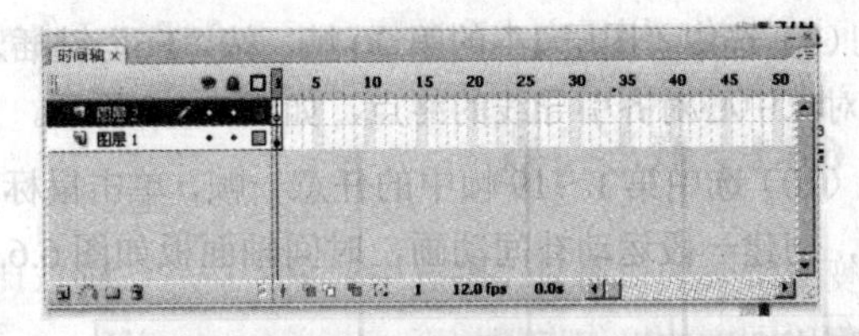

图 6.7.3　创建并编辑元件　　图 6.7.4　插入“图层 2”

（7）从库面板中拖动刚建立的元件到工作区的左端，如图 6.7.5 所示。

（8）选中“图层 2”的第 20 帧，按“F6”键插入关键帧。使用工具箱中的选择工具，水平拖动该帧中的对象到工作区的右端，如图 6.7.6 所示。

图 6.7.5　拖动元件到工作区的左端　　图 6.7.6　拖动第 20 帧中的元件到工作区的右端

（9）选中该层第 1～19 帧中的任意一帧，单击鼠标右键，在弹出的快捷菜单中选择 创建补间动画 命令，创建一段运动补间动画，如图 6.7.7 所示。

（10）选中“图层 1”的第 20 帧，按“F5”键插入帧。

（11）选中“图层 2”的层名区，单击鼠标右键，在弹出的快捷菜单中选择 遮罩层 命令，创建遮罩层动画，如图 6.7.8 所示。

（12）按“Ctrl+Enter”键，测试动画效果。

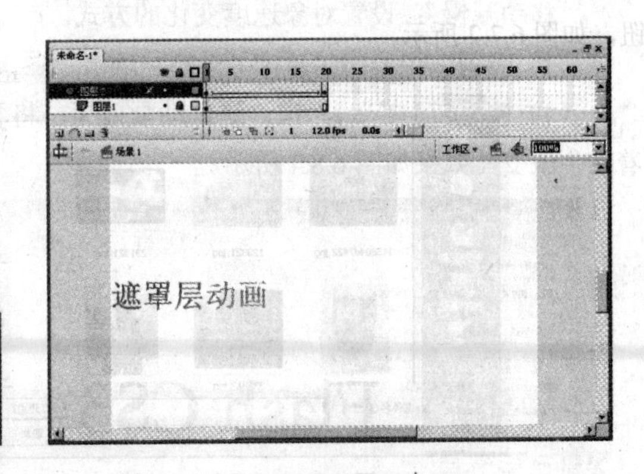

图 6.7.7　创建补间动画　　图 6.7.8　创建遮罩层动画

6.8　时间轴动画

在 Flash CS3 中，可以将变形、转换、分散式直接复制、复制到网格、分离、展开、投影和模糊等时间轴特效应用于文本和图像，下面介绍如何将时间轴特效应用于文本。

6.8.1 变形特效

变形特效的作用是调整选中对象的位置、缩放比例、旋转角度、Alpha 透明度或色彩。将变形特效应用于文本的操作步骤如下：

（1）选中要应用变形特效的文本，如图 6.8.1 所示。

（2）选择 插入(I) → 时间轴特效(E) → 变形/转换 → 变形 命令，弹出如图 6.8.2 所示的“变形”对话框。

图 6.8.1 选中文本

图 6.8.2 “变形”对话框

对其中各项参数说明如下：

“效果持续时间”：设置变形特效持续的时间，以帧为单位。

“更改位置方式”：设置对象在 X 轴和 Y 轴方向上的偏移量，以像素为单位。

“旋转”：设置对象的旋转角度和次数。

“更改颜色”：应用或取消颜色的更改。

“最终颜色”：指定对象最后的颜色。

“最终的 Alpha”：指定对象最后的透明度。

“移动减慢”：设置对象速度变化的方式。

（3）设置各项参数（见图 6.8.3），单击 确定 按钮。

（4）按“Ctrl+Enter”键，测试动画效果，将看到文本在旋转、缩放的同时，颜色及透明度也跟着发生改变，效果如图 6.8.4 所示。

图 6.8.3 设置各项参数

图 6.8.4 效果图

6.8.2　应用转换特效

转换特效的作用是对选中对象进行淡入淡出处理。将转换特效应用于文本的操作步骤如下：

（1）选中要应用转换特效的文本。

（2）选择 插入(I) → 时间轴特效(E) → 变形/转换 → 转换 命令，弹出如图6.8.5所示的“转换”对话框。

对其中各项参数说明如下：

“效果持续时间”：设置转换特效持续的时间，以帧为单位。

“方向”：设置转换特效过渡的方向。

“淡化”：设置淡化效果。

“涂抹”：设置对象的擦除效果。

“移动减慢”：设置对象速度变化的方式。

（3）设置各项参数（本例采用默认设置），单击 确定 按钮。

（4）按“Ctrl+Enter”键，测试动画效果，将看到文本被逐渐显示出来，效果如图6.8.6所示。

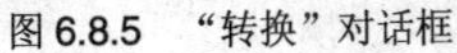

图6.8.5　“转换”对话框　　　　图6.8.6　转换特效效果

6.8.3　应用分散式直接复制特效

分散式直接复制特效的作用是根据设置的次数复制选中的对象。将分散式直接复制特效应用于文本的操作步骤如下：

（1）选中要应用分散式直接复制特效的文本。

（2）选择 插入(I) → 时间轴特效(E) → 帮助 → 分散式直接复制 命令，弹出如图6.8.7所示的“分散式直接复制”对话框。

对其中各项参数说明如下：

“副本数量”：设置要拷贝的副件数。

“偏移距离”：设置对象在X轴和Y轴方向上的偏移量。

“偏移旋转”：设置偏移旋转的角度。

“偏移起始帧”：设置偏移开始的帧编号。

“指数缩放比例”：以指数方式在X轴和Y轴方向上同时缩放。

“更改颜色”：设置是否改变副件的颜色。

“最终颜色”：指定对象最后的颜色。

“最终的 Alpha”：指定对象最后的透明度。

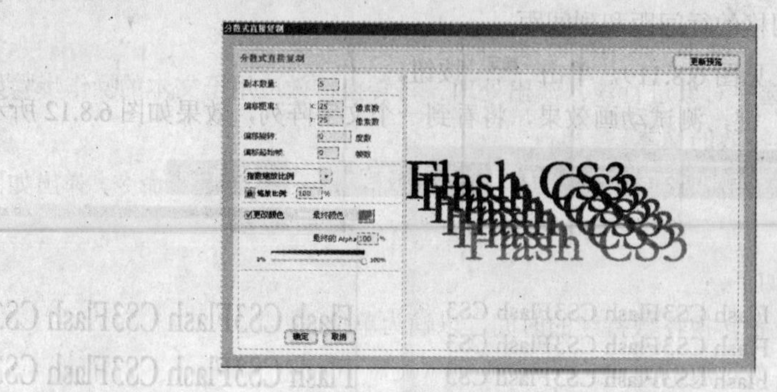

图 6.8.7　“分散式直接复制”对话框

（3）设置各项参数（见图 6.8.8），单击 确定 按钮。

（4）按“Ctrl+Enter”键，测试动画效果，将看到复制出的很多文字，其颜色、位置和透明度的变化非常平滑，如图 6.8.9 所示。

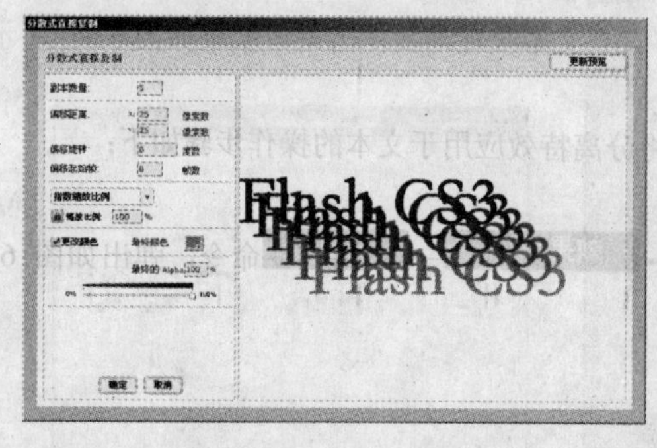

图 6.8.8　设置各项参数

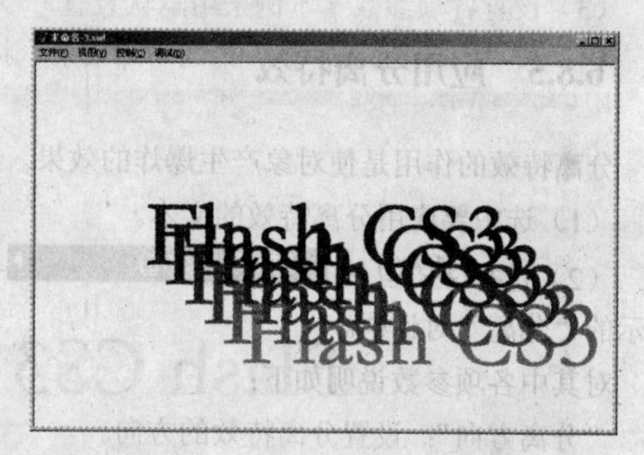

图 6.8.9　分散式直接复制特效效果

6.8.4　应用复制到网格特效

复制到网格特效的作用是按列数复制选中的对象，然后按照行数×列数创建该元素的网格。将复制到网格特效应用于文本的操作步骤如下：

（1）选中要应用复制到网格特效的文本。

（2）选择 插入(I) → 时间轴特效(E) → 帮助 → 复制到网格 命令，弹出如图 6.8.10 所示的“复制到网格”对话框。

图 6.8.10　“复制到网格”对话框

对其中各项参数说明如下：

“网格尺寸”：设置网格的行数和列数。

“网格间距”：设置网格的行间距和列间距。

（3）设置各项参数（见图 6.8.11），单击 确定 按钮。

（4）按“Ctrl+Enter”键，测试动画效果，将看到一个文字阵列，效果如图 6.8.12 所示。

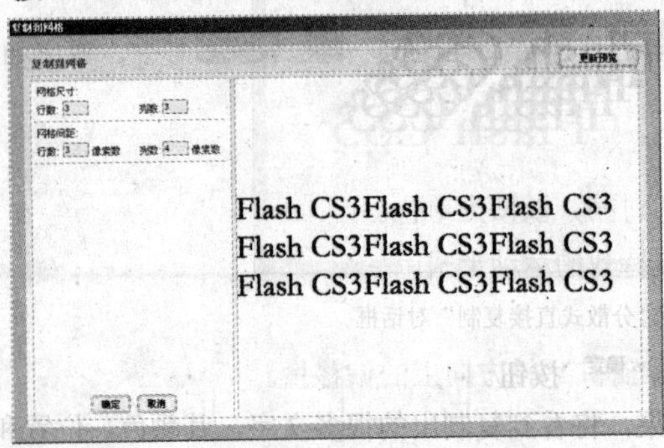

图 6.8.11　设置各项参数

图 6.8.12　复制到网格特效效果

6.8.5　应用分离特效

分离特效的作用是使对象产生爆炸的效果。将分离特效应用于文本的操作步骤如下：

（1）选中要应用分离特效的文本。

（2）选择 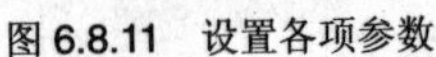 命令，弹出如图 6.8.13 所示的“分离”对话框。

对其中各项参数说明如下：

“分离方向”：设置分离特效的方向。

“弧线大小”：设置对象在 X 轴和 Y 轴方向上的偏移量。

“碎片旋转量”：设置碎片的旋转角度，以度为单位。

“碎片大小更改量”：设置碎片的大小，以像素为单位。

“最终的Alpha”：设置分离特效最终的透明度，用户可以直接输入百分比数字，也可以拖动百分比滑块来改变透明度。

（3）设置各项参数（本例采用默认设置），单击 确定 按钮。

（4）按“Ctrl+Enter”键，测试动画效果，将看到文字被抛撒出去，效果如图 6.8.14 所示。

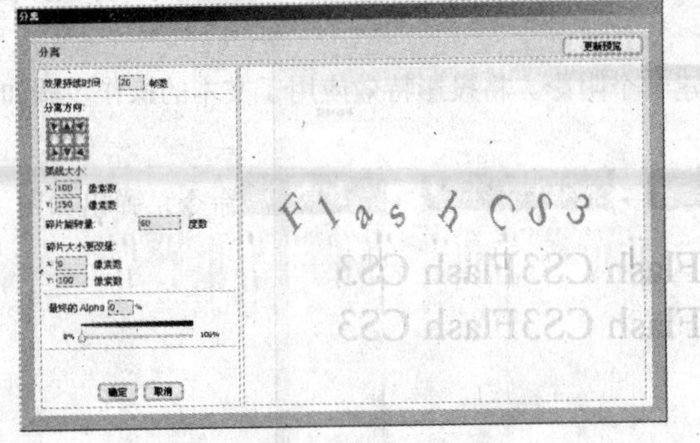

图 6.8.13　“分离”对话框

图 6.8.14　分离特效效果

6.8.6 应用展开特效

展开特效的作用是扩展或收缩对象。将展开特效应用于文本的操作步骤如下：

（1）选中要应用展开特效的文本。

（2）选择 插入(I) → 时间轴特效(E) → 效果 → 展开 命令，弹出如图 6.8.15 所示的“展开”对话框。

对其中各项参数说明如下：

“效果持续时间”：设置展开特效持续的时间，以帧为单位。

“展开”、“压缩”和“两者皆是”：设置特效的运动形式。

“移动方向”：设置展开特效的运动方向。

“组中心转换方式”：设置运动中心在 X 轴和 Y 轴方向上的偏移量。

“碎片偏移”：设置碎片的偏移量。

“碎片大小更改量”：设置碎片的大小，以像素为单位。

（3）设置各项参数（本例采用默认设置），单击 确定 按钮。

（4）按“Ctrl+Enter”键，测试动画效果，将看到文字在伸展，效果如图 6.8.16 所示。

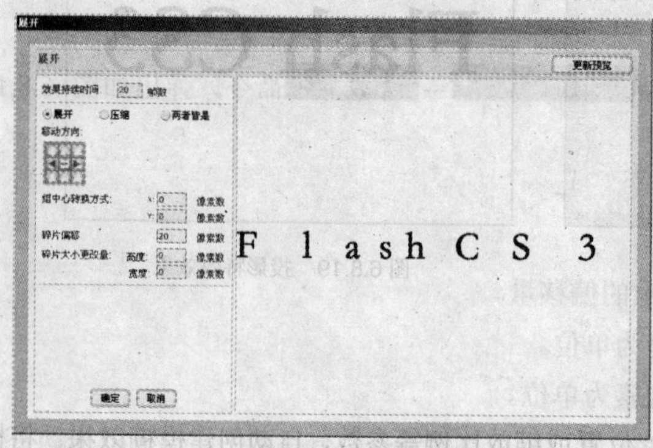

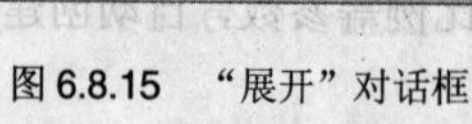

图 6.8.15 “展开”对话框

图 6.8.16 展开特效效果

6.8.7 应用投影特效

投影特效的作用是在选中的对象下面创建一个阴影。将投影特效应用于文本的操作步骤如下：

（1）选中要应用投影特效的文本。

（2）选择 插入(I) → 时间轴特效(E) → 效果 → 投影 命令，弹出如图 6.8.17 所示的“投影”对话框。

对其中各项参数说明如下：

“颜色”：设置阴影的颜色。

“Alpha 透明度”：设置阴影的透明度。

“阴影偏移”：设置阴影在 X 轴和 Y 轴方向上的偏移量，以像素为单位。

图 6.8.17　“投影”对话框

（3）设置各项参数（见图 6.8.18），单击 确定 按钮。

（4）按“Ctrl+Enter”键，测试动画效果，将看到文字及其投影，效果如图 6.8.19 所示。

图 6.8.18　设置各项参数

图 6.8.19　投影特效效果

6.8.8　应用模糊特效

模糊特效的作用是通过改变对象的 Alpha 值、位置或缩放比例等参数，自动创建模糊效果。将模糊特效应用于文本的操作步骤如下：

（1）选中要应用模糊特效的文本。

（2）选择 插入(I) → 时间轴特效(E) → 效果 → 模糊 命令，弹出如图 6.8.20 所示的“模糊”对话框。

对其中各项参数说明如下：

“效果持续时间”：设置特效持续的时间长度，以帧为单位。

“分辨率”：设置进行模糊特效的格式。

“缩放比例”：设置模糊的缩放比例。

“允许水平模糊”：使对象在水平方向上产生模糊效果。

“允许垂直模糊”：使对象在垂直方向上产生模糊效果。

“移动方向”：设置模糊运动的方向。

（3）设置各项参数（本例采用默认设置），单击 确定 按钮。

（4）按“Ctrl+Enter”键，测试动画效果，将看到文字逐渐变模糊，效果如图 6.8.21 所示。

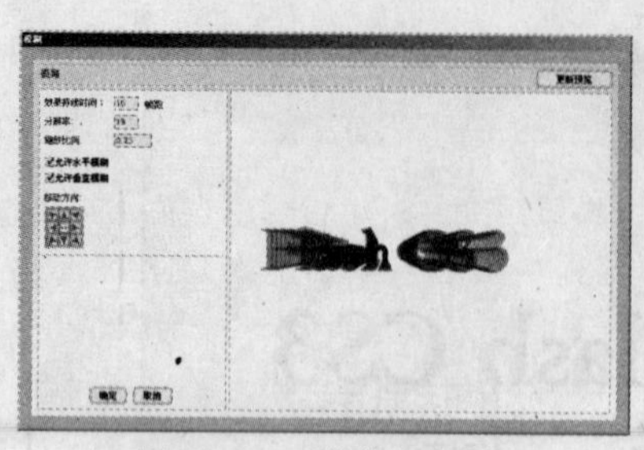

图 6.8.20 “模糊”对话框

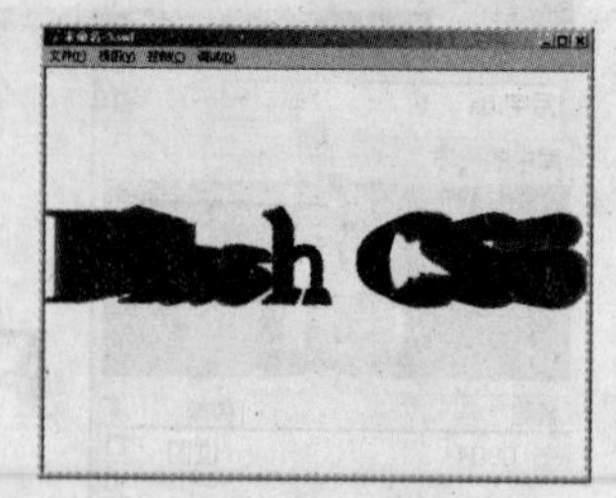

图 6.8.21 模糊特效效果

6.9 操作实例——模拟写字动画

1. 操作目的

（1）了解时间轴面板。

（2）了解各种帧的应用。

（3）掌握制作补间动画的方法。

（4）掌握帧的设置方法。

（5）掌握新建图层的方法。

2. 操作内容

利用时间轴面板制作出模拟写字动画。

3. 操作步骤

（1）新建一个 Flash CS3 文档。

（2）按“Ctrl+J”键，弹出“文档属性”对话框，设置“尺寸”为“550 px×400 px”，“背景颜色”为“白色”，单击 确定 按钮。

（3）选择 文件(F) → 导入(I) → 导入到库(L)... 命令，弹出“导入”对话框，如图 6.9.1 所示。

图 6.9.1 “导入”对话框

（4）选择一个目标文件后单击 打开(O) 按钮，该文件就会自动被导入到库面板中，如图 6.9.2 所示。

（5）选择 窗口(W) → 对齐(G) 命令，打开对齐面板，如图 6.9.3 所示。

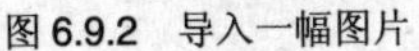

图 6.9.2　导入一幅图片

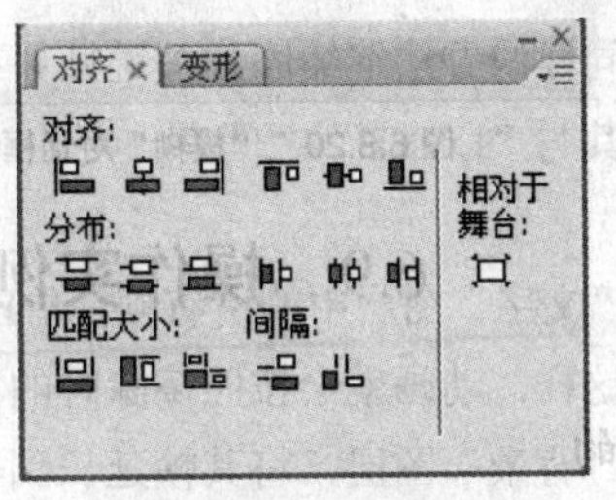

图 6.9.3　对齐面板

（6）单击对齐面板中的“水平中齐”按钮和“垂直中齐”按钮，将其放置到舞台的中心位置，如图 6.9.4 所示。然后将图层 1 命名为“背景”，表示该图像将作为动画的背景。

图 6.9.4　将图像放置到舞台的中心位置

（7）为了便于操作，将“背景”图层隐藏。

（8）单击时间轴面板上的“插入图层”按钮，插入一个新图层，并将该图层命名为“文字”，然后输入字母“I LOVE YOU”，如图 6.9.5 所示。

（9）单击“文字”图层的第 2 帧，按“F6”键插入关键帧。选择工具箱中的橡皮擦工具，按照书写字母时笔画的相反顺序擦除字母，例如擦除字母“U”的一部分，效果如图 6.9.6 所示。

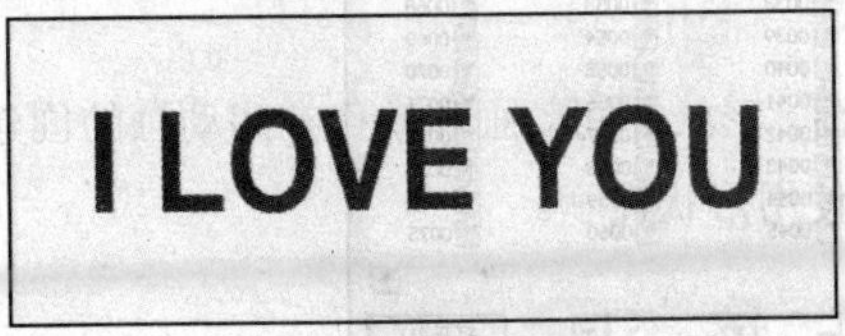

I LOVE YOU

图 6.9.5　输入字母

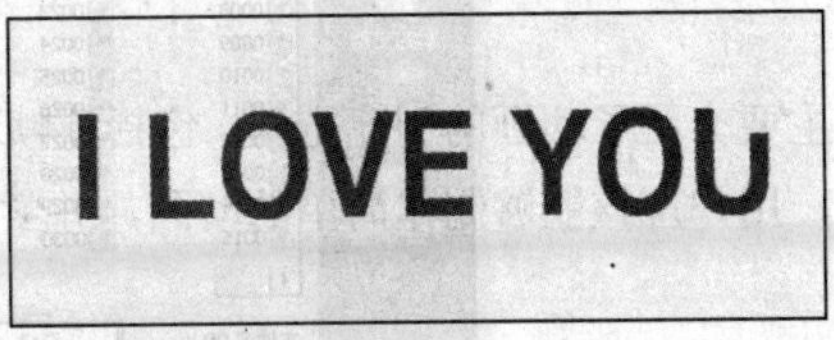

I LOVE YOU

图 6.9.6　擦除字母

（10）单击“文字”图层的第 3 帧，按“F6”键插入关键帧。选择工具箱中的橡皮擦工具，继续擦除，如图 6.9.7 所示。

（11）单击“文字”图层的第 4 帧，按“F6”键插入关键帧。选择工具箱中的橡皮擦工具，继续擦除，如图 6.9.8 所示。

图 6.9.7　继续擦除字母效果 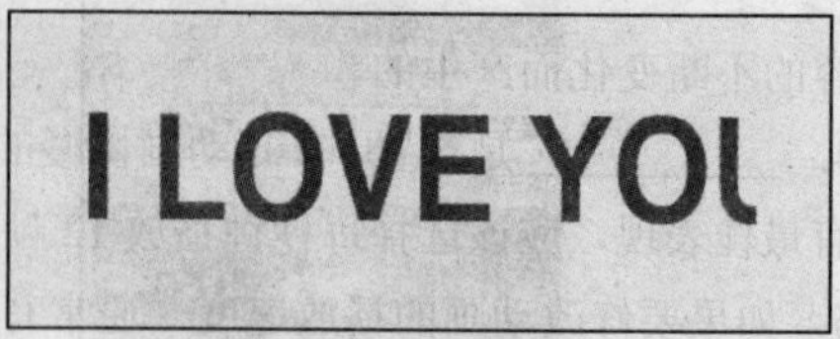　　　　图 6.9.8　继续擦除字母效果

（12）按照同样的方法继续添加关键帧并在其中擦除字母的笔画，当擦除完“YOU”时，插入 3 个普通帧，以使其与“LOVE”之间有一定的时间间隔。重复上述操作，直到将舞台上的字母全部擦除掉。

（13）选中“文字”图层中的所有帧，单击鼠标右键，在弹出的快捷菜单中选择 翻转帧 命令，将帧进行翻转。这样，动画就会按照擦除时的相反方向来书写。

（14）单击“背景”图层，将其帧延长到与“写字”图层相同，即在第 80 帧处按“F5”键插入普通帧，这时的时间轴面板如图 6.9.9 所示。

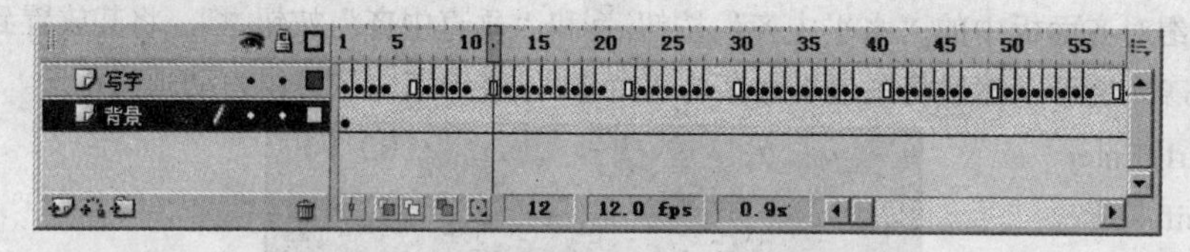

图 6.9.9　时间轴面板

（15）按“Ctrl+S”键保存文件，最终效果如图 6.9.10 所示。

图 6.9.10　最终效果

本 章 小 结

本章主要介绍了动画的创建方法，包括逐帧动画、形状补间动画和动作补间动画的创建。通过本章的学习，用户应该能够制作简单的动画，并学会使用形状提示。

操 作 练 习

一、填空题

1. 时间轴主要由__________、帧和播放头组成。
2. Flash 动画涉及的帧有两种，一种是__________帧，另一种是普通帧。
3. __________动画主要用于创建不规则动画，它的每一帧都是关键帧，其动画效果是通过关键

帧内容的不断变化而产生的。

4. __________是设置 Flash 动画快慢的关键，标准动态图像的速度是 24 帧/秒，如果要求在网络上有最佳表现，应该选择每秒钟播放 12 帧。

5. 如果要修改动画的播放速度，通常有两种方法，一种是__________，另一种是延长每一个关键帧的播放时间。

6. Flash 是__________的图形动画软件，用它自身工具箱中的工具绘制的图形，可以直接制作形变动画。

二、选择题

1. 通过运动补间动画，可以对（ ）对象的大小、位置、颜色或透明度进行渐变，从而产生动画效果。

（A）实例　　（B）图像

（C）群组　　（D）文本

2. 按（ ）键可以测试动画效果。

（A）Ctrl+Enter　　（B）F6

（C）Shift+Enter　　（D）F12

三、简答题

Flash 只能对哪种对象创建形状补间动画？

四、上机操作题

1. 创建一个形状渐变动画，使字母“A”变为字母“B”，如题图 6.1 所示。

第 1 帧　　第 10 帧

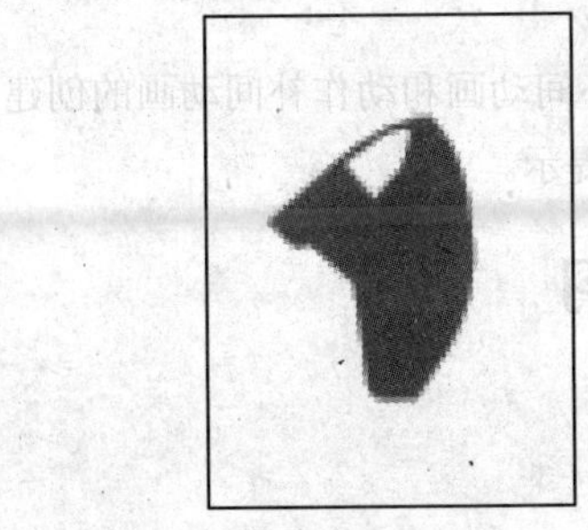

第 20 帧　　第 30 帧　　第 40 帧

题图 6.1　形状渐变动画

2. 制作小鸡出壳的逐帧动画，如题图 6.2 所示。

第 1 帧

第 2 帧

第 3 帧

第 4 帧

第 5 帧

第 6 帧

题图 6.2　在各帧中绘制不同图形

交互式动画基础

ActionScript是Flash CS3中的编程语言，使用ActionScript的用户不仅可以动态地控制动画的进行，还可以进行各种运算，从而极大地增强了动画的交互控制功能。

- ActionScript概述
- 常量、变量和数据类型
- 运算符和表达式
- 动作和动作面板
- 交互动画实例

7.1 ActionScript 概述

ActionScript 的中文名称为“动作脚本”，它是 Flash 专用的一种编程语言，与其他编程语言一样，它拥有自己的常用术语及语法规则，如果用户要成为 Flash 高手，就必须深刻理解常用术语，严格遵守语法规则，熟练掌握各种动作的作用及参数设置。

7.1.1 ActionScript 简介

在前面所学的动画中，Flash CS3 均按顺序播放动画中的场景和帧，而使用 ActionScript 可以改变动画的播放流程，控制动画中的元件，制作精彩游戏，实现网页链接等，从而实现丰富的交互效果和动画特效。如图 7.1.1 所示即为使用 ActionScript 实现的动画特效。

图 7.1.1　使用 ActionScript 实现的动画特效

ActionScript 与 JavaScript 有着相似的结构，但是用它编写程序较 JavaScript 要容易得多，每一行代码都可以直接从动作面板中调用。

Flash CS3 中的 ActionScript 是 2.0 版，它支持更多的功能，如支持类、继承等。另外，Flash CS3 还遵循向下兼容原则，能够识别在较早版本的 Flash 中编写的 ActionScript。

7.1.2 常用术语

下面简单介绍 ActionScript 的一些常用术语，用户只需对它们有个初步的印象即可，随着学习的深入，我们将对它们做进一步的介绍。

（1）Action（动作）：动作是指定动画在播放过程中做某些事情的一些语句。例如，gotoAndPlay 动作用于跳转并播放动画。

（2）Events（事件）：事件是在动画播放过程中所发生的动作。例如，装载影片剪辑、单击按钮和用键盘输入等。

（3）Objects（对象）：对象是属性和方法的集合，它允许用户访问某种类型的信息。例如，用户通过 Date()对象可以访问来自系统时钟的信息。

（4）Variables（变量）：变量是一种可以保留任何数据类型值的标识符。例如，在以下代码中等号左边的标识符就是变量：

```
a=50;
hight=25;
```

name= "tiancuiyun";

（5）Properties（属性）：属性是对象的某种性质，例如，_rotation 是所有影片剪辑的一个属性，用于设置它的旋转角度。

（6）Arguments（参数）：参数用于给函数传递值。例如，下面的函数 Hello()使用了两个值，由参数 firstName 和 hobby 传递：

```
function Hello(firstName, hobby) {
Hello Text = "Hello, " + firstName + "很高兴见到你" + hobby;
}
```

（7）Classes（类）：类是定义新对象类型的一种数据类型，它以 Class 为关键字，在定义类之前必须要先创建一个构造函数。

（8）Constants（常量）：常量指在 ActionScript 中值不可以改变的元素。

（9）Datatypes（数据类型）：数据类型指 ActionScript 中包含的信息的种类，如字符串、布尔值、空值、影片剪辑、类、未定义等。

（10）Expressions（表达式）：表达式是语句中能够产生一个值的任意部分，它由运算符和操作数组成。例如，在表达式 x＋2 中，“x”和“2”是操作数，“＋”是运算符。

（11）Functions（函数）：函数是一个可以被重复使用的代码块，能够传递参数并返回值。例如，函数 getVersion()可以返回当前正在播放动画的 Flash 播放器的版本。

（12）Identifiers（标识符）：标识符用于表示对象、函数、属性等的名称，其第一个字符必须是字母、下画线或货币符号。例如，firstQuestion 是一个合法的标识符，而 10xyz 不是合法的标识符。

（13）Instances（实例）：实例是属于某个类的对象，每个实例都包含该类的所有属性和方法。例如，所有的影片剪辑都是 MovieClip 类的实例，因此，均拥有该类的属性（如_alpha 和_visible）和方法（如 totoAndPlay 和 getURL）。

（14）Instancenames（实例名称）：实例名称是脚本中用来表示影片剪辑实例或按钮实例的唯一名称。例如，在以下代码中实例名称为 csquare 的影片剪辑实例复制了 8 次：

```
do {
duplicateMovieClip("csquare","csquare"+i,i)
i=i+1;
}while(i<=8);
```

（15）Keywords（关键字）：关键字是具有特殊含义的字母。例如，var 是一个用来声明本地变量的关键字。

在 ActionScript 2.0 中的关键字如表 7.1 所示，不能将它们作为函数名或变量名。

表 7.1 ActionScript 中的关键字

关键字	关键字	关键字	关键字
break	continue	delete	else
for	function	if	in
new	return	this	tupeof
var	void	while	with
class	Implements	intrinsic	static

（16）Methods（方法）：方法是分配给一个对象的函数。一个函数被分配之后，可作为对象的方

法被调用。例如，在以下代码中 clear 变成了 controller 对象的方法：

```
function Reset(){
x_pos = 0;
x_pos = 0;
}controller.clear = Reset;
controller.clear();
```

（17）Operators（运算符）：运算符是对一个或多个数据进行操作，产生运算结果的符号。例如，加法运算符用于把两个或多个值加到一起，产生一个新值。

7.1.3 语法规则

ActionScript 拥有自己的语法规则，用户必须遵守这些规则才能创建出正确的脚本。

（1）点语法。点“.”用于指明某个对象或影片剪辑的属性和方法，也可用于标识影片剪辑或变量的目标路径。点语法表达式以对象或影片剪辑的名称开始，后面跟着一个点，最后以要指定的属性、方法或者变量作为结束。例如，在以下代码中_x 指明 catMC 影片剪辑在 x 轴上的位置：

```
catMC._x;
```

（2）大括号。大括号“{}”用于将事件、类定义和函数等组合成语句块，例如：

```
on(release){
myDate = new Date();
currentMonth = myDate.getMonth();
}
```

（3）中括号。中括号“[ ]”用于定义、初始化数组以及获取数组中的项，例如：

```
My Array= [ ];
My Array = ["red","orange","yellow"];
My Array[0] ="red";
```

（4）小括号。小括号“( )”用于重置表达式运算符的优先级或者放置函数的相关参数，例如：

```
(a+3)*4;
function Line (x1,y1,x2,y2){…};
```

（5）分号。分号“;”用于表示语句的结束，例如：

```
var yourNum:Number = 50;
```

（6）注释。注释是用户使用简单易懂的句子对代码进行的注解，编译器不会对它进行求值运算。如果要添加注释，必须在注释前插入“//”符号，例如：

```
//定义 Line 函数
function Line (x1,y1,x2,y2){…};
```

（7）大小写。在 Flash CS3 中，所有的关键字、类名、变量、方法名、外部脚本等均区分大小写。例如，book 和 Book 将被视为不同内容。在编程时，应该遵守一致的大小写约定，并形成一个良好的习惯。例如，以下代码中的 p 没有区分大小写，产生了拼写错误，因此，该行代码是无法进行编译的：

```
setproperty(ball,_xscale,scale);
```

7.2　常量、变量和数据类型

ActionScript 作为一种编程语言，它拥有自己的常量、变量和数据类型，下面分别进行介绍。

7.2.1　常量

常量是在程序中保持不变的量，包括数值型、字符串型和逻辑型 3 种类型。

（1）数值型常量：该类常量是具体的数值，常用于表示参数的值。例如，以下代码中的 10 和 5 即为数值型常量：

```
if(score>=10){
loadMovie("winner.swf",5);
}else{
loadMovie("loser.swf",5);
}
```

（2）字符串型常量：该类常量是由若干个字符组成的，与数值型常量不同的是，必须在其两端添加引号。例如，以下代码中的“中文 Flash 8 动画制作应用基础教程”即为字符串型常量：

```
trace("中文 Flash 8 动画制作应用基础教程");
```

（3）逻辑型常量：该类常量又叫做布尔型常量，它用于表明一个条件是否成立，如果成立则为真，用非 0 值或 true 来表示；如果不成立则为假，用 0 或 flase 来表示。例如，以下代码中的 true 即为逻辑型常量：

```
onClipEvent(enterFrame) {
if (password==true) {
}
}
```

7.2.2　变量

变量是相对于常量而言的，它的值可以改变。当第一次定义变量时，通常会给它赋一个值，称为初始化变量。

1. 变量的命名规则

在 ActionScript 中，命名变量的过程非常简单，但是要遵循以下规则：

（1）其第一个字符必须是字母，避免使用空格和句号等。

（2）不能使用 ActionScript 的保留关键字。

（3）不能是布尔值 true 或 false。

（4）必须是标识符。

（5）尽量具有一定的含义，以便于区分和记忆。

（6）在其作用范围内必须是唯一的。

2. 变量的类型

根据作用范围的不同，可以把变量分为全局变量和局部变量两类。

（1）全局变量：全局变量指在整个动画中都有效的变量，在程序中，如果要声明一个全局变量，只要直接给该变量赋值或者使用 set 语句赋值即可。例如，以下代码中的 achang 就是一个全局变量：

```
achang=10;
set("achang",10);
```

（2）局部变量：局部变量的作用范围是它所在的代码块，用户可以使用 var 语句来声明一个局部变量。例如，以下代码中的 i 是一个局部的循环变量，它仅在函数 init()中有效：

```
function init(){
var i;
for(i=0;i<10;i++)
randomArray[i]=radom(100);
}
```

7.2.3 数据类型

数据类型用于指明一个变量或 ActionScript 元素可以存储的信息种类。在 ActionScript 中，常用的数据类型有数值型、字符串型和逻辑型 3 种。

（1）数值型。该类数据是具有数学意义的数，可以用数学运算符加（+）、减（-）、乘（*）、除（/）、求模（%）、递增（++）、递减（--）等进行处理，例如：

```
total=300*price;
i=i+1;
```

（2）字符串型。该类数据可以是英文单词、英文句子、汉字、符号或它们的混合体，在使用时需要用双引号或单引号括起来。例如，以下代码中的 myname 代表了字符串“田翠云”：

```
myname="田翠云";
```

另外，字符串型数据可以使用“+”运算符来处理，并且 ActionScript 会精确地保留字符串两端的空格。例如，以下代码在执行后的结果为 c=“Hello Goodbye”：

```
a="Hello";
b=" Goodbye";                //在字母 G 前有一个空格
c=a+b;
```

（3）逻辑型。该类数据可以是 true 或 false，有时，ActionScript 也把 true 和 false 转化为 1 和 0，用于表示条件的成立与否。

7.3 运算符和表达式

运算符和表达式是 ActionScript 的基本组成部分，下面分别进行介绍。

7.3.1 运算符

运算符是对一个或多个数据进行操作，产生结果的符号。按照功能的不同，可以将运算符分为数值运算符、比较运算符、逻辑运算符、按位运算符、等于运算符、赋值运算符、点运算符和数组访问运算符 8 种。

（1）数值运算符：用于对数值进行加、减、乘、除和其他运算，如表 7.2 所示。

表 7.2　数值运算符

运算符	执行的运算
+	加
*	乘
/	除
%	求模
-	减
++	自加
--	自减

其中的求模运算就是求余数运算，例如，“a=9%4”为求 9 除以 4 的余数，结果是 a=1。

（2）比较运算符：用于比较表达式的值，然后返回一个逻辑值，如表 7.3 所示。

表 7.3　比较运算符

运算符	执行的运算
<	小于
>	大于
<=	小于或等于
>=	大于或等于

（3）逻辑运算符：用于比较两个逻辑值（true 或 false），并返回第三个逻辑值，如表 7.4 所示。

表 7.4　逻辑运算符

运算符	执行的运算
&&	逻辑与
||	逻辑或
!	逻辑非

假设 A 和 B 是两个逻辑值，逻辑运算将遵循如表 7.5 所示的运算规则。

表 7.5　逻辑运算规则

A	B	A&&B	A||B	!A
true	true	true	true	false
false	false	false	false	true
true	false	false	true	false
false	true	false	true	true

（4）按位运算符：用于将浮点数转换为 32 位的整型数，如表 7.6 所示。

表 7.6　按位运算符

运算符	执行的运算
&	按位与
|	按位或
^	按位异或
~	按位非
<<	按位左移
>>	按位右移
>>>	右移，空位用 0 填补

（5）等于运算符：用于比较两个操作数的值是否相等，并返回一个逻辑值，如表 7.7 所示。

表 7.7　等于运算符

运算符	执行的运算
==	等于
===	严格等于
!=	不等于
!==	严格不等于

在使用等于运算符时，如果操作数为字符串、数字或布尔值，则按照值进行比较；如果操作数为对象或数组，则按照引用进行比较。

（6）赋值运算符：用于为变量赋值，如表 7.8 所示。

表 7.8　赋值运算符

运算符	执行的运算
=	赋值
+=	相加并赋值
-=	相减并赋值
*=	相乘并赋值
%=	求余并赋值
/=	相除并赋值
<<=	按位左移并赋值
>>=	按位右移并赋值
>>>=	无符号按位右移并赋值
^=	按位移或并赋值
|=	按位或并赋值
&=	按位与并赋值

在使用赋值运算符“=”为变量赋值时，可以一次只为一个变量赋值，也可以一次为多个变量赋值，例如：

name="damli";

a=b=c=x;

（7）点运算符：点运算符“.”用于指明某个对象或影片剪辑的属性和方法，其具体用法已在前面介绍，这里就不再赘述。

（8）数组访问运算符：数组访问运算符即前面所讲的中括号“[ ]”，用于访问运算符动态设置以及检索实例名称和变量，可以用在赋值语句的左侧。

7.3.2　表达式

表达式是用运算符把常量、变量和函数连接起来构成的式子，这个式子可以计算并能返回一个值。按照运算符和运算结果的不同，可以将表达式分为数值表达式、字符串表达式、关系表达式和逻辑表达式 4 种类型。

（1）数值表达式：是由数值运算符把若干个数值型的常数、变量、函数和属性等连接起来的式子，其运算结果是数值，例如：

1+a*2

（2）字符串表达式：是由“+”运算符把若干个字符串型的变量、函数和属性等连接起来的式子，其运算结果是字符串，例如：

year+"年"+month+day+"日"

（3）关系表达式：是由比较运算符把若干个数值或字符串连接起来的式子，其运算结果是逻辑值，例如：

1>5

"Flash CS3"<"Flash CS3"

（4）逻辑表达式：是由逻辑运算符把关系表达式连接起来的式子，其运算结果是逻辑值，例如：

1>5 && "Flash CS3"<"Flash CS3"

7.4　动作和动作面板

动作是 ActionScript 语言的灵魂和编程的核心，如果要为动画添加交互功能，必须通过动作面板编写程序。

7.4.1 常用动作

Flash CS3 内置了数百条动作指令，通过它们可以实现非常强大的交互功能，下面介绍几种常见的动作。

1. stop

（1）功能：用于停止动画的播放。

（2）格式：stop();

（3）参数：没有参数。

（4）范例：以下代码将使动画停止播放。

```
on(release){
stop();
}
```

2. play

（1）功能：用于使动画从当前帧开始播放。

（2）格式：play();

（3）参数：没有参数。

（4）范例：以下代码将使动画从当前位置开始播放。

```
on(release){
play();
}
```

3. gotoAndPlay

（1）功能：用于使动画跳转到某一帧，并开始播放。

（2）格式：gotoAndPlay(场景,帧);

（3）参数：有场景和帧两个参数，其中，场景用于指定要转到场景的名称，如果在同一个场景中跳转，可以省略该参数；帧用于指定要转到的帧。

对于有参数的动作，用户必须正确设置这些参数才能保证该动作的正确性。

（4）范例：以下代码将使动画从第 15 帧开始播放。

```
on (release) {
gotoAndPlay(15);
}
```

4. gotoAndStop

（1）功能：用于使动画跳转到某一帧，并停止播放。

（2）格式：gotoAndStop(场景,帧);

（3）参数：gotoAndStop 的参数与 gotoAndPlay 的相同，这里就不再赘述。

（4）范例：以下代码将使动画跳转到场景 2 的第 5 帧并停止播放。

```
on (release) {
gotoAndStop("场景 2", 5);
}
```

5. stopAllSounds

（1）功能：用于停止动画中的所有声音。

（2）格式：stopAllSounds();

（3）参数：没有参数。

（4）范例：以下代码将使当前在 Flash Player 中播放的所有声音停止。

```
on(release){
stopAllSounds ();
}
```

6. getURL

（1）功能：用于将指定的 URL 加载到浏览器窗口，或者将变量数据发送给指定的 URL。

（2）格式：getURL(网页地址,窗口);

（3）参数：有网页地址和窗口两个参数，其中，网页地址用于设置链接网页的地址，可以用相对路径或绝对路径表示，如 http://www.sohu.com；窗口用于设置链接网页的打开方式，有_self，_blank，_parent 和_top 4 种方式可以选择。

（4）范例：以下代码用于在新窗口中打开 URL 为 www.sohu.com 的网页。

```
on(release){
getURL("http://www.sohu.com","_blank");
}
```

7. trace

（1）功能：用于获取影片剪辑的名称、位置、大小和透明度等属性。

（2）格式：trace(目标.属性);

（3）参数：有目标和属性两个参数，其中，目标用于设置影片剪辑实例的名称；属性用于设置实例的位置、大小和透明度等。

（4）范例：以下代码将获取影片剪辑实例 cs 的位置、透明度和大小属性。

```
trace(cs._x);
trace(cs._y);
trace(cs._alpha);
trace(cs.width);
trace(cs.height);
```

8. setProperty

（1）功能：用于设置影片剪辑的大小、旋转、位置、名称和透明度等属性。

（2）格式：setProperty(目标,属性,值);

（3）参数：有目标、属性和值 3 个参数，其中，值用于设置属性的值。

（4）范例：以下代码用于将影片剪辑实例 MMC 的透明度设置为 50%。

```
on(release){
setProperty("/MMC",_Alpha, "50");
}
```

9. removeMovieClip

（1）功能：用于删除影片剪辑。

（2）格式：removeMovieClip(目标);

（3）参数：有唯一参数——目标，指要删除影片剪辑实例的路径。

（4）范例：以下代码用于删除影片剪辑实例 MMCD。

```
on(release){
removeMovieClip("/MMCD");
}
```

7.4.2　使用动作面板添加动作

Flash CS3 允许用户为按钮、帧或影片剪辑添加动作，而所有的添加操作都是在动作面板中进行的，操作步骤如下：

（1）选中要添加 ActionScript 的按钮、帧或者影片剪辑。

（2）选择 窗口(W) → 動作(A) F9 命令，打开动作面板，如图 7.4.1 所示。

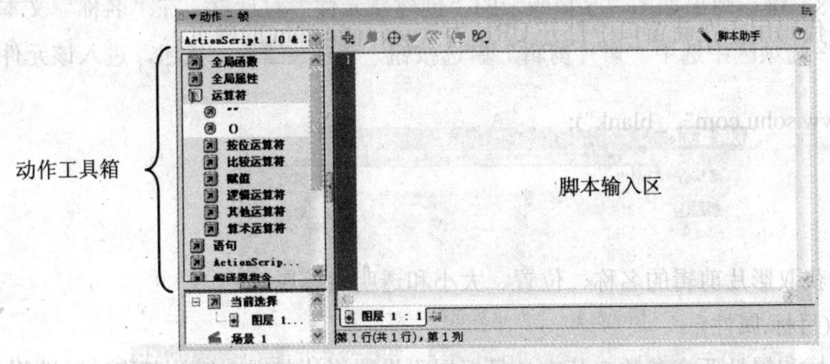

图 7.4.1　动作面板

（3）在动作工具箱中找到所需的 Action（动作），双击鼠标左键，将其添加到脚本输入区中（见图 7.4.2），然后进行相关的设置即可。

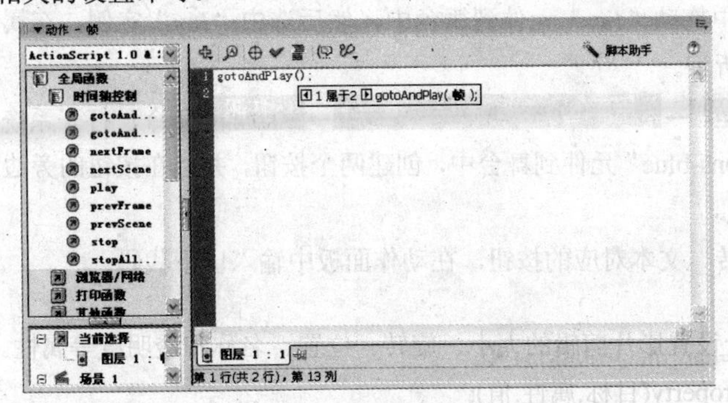

图 7.4.2　添加动作

注意

除了可以在动作工具箱中选择动作命令外，还可以单击“将新项目添加到脚本中”按钮，在弹出的下拉菜单中选择最后一级的子命令(见图 7.4.3)，然后单击鼠标左键，将其添加到脚本输入区。

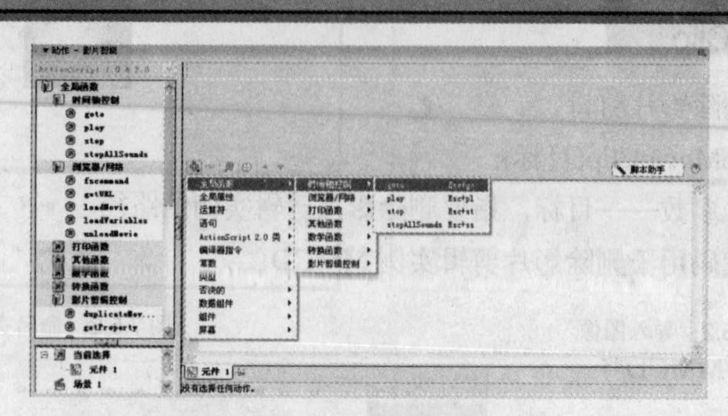

图 7.4.3 选择最后一级的子命令

7.5 交互动画实例

前面介绍了 ActionScript 的一些基础知识，下面制作一个简单的交互动画实例，要求通过按钮控制汽车的旋转和放大，操作步骤如下：

(1) 选择 文件(F) → 新建(N)... Ctrl+N 命令，创建一个新的 Flash 文档。

(2) 按“Ctrl+F8”键，弹出如图 7.5.1 所示的“创建新元件”对话框，在“名称”文本框中输入“Jay”，在“类型”选项区中选中“影片剪辑”单选按钮，单击 确定 按钮，进入该元件的编辑窗口。

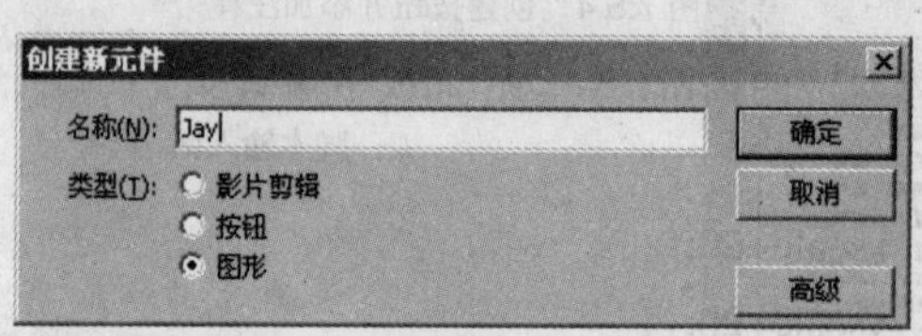

图 7.5.1 “创建新元件”对话框

(3) 选择 文件(F) → 导入(I) → 导入到舞台(I)... Ctrl+R 命令，弹出“导入”对话框，导入一幅图像到舞台的中心位置，如图 7.5.2 所示。

(4) 单击 场景 1 图标，返回到主场景。

(5) 从库面板中拖动“Jay”元件到舞台中，然后选中“Jay”实例，在属性面板中将其命名为 car_mc，如图 7.5.3 所示。

(6) 选择 窗口(W) → 公用库(B) → 按钮 命令，打开系统自带的按钮库，从中拖动两次“Oval buttons-blue”元件到舞台中，创建两个按钮，并且在按钮的旁边添加注释，如图 7.5.4 所示。

(7) 选中“旋转”文本对应的按钮，在动作面板中输入以下代码：

```
on(release) {
car_mc._rotation=car_mc._rotation+90;
}
```

//当按下并释放“旋转”文本对应的按钮时，对象 car_mc 将在原来的基础上顺时针旋转 90°。

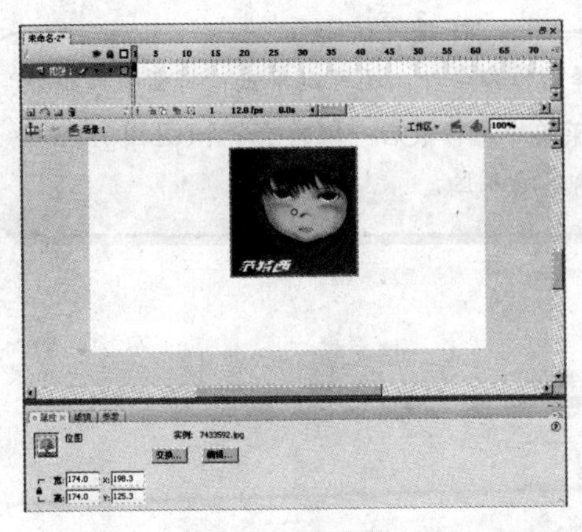

图 7.5.2　导入图像

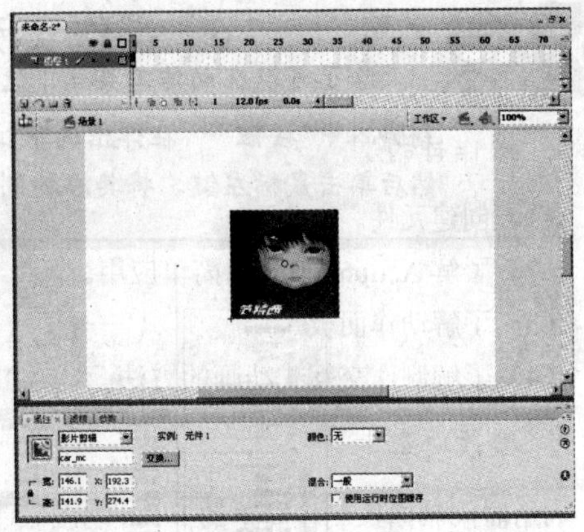

图 7.5.3　命名实例

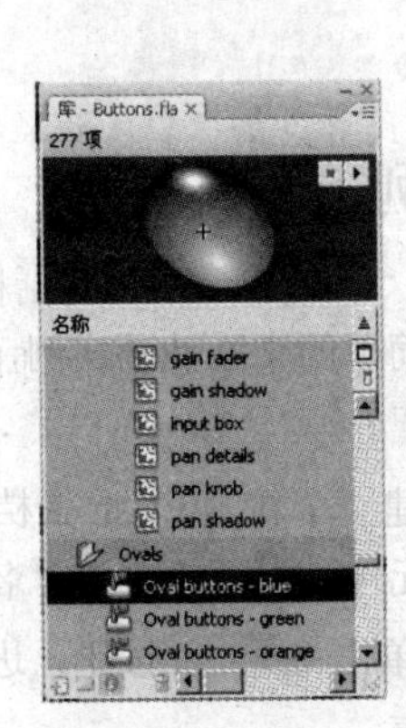

图 7.5.4　创建按钮并添加注释

（8）选中“放大”文本对应的按钮，在动作面板中输入以下代码：

```
on(release) {
car_mc._xscale=car_mc._xscale+20;
car_mc._yscale=car_mc._yscale+20;
}
//当按下并释放“放大”文本对应的按钮时，对象 car_mc 将在水平和垂直方向上同时放大 20%
```

（9）按“Ctrl+Enter”键，预览动画效果，如图 7.5.5 所示。

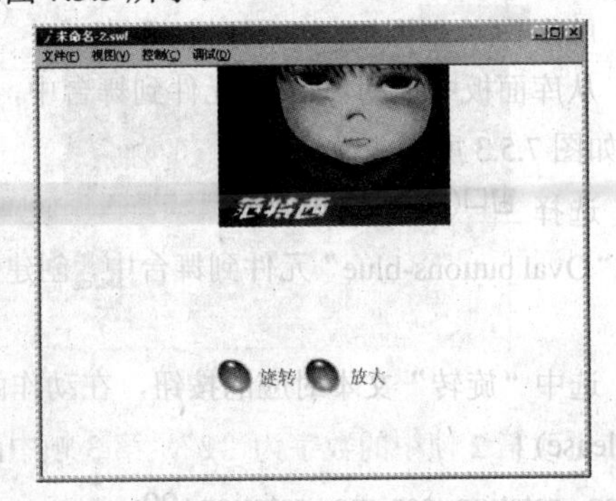

图 7.5.5　效果图

7.6 操作实例——渐变效果

1. 操作目的

（1）创建元件。

（2）了解 ActionScript 的简单应用。

（3）了解动作面板。

（4）了解制作交互式动画的方法。

2. 操作内容

利用时间轴面板制作简单的 Flash 动画。

3. 操作步骤

（1）新建一个 Flash 文档。

（2）按“Ctrl+J”键，弹出“文档属性”对话框，设置“尺寸”为“550 px×400 px”，“背景颜色”为“白色”，单击 确定 按钮。

（3）选择 插入(I) → 新建元件(N)... Ctrl+F8 命令，弹出“创建新元件”对话框，设置“名称”为“数字”，“类型”为“图形”（见图 7.6.1），单击 确定 按钮，进入其编辑窗口。

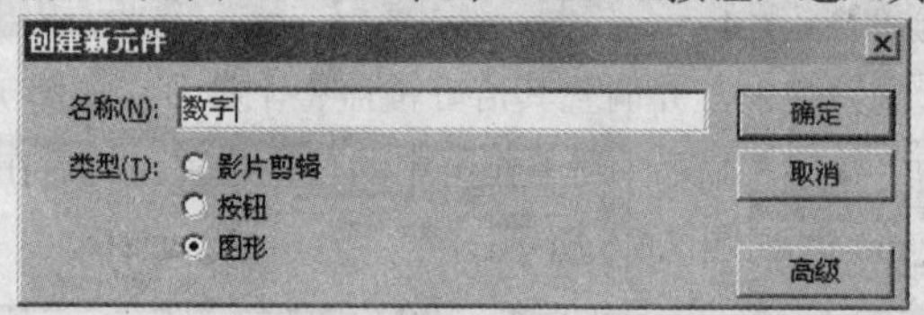

图 7.6.1 “创建新元件”对话框

（4）选择工具箱中的文本工具 T，在属性面板中设置“字体”为“华文行楷”，“字体大小”为“30”，“文本颜色”为“灰色”，并单击“切换粗体”按钮 B，在舞台中输入数字“1”，如图 7.6.2 所示。

（5）同时选中第 2～9 帧，按“F6”键插入 8 个关键帧，如图 7.6.3 所示。

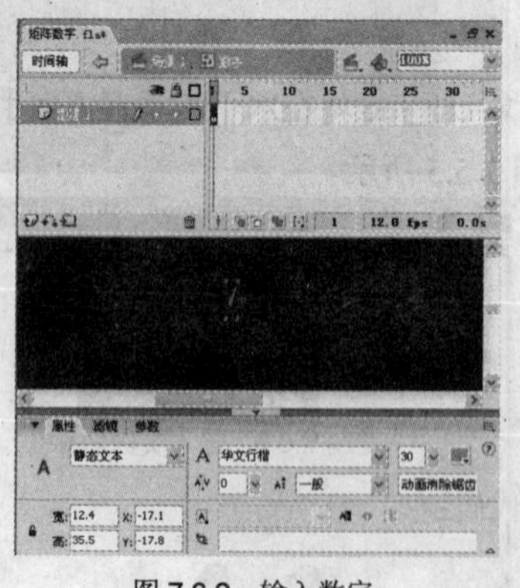

图 7.6.2 输入数字

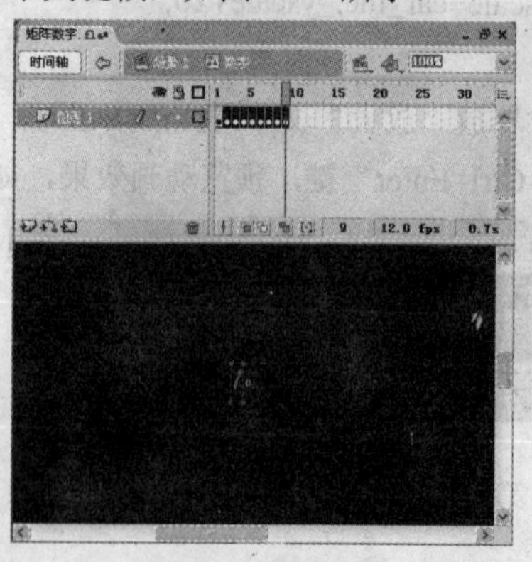

图 7.6.3 插入关键帧

（6）更改第 2 帧中的数字为“2”，第 3 帧中的数字为“3”，依次类推，直至更改第 9 帧中的数字为“9”。

（7）选择 窗口(W) → 動作(A) F9 命令，打开动作面板，选中第 1 帧，在动作面板中输入以下代码：

```
gotoAndPlay(random(_totalframes));
```

（8）选择 插入(I) → 新建元件(N)... Ctrl+F8 命令，弹出“创建新元件”对话框，设置“名称”为“数字 1”，“类型”为“影片剪辑”，单击 确定 按钮，进入其编辑窗口。

（9）选择 窗口(W) → 库(L) Ctrl+L 命令，打开库面板，拖动“数字”元件到舞台中。

（10）选中“数字”实例，在属性面板的“实例名称”文本框中输入字符“text_mc”，如图 7.6.4 所示。

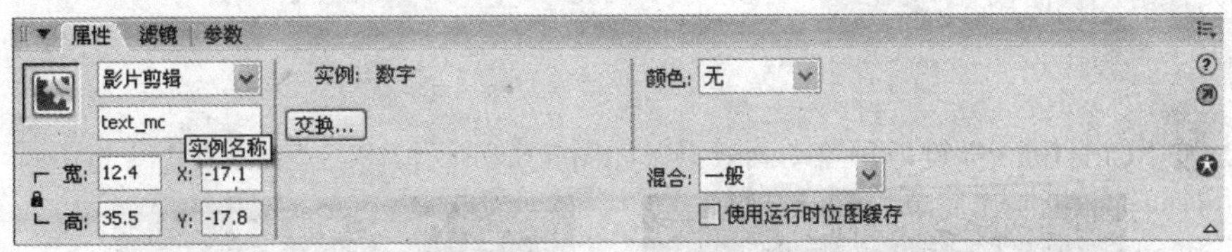

图 7.6.4　输入实例名称

（11）选中“数字”实例，在动作面板中输入如下代码：

```
onClipEvent(enterFrame){
_alpha=random(100)
}
```

（12）单击 场景 1 图标，返回到主场景。

（13）选择 文件(F) → 导入(I) → 导入到舞台(I)... Ctrl+R 命令，弹出“导入”对话框，导入一幅图片到舞台中，并调整其恰好覆盖整个舞台，如图 7.6.5 所示。

（14）从库面板中拖动“数字 1”元件到工作区中的任意位置，然后在属性面板的“实例名称”文本框中输入字符“matrix_mc”，如图 7.6.6 所示。

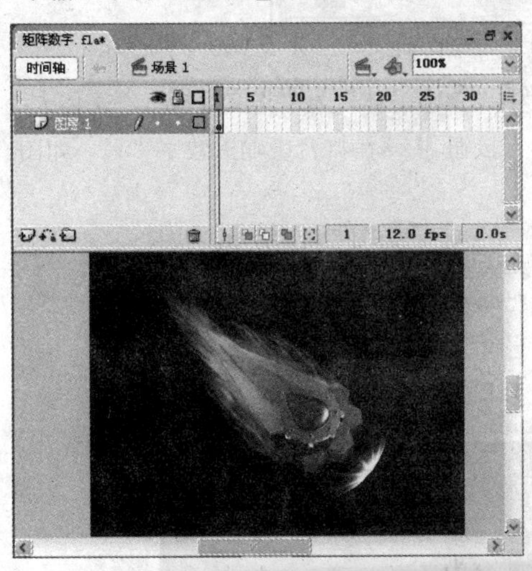

图 7.6.5　导入图片

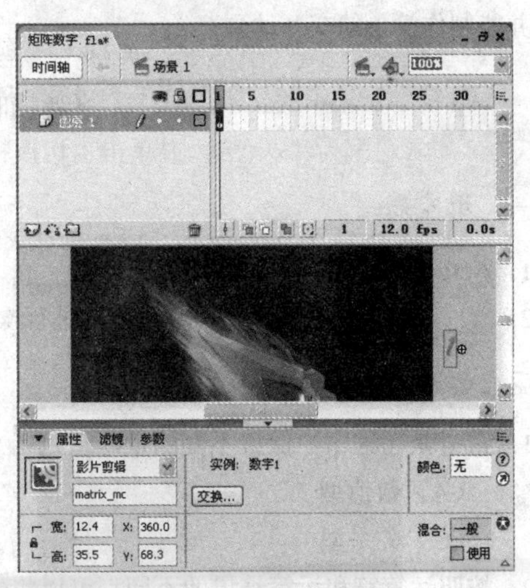

图 7.6.6　输入实例名称

（15）选中第 1 帧，在“动作”面板中输入以下代码：

```
i=1
maxcol=40
maxrow=20
LetterW=40
LetterH=40
```

```
for(col=0;col<maxcol;col++){
for(row=0;row<maxrow;row++){
duplicateMovieClip("matrix_mc","matrix"+i,i)
setProperty("matrix"+i,_x,LetterW*col)
setProperty("matrix"+i,_y,LetterH*row)
i++
}
}
```

（16）按“Ctrl+Enter”键，预览动画效果，如图 7.6.7 所示。

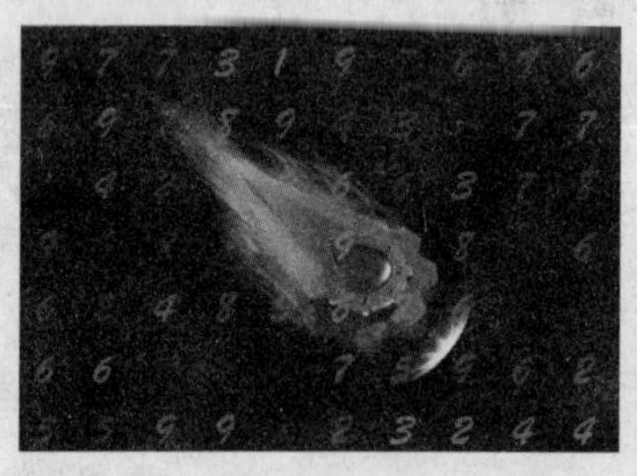
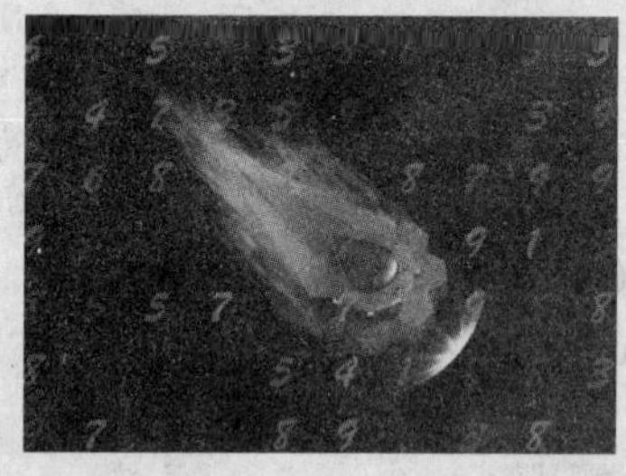

图 7.6.7　效果图

本 章 小 结

本章主要介绍了 ActionScript 的有关知识。通过本章的学习，用户应了解 ActionScript 的编程思想，并能制作简单的交互动画。

操 作 练 习

一、填空题

1．ActionScript 的中文名称为__________，它是 Flash 专用的一种编程语言。

2．__________是对一个或多个数据进行操作，产生结果的符号。

二、选择题

1．常量是在程序中保持不变的量，它包括（　　）。

（A）数值型　　（B）字符串型

（C）关系型　　（D）逻辑型

2．按照运算符和运算结果的不同，可以将表达式分为（　　）。

（A）数值表达式　　（B）字符串表达式

（C）关系表达式　　（D）逻辑表达式

三、简答题

简述动作面板中专家模式和助手模式的区别。

四、上机操作题

利用按钮控制动画的播放。

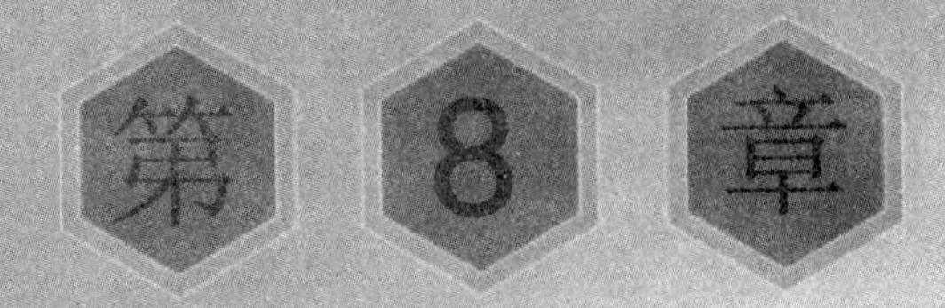

第8章 组件

学习导航

组件是供用户在动画中重复使用的复杂元素，它实际上也是一段影片剪辑，用户不需要了解或编写动作脚本就可以在动画中直接应用。本章将介绍组件的分类以及常用组件的添加方法。

学习要点

- 组件概述
- 常用组件
- 添加组件
- 处理编译剪辑元件

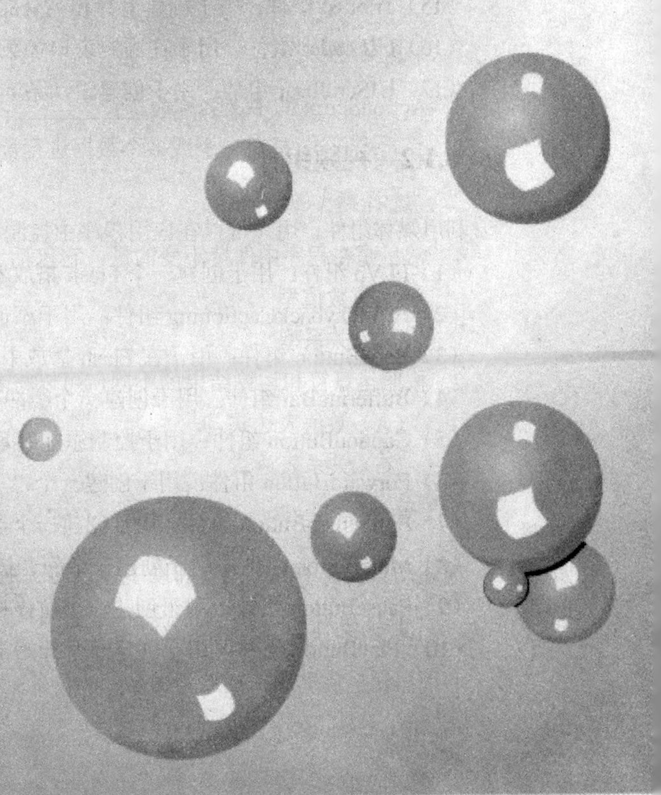

8.1 组 件 概 述

组件是带有参数的影片剪辑，用户可以通过设置参数修改其外观和行为。在 Flash CS3 中，组件分为用户界面组件和视频播放组件两种类型。

8.1.1 用户界面组件

利用用户界面组件，用户可以与应用程序进行交互操作。用户界面组件包括以下 17 种：

（1）Button 组件：用于创建按钮。

（2）CheckBox 组件：用于创建复选框。

（3）ColorPicker 组件：用于显示包含一个或多个样本的列表，用户可以从中选择颜色。

（4）ComboBox 组件：用于创建下拉菜单。

（5）DataGrid 组件：用于显示载入到组件中的数据。

（6）Label 组件：用于创建一个不可编辑的单行文本字段。

（7）List 组件：用于创建下拉列表。

（8）NumericStepper 组件：用于创建可单击的箭头，通过单击可增加或减少数值。

（9）ProgressBar 组件：用于创建进度条。

（10）RadioButton 组件：用于创建一组单选按钮。

（11）ScrollPane 组件：用于创建滚动窗格，从而在一个可滚动区域中显示影片剪辑、JPEG 图像或动画。

（12）Slider 组件：用于创建滑块轨道，并且在端点之间移动滑块来选择值。

（13）TextArea 组件：用于创建一个可随意编辑的多行文本字段。

（14）TextInput 组件：用于创建一个可随意编辑的单行文本字段。

（15）TileList 组件：用于创建呈行和列分布的网格，通常用来以“平铺”格式设置并显示图像。

（16）UILoader 组件：用于在固定窗口加载内容。

（17）UIScrollBar 组件：用于创建滚动条。

8.1.2 视频组件

利用媒体组件，用户可以在应用程序中控制和显示媒体流。媒体组件包括以下 14 种：

（1）FLVp 组件：用于创建一个 Flash 播放器。

（2）FLVPlaybackCaptioning 组件：用于添加字幕。

（3）BackButton 组件：用于在 Flash 播放中创建一个“上一个视频”按钮。

（4）BufferingBar 组件：用于创建一个缓冲条。

（5）CaptionButton 组件：用于控制添加字幕组件。

（6）ForwardButton 组件：用于创建一个“下一个视频”按钮。

（7）FullScreenButton 组件：用于创建一个全屏幕按钮。

（8）MuteButton 组件：用于创建一个静音按钮。

（9）PauseButton 组件：用于创建一个暂停按钮。

（10）PlayButton 组件：用于创建一个开始播放按钮。

（11）PlayPauseButton 组件：用于创建一个开始暂停按钮。

（12）SeekBar 组件：用于创建一个进度条。

（13）StopButton 组件：用于创建一个暂停按钮。

（14）VloumeBar 组件：用于创建一个音量控制按钮。

8.2　添 加 组 件

在 Flash CS3 中，通常使用组件面板和库面板来添加组件，下面分别对其做简单介绍。

8.2.1　使用组件面板添加组件

所有的组件都放在组件面板中，可以选择 窗口(W) → 组件(X) Ctrl+F7 命令或者按“Ctrl+F7”快捷键打开组件面板（见图 8.2.1），然后直接从组件面板中拖动组件到工作区中或者在组件面板中用鼠标双击组件进行添加。

8.2.2　使用库面板添加组件

当用户将组件添加到 Flash 文档中以后，该组件将在库面板中显示为编译剪辑元件（见图 8.2.2），用户可以从库面板中拖动其到工作区中，以创建该组件的若干实例。

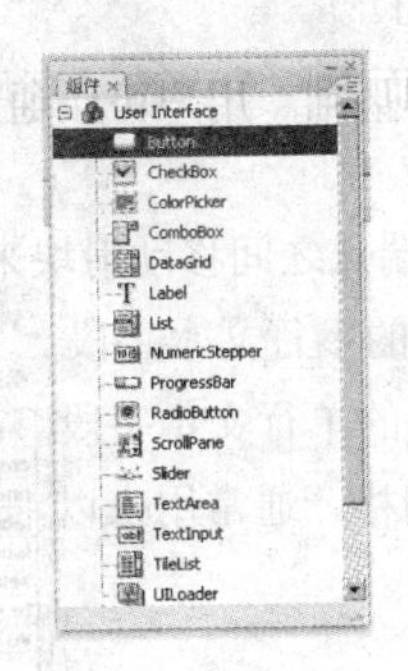

图 8.2.1　组件面板

图 8.2.2　库面板

8.2.3　设置组件参数

用户可以通过两种方式来设置组件参数：

（1）选择 窗口(W) → 组件(X) Ctrl+F7 命令或者按“Ctrl+F7”快捷键打开组件面板（见图 8.2.1），双击选择组件，然后在组件属性面板的“参数”选项卡中设置各个参数，如图 8.2.3 所示。

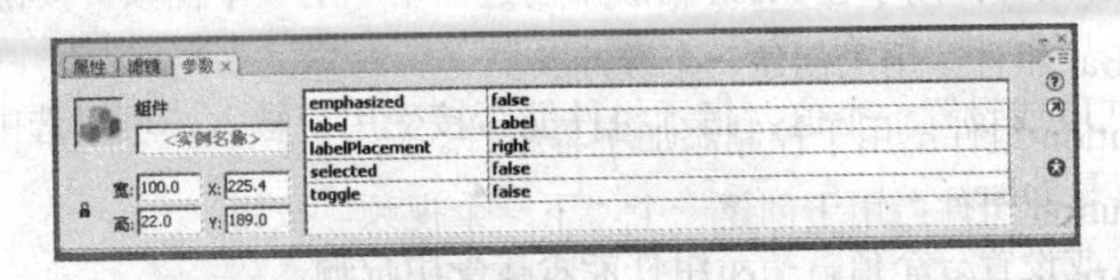

图 8.2.3　组件属性面板

（2）选择 窗口(W) → 组件(X) Ctrl+F7 命令或者按“Ctrl+F7”快捷键打开组件面板，双击选择组件，然后选择 窗口(W) → 组件检查器(R) Shift+F7 命令或者按“Shift+F7”快捷键打开组件检查器面板来设置属性的各个参数，如图 8.2.4 所示。

图 8.2.4　组件检查器面板

8.3　常 用 组 件

下面对 Button，CheckBox，ComboBox，List，RadioButton 和 ScrollPane 常用组件进行详细介绍。

8.3.1　Button 组件

Button 组件用于创建按钮，是任何表单或 Web 的基础。用户可以通过属性面板或组件检查器面板设置其参数，如图 8.3.1 和图 8.3.2 所示。

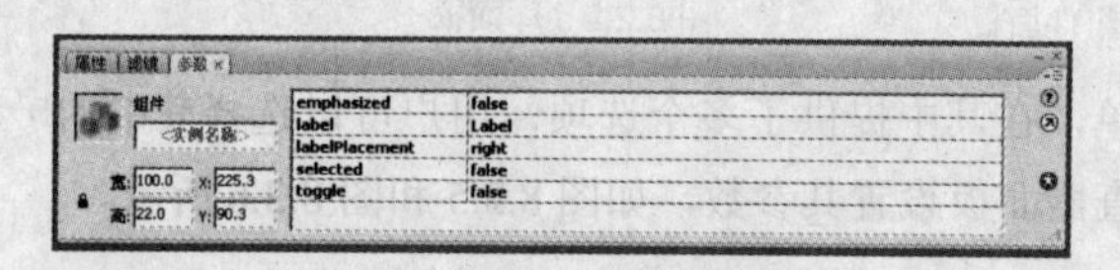

图 8.3.1　Button 组件的属性面板

图 8.3.2　Button 组件的组件检查器面板

对其组件检查器面板中的重要参数说明如下：

（1）emphasized：获取或设置一个布尔值，指示当按钮处于弹起状态时，Button 组件周围是否会有边框。

（2）enabled：获取或设置一个值，指示组件能否接受用户输入。可以选中（true）按钮或取消选中（false），默认值是 false。

（3）label：获取或设置一个值，指示组件能否接受用户输入。

（4）labelPlacement：确定按钮上的标签文本相对于图标的方向，该参数可以是 left，right，top 或 bottom，默认值是 right。

（5）selected：如果切换参数的值是 true，则该参数指定是按下（true）按钮还是释放（false）按

钮，默认值为 false。

（6）toggle：将按钮转变为切换开关。如果值为 true，则按钮在按下后保持按下状态，直到再次按下时才返回到弹起状态，默认值为 false。

（7）visible：获取一个值，显示按钮是否可见，可以选中（true）按钮或取消选中（false），默认值是 true。

8.3.2 CheckBox 组件

CheckBox 组件用于创建复选框。每当需要收集一组非相互排斥的 true 或 false 值时，都可以使用复选框。用户可以通过属性面板或组件检查器面板设置其参数，如图 8.3.3 和图 8.3.4 所示。

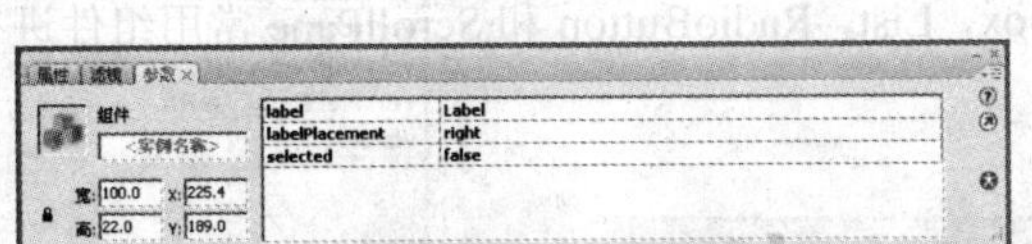

图 8.3.3 CheckBox 组件的属性面板

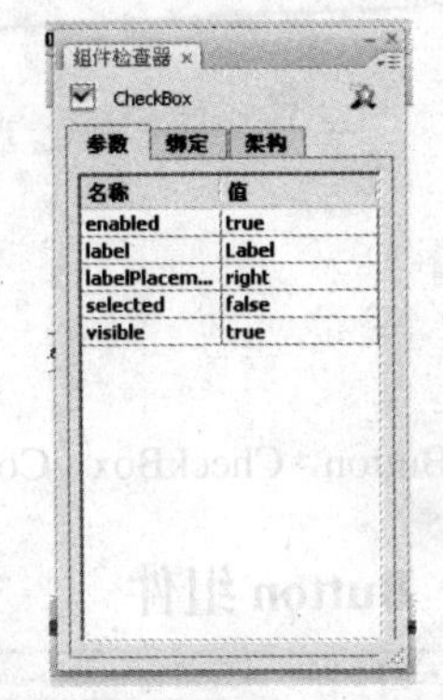

图 8.3.4 CheckBox 组件的组件检查器面板

对其属性面板中的重要参数说明如下：

（1）label：设置复选框上的文本值，默认值为 defaultValue。

（2）labelPlacement：确定复选框上的标签文本相对于图标的方向，该参数可以是 left，right，top 或 bottom，默认值是 right。

（3）selected：将复选框的初始值设置为选中（true）或取消选中（false）状态。

8.3.3 ComboBox 组件

ComboBox 组件用于创建下拉菜单，在其中提供了多个选项，用户可以选择其中的一个或者多个。用户可以通过属性面板或组件检查器面板设置其参数，如图 8.3.5 和图 8.3.6 所示。

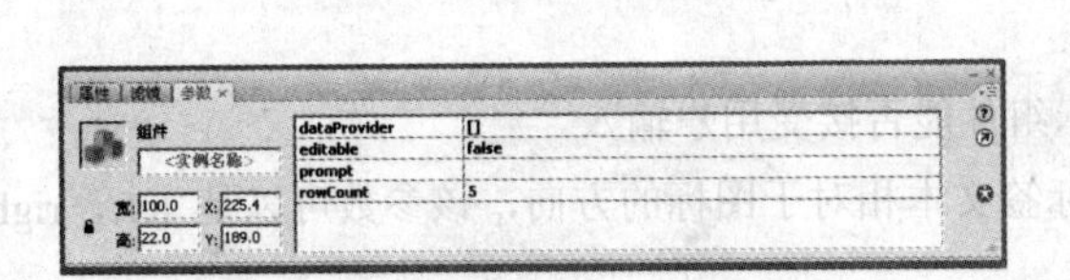

图 8.3.5 ComboBox 组件的属性面板

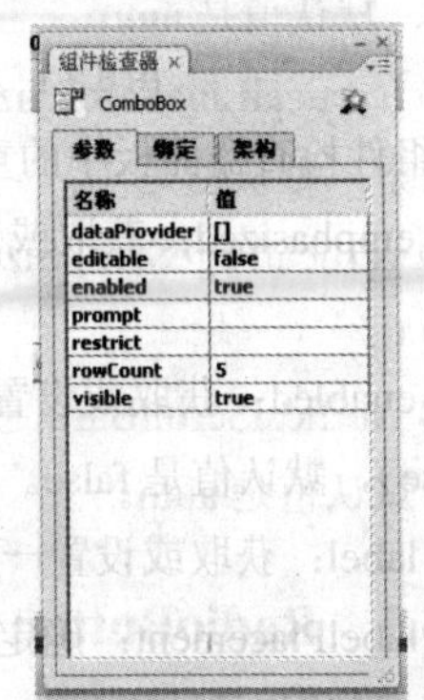

图 8.3.6 ComboBox 组件的组件检查器面板

对其属性面板中的重要参数说明如下：

（1）dataprovider：获取或设置要查看的项目列表的数据模型。

（2）editable：确定 ComboBox 组件是可编辑的。可以选中（true）按钮或取消选中（false），默认值是 false。

（3）prompt：获取或设置对 ComboBox 组件的提示。

（4）rowCount：设置在不使用滚动条的情况下一次最多可以显示的项目数，默认值为 5。

8.3.4 List 组件

List 组件用于创建下拉列表，在其中可以显示图形，也可以包含其他组件。用户可以通过属性面板或组件检查器面板设置其参数，如图 8.3.7 和图 8.3.8 所示。

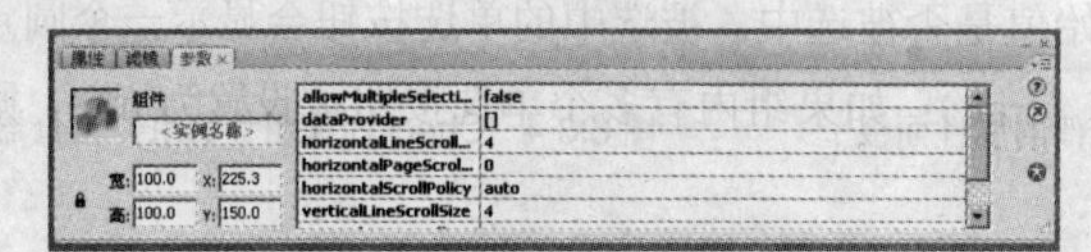

图 8.3.7　List 组件的属性面板　　图 8.3.8　List 组件的组件检查器面板

对其组件检查器面板中的重要参数说明如下：

（1）dataprovider：获取或设置要查看的项目列表的数据模型，默认值为[]，即为空数组。

（2）horizontalLineScrollSize：获取或设置一个值，该值描述当单击滚动箭头时要在水平方向上滚动的内容量，默认值是 4。

（3）horizontalPageScrollSize：获取或设置按滚动条轨道时水平滚动条上滚动滑块移动的像素数，默认值是 0。

（4）horizontalScrollBar：获取对水平滚动条的引用。有打开（off）、关闭（on）和自动（auto）3 个选项，默认值是 auto。

（5）verticalLineScrollSize：获取或设置一个值，该值描述当单击滚动箭头时要在垂直方向上滚动多少像素，默认值是 4。

（6）verticalPageScrollSize：获取或设置按滚动条轨道时垂直滚动条上滚动滑块要移动的像素数，默认值是 0。

（7）verticalScrollBar：获取对垂直滚动条的引用。有打开（off）、关闭（on）和自动（auto）3 个选项，默认值是 auto。

8.3.5 RadioButton 组件

RadioButton 组件用于创建一组单选按钮，即在任何时候都只能有一个组成员被选中。用户可以通过属性面板或组件检查器面板设置其参数，如图 8.3.9 和图 8.3.10 所示。

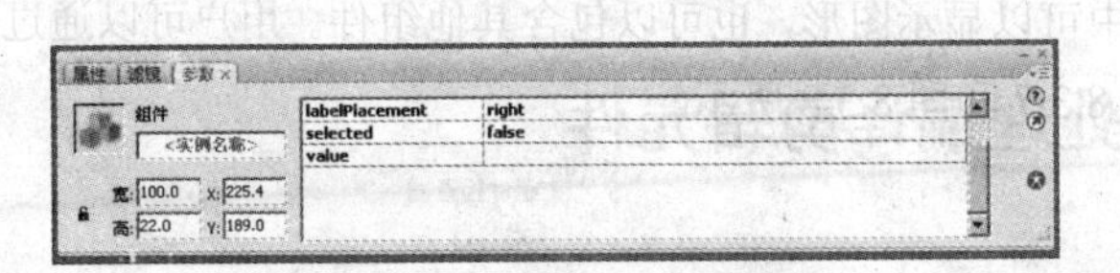

图 8.3.9 RadioButton 组件的属性面板　　　图 8.3.10 RadioButton 组件的组件检查器面板

对其组件检查器面板中的重要参数说明如下：

（1）groupName：是单选按钮的组名称，默认值为 radioGroup。

（2）label：设置按钮上的文本值，默认值为 Radio Button。

（3）labelPlacement：确定按钮上的标签文本相对于图标的方向，该参数可以是 left，right，top 或 bottom，默认值是 right。

（4）selected：设置单选按钮的初始值是否被选中。被选中的单选按钮会显示一个圆点。一个组内只有一个单选按钮可以有被选中的值（true）；如果组内有多个单选按钮被设置为 true，则会选中最后的单选按钮，默认值为 false。

（5）value：与单选按钮关联的用户定义值。

8.3.6 ScrollPane 组件

ScrollPane 组件用于创建滚动窗格，从而在一个可滚动区域中显示影片剪辑、JPEG 图像或动画。用户可以通过属性面板或组件检查器面板设置其参数，如图 8.3.11 和图 8.3.12 所示。

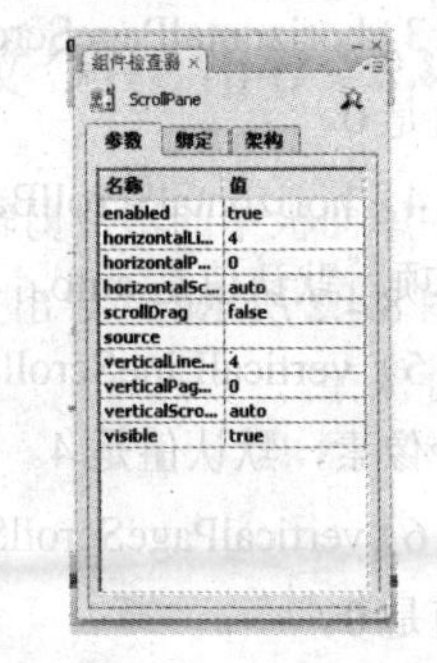

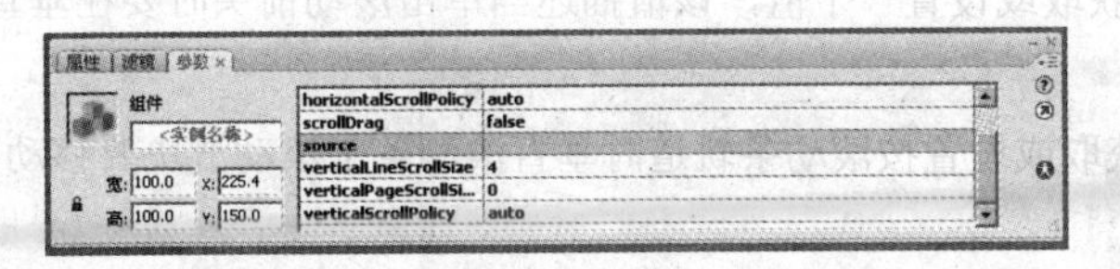

图 8.3.11 ScrollPane 组件的属性面板　　　图 8.3.12 ScrollPane 组件的组件检查器面板

对其组件检查器面板中的重要参数说明如下：

（1）horizontalLineScrollSize：获取或设置一个值，该值描述当单击滚动箭头时要在水平方向上滚动的内容量，默认值是 4。

（2）horizontalPageScrollSize：获取或设置按滚动条轨道时水平滚动条上滚动滑块要移动的像素数，默认值是 0。

（3）scrollDrag：是一个布尔值，它决定用户是否在滚动窗格中滚动内容，默认值为 false。

（4）source：获取或设置以下内容：绝对或相对 URL（该 URL 标识要加载的 SWF 或图像文件的位置）、库中影片剪辑的类名称、对显示对象的引用或者与组件位于同一层上的影片剪辑的实例名称。

（5）verticalLineScrollSize：获取或设置一个值，该值描述当单击滚动箭头时要在垂直方向上滚动多少像素，默认值是 4。

（6）verticalPageScrollSize：获取或设置按滚动条轨道时垂直滚动条上滚动滑块要移动的像素数，默认值是 0。

8.4　处理编译剪辑元件

编译剪辑元件与常规影片剪辑元件相比，其显示和发布的速度更快，用户可以将常规影片剪辑元件转换为编译剪辑元件或者导出为 SWC 文件。

8.4.1　将常规影片剪辑转换为编译剪辑

选中库面板中的影片剪辑，单击鼠标右键，在弹出的快捷菜单中选择 转换为编译剪辑 命令，可将常规影片剪辑元件转换为编译剪辑元件，如图 8.4.1 所示。

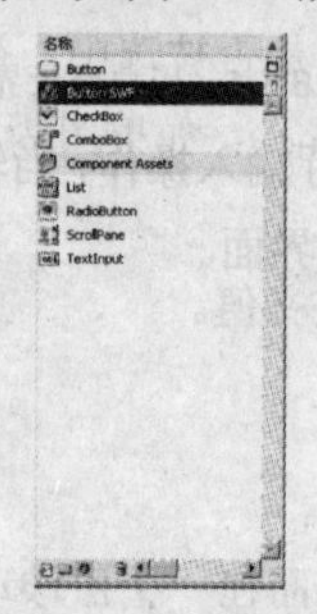

图 8.4.1　转换为编译剪辑元件

8.4.2　导出 SWC 文件

选中库面板中的影片剪辑，单击鼠标右键，在弹出的快捷菜单中选择 导出 SWC 文件... 命令，弹出如图 8.4.2 所示的“导出文件”对话框，在“文件名”下拉列表中为文件命名，然后单击 保存(S) 按钮进行保存。

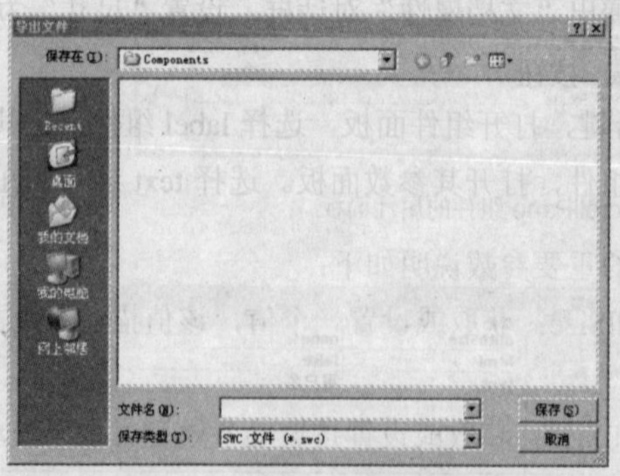

图 8.4.2　“导出文件”对话框

8.5 操作实例——登录界面

1. 操作目的

（1）了解组件的类型。

（2）了解组件的参数设置。

（3）掌握组件的应用。

（4）了解组件检查器。

2. 操作内容

制作“登录界面”，以巩固本章所学内容，最终效果如图 8.5.1 所示。

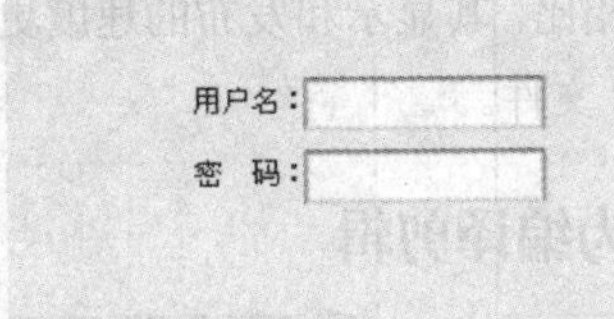

图 8.5.1 用户登录界面

用户需要在用户名和密码文本框中进行输入操作，当输入结果正确时，按回车键后打开如图 8.5.2 所示的界面；否则，打开如图 8.5.3 所示的界面。

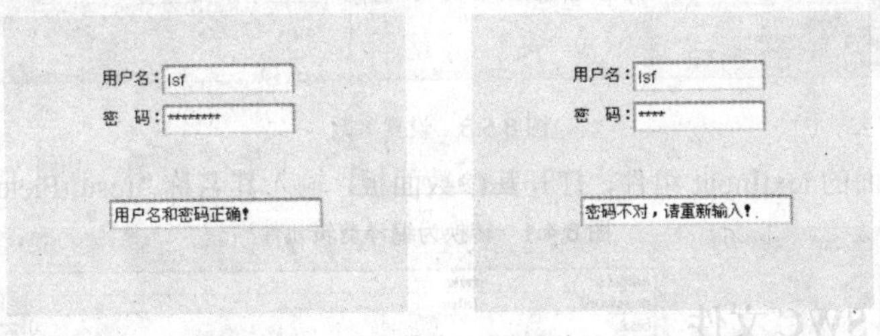

图 8.5.2 密码正确时的界面　　　　图 8.5.3 密码错误时的界面

3. 操作步骤

（1）新建一个 Flash 文档。

（2）按“Ctrl+J”键，弹出“文档属性”对话框，设置“尺寸”为“550 px×400 px”，“背景颜色”为“黄色”，单击 确定 按钮。

（3）按“Ctrl+F7”组合键，打开组件面板，选择 label 组件，将其拖动到舞台上两次。

（4）选中上面的 label 组件，打开其参数面板。选择 text 选项，在其文本框中输入“用户名”，如图 8.5.4 所示。

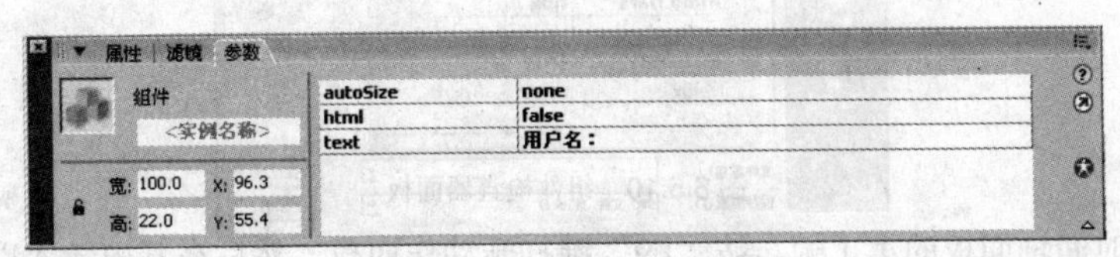

图 8.5.4 参数面板

（5）按照同样的方法，设置第二个 Label 组件，这时的参数面板如图 8.5.5 所示。设置完成后如图 8.5.6 所示。

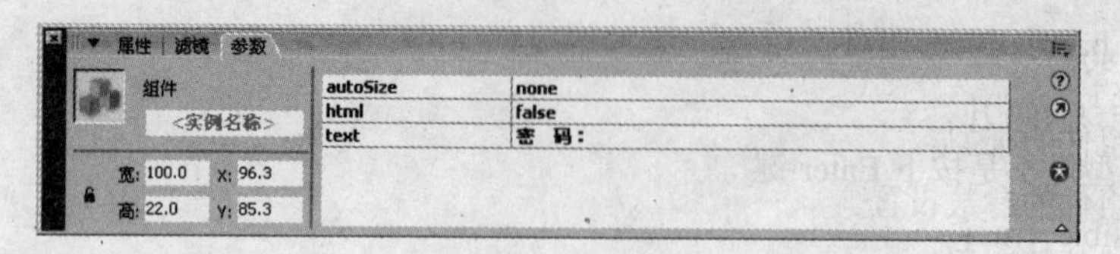

图 8.5.5　“参数”面板

（6）将组件面板中的 textInput 组件拖动到舞台上 3 次，并放置到如图 8.5.7 所示的位置。

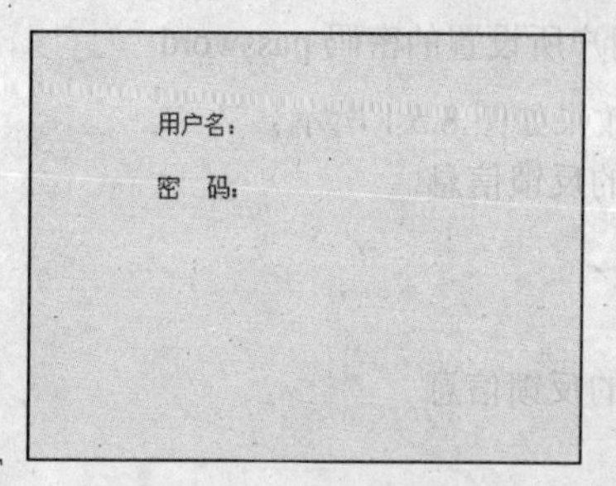

图 8.5.6　两个 label 组件

图 8.5.7　添加 3 个 textInput 组件

（7）选中密码后面的 textInput 组件，在其参数面板中输入名称“passwordField”。然后单击 password 选项，在其右侧的下拉列表中选择 true，如图 8.5.8 所示。

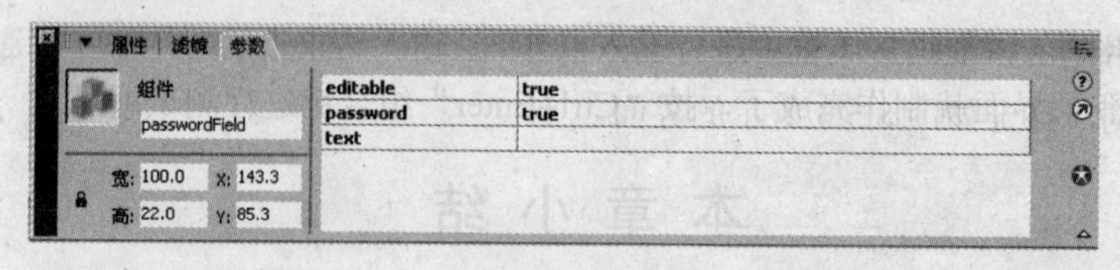

图 8.5.8　设置参数

（8）选中最下面的 textInput 组件，打开其参数面板，输入其名称“resultField”，如图 8.5.9 所示。

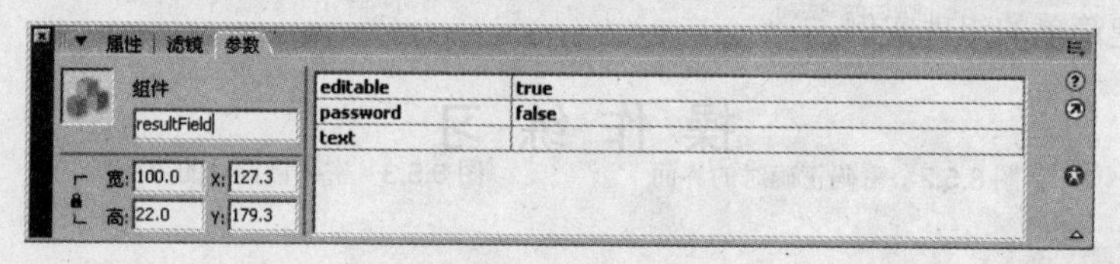

图 8.5.9　设置参数

（9）按“Alt+F7”组合键，打开组件检查器面板，在该面板中选择 visible 选项，在其下拉列表中选择 false，如图 8.5.10 所示，表示开始时该组件不可见。

图 8.5.10　组件检查器面板

（10）单击时间轴面板的第 1 帧，按“F9”键打开动作面板，然后在其中输入以下代码：

```
textListener = new Object();
textListener.handleEvent = function (ent){
//定义对象的 handleEvent 事件函数
if (ent.type == "enter"){
//判断事件类型是不是按下 Enter 键
resultField.visible=true;
//让 resultField 实例在页面上显示出来
if(ent.target.text=="password"){
//判断输入到 passwordField 实例中的文本是否是用户所设置的密码 password
resultField.text="用户名和密码正确！";
//如果密码输入正确，就在 resultField 中显示正确的反馈信息
}
else{
//如果密码错误，就在 resultField 实例中显示错误的反馈信息
resultField.text="密码不对，请重新输入！";
}
}
}
passwordField.addEventListener("enter", textListener);
```

至此，该用户登录界面就制作完成了，按“Ctrl+Enter”组合键进行测试即可。

本章小结

本章主要介绍了组件的使用，包括组件的类型、组件的添加以及几种常用组件。通过本章的学习，用户应该学会创建简单的组件实例。

操作练习

一、填空题

1. ________是带有参数的影片剪辑，用户可以通过设置参数修改其外观和行为。
2. ________组件用于创建按钮，是任何表单或 Web 的基础。
3. ________是带有参数的影片剪辑，用户可以通过设置参数来修改它的外观和行为。
4. 要向 Flash 文档中添加组件，只要在________中选中组件，然后将其拖动到舞台上即可。

二、选择题

1. ScrollPane 组件用于创建滚动窗格，使用它可以在一个可滚动区域中显示（ ）。

（A）影片剪辑　　（B）JPEG 图像

（C）其他组件　　（D）动画

2. 用于打开组件面板的快捷键是（ ）。

（A）Ctrl+F5　　（B）Ctrl+F6

（C）Ctrl+F7　　（D）Ctrl+L

三、简答题

编译剪辑元件与常规影片剪辑元件相比有什么特点？

四、上机操作题

1．制作一个 Button 组件实例。

2．制作一个 RadioButton 组件实例，效果如题图 8.1 所示。

题图 8.1　效果图

3．使用 CheckBox 组件，创建如题图 8.2 所示的效果。

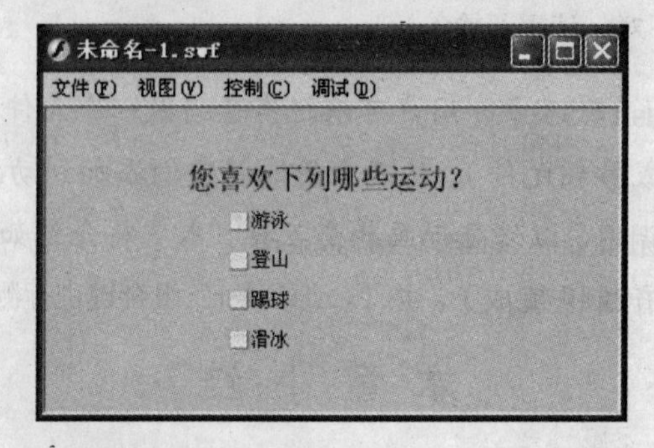

题图 8.2　效果图

第9章 声音与视频

在 Flash CS3 中，用户可以把声音当做一个元件（类似于图形、影片剪辑或按钮元件），从而方便地将它们添加到动画中，或者根据需要随时调用，以增强动画的交互性。本章将介绍如何向 Flash 动画中添加声音或视频。

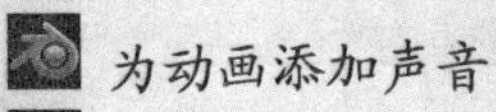

- 为动画添加声音
- 为按钮添加声音
- 添加视频

9.1 为动画添加声音

为动画添加声音可以增强其表现效果，本节将介绍添加声音的方法。

9.1.1 导入声音

导入声音的操作步骤如下：

（1）选择 文件(F) → 新建(N)... Ctrl+N 命令新建一个 Flash 文档。

（2）选择 文件(F) → 导入(I) → 导入到舞台(I)... Ctrl+R 命令，弹出“导入”对话框，如图 9.1.1 所示。

图 9.1.1 “导入”对话框

（3）在该对话框中选择需要的声音文件，单击 打开(O) 按钮，声音文件将以元件的形式显示在库面板中，如图 9.1.2 所示。

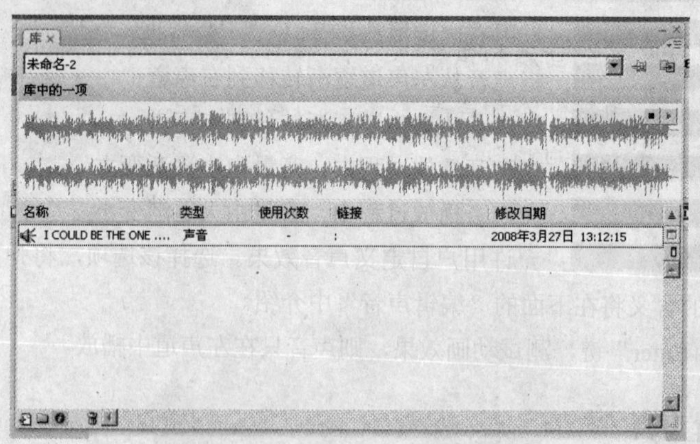

图 9.1.2 库面板中的声音文件

9.1.2 将声音添加到时间轴中

将声音导入到 Flash 后，将声音添加到时间轴中的操作步骤如下：

（1）更改新图层的名称为“声音”。

（2）选中“声音”层的第1帧，在属性面板的“声音”下拉列表中选择所导入的声音文件，然后在第20帧单击鼠标右键选择插入帧。此时在时间轴中将出现波形，如图9.1.3所示。

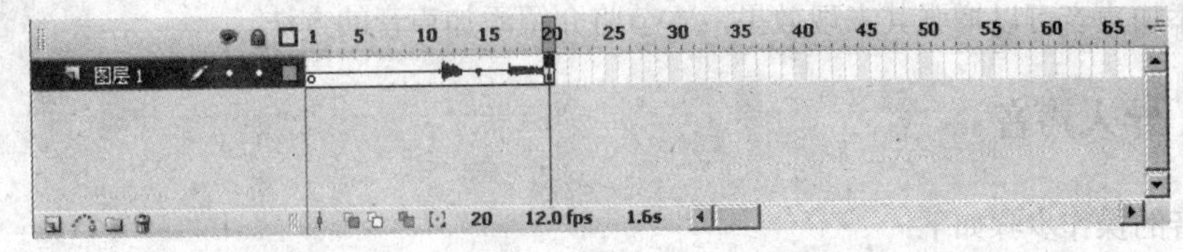

图9.1.3　选择声音文件

（3）按“Ctrl+Enter”键，测试动画效果，则在播放动画时，同时播放声音。

9.1.3　设置声音效果

在Flash CS3中，可以为声音添加左声道、右声道、淡入或淡出等效果，操作步骤如下：

（1）选中“声音”层的任意一帧。

（2）在属性面板的“效果”下拉列表中选择一种声音效果，例如选择左声道选项，如图9.1.4所示。

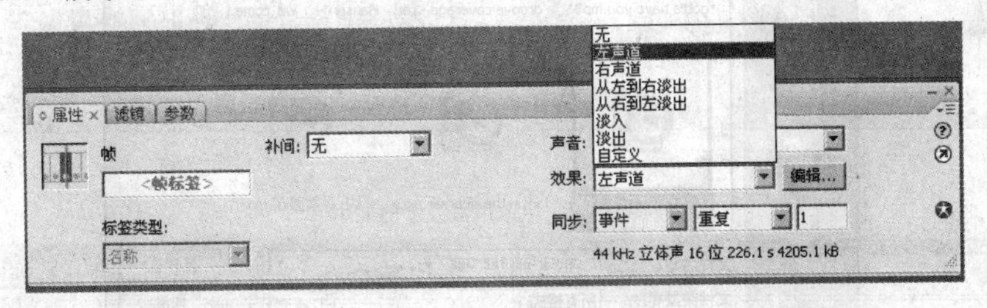

图9.1.4　选择“左声道”选项

对下拉列表中的各选项说明如下：

无：不添加任何声音效果。

左声道：只用左声道播放声音。

右声道：只用右声道播放声音。

从左到右淡出：将声音从左声道逐渐转移到右声道。

从右到左淡出：将声音从右声道逐渐转移到左声道。

淡入：在声音播放过程中，音量由小逐渐变大。

淡出：在声音播放过程中，音量由大逐渐变小。

自定义：允许用户自定义声音效果。选择该选项，将弹出“编辑封套”对话框，对于其中各项的含义将在下面的“编辑声音”中介绍。

（3）按“Ctrl+Enter”键，测试动画效果，则声音只在左声道中播放。

9.1.4　编辑声音

在Flash CS3中，用户可以手工编辑正在使用的声音，操作步骤如下：

（1）选中“声音”层的任意一帧。

（2）单击属性面板中的编辑...按钮，弹出“编辑封套”对话框，如图9.1.5所示。

（3）如果要切换时间单位，可以单击“秒”按钮或“帧”按钮，如图9.1.6所示。

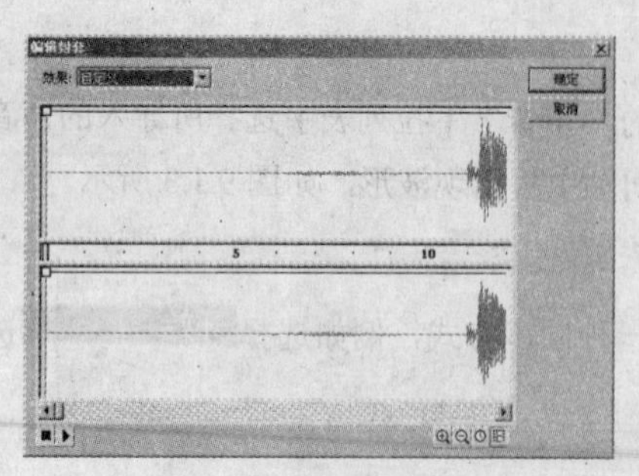

图 9.1.5 “编辑封套”对话框

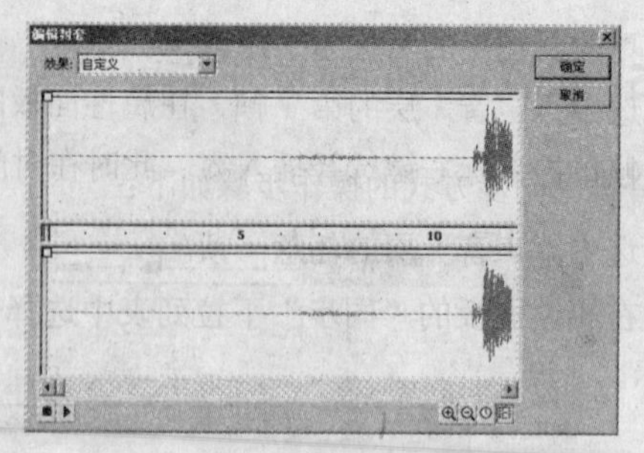

图 9.1.6 时间单位为“帧”时的“编辑封套”对话框

（4）为了方便编辑，单击“放大”按钮或“缩小”按钮，更改波形显示，如图 9.1.7 所示。

（5）如果要缩短声音的长度，可以向右拖动声音开始滑块或者向左拖动声音结束滑块，如图 9.1.8 所示。

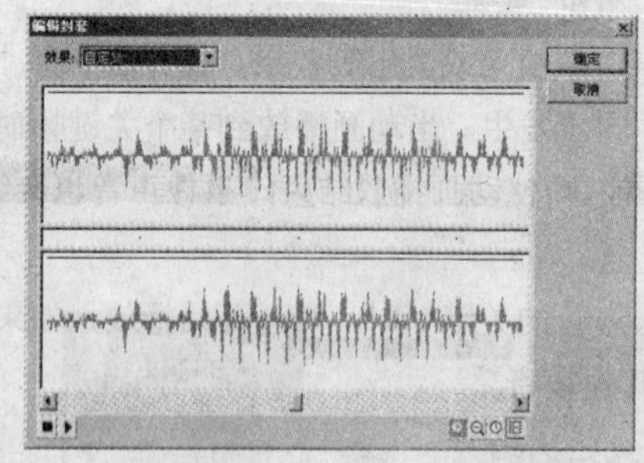

放大显示波形

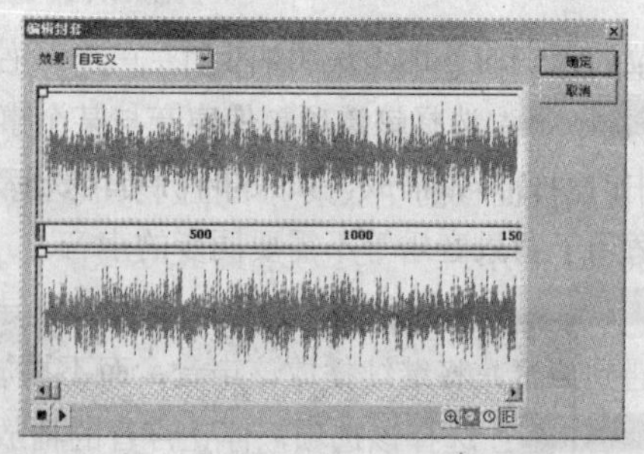

缩小显示波形

图 9.1.7 更改声音波形的显示

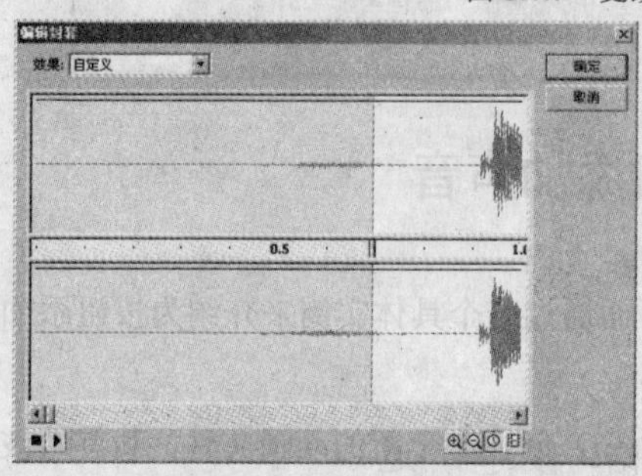

向右拖动声音开始滑块

向左拖动声音结束滑块

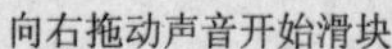

图 9.1.8 缩短声音的长度

（6）如果要调整音量，可以添加控制手柄并将其拖动至适当位置，如图 9.1.9 所示。

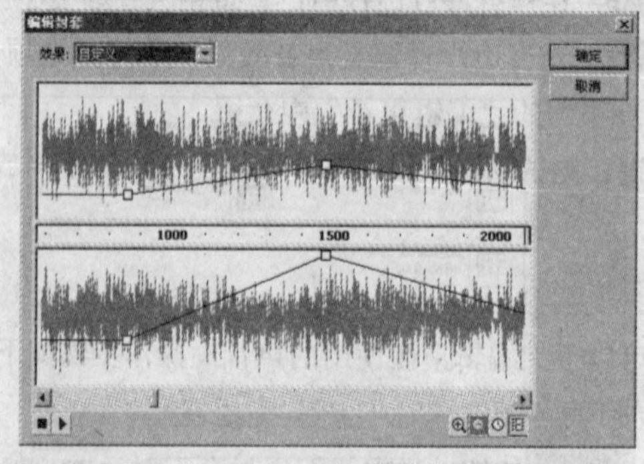

图 9.1.9 调整音量

9.1.5 设置声音的同步方式

为声音设置同步方式的操作步骤如下：

（1）选中“声音”层的任意一帧。

（2）在属性面板的“同步”下拉列表中选择一种同步方式，例如选择开始选项，如图9.1.10所示。

图 9.1.10 选择“开始”选项

对下拉列表中的各选项说明如下：

事件：选择该选项，使声音与某个事件同步发生。当动画播放到某个关键帧时，附加到该关键帧中的声音开始播放，如果事件声音长于动画，即使动画播放结束，事件声音也会继续播放。事件声音适用于背景音乐等不需要同步的声音。

开始：选择该选项，当动画播放到导入声音的关键帧时，声音开始播放，如果在播放过程中再次遇到声音，将继续播放该声音，而不播放其他声音。

停止：选择该选项，停止声音的播放。

数据流：选择该选项，Flash 将强制声音与动画同步，即当动画开始播放时，声音也随之播放；当动画停止时，声音也随之停止。

（3）按“Ctrl+Enter”键，测试动画效果。

9.2 为按钮添加声音

用户可以为按钮添加声音，从而增强交互性。下面通过一个具体实例来介绍为按钮添加声音的方法，操作步骤如下：

（1）选择 文件(F) → 新建(N)... Ctrl+N 命令，创建一个新的动画文件，其首帧被自动设为关键帧。

（2）选择 文件(F) → 导入(I) → 导入到库(L)... 命令，弹出如图 9.2.1 所示的“导入到库”对话框，选择要导入的声音文件，单击 打开(O) 按钮完成导入。

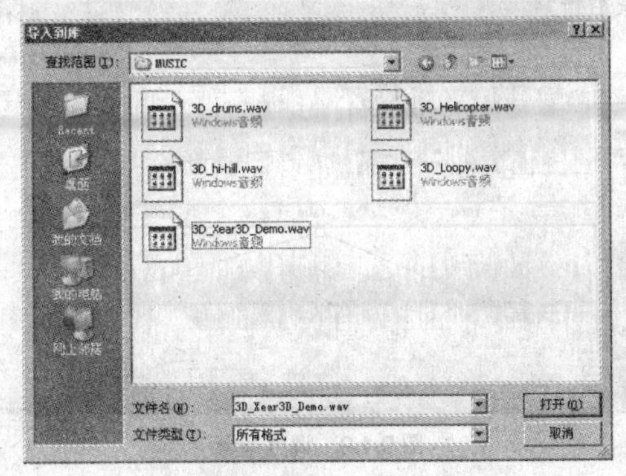

图 9.2.1 “导入到库”对话框

（3）选择 窗口(W) → 公用库(B) → 按钮 命令，打开按钮公用库，从中拖动一个系统预置按钮到工作区中，如图 9.2.2 所示。

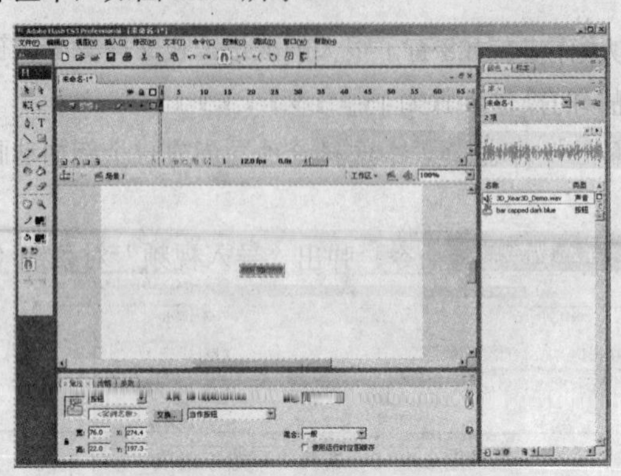

图 9.2.2　拖入按钮

（4）选中工作区中的按钮，双击鼠标左键，进入其编辑窗口，如图 9.2.3 所示。

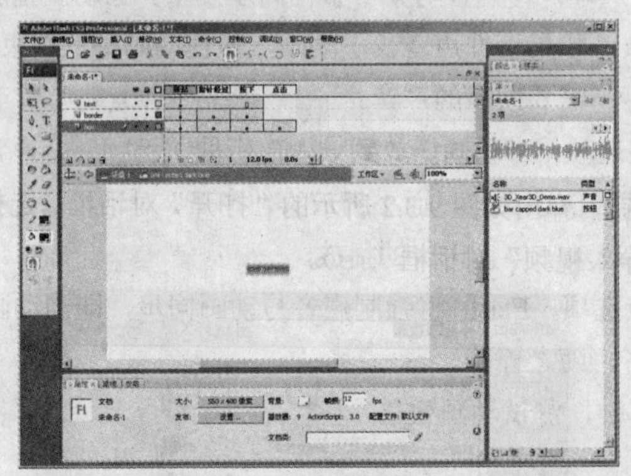

图 9.2.3　进入按钮的编辑窗口

（5）单击时间轴面板中的“插入图层”按钮，插入一个名为“sound”的图层。

（6）选中“sound”层的 按下 帧，单击鼠标右键，在弹出的快捷菜单中选择 插入关键帧 命令插入一个关键帧，并从库面板中拖动声音元件到该关键帧中，如图 9.2.4 所示。

（7）单击 场景 1 图标，返回到主场景。

（8）按“Ctrl+Enter”键，测试动画效果。

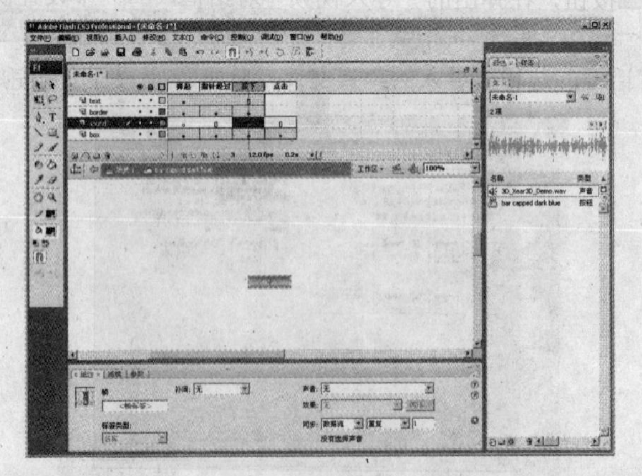

图 9.2.4　拖入声音

9.3　添 加 视 频

Flash CS3 的视频导入功能较 Flash 8 有了很大的改进，它支持更多的视频格式，对导入视频的编辑功能也更加强大。导入视频的操作步骤如下：

（1）选择 文件(F) → 新建(N)... Ctrl+N 命令，创建一个新的动画文件，其首帧被自动设为关键帧。

（2）选择 文件(F) → 导入视频... 命令，弹出“导入视频”对话框（一），如图 9.3.1 所示。

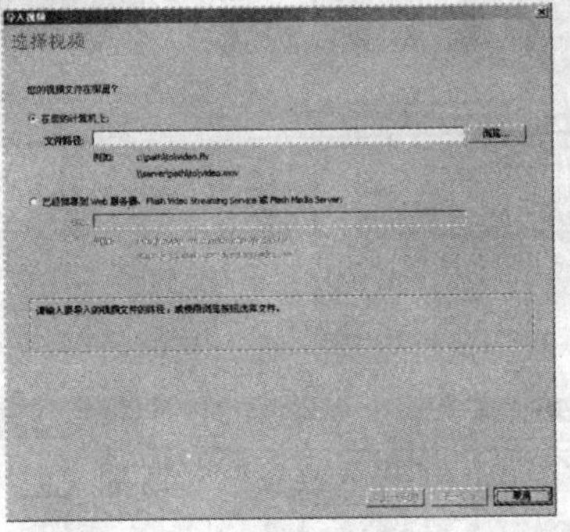

图 9.3.1　“导入视频”对话框（一）

（3）单击 浏览... 按钮，弹出如图 9.3.2 所示的“打开”对话框，选择要导入的视频文件，单击 打开(O) 按钮，返回到“导入视频”对话框（一）。

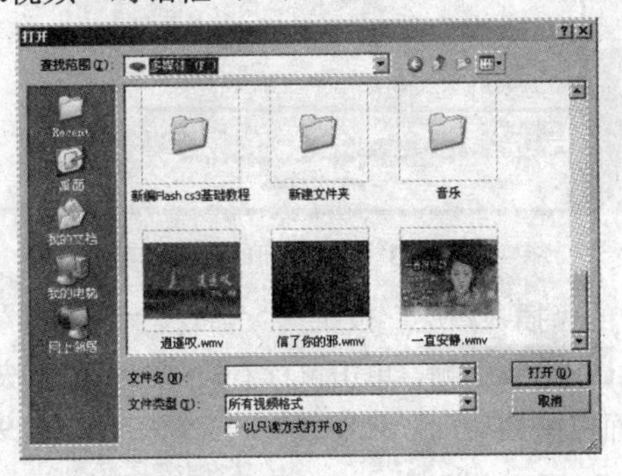

图 9.3.2　“打开”对话框

（4）单击 下一个 > 按钮，在弹出的“导入视频”对话框（二）中设置视频文件的部署方法，如图 9.3.3 所示。

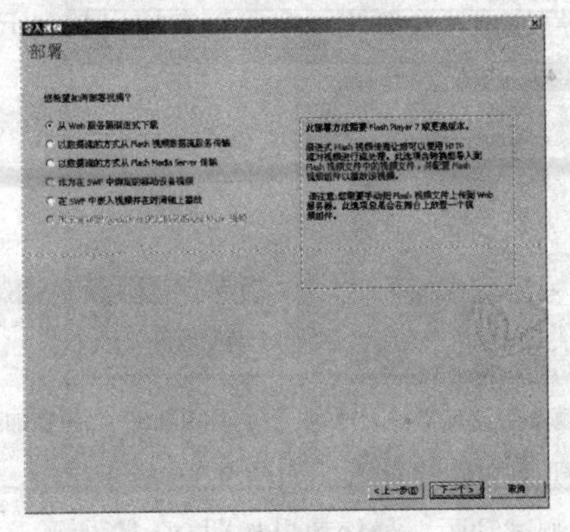

图 9.3.3　“导入视频”对话框（二）

（5）单击 下一个 > 按钮，在弹出的“导入视频”对话框（三）中设置编码配置文件，以及选择视频播放的品质，如图 9.3.4 所示。

（6）单击 下一个 > 按钮，在弹出的“导入视频”对话框（四）中设置视频外观，如图 9.3.5 所示。

图 9.3.4 “导入视频”对话框（三）

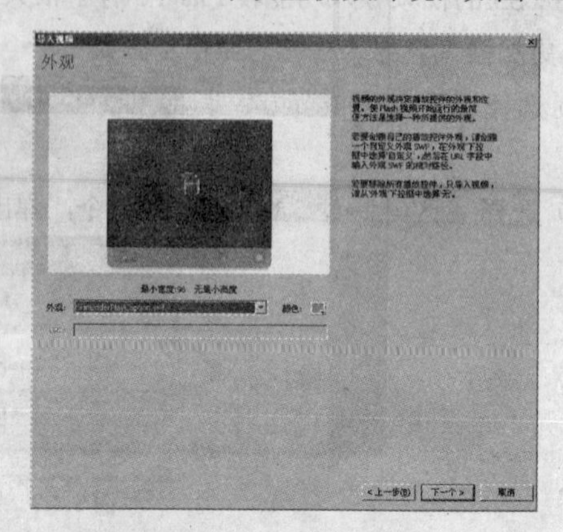

图 9.3.5 “导入视频”对话框（四）

（7）单击 下一个 > 按钮，在弹出的“导入视频”对话框（五）中显示视频文件的保存选项，如图 9.3.6 所示。

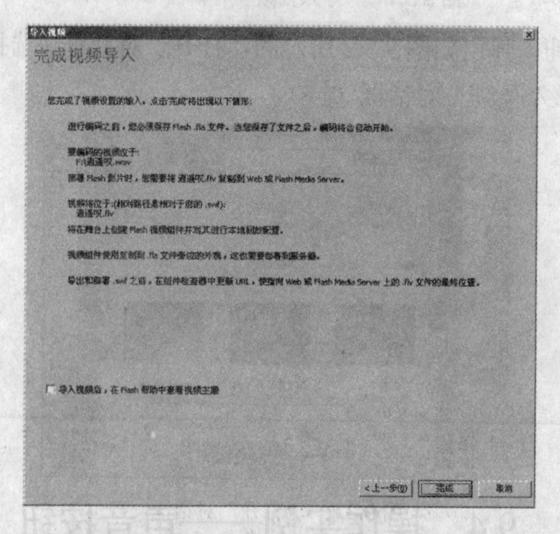

图 9.3.6 “导入视频”对话框（五）

（8）单击 完成 按钮，弹出“Flash 视频编码进度”提示框，提示导入进程，如图 9.3.7 所示。

（9）当 Flash 视频编码进度完成，会弹出一个“正在加载 PLV 尺寸”提示框，如图 9.3.8 所示。

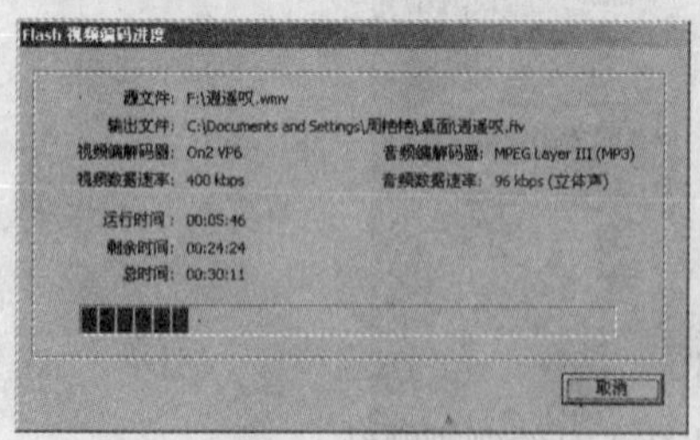

图 9.3.7 “Flash 视频编码进度”提示框

图 9.3.8 “正在加载 FLV 尺寸”提示框

（10）稍等片刻，则完成视频文件的导入，如图 9.3.9 所示。

（11）按“Ctrl+Enter”键测试动画，最终效果如图 9.3.10 所示。

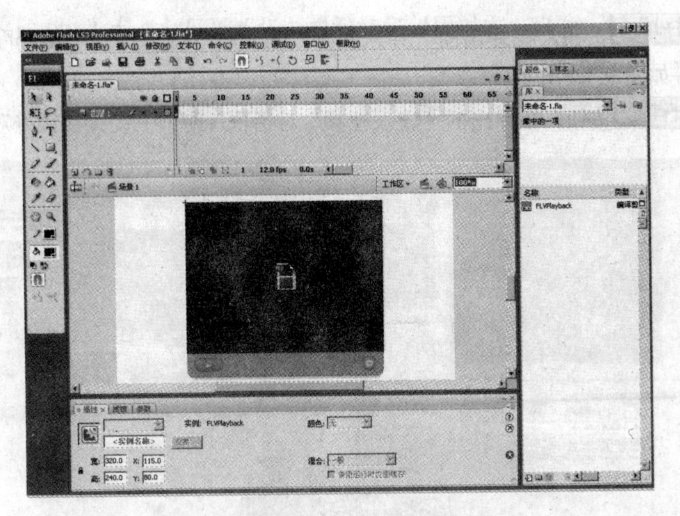

图 9.3.9　导入视频文件

图 9.3.10　效果图

9.4　操作实例——声音按钮

1. 操作目的

（1）掌握绘图工具的使用方法。

（2）掌握填充工具的使用方法。

（3）了解矢量图和位图。

（4）了解图形的制作过程。

2. 操作内容

利用钢笔工具、铅笔工具、颜料桶工具和墨水瓶工具绘制蝴蝶结。

3. 操作步骤

（1）新建一个 Flash CS3 文档。

（2）按“Ctrl+J”键，弹出“文档属性”对话框，设置“尺寸”为“400 px×300 px”，“背景颜色”为“白色”，单击 确定 按钮。

（3）选择 窗口(W) → 公用库(B) → 按钮 命令，打开系统自带的“按钮”库，如图 9.4.1 所示。

图 9.4.1　系统自带的“按钮”库

（4）从库面板中拖动 flat blue forward 元件到工作区中，如图 9.4.2 所示。

（5）选中“flat blue forward”实例，双击鼠标左键，进入其编辑窗口，如图 9.4.3 所示。

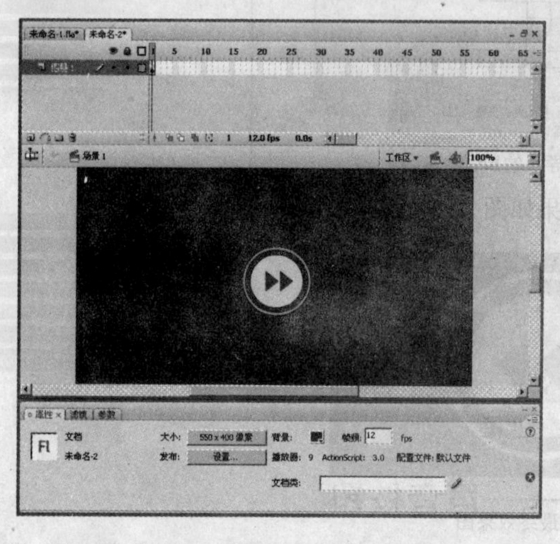

图 9.4.2　拖动“flat blue forward”元件到工作区中

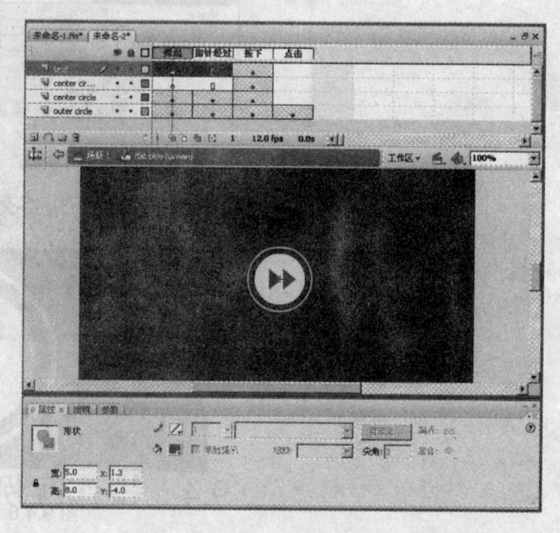

图 9.4.3　“flat blue forward”实例的编辑窗口

（6）单击时间轴面板中的“插入图层”按钮，插入一个名为“声音”的图层，并将其拖动到所有层的下面，如图 9.4.4 所示。

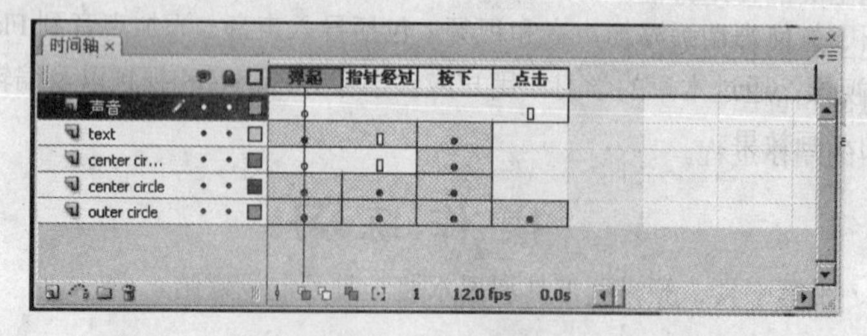

图 9.4.4　插入并移动图层

（7）选择 文件(F) → 导入(I) → 导入到库(L)... 命令，弹出“导入到库”

对话框，在该对话框中选择一个声音文件（见图9.4.5），单击打开(O)按钮将其导入。

（8）选中“声音”图层的按下帧，按“F6”键插入关键帧，如图9.4.6所示。

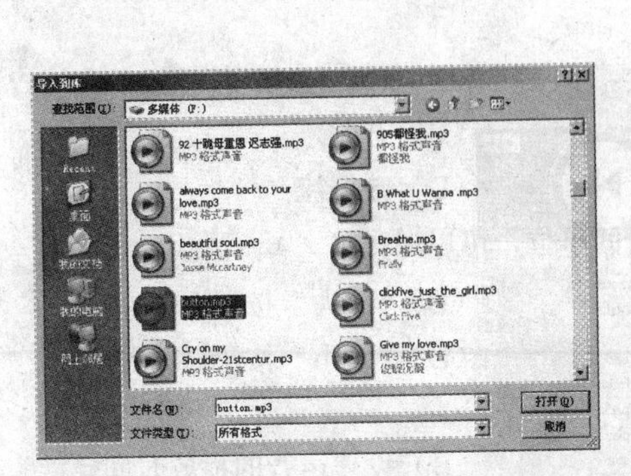

图9.4.5 “导入到库”对话框

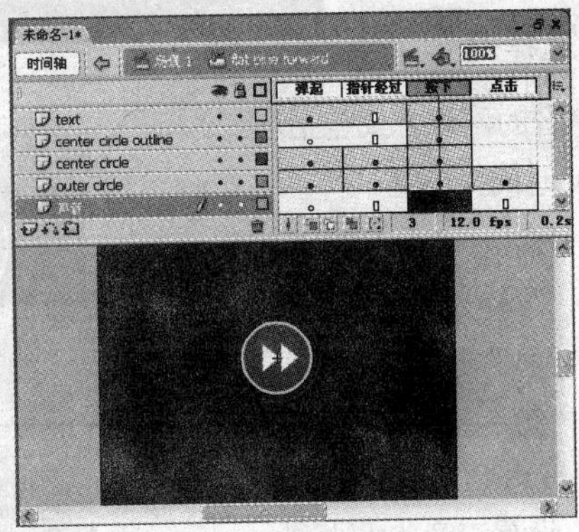

图9.4.6 插入关键帧

（9）在属性面板中的“声音”下拉列表中选择导入的声音，为“声音”层添加声音，则在该层中将显示声音的波形，如图9.4.7所示。

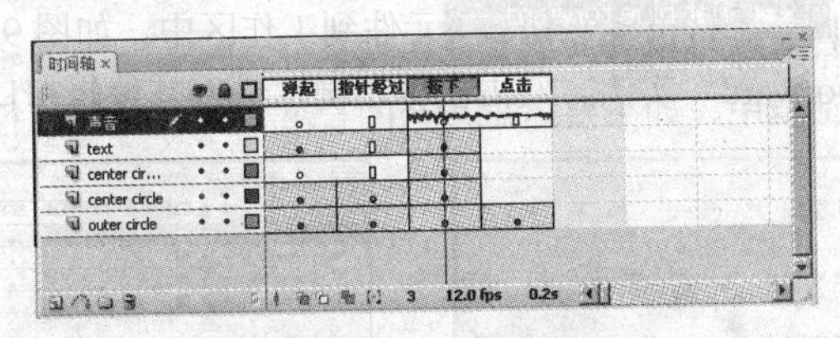

图9.4.7 导入的声音

（10）按“Ctrl+S”快捷键保存文件，最终效果如图9.4.8所示。

图9.4.8 最终效果图

本 章 小 结

本章主要介绍了如何为动画添加声音和视频，包括导入声音、添加声音到Flash文件中以及编辑声音和制作Flash视频。通过本章的学习，用户应该学会导入声音和视频以及编辑声音的方法，并能制作出声情并茂的动画效果。

操 作 练 习

一、填空题

1. 将声音导入到Flash动画后，声音文件并没有被应用到动画中，只有将其添加到________中才可以发挥作用。

2．在 Flash CS3 中，声音分成了两类：事件声音和__________。

3．影响声音品质的主要因素是__________和__________。

二、选择题

1．声音的同步方式包括（　）。

（A）时间　　（B）开始

（C）停止　　（D）数据流

2．在“编辑封套”对话框中，如果要切换时间单位，可以单击（　）。

（A）“秒”按钮　　（B）“放大”按钮

（C）“帧”按钮　　（D）“缩小”按钮

3．声音封套用来（　）。

（A）设置声音的大小　　（B）设置声音的播放时间

（C）控制左右声道的声音　　（D）改变声音格式

三、简答题

1．在为动画中添加声音时，可以将其放置在何处？

2．在“编辑封套”对话框中，如果要缩短声音的长度，应该如何进行操作？

四、上机操作题

1．导入一个声音文件到 Flash 动画中。

2．为 Flash 动画添加背景音乐。

第10章

屏幕与模板

学习导航

在 Flash CS3 中，用户可以使用屏幕与模板轻松地创建复杂的动画，例如创建幻灯片演示文稿、广告和基于表单的应用程序等。本章将介绍屏幕与模板的使用方法。

学习要点

- 使用屏幕
- 使用模板

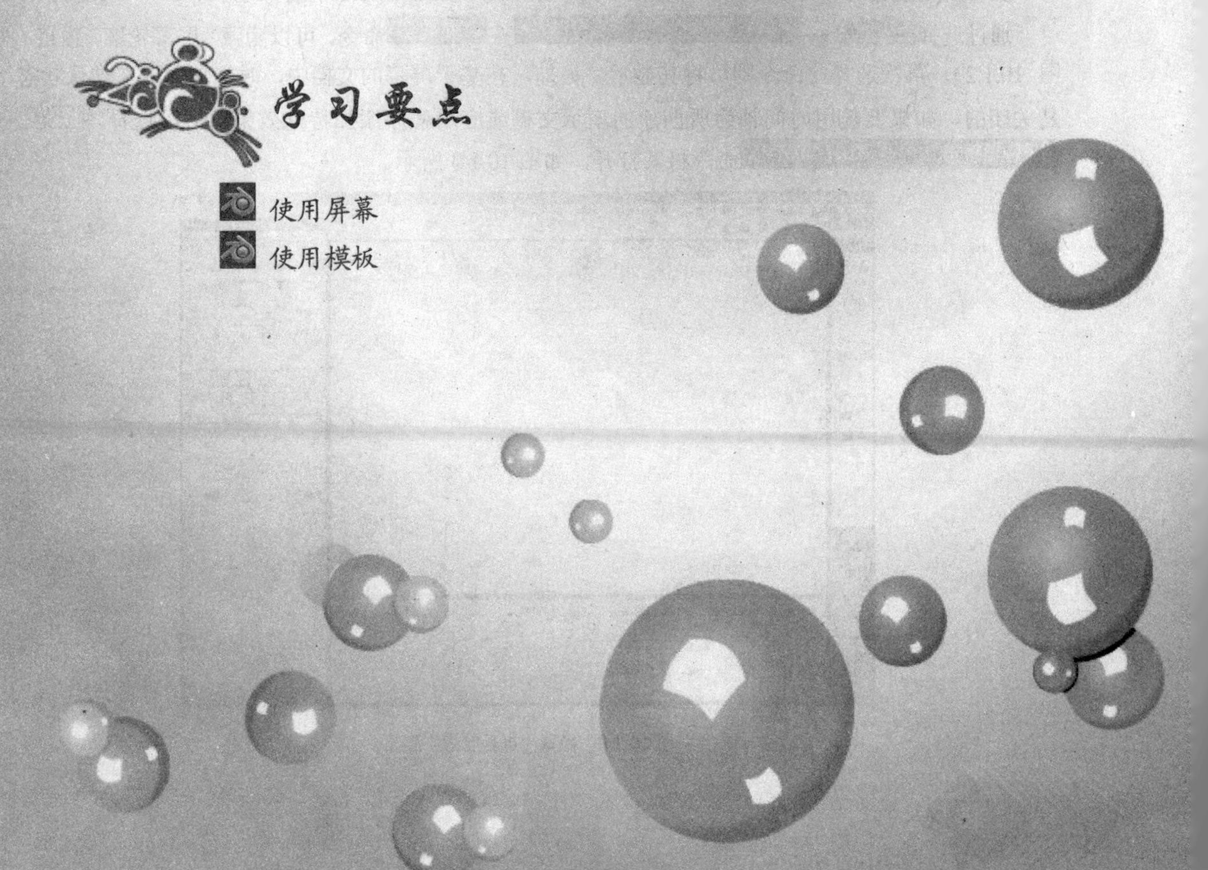

10.1 使 用 屏 幕

在 Flash CS3 中，屏幕为 Flash 创作提供了一个崭新的工作界面，如图 10.1.1 所示。

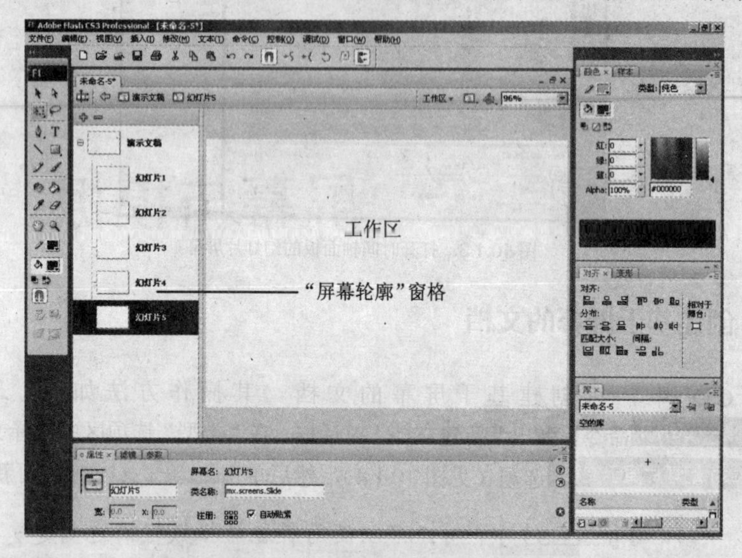

图 10.1.1 幻灯片屏幕的默认工作界面

图10.1.1 中，左侧的"屏幕轮廓"窗格用来显示当前文档中每个屏幕的缩略图，单击任意缩略图，即可在工作区中显示相应的屏幕。当一个屏幕被嵌入到另一个屏幕中时，前者被称为子屏幕（如"幻灯片 1"），后者被称为父屏幕（如"演示文稿"），并且子屏幕将包含父屏幕中的所有内容。一个屏幕可以拥有多个嵌套屏幕，这些嵌套屏幕被称为兄弟屏幕，如图 10.1.1 中的"幻灯片 1"～"幻灯片 5"。

通过选择 窗口(W) → 其它面板(R) → 屏幕(C) 命令，可以隐藏"屏幕轮廓"窗格（见图 10.1.2），再次选择此命令则可将其显示。另外，在基于屏幕的文档中，时间轴面板在默认状态下是关闭的，如果要使用时间轴为所创建的演示文稿或应用程序添加特殊效果，可以选择 窗口(W) → 时间轴(M) Ctrl+Alt+T 命令将其打开，如图 10.1.3 所示。

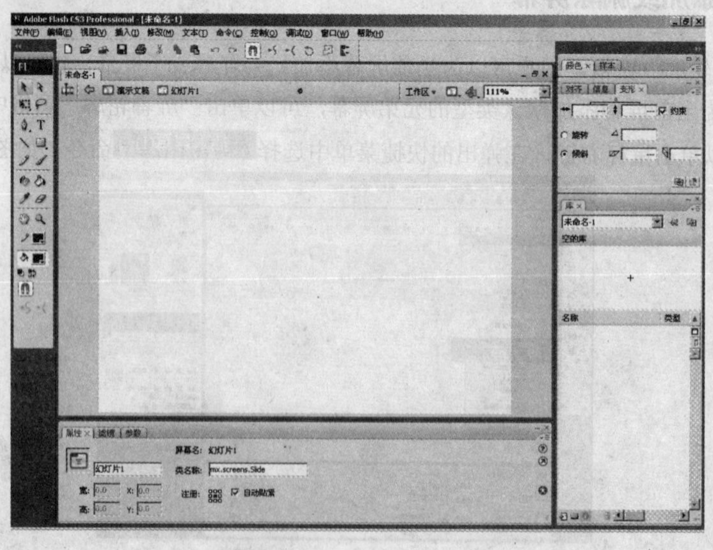

图 10.1.2 隐藏"屏幕轮廓"窗格

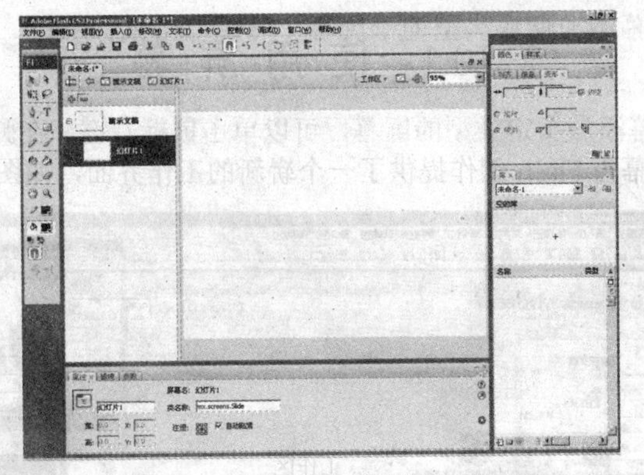

图 10.1.3　打开时间轴面板的幻灯片屏幕

10.1.1　创建基于屏幕的文档

在 Flash CS3 中，可创建基于屏幕的文档，其操作方法如下：选择 文件(F) → 新建(N)... Ctrl+N 命令，弹出“新建文档”对话框，在“类型”选项区中选择文档的屏幕类型，例如选择 Flash 幻灯片演示文稿 选项（见图 10.1.4），然后单击 确定 按钮即可新建 Flash 幻灯片演示文稿。

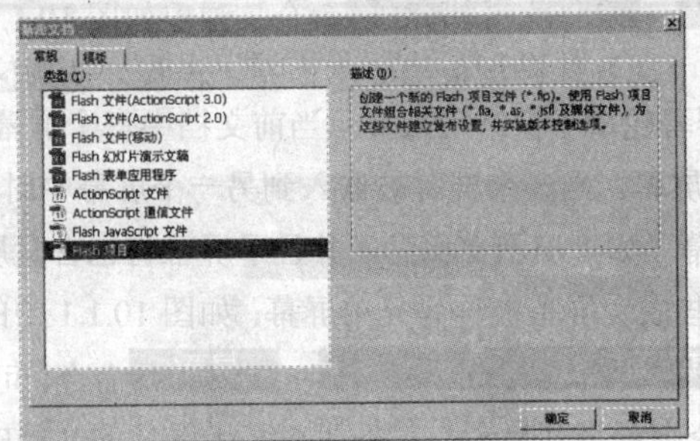

图 10.1.4　“新建文档”对话框

10.1.2　添加或删除屏幕

通过“屏幕轮廓”窗格，用户可以为当前屏幕添加兄弟屏幕或子屏幕，也可以删除当前屏幕。

（1）若要为当前屏幕添加默认类型的兄弟屏幕，可以单击“屏幕轮廓”窗格中的“插入屏幕”按钮 ，也可以单击鼠标右键，在弹出的快捷菜单中选择 插入屏幕(I) 命令，如图 10.1.5 所示。

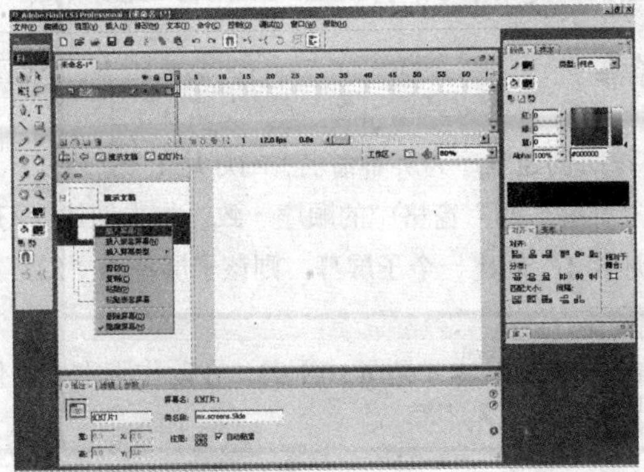

图 10.1.5　选择“插入屏幕”命令

（2）若要为当前屏幕添加默认类型的子屏幕，可以单击鼠标右键，在弹出的快捷菜单中选择 插入嵌套屏幕(N) 命令。

（3）若要为当前屏幕添加指定类型的屏幕，可以单击鼠标右键，在弹出的快捷菜单中选择插入屏幕的类型，如图 10.1.6 所示。

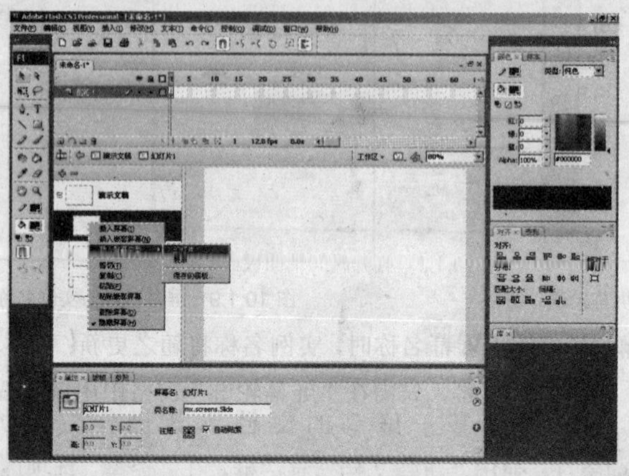

图 10.1.6 选择插入屏幕的类型

（4）若要为当前屏幕添加一个或一系列基于模板的屏幕，可以单击鼠标右键，在弹出的快捷菜单中选择 插入屏幕类型 → 保存的模板... 命令，弹出如图 10.1.7 所示的“从模板插入屏幕”对话框，在“类别”选项区中选择一种模板的类型，在“模板”选项区中选择一个模板，然后单击 确定 按钮。

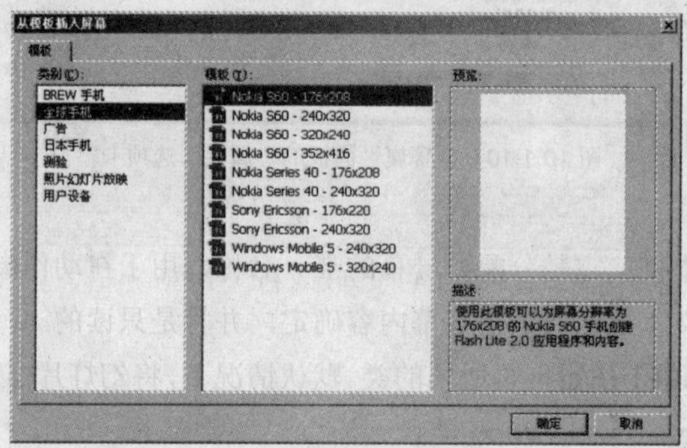

图 10.1.7 “从模板插入屏幕”对话框

（5）若要删除某屏幕，首先要将其选中，然后单击“屏幕轮廓”窗格中的“删除屏幕”按钮，或者单击鼠标右键，在弹出的快捷菜单中选择 删除屏幕(D) 命令。

10.1.3 重命名屏幕

默认情况下，Flash 将按照创建顺序为屏幕命名“幻灯片 1”、“幻灯片 2”、“幻灯片 3”……其实，创建顺序不一定与屏幕在“屏幕轮廓”窗格中的顺序一致，如先创建“幻灯片 1”和“幻灯片 2”两个兄弟屏幕，然后为“幻灯片 1”创建一个子屏幕，则该子屏幕为“幻灯片 3”，它们在“屏幕轮廓”窗格中的顺序如图 10.1.8 所示。

Flash CS3 将屏幕名称当成实例名称（见图 10.1.9），在动作脚本中可使用该名称来控制屏幕，所以屏幕名称在文档中必须是唯一的。

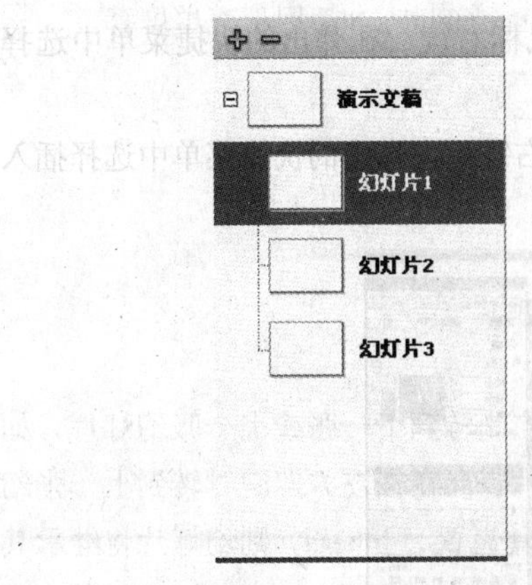

图 10.1.8　“屏幕轮廓”窗格

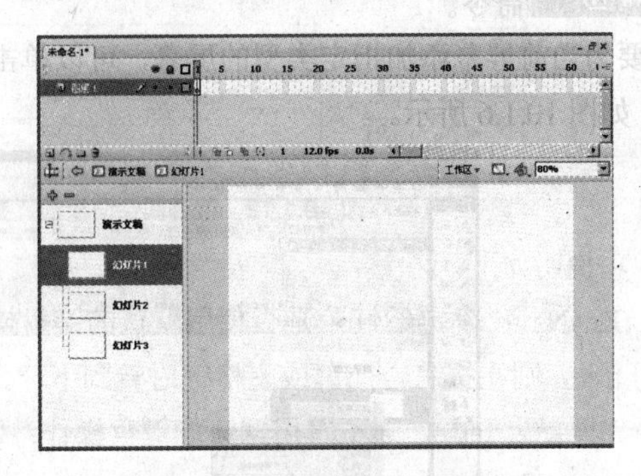

图 10.1.9　屏幕名称与实例名称

用户可以重命名屏幕，当更改了屏幕名称时，实例名称将随之更新；同样，当更改了实例名称时，屏幕名称也将随之更新。要重命名屏幕，只需在“屏幕轮廓”窗格中用鼠标双击屏幕的名称，然后在出现的文本框中输入新的名称即可。

10.1.4　设置屏幕的属性和参数

屏幕属性面板有“属性”、“滤镜”和“参数”3个选项卡，默认状态下打开的是“属性”选项卡，如图10.1.10所示。

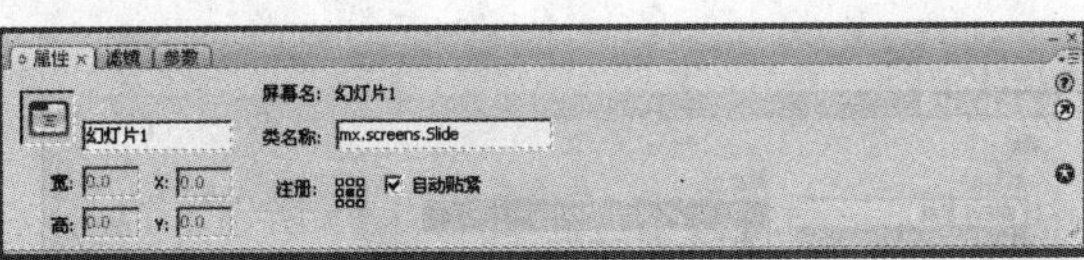

图 10.1.10　屏幕属性面板的“属性”选项卡

对其中各项说明如下：

（1）“实例名称”文本框：它是分配给屏幕的唯一名称，用于在动作脚本中控制屏幕。

（2）“宽”和“高”文本框：其值由屏幕内容确定，并且是只读的。

（3）“类名称”文本框：用于指定屏幕所属的类。默认情况下，将幻灯片屏幕指定为mx.screens.Slide类，而将表单屏幕指定为mx.screens.Form类。

（4）“注册”网格：用于指示屏幕注册点相对于其内容的位置。默认情况下，幻灯片屏幕的注册点位于其中心，而表单屏幕的注册点位于其左上角。用户可以通过单击注册网格中的某个点来改变所选屏幕的注册点。

（5）自动贴紧复选框：选中该复选框，注册点将相对于屏幕内容移动，而屏幕本身并不移动。

单击“滤镜”标签，打开屏幕属性面板的“滤镜”选项卡（见图10.1.11），在工作区中选择文本、影片剪辑或者按钮，然后单击“添加滤镜”按钮，在弹出的快捷菜单中选择所需选项即可为其添加滤镜效果。

图 10.1.11　屏幕属性面板的“滤镜”选项卡

单击“参数”标签，将打开屏幕属性面板的“参数”选项卡（见图10.1.12），在该选项卡中提供

了 5 种参数，它们均适用于幻灯片屏幕，而只有参数 autoLoad 和 contentPath 适用于表单屏幕。

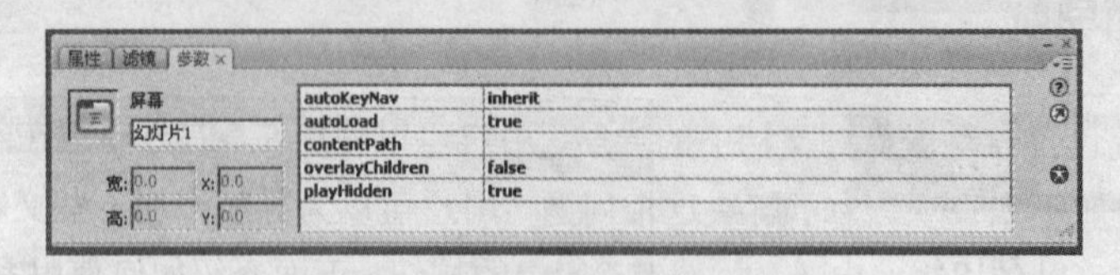

图 10.1.12　屏幕属性面板的“参数”选项卡

对其中各项说明如下：

（1）autoKeyNav：确定幻灯片是否使用默认的键盘操作来控制转到下一张或上一张幻灯片。如果将其设置为 true，则在按右方向键或空格键时转到下一张幻灯片，而在按左方向键时转到上一张幻灯片；如果将其设置为 false，则不采用默认的键盘操作；如果将其设置为 inherit，则幻灯片将继承其父项的 autoKeyNav 设置。

（2）autoLoad：设置加载内容的方式。如果将其设置为 true，则自动加载内容；如果将其设置为 false，则等到调用 Loader.load()方法时才加载内容。

（3）contentPath：指定要加载内容的路径。

（4）overlayChildren：用于指定在播放期间子屏幕是否在父屏幕上相互覆盖。如果将其设置为 true，则子屏幕将相互覆盖；如果将其设置为 false，则在子屏幕 2 出现时，子屏幕 1 不再显示。

（5）playHidden：设置幻灯片在显示之后并且处于隐藏状态时是否继续播放。如果将其设置为 true，则幻灯片将继续播放；如果将其设置为 false，则停止播放。

10.1.5　为屏幕添加内容

用户可以直接在屏幕中创建矢量图或文本，如图 10.1.13 所示，也可以导入矢量图、位图、视频或声音，如图 10.1.14 所示，其操作方法与在不包含屏幕的 Flash 文档中一样，这里就不再赘述。

图 10.1.13　直接创建屏幕内容

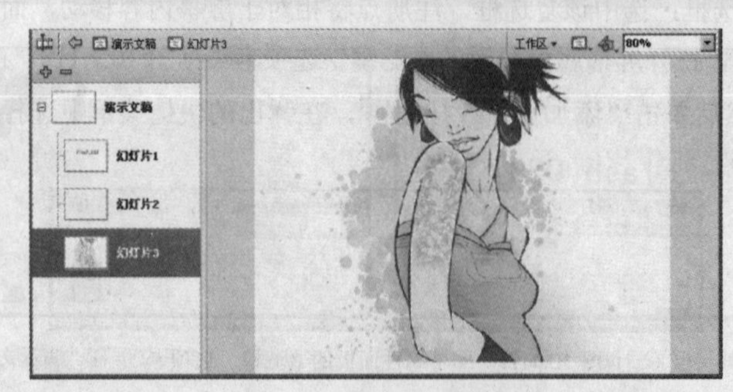

图 10.1.14　导入矢量图

10.1.6 添加导航

幻灯片演示文稿包含自动嵌入到文档中的导航，用户可以使用左、右方向键在幻灯片之间任意转换，但这种按键式导航不太直观，为了解决这个问题，用户可以为导航添加一些文本或按钮。这些按钮可以自行绘制，也可以使用系统自带的“按钮”库中的按钮。下面介绍如何使用系统自带的“按钮”库中的按钮添加导航，操作步骤如下：

（1）选择 窗口(W) → 公用库(B) → 按钮 命令，打开系统自带的“按钮”库，如图 10.1.15 所示。

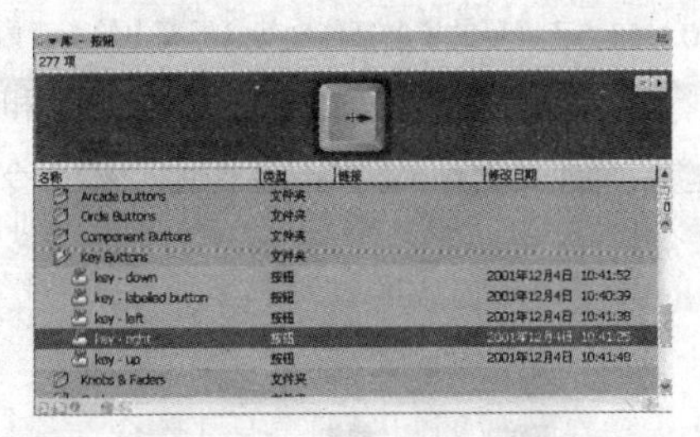

图 10.1.15 系统自带的“按钮”库

（2）从 classic buttons → Key Buttons 文件夹中拖动 key - left 元件和 key - right 元件到“演示文稿”屏幕中，如图 10.1.16 所示。

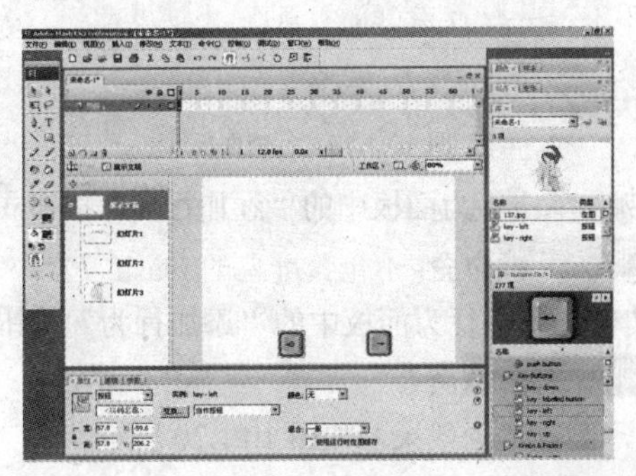

图 10.1.16 拖动“key-left”和“key-right”元件到“演示文稿”屏幕中

注意 子屏幕将包含父屏幕中的所有内容，故“幻灯片 1”和“幻灯片 2”将包含“key-left”和“key-right”(见图 10.1.17)，而“幻灯片 1”的子屏幕“幻灯片 3”也将包含其父屏幕中的内容，如图 10.1.18 所示。

“幻灯片 1”包含其父屏幕“演示文稿”中的内容

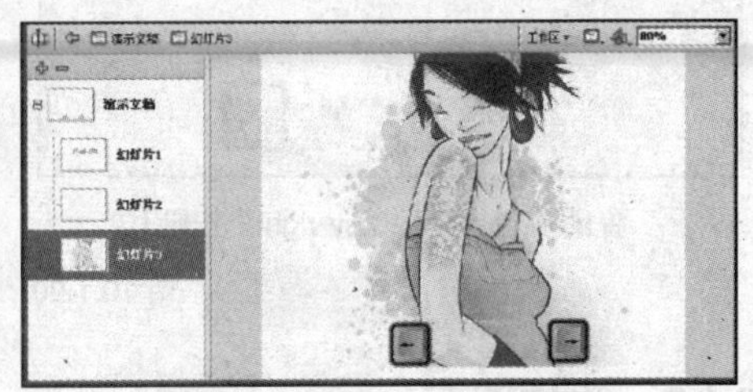

“幻灯片 2”包含其父屏幕“演示文稿”中的内容

图 10.1.17 子屏幕包含父屏幕中的所有内容

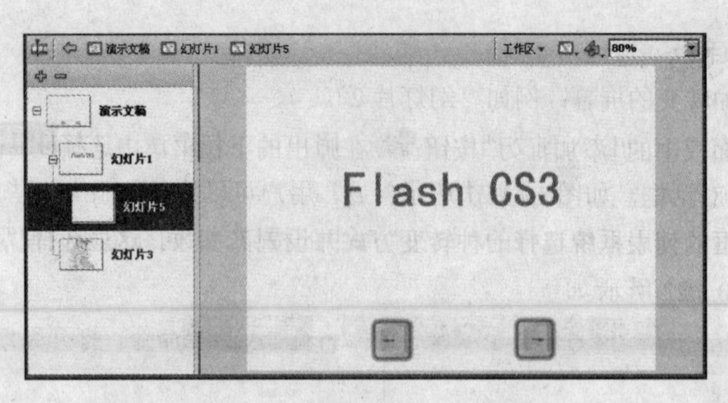

图 10.1.18　子屏幕的子屏幕包含其父屏幕中的所有内容

（3）为了在不同屏幕间进行导航，需要将“转到下一幻灯片”和“转到前一幻灯片”行为添加至两个导航按钮中。选择 窗口(W) → 行为(B)　Shift+F3 命令，打开行为面板，如图 10.1.19 所示。

图 10.1.19　行为面板

（4）选中“key-left”实例，单击行为面板中的“添加行为”按钮，在弹出的下拉菜单中选择 屏幕 → 转到前一幻灯片 命令。

（5）选中“key-right”实例，单击行为面板中的“添加行为”按钮，在弹出的下拉菜单中选择 屏幕 → 转到下一幻灯片 命令。

（6）按“Ctrl+Enter”键，测试动画效果，如图 10.1.20 所示。

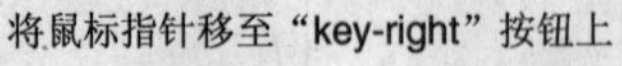

将鼠标指针移至“key-right”按钮上　　单击“key-right”按钮转到下一个幻灯片

图 10.1.20　导航效果图

10.1.7　添加转变

为屏幕添加导航仅使屏幕具有了翻页功能，用户还可以为屏幕添加转变效果，使屏幕之间产生动

画过渡，操作步骤如下：

（1）选中要添加转变的屏幕，例如“幻灯片2”。

（2）单击行为面板中的“添加行为”按钮，在弹出的下拉菜单中选择 屏幕 → 转变 命令，弹出“转变”对话框，如图10.1.21所示。

（3）在该对话框的列表框中选择一种转变方式并设置其参数。这里选择“遮帘”选项，参数采用默认设置，如图10.1.22所示。

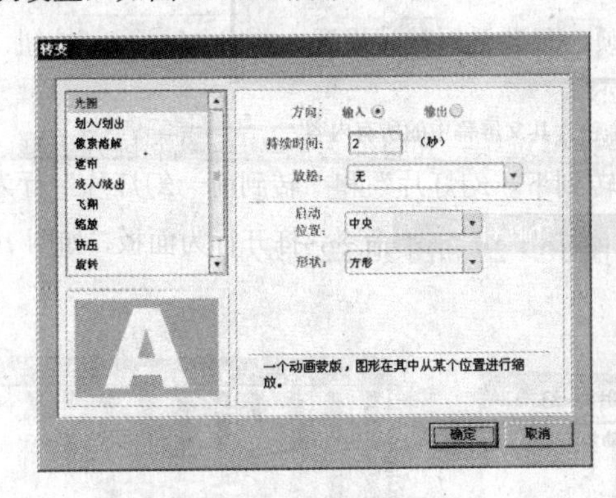

图10.1.21 “转变”对话框

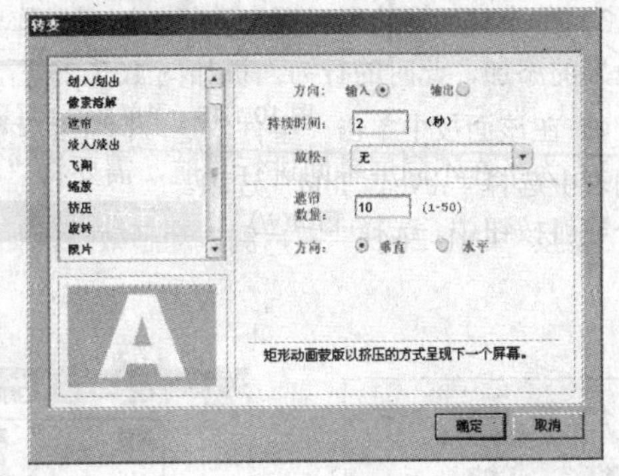

图10.1.22 选择“遮帘”选项时的“转变”对话框

（4）单击 确定 按钮，完成转变效果的添加。

（5）按“Ctrl+Enter”键，测试动画效果，如图10.1.23和图10.1.24所示。

图10.1.23 将鼠标指针移至“key-right”按钮上的转变效果图

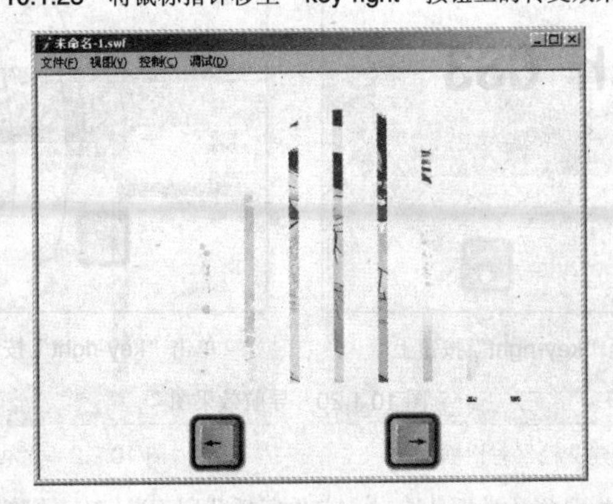

图10.1.24 单击“key-right”按钮转到下一个幻灯片的转变效果图

若要为父屏幕添加转变，其转变效果也将添加到其所有的子屏幕中。这就意味着无须为每个屏幕

添加转变，而只需将转变效果添加到父屏幕中即可，但必须修改为实现转变效果而添加的动作脚本，例如为“演示文稿”添加遮帘效果，其效果会影响到其子屏幕“幻灯片 1”和“幻灯片 2”，其操作步骤如下：

（1）选中要添加遮帘效果的“演示文稿”。

（2）单击行为面板中的“添加行为”按钮，在弹出的下拉菜单中选择 屏幕 → 转变 命令，弹出“转变”对话框，如图 10.1.21 所示。

（3）在该对话框的列表框中选择“遮帘”选项，参数采用默认设置，单击 确定 按钮，完成转变效果的添加，此时的行为面板如图 10.1.25 所示。

（4）在该面板中单击“事件”选项区中的 **reveal** 选项，它将变为 reveal 下拉列表框，在其下拉列表中选择“revealChild”选项。

（5）按“Ctrl+Enter”键，测试动画效果，如图 10.1.26 和图 10.1.27 所示。

图 10.1.25　行为面板

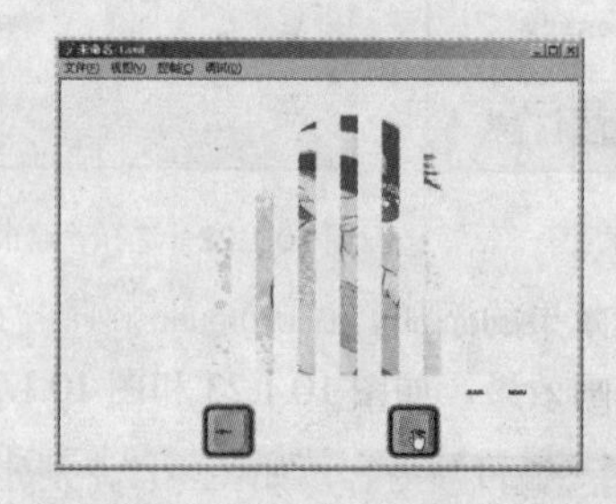

图 10.1.26　单击“key-right”按钮前动画

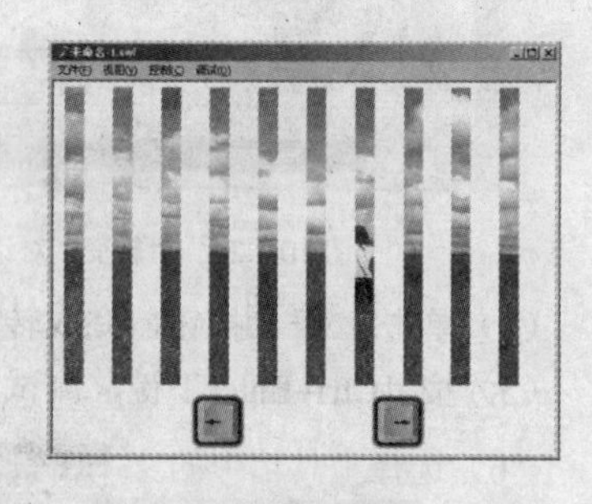

图 10.1.27　单击“key-right”按钮后动画

10.2　使 用 模 板

Flash CS3 附带了多个帮助用户简化工作的模板，下面以演示文稿模板为例介绍模板的使用方法，操作步骤如下：

（1）选择 文件(F) → 新建(N)... Ctrl+N 命令，弹出“新建文档”对话框（见图 10.2.1），单击“模板”标签，弹出“从模板新建”对话框，如图 10.2.2 所示。

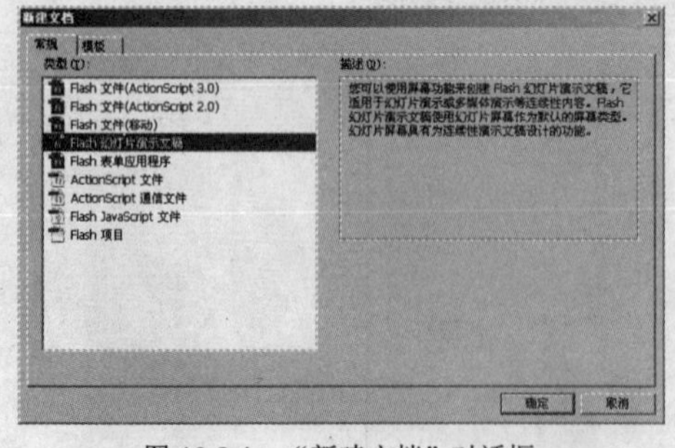

图 10.2.1　“新建文档”对话框

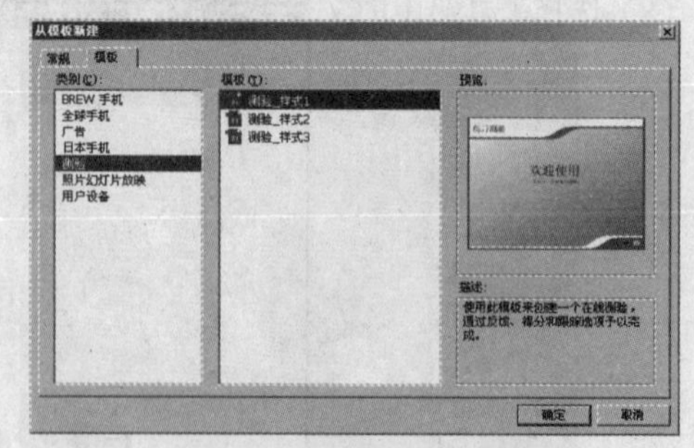

图 10.2.2　“从模板新建”对话框

（2）在“类别”列表框中选择“模板”选项，在“模板”列表框中选择模板的类型，例如选择 测验 选项，如图 10.2.3 所示。

（3）单击 确定 按钮，进入该模板的工作界面，如图 10.2.4 所示。

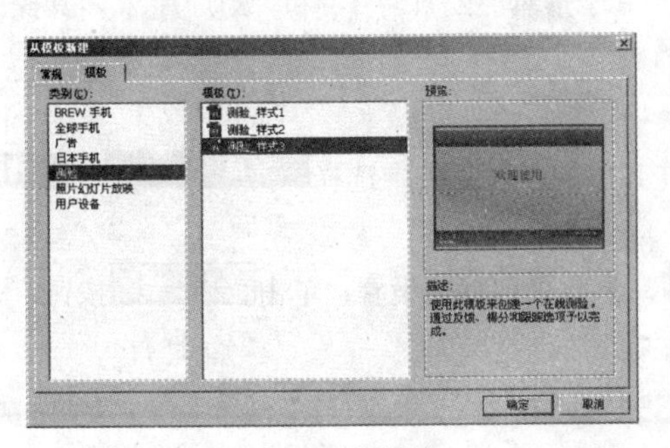

图 10.2.3　选择模板

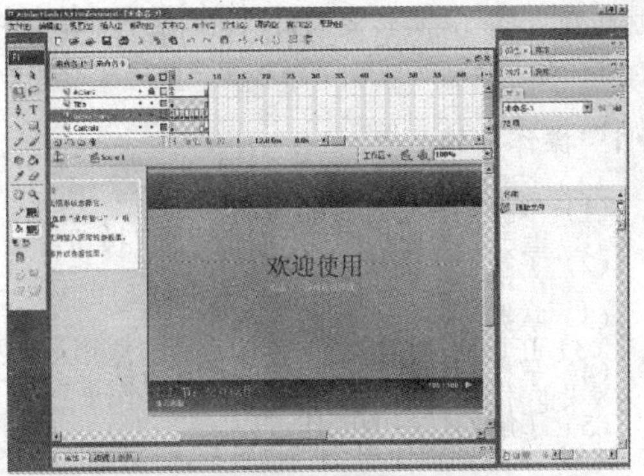

图 10.2.4　“科技视频演示文稿”模板的工作界面

（4）将不需要进行编辑的层锁定，这里锁定除“Action”和“Background”外的所有图层（见图 10.2.5），即本例只对这两层进行编辑操作，而不涉及其他图层。

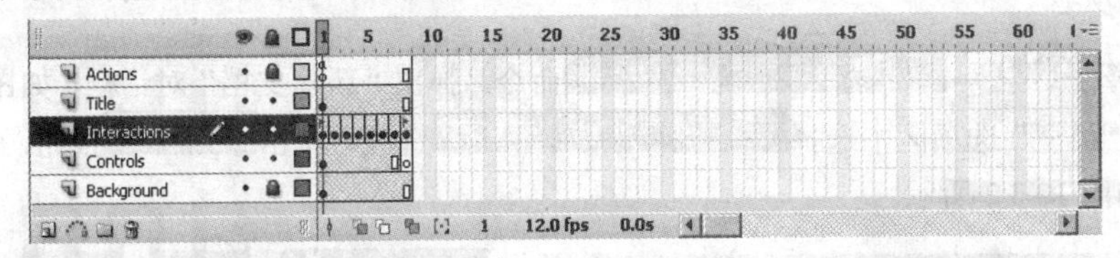

图 10.2.5　锁定除“Action”和“Background”外的所有图层

（5）选中第 1 帧，工作区内容如图 10.2.6 所示。

（6）选择工具箱中的文本工具 T，编辑其内容，如图 10.2.7 所示。

图 10.2.6　第 1 帧中的内容

图 10.2.7　编辑第 1 帧的内容

（7）选中第 2 帧，工作区内容如图 10.2.8 所示。

（8）选择工具箱中的文本工具 T，编辑其内容，如图 10.2.9 所示。

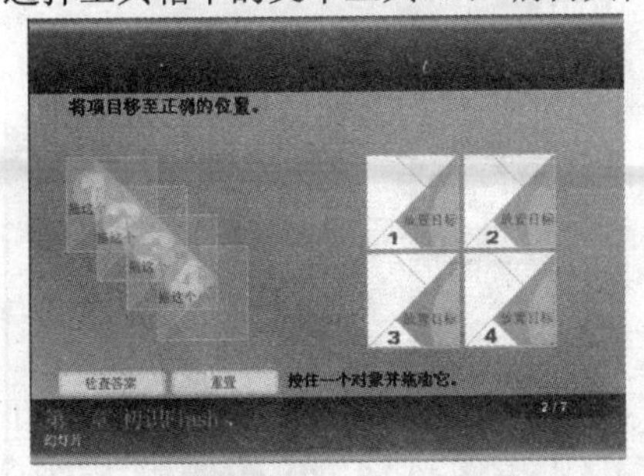

图 10.2.8　第 2 帧中的内容

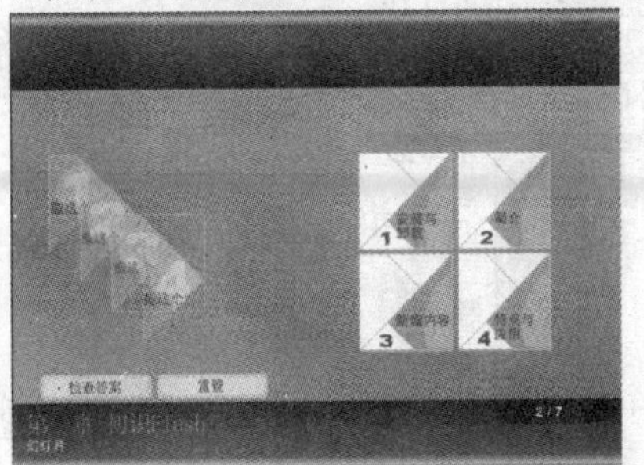

图 10.2.9　编辑第 2 帧的内容

（9）用同样的方法编辑其他各帧的内容。

（10）按“Ctrl+Enter”键，测试动画效果。

10.3 操作实例——卡通幻灯片

1. 操作目的

（1）掌握创建幻灯片的方法。

（2）了解行为面板。

（3）掌握转换幻灯片的方法。

（4）掌握幻灯片转换特效的设置方法。

（5）了解幻灯片的制作过程。

2. 操作内容

本例将制作一个卡通幻灯片，让读者更好地了解幻灯片的应用。

3. 操作步骤

（1）选择 文件(F) → 新建(N)... Ctrl+N 命令，弹出“新建文档”对话框，如图 10.3.1 所示。

（2）在“类型”选项区中选择 Flash 幻灯片演示文稿 选项，单击 确定 按钮，进入幻灯片的工作界面，如图 10.3.2 所示。

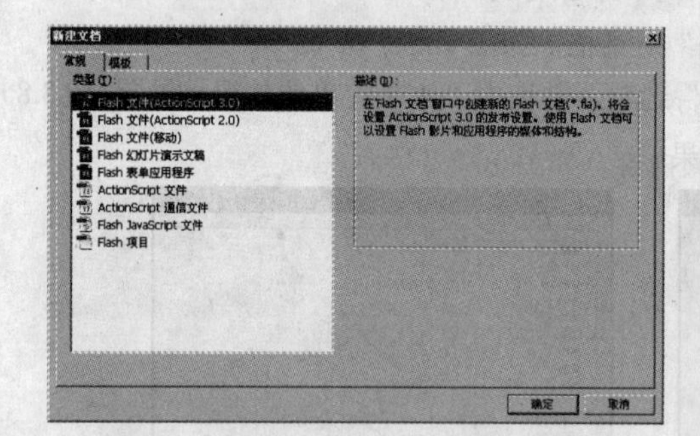

图 10.3.1 “新建文档”对话框

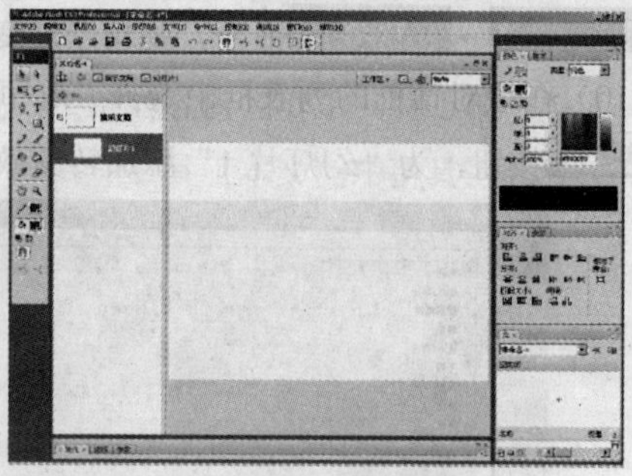

图 10.3.2 幻灯片的工作界面

（3）单击“屏幕轮廓”窗格中的“插入屏幕”按钮，插入“幻灯片 2”。

（4）选中“幻灯片 1”，选择 文件(F) → 导入(I) → 导入到舞台(I)... Ctrl+R 命令，在弹出的“导入”对话框中选择一张卡通图片（见图 10.3.3），单击 打开(O) 按钮导入该图片，如图 10.3.4 所示。

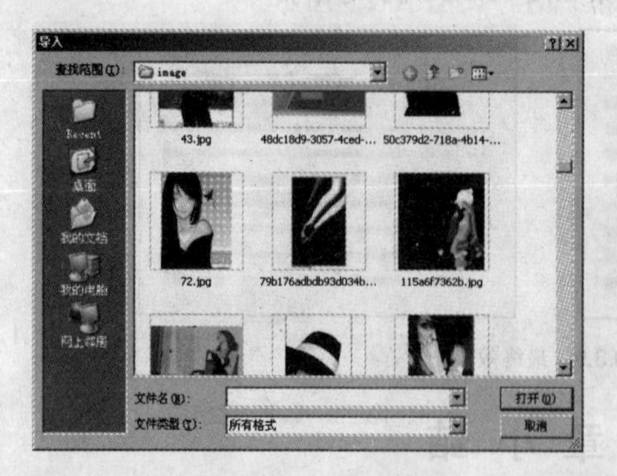

图 10.3.3 “导入”对话框

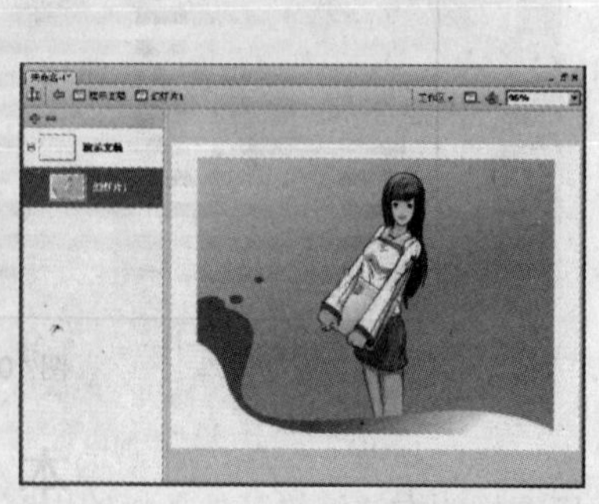

图 10.3.4 在“幻灯片 1”中导入卡通图片

（5）重复第（4）步的操作，在“幻灯片 2”中导入另一张卡通图片，如图 10.3.5 所示。

（6）选择 窗口(W) → 行为(B) Shift+F3 命令，打开行为面板，如图 10.3.6 所示。

图 10.3.5　在“幻灯片 2”中导入另一张卡通图片

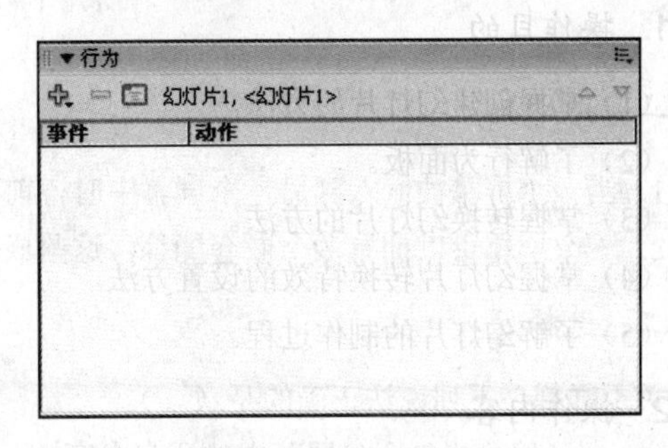

图 10.3.6　行为面板

（7）选中“幻灯片 1”，单击行为面板中的“添加行为”按钮，在弹出的下拉菜单中选择 屏幕 → 转到下一幻灯片 命令。

（8）选中“幻灯片 2”，单击行为面板中的“添加行为”按钮，在弹出的下拉菜单中选择 屏幕 → 转到下一幻灯片 命令。

（9）选中“幻灯片 1”，单击行为面板中的“添加行为”按钮，在弹出的下拉菜单中选择 屏幕 → 转变 命令，弹出“转变”对话框，如图 10.3.7 所示。

（10）在该对话框的列表框中选择“遮帘”选项，并选中“水平”单选按钮（见图 10.3.8），单击 确定 按钮，为“幻灯片 1”添加转变效果。

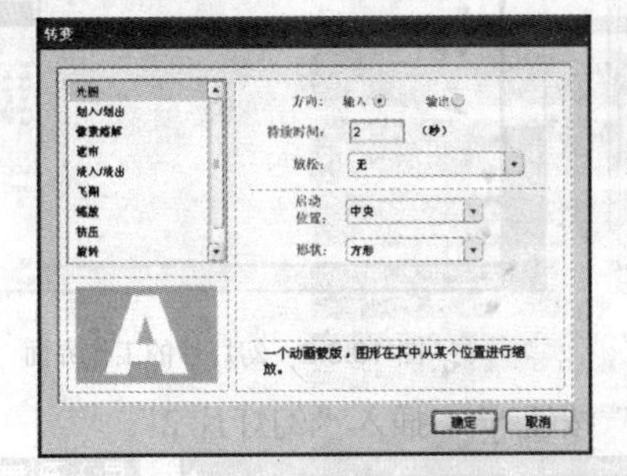

图 10.3.7　“转变”对话框

图 10.3.8　为“幻灯片 1”添加转变效果

（11）重复第（9）步和第（10）步的操作，为“幻灯片 2”添加转变效果。

（12）按“Ctrl+S”键保存文件，最终效果如图 10.3.9 所示。

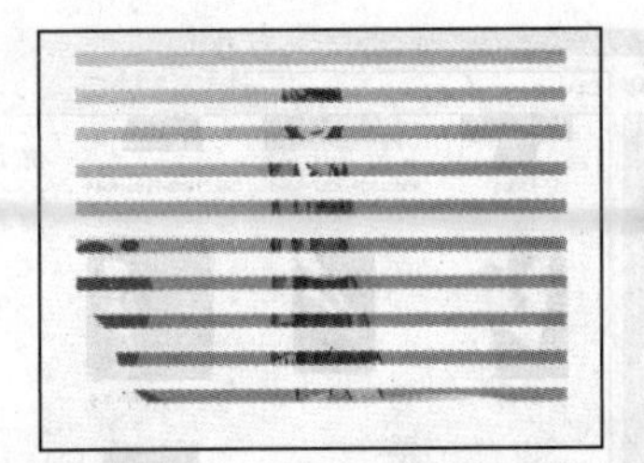

图 10.3.9　最终效果图

本 章 小 结

本章主要介绍了屏幕与模板的使用方法。通过本章的学习，用户应该学会创建简单的幻灯片并能

具体应用。

操作练习

一、填空题

1．当一个屏幕被嵌入到另一个屏幕中时，前者被称为__________屏幕，后者被称为父屏幕。

2．一个屏幕可以拥有多个嵌套屏幕，这些嵌套屏幕被称为__________屏幕。

二、选择题

关于屏幕，下列说法正确的是（　）。

（A）子屏幕将包含父屏幕中的所有内容

（B）在基于屏幕的文档中，默认时间轴面板是关闭的

（C）默认情况下，Flash 按照创建顺序为屏幕命名"幻灯片 1"、"幻灯片 2"、"幻灯片 3"……

（D）屏幕的创建顺序不一定与屏幕在"屏幕轮廓"窗格中的顺序一致

三、简答题

用户为屏幕添加转变效果的目的是什么？

四、上机操作题

1．创建一个百叶窗动画，效果如题图 10.1 所示。

题图 10.1　效果图

2．创建一个多层幻灯片，并进行演示。

第11章

影片的测试与发布

学习导航

用户在完成Flash动画的制作之后，需要将其转换为能够脱离制作环境而应用于各个领域的文件，即要进行动画的测试与发布，本章将对其方法进行介绍。

学习要点

- 测试影片
- 发布影片
- 导出影片

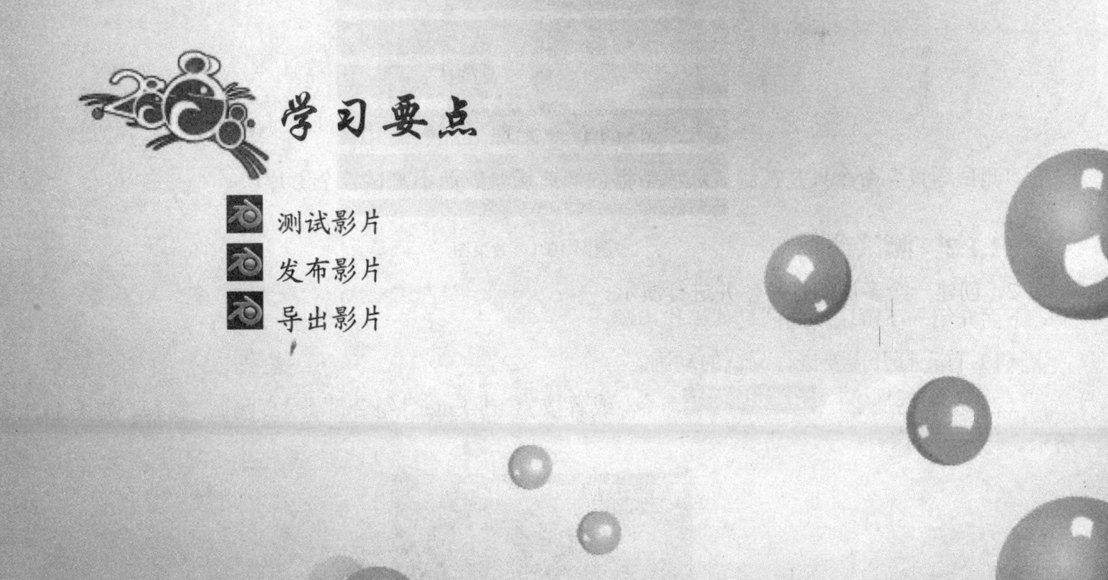

11.1 测试影片

当动画制作完成后，就可以将其发布出来以便使更多的人来欣赏。但在发布之前，还应该注意两个问题：一是作品的效果是否与预期的效果相同；二是动画是否能够流畅地进行播放。要解决这两个问题，就需要在发布动画之前对其进行测试。

Flash 动画是以“信号流”的模式进行播放的。在播放时，用户并不需要等整个作品下载到本地。但如果当播放指针到达某一播放帧时，该帧的内容还没有下载到本地，则动画的播放指针就会停留在该帧上等待内容下载完毕，才能继续移动，这时就会造成动画的播放暂停。而为了查找暂停的位置，也需要使用动画测试。

11.1.1 测试命令

Flash CS3 中使用“测试影片”、“调试影片”和“测试场景”3 个命令来对作品进行测试，它们的区别如下：

“测试影片”命令将影片在测试环境中完整地播放。

“调试影片”命令将影片在测试环境中完整地播放，且在打开影片的同时，会打开“调试器”面板，如图 11.1.1 所示。单击▷按钮可继续播放，单击✕按钮后停止播放。

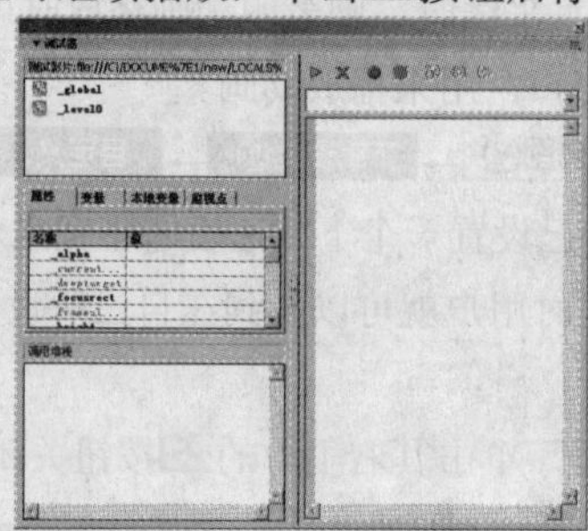

图 11.1.1 “调试器”面板

“测试场景”命令只是在测试环境中播放当前场景，而不测试整个影片。

11.1.2 测试动画

下面介绍一下测试动画的具体操作步骤：

（1）首先打开需要进行测试的动画。

（2）选择 控制(O) → 测试影片(M) 命令，或者按“Ctrl+Enter”组合键进入“测试”窗口，如图 11.1.2 所示。

图 11.1.2 “测试”窗口

（3）选择 视图(V) → 带宽设置(B) 命令，进入“带宽特性显示”窗口，如图 11.1.3 所示。

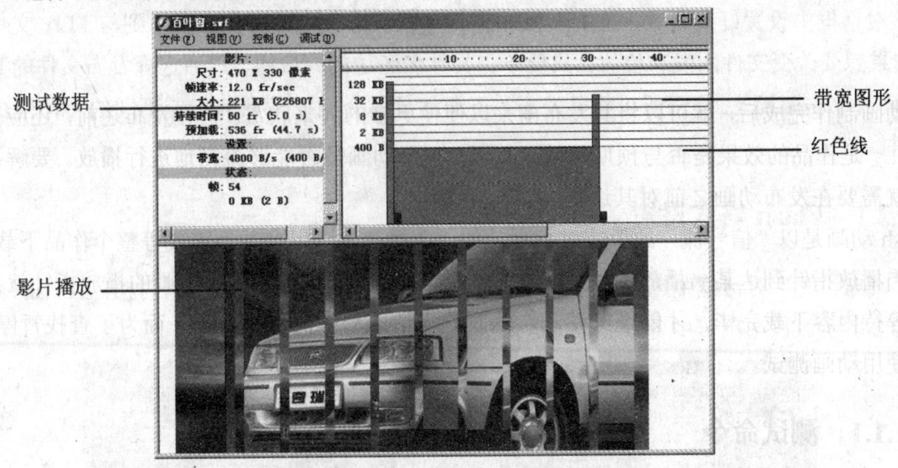

图 11.1.3　“带宽特性显示”窗口

在该“带宽特性显示”窗口中又包含 3 个小窗口，其功能分别如下：

1）左上方的窗口用来显示影片的测试数据，这些数据显示出了动画的一些属性，如动画的尺寸、帧频、文件大小、播放时间等。

2）右上方窗口中显示了正在播放的动画中各帧所传输的数据量，色条越长，表示该帧的数据量越大。当色条高于窗口中红色的水平线时，则表明动画播放时可能在其对应帧的位置产生停顿。

3）下边的窗口是影片播放窗口，用来播放动画。

（4）选择“测试”窗口中的 视图(V) → 下载设置(D) → 自定义... 命令，弹出“自定义下载设置”对话框，在该对话框中，用户可以自己设置一个下载速度即带宽来对动画进行相应的测试，如图 11.1.4 所示。设置好后单击 确定 按钮。这时用户就可以看到在自己所设定的带宽下的带宽特性，如图 11.1.5 所示。

（5）当动画的性能达到要求后，单击其右上方的 ✕ 按钮关闭“测试”窗口即可。

自定义下载设置

菜单文本:	比特率:	
14.4	1200	字节/秒
28.8	2400	字节/秒
56K	4800	字节/秒
DSL	33400	字节/秒
T1	134300	字节/秒
用户设置 6	2400	字节/秒
用户设置 7	2400	字节/秒
用户设置 8	2400	字节/秒

确定　取消　重置(R)

图 11.1.4　“自定义下载设置”对话框

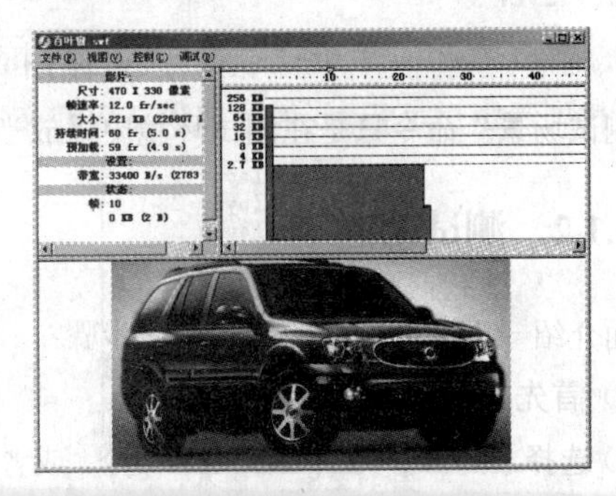

图 11.1.5　改变带宽后的“带宽特性显示”窗口

11.2　发 布 影 片

用 Flash 制作的动画是 FLA 格式的，只能在 Flash 中播放。如果想要将其提供给观众，就需要将其发布。在默认情况下，“发布”命令将创建 SWF 文件，并将 Flash 内容插入浏览器窗口中的 HTML 文档。此外，用户也可以根据需要指定其他文件格式，如 GIF，JPEG，PNG 和 QuickTime 等。当以其他文件格式发布 FLA 文件时，每种文件格式的设置都会存储在该 FLA 文件中。

需要发布文件时，选择文件(F)→发布设置(G)...命令，弹出"发布设置"对话框，如图 11.2.1 所示，在该对话框中设置好其参数，选择其发布位置（默认情况下，文件会发布到与 FLA 文件相同的位置。如果想要改变文件的发布位置，只要单击文件名旁边的按钮，然后选择发布文件的其他位置即可），最后单击发布按钮即可将其发布。下面就具体介绍一下如何指定不同的文件格式来发布 FLA 文件。

11.2.1 Flash 格式设置

在"发布设置"对话框中选中"Flash"复选框，然后单击"Flash"标签，打开"Flash"选项卡，如图 11.2.2 所示。该选项卡中各项参数的含义如下：

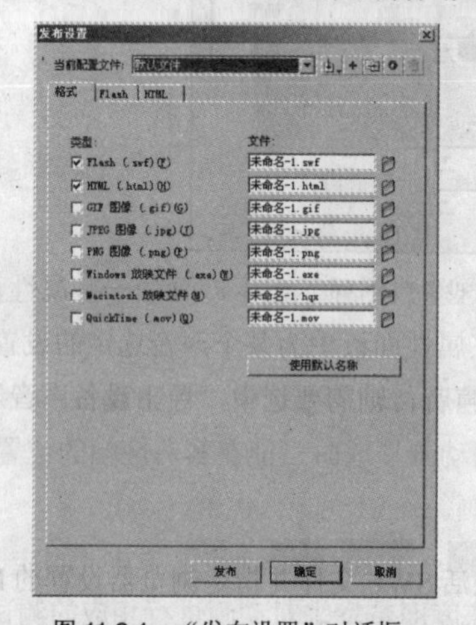

图 11.2.1 "发布设置"对话框

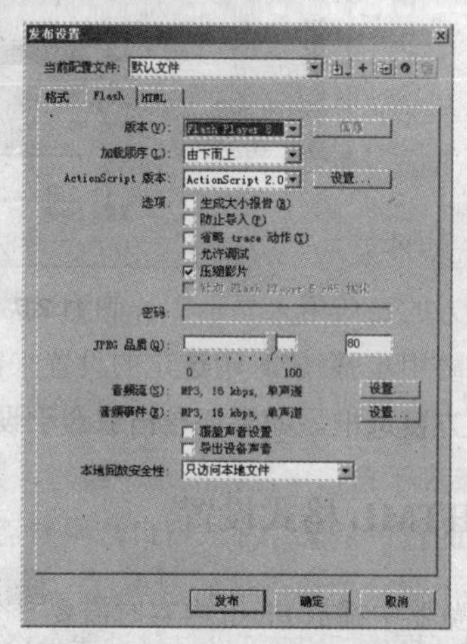

图 11.2.2 "Flash"选项卡

（1）版本(V)：单击"版本"右侧的按钮，打开如图 11.2.3 所示的下拉列表，该列表中列出了所有的播放器版本。一般情况下，相应版本播放器会随着 Flash 应用程序一起安装到电脑上，这里选择 Flash Player 8。

（2）加载顺序(L)：单击"加载顺序"右侧的按钮，弹出如图 11.2.4 所示的下拉列表。用户可以在该下拉列表中指定 Flash 如何加载 SWF 文件各层来显示 SWF 文件的第一帧。

图 11.2.3 "版本"下拉列表

图 11.2.4 "加载顺序"下拉列表

（3）ActionScript 版本：单击"ActionScript"右侧的按钮，在弹出的下拉列表中选择 Flash 文档使用动作脚本的版本。Flash CS3 应用程序中使用的是 ActionScript 2.0。

（4）选项：要启用对发布后的 Flash SWF 文件的调试操作，可以选中相应的复选框。其含义如下：

☑ 生成大小报告(R)：选中该复选框后，系统会生成一个报告，报告中会列出 Flash 内容的数据量。

☑ 防止导入(P)：选中该复选框后，可以防止其他人导入 SWF 文件。

☑ 省略 trace 动作(T)：选中该复选框后，可以使 Flash 忽略当前 SWF 文件中的跟踪动作。

☑ 允许调试：选中该复选框，用户可以对该文档进行远程调试。

☑ 压缩影片：选中该复选框，系统会自动压缩 SWF 文件。

（5）密码：当选中“防止导入”或“允许调试”复选框后，“密码”选项被激活。用户可以在右侧的文本框中输入密码，以防止他人导入或调试该文档。

（6）JPEG 品质(Q)：该选项用来调整位图的压缩量，当值为 100 时，图像的品质最佳。

（7）音频流(S)：和音频事件(E)：如果要对 Flash SWF 文件中的声音流或事件声音的采样率和品质进行设置，可单击“音频流”和“音频事件”右侧的“设置”按钮。单击“设置”按钮后，弹出如图 11.2.5 所示的“声音设置”对话框，设置完成后单击 确定 按钮即可。

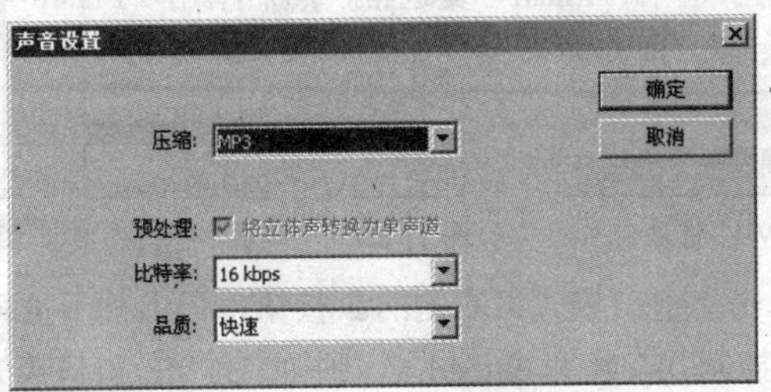

图 11.2.5　“声音设置”对话框

如果用户需要用步骤（7）中选定的设置来覆盖在属性面板中为某个声音选定的设置，则需选中“覆盖声音设置”复选框。如果要导出适合于设备的声音，则需要选中“导出设备声音”复选框。

11.2.2　HTML 格式设置

在 Web 浏览器中播放 Flash 内容时需要一个能激活 SWF 文件并指定浏览器设置的 HTML 文档。该文档会由“发布”命令通过模板文档中的 HTML 参数自动生成。

选中“发布设置”对话框中的“html”复选框，然后单击“HTML”标签，打开“HTML”选项卡，如图 11.2.6 所示。

该选项卡中各项参数的含义如下：

（1）模板(T)：单击“模板”右侧的▼按钮，弹出其下拉列表，在该下拉列表中选择需要使用的已安装的模板，如图 11.2.7 所示。

选中“检测 Flash 版本（R）”复选框后，Flash 会对用户安装的 Flash Player 版本进行检测，当发现用户没有安装指定的播放器时向用户发送替代 HTML 页。

（2）尺寸(D)：该选项用来设置 object 和 embed 标记中 width 和 height 属性的值。

（3）回放：该选项用来控制 SWF 文件的回放和各种功能。

其各选项的含义如下：

☑ 开始时暂停(P)：选中该复选框，系统会暂停播放 SWF 文件，直到用户单击按钮或从快捷菜单中进行选择。

☑ 显示菜单(M)：选中该复选框，当用户用鼠标右键单击 SWF 文件时，会显示一个快捷菜单。

☑ 循环(L)：选中该复选框后 Flash 内容会重复播放。

☑ 设备字体(F)：选中该复选框后会用系统字体替代用户系统中尚未安装的字体，使用设备字体可以减小 SWF 文件。

（4）品质(Q)：单击“品质”右侧的▼按钮，弹出其下拉列表，如图 11.2.8 所示。用户可以从该列表中选择 SWF 文件的播放品质。

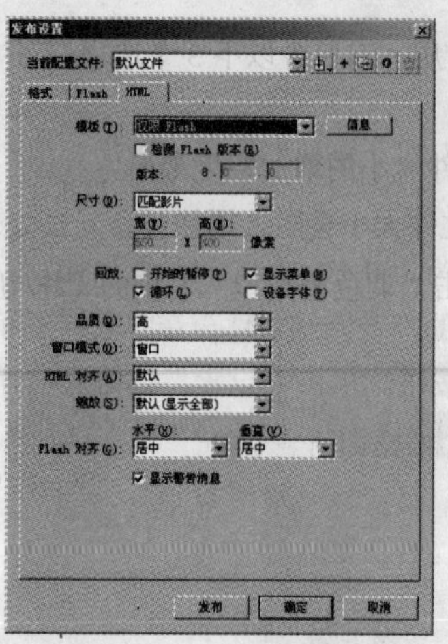

图 11.2.6 “HTML”选项卡

图 11.2.7 “模板”下拉列表

图 11.2.8 “品质”下拉列表

（5）窗口模式(O)：单击“窗口模式”右侧的按钮，弹出其下拉列表，如图 11.2.9 所示。用户可以在该列表中选择用来控制 object 和 embed 标记中的 HTML 窗口模式属性。

（6）HTML 对齐(A)：单击“HTML 对齐”右侧的按钮，弹出其下拉列表，如图 11.2.10 所示。在该下拉列表中可以选择 SWF 窗口在浏览器窗口中的位置。

（7）缩放(S)：单击“缩放”右侧的按钮，弹出其下拉列表，如图 11.2.11 所示。在该下拉列表中用户可以选择将 Flash 内容存放到指定的边界内部。

图 11.2.9 “窗口”模式

图 11.2.10 “HTML 对齐”下拉列表

图 11.2.11 “缩放”下拉列表

（8）Flash 对齐(G)：该选项用来设置在应用程序窗口内如何放置 Flash 内容。

当选中 ☑ 显示警告消息 复选框后可以在标记设置发生冲突时显示错误消息。

11.2.3 GIF 格式设置

选中“发布设置”对话框中的“GIF 图像”复选框，然后单击“GIF”标签，打开“GIF”选项卡，如图 11.2.12 所示。

“GIF”选项卡中各参数的含义如下：

（1）尺寸：在“尺寸”文本框中输入要导出的位图图像的宽度和高度值。当选中“匹配影片”复选框时，会使 GIF 文件与 Flash SWF 文件大小相同。

（2）回放：在该选项中，用户可以选择 Flash 创建的是“静态”还是“动态”的 GIF 动画。

（3）选项：该选项用来设置所导出的 GIF 文件的外观设置范围。

1）☑ 优化颜色(O)：选中该复选框，系统会从 GIF 文件的颜色表中删除不使用的颜色。

2）☑ 抖动纯色(D)：选中该复选框，会抖动纯色和渐变颜色。

3）☑ 交错(I)：选中该复选框，能够使 GIF 文件在下载的同时逐步显示。

4）☑ 删除渐变(G)：选中该复选框，所有的渐变填充将会转换为纯色。

5）☑ 平滑(S)：选中该复选框后，输出的位图会消除锯齿，从而生成高品质的位图图像。

（4）透明(T)：该选项用来确定应用程序背景的透明度。选择“不透明”选项时，背景为纯色；选择“透明”选项时，背景为透明；选择“Alpha”选项后，用户可以输入一个值来设置局部透明度。

（5）抖动(E)：利用该选项用户可以改善图像中颜色的品质。它包含以下 3 个选项：

1）无：选择该选项后会关闭抖动。

2）有序：选择该选项后能够提供高质量的抖动，但文件大小的增加幅度最小。

3）扩散：选择该选项后能够提供最好的抖动品质，但文件大小会随之增加且会延长处理时间。

（6）调色板类型(Y)：该选项用来定义图像的调色板。单击“调色板类型”右侧的▼按钮后，弹出如图 11.2.13 所示的下拉列表。

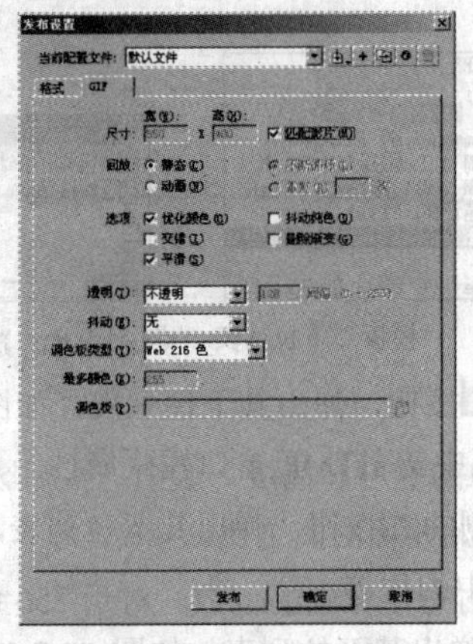

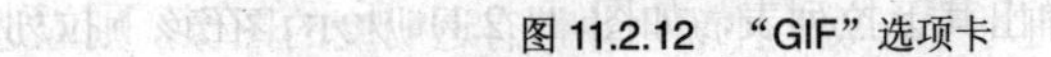

图 11.2.12　“GIF”选项卡　　　图 11.2.13　“调色板类型”下拉列表

其各选项的含义如下：

1）Web 216 色：选择该选项后，使用 Web 216 色调色板来创建 GIF 图像。

2）最合适：选择该选项后，系统会分析图像中的颜色，并为 GIF 文件创建唯一的颜色表。它能够创建出最精确的图像颜色，但文件的大小会增加。

3）接近 Web 最适色：选择该选项后，系统会把十分接近的颜色转换为 Web 216 色调色板，生成的调色板已针对图像进行了优化。

4）自定义：选择该选项后，可以指定针对图像优化的调色板。

11.2.4　JPEG 格式设置

JPEG 格式使用户可以将图像保存为高压缩比的 24 位位图。通常情况下，GIF 格式导出的线条效果较好，而 JPEG 格式更适合于显示包含连续色调的图像。

选中“发布设置”对话框中的“Jpeg”复选框，然后单击“JPEG”标签，打开“JPEG”选项卡，如图 11.2.14 所示。

该选项卡中只有两个参数，其含义如下：

（1）尺寸：该选项用来设置导出的位图图像的宽度和高度值。选中“匹配影片”复选框后，输出的 JPEG 图像会和舞台大小相同。

（2）品质(Q)：该选项用来设置 JPEG 图像的品质。选中“渐进”复选框后可以在 Web 浏览器中逐步显示出连续的 JPEG 图像。

11.2.5　PNG 格式设置

PNG 是唯一支持透明度的跨平台位图格式。选中“发布设置”对话框中的“PNG 图像”复选框，然后单击“PNG”标签，打开“PNG”选项卡，如图 11.2.15 所示。

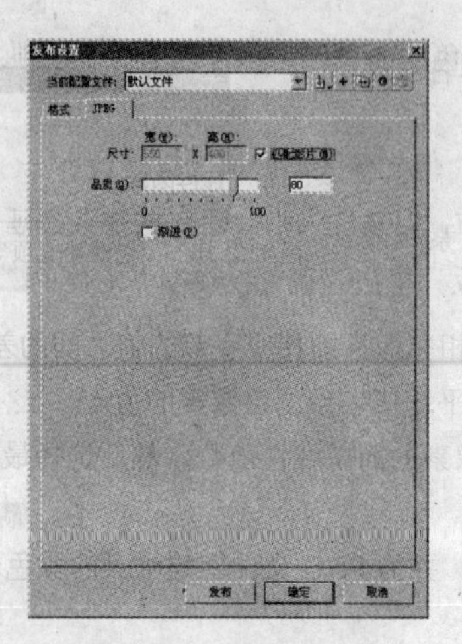

图 11.2.14 “JPEG”选项卡

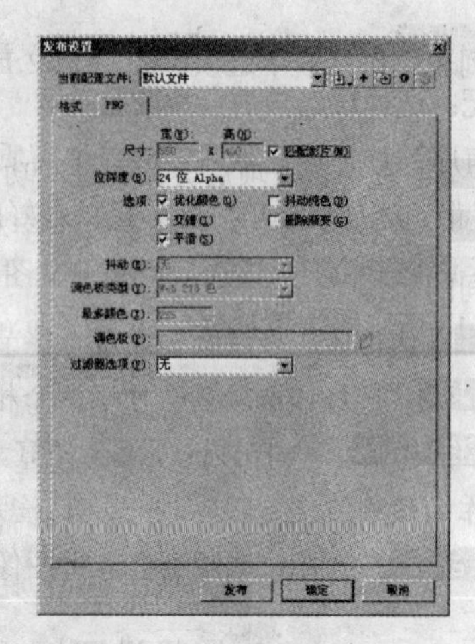

图 11.2.15 “PNG”选项卡

该选项卡中各项参数的含义如下：

（1）尺寸：该选项用来设置导出的位图图像的宽度和高度。选中“匹配影片”复选框后，会使得 PNG 文件和 Flash SWF 文件大小相同且保持原始图像的高宽比。

（2）位深度(B)：该选项用来设置创建图像时每个像素的位数。对于 256 色的图像，应选择“8 位”；对于数千种颜色的图像，应选择“24 位”；而对于有数千种颜色并带有透明度的图像，则应选择“24 位 Alpha”。

（3）选项：该选项用来设置所导出的 PNG 文件的外观。

1）☑ 优化颜色(O)：选中该复选框后会从 PNG 文件的颜色表中删除不使用的颜色。

2）☑ 抖动纯色(D)：选中该复选框后，可抖动纯色和渐变颜色。

3）☑ 交错(I)：选中该复选框后能够使 PNG 文件在下载的同时逐步显示。这样，用户在文件完全下载之前就可以观看基本的图形。

4）☑ 删除渐变(G)：选中该复选框，所有的渐变填充将会转换为纯色。

5）☑ 平滑(S)：选中该复选框，输出的位图会消除锯齿，从而能够生成品质较高的位图图像。

（4）抖动(E)：如果用户将上面的“位深度”选择为 8 位，则要选择一个抖动选项来指定如何组合可用颜色的像素来模拟当前调色板中没有的颜色。“抖动”选项在改善颜色品质的同时也会增加文件大小。

（5）调色板类型(Y)：该选项用来定义 PNG 图像的调色板。调色板类型的下拉列表中包含如下选项：

1）Web 216 色：选择该选项后，使用 Web 216 色调色板来创建 PNG 图像。

2）最合适：选择该选项后，系统会分析图像中的颜色，并为 PNG 文件创建唯一的颜色表。它能够创建出最为精确的图像颜色，但文件的大小会增加。

3）接近 Web 最适色：选择该选项后，把十分接近的颜色转换为 Web 216 色调色板，生成的调色板对图像进行优化。

4）自定义：选择该选项后，可以指定调色板对图像进行优化。

（6）最多颜色(X)：当用户在“调色板类型”中选择“最合适”或“接近 Web 最适色”选项后，“最多颜色”选项就处于可用状态。“最多颜色”值用来设置 PNG 图像中的颜色数量。

（7）过滤器选项(F)：该选项可以使用户自己选择一种逐行过滤的方法来使 PNG 文件的压缩性更

好。其下拉列表中包括 6 个选项，如图 11.2.16 所示，其各选项的含义如下：

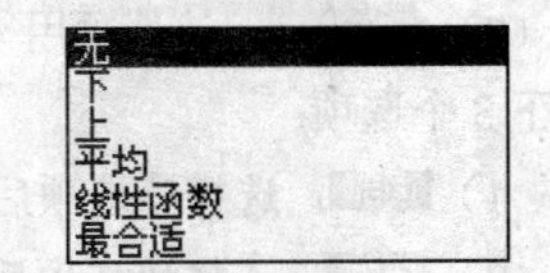

图 11.2.16　“过滤器选项”下拉列表

1）无：选择该选项后会关闭过滤功能。

2）下：选择该选项后会传递每个字节和前一像素相应字节的值之间的差。

3）上：选择该选项后会传递每个字节和它上面相邻像素的相应字节的值之间的差。

4）平均：选择该选项后会使用两个相邻像素的平均值来预测该像素的值。

5）线性函数：选择该选项后会计算 3 个相邻像素的简单线性函数，然后选择最接近计算机的相邻像素作为预测值。

6）最合适：选择该选项后会分析图像中的颜色，并为 PNG 文件创建唯一的颜色表。

11.2.6　QuickTime 格式设置

QuickTime 发布设置将以电脑上安装的 QuickTime 版本来创建影片。例如，当安装 QuickTime 6 时，Flash 就会以版本 6 的格式来发布 QuickTime 影片。在 QuickTime 影片中播放 Flash 文档与在 Flash Player 中完全相同，也保留了影片所有的交互功能。

选中“发布设置”对话框中的“QuickTime 压缩复选框”复选框，然后单击“QuickTime”标签，打开“QuickTime”选项卡，如图 11.2.17 所示。

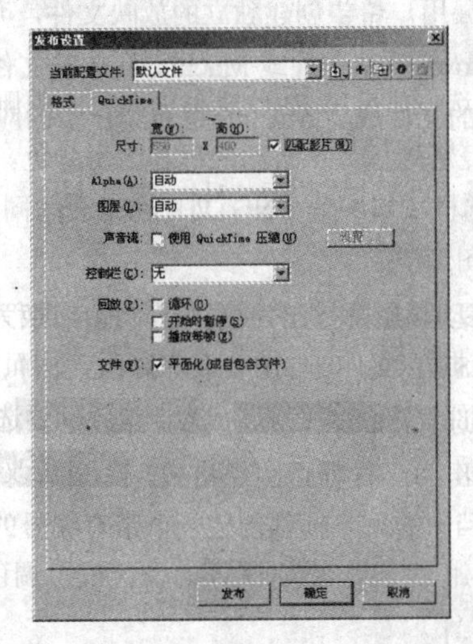

图 11.2.17　“QuickTime”选项卡

该选项卡中各项参数的含义如下：

（1）尺寸：该选项用来设置导出的 QuickTime 影片的宽度和高度值。选中“匹配影片”复选框，会使 QuickTime 影片和 Flash SWF 文件大小相同且保持原始图像的高宽比。

（2）Alpha(A)：该选项用来控制 Flash 轨道在 QuickTime 影片中的透明度，它不会影响到 Flash 应用程序中的 Alpha 值。其下拉列表中包含如下选项：

1）自动：选择该选项后，Flash 轨道在其他轨道上方时为透明，当位于 SWF 文件的底部时则不透明。

2）Alpha 透明：选择该选项后，Flash 轨道透明，其后面轨道的内容是可见的。

3）复制：选择该选项后，会使 Flash 轨道不透明，其后面轨道中的内容是不可见的。

（3）图层(L)：该选项用来设置 QuickTime 影片中的 Flash 轨道被放置的位置。其下拉列表中包含以下 3 个选项：

1）顶部：选择该选项后，会使 Flash 轨道位于其他轨道的顶部。

2）底部：选择该选项后，会使 Flash 轨道位于其他轨道的底部。

3）自动：选择该选项后，在 Flash 应用程序中，当 Flash 对象位于视频对象的前面时将 Flash 轨道放在其他轨道的前面，否则，将 Flash 轨道放在其他轨道的后面。

（4）声音流：选中“使用 QuickTime 压缩”复选框时，会使得 Flash 将 Flash SWF 文件中的所有流式音频导出到 QuickTime 音轨中，并使用标准的 QuickTime 音频设置来重新压缩音频。用户也可以通过单击“设置”按钮来更改其设置。

（5）控制栏(C)：该选项用来设置播放 QuickTime 影片的控制器的类型。

（6）回放(P)：该选项用来设置 QuickTime 影片的播放方式。

1）☑ 循环(O)：选中该复选框后，当影片到达最后一帧后会继续重复播放。

2）☑ 开始时暂停(S)：选中该复选框后，影片只有在用户单击按钮或从快捷菜单中选择“播放”命令后才开始播放。

3）☑ 播放每帧(R)：选中该复选框后，会播放影片中的每一帧，但不播放声音。

（7）选中“文件”选项右侧的“平面化（自包含文件）”复选框后，会将 Flash 内容与导入的视频内容结合在一起组成一部 QuickTime 影片。

除了上述的格式设置外，如果用户希望创建独立的放映文件，可以选中“Windows 放映文件”或“Macintosh”复选框来创建 Windows 放映文件或 Macintosh 放映文件。当创建 Macintosh 放映文件时，必须使用文件转换器来使转换后的文件成为 Macintosh Finder 中的应用程序文件。

11.3 导 出 影 片

在 Flash CS3 中，用户可以将动画影片导出为可以在其他应用程序中进行编辑的内容，并将 Flash 内容直接导出为单一的格式，如 SWF 文件、GIF 文件、JPEG 文件、PNG 文件等。

要将 Flash 内容导出，可以选择导出图像(E)...或导出影片(M)...命令，其中导出图像(E)...命令会将当前帧的内容或当前所选图像导出为一种静止图像格式。导出影片(M)...命令会将 Flash 文档导出为静止的图像格式，并且可以为文档中的每一帧都创建一个带有编号的图像文件，还可以将文档中的声音导出为 WAV 文件。

11.3.1 导出 Flash 文档

导出 Flash 文档的具体操作步骤如下：

（1）首先打开需要导出的 Flash 文档。

（2）选择文件(F) → 导出(E) → 导出影片(M)...命令，将弹出如图 11.3.1 所示的“导出影片”对话框。

（3）在“文件名”文本框中输入文件的名称。

（4）单击“保存类型”后面的▼按钮，弹出如图 11.3.2 所示的下拉列表，在其中可选择一种文件格式。

（5）单击保存(S)按钮即可。

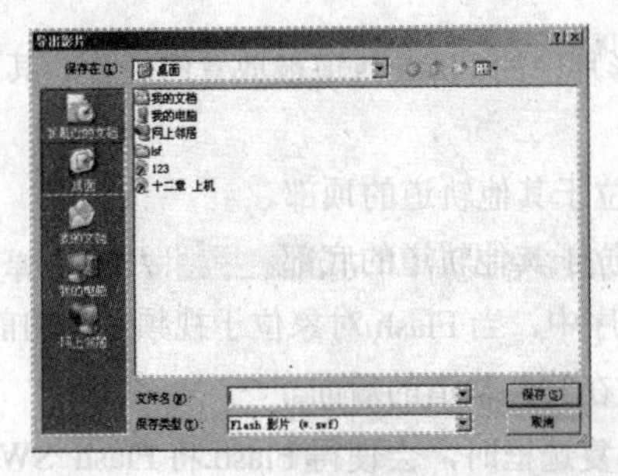

图 11.3.1　“导出影片”对话框

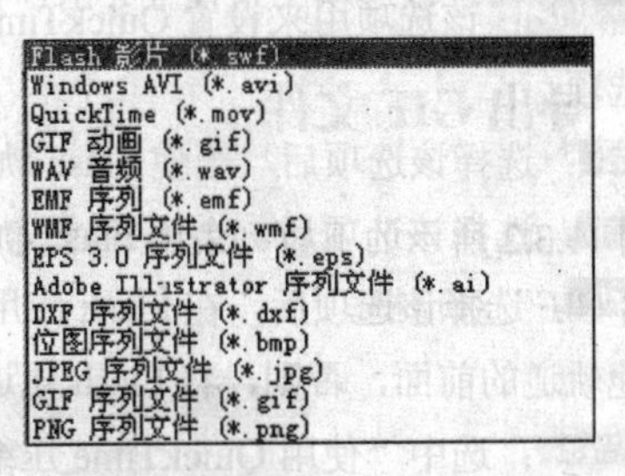

图 11.3.2　“保存类型”下拉列表

11.3.2　导出 SWF 文件

在导出文件时，用户可以选择如图 11.3.2 所示的任意一种文件格式。当选择“Flash 影片”格式，并单击 保存(S) 按钮后，会弹出如图 11.3.3 所示的“导出 Flash Player”对话框。该对话框中的参数和前一节中介绍的 Flash 格式设置相同，这里就不再重复介绍了。

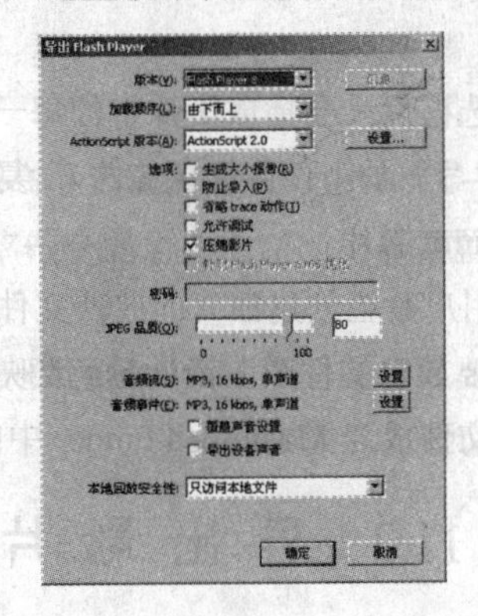

图 11.3.3　“导出 Flash Player”对话框

11.3.3　导出 AVI 文件

当在如图 11.3.2 所示的下拉列表中选择“Windows AVI”格式后，单击 保存(S) 按钮，会弹出如图 11.3.4 所示的“导出 Windows AVI”对话框。Windows AVI 是标准的 Windows 影片格式，但会失去所有的交互性。由于 AVI 格式基于位图，所以导出为此种文件后，文档会比较大。

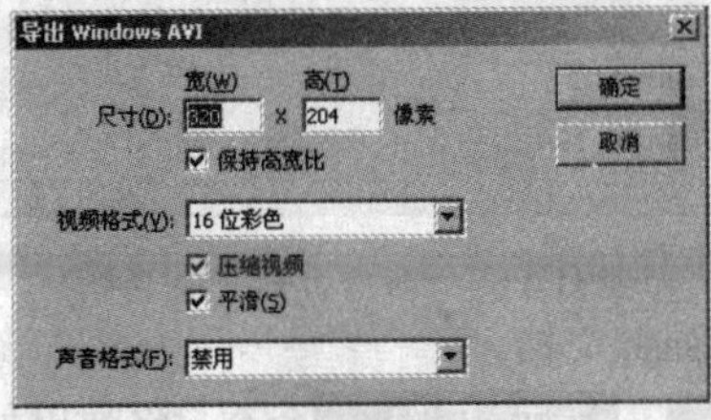

图 11.3.4　“导出 Windows AVI”对话框

该对话框中各项参数的含义如下：

（1）尺寸：该选项用来设置 AVI 影片的帧的宽度和高度，用户只要设置宽度或高度中的一个即可，另一个会自动设置。如果取消选中“保持高宽比”复选框，就需要单独设置其宽度和高度。

（2）视频格式(V)：该选项用来选择颜色深度。当选中“压缩视频”复选框，会使用标准的 AVI 压缩选项。当选中“平滑”复选框，导出的 AVI 影片会应用消除锯齿效果。

（3）声音格式(F)：该选项用来设置导出声音的格式。

11.3.4 导出 GIF 文件

当在如图 11.3.2 所示的下拉列表中选择“GIF 动画”格式后，单击 保存(S) 按钮，会弹出如图 11.3.5 所示的“导出 GIF”对话框。

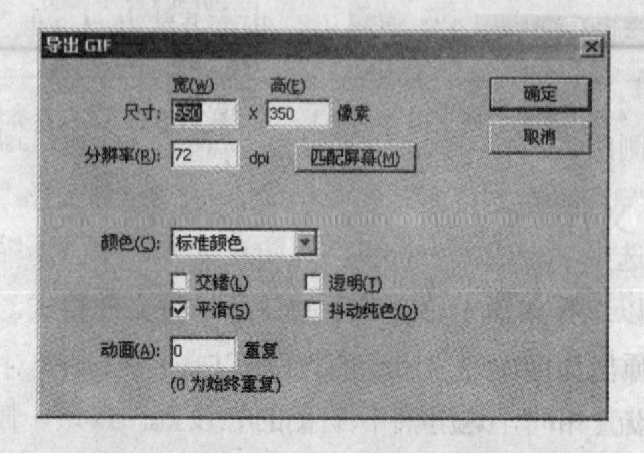

图 11.3.5 “导出 GIF”对话框

该对话框中各项参数的含义如下：

（1）尺寸：该选项用来设置要导出的位图图像的宽度和高度值。

（2）分辨率(R)：该选项用来设置要导出的位图图像的分辨率，也可以单击“匹配屏幕”按钮来使用屏幕分辨率。

（3）颜色(C)：该选项用来设置要导出的位图图像的颜色数量。

（4）动画(A)：该选项用来设置动画重复播放的次数。

11.3.5 导出 JPEG 文件

当在如图 11.3.2 所示的下拉列表中选择“JPEG 序列文件”格式后，单击 保存(S) 按钮，会弹出如图 11.3.6 所示的“导出 JPEG”对话框。

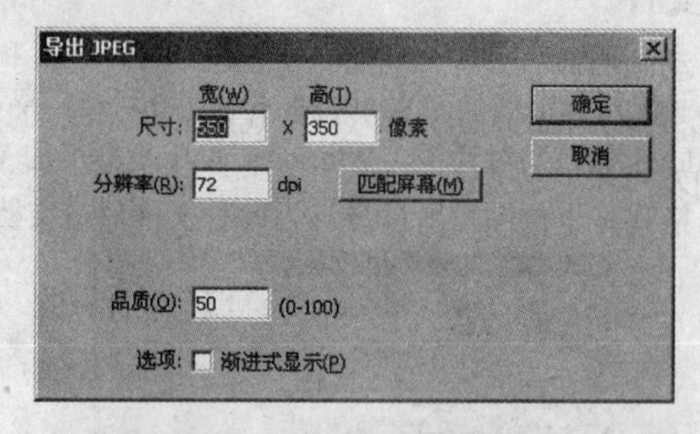

图 11.3.6 “导出 JPEG”对话框

该对话框中各项参数的含义如下：

（1）尺寸：该选项用来设置导出的 JPEG 图像的宽度和高度。

（2）分辨率(R)：该选项用来设置导出的 JPEG 图像的分辨率。单击“匹配屏幕”按钮后，会使导出的图像大小与 Flash 内容在屏幕上显示的大小相同。

（3）品质(Q)：该选项用来设置导出的 JPEG 图像的品质。

11.4　操作实例

在本节的操作练习中，将对前面制作的 Flash 动画进行发布设置。这里只介绍 Flash 格式的设置，其余的用户可以参照本章中介绍的内容自己练习。操作步骤如下：

（1）打开一个已经建立好的 Flash 文档。

（2）选择 文件(F) → 发布设置(G)... 命令，弹出“发布设置”对话框。单击该对话框中的“Flash”标签，打开“Flash”选项卡。

（3）单击“版本”右侧的▼按钮，在弹出的下拉列表中选择“Flash Player 7”选项。

（4）单击“加载顺序”右侧的▼按钮，在弹出的下拉列表中选择“由下而上”选项。

（5）在“选项”栏中选中“生成大小报告”、“防止导入”和“压缩影片”复选框，然后在“密码”文本框中输入密码。

（6）设置“JPWG 品质”为 80。

（7）分别单击“音频流”和“音频事件”右侧的“设置”按钮，弹出“声音设置”对话框，其参数设置如图 11.4.1 所示，设置完成后单击 确定 按钮。

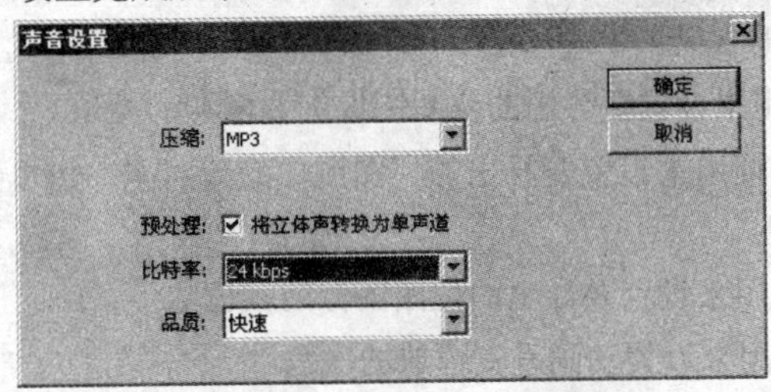

图 11.4.1　“声音设置”对话框

（8）最后单击 发布 按钮，系统就会将该 Flash 动画进行发布。

本章小结

本章主要介绍了 Flash 动画的最后处理，包括测试影片、发布影片和导出影片。其中重点介绍了 SWF，HTML，GIF，JPEG，PNG 和 QuickTime 六种格式的 Flash 动画的发布方法。通过本章的学习，用户应该掌握 Flash 动画的发布和导出方法。

操作练习

一、填空题

1. .SWF 文件是在用测试影片和测试场景命令测试__________格式动画时所创建的。

2. 在传输数据图中，每个交错的浅色和深色的方块表示动画的一个__________。

二、选择题

1. 当将 Flash 动画发布为（　）格式时没有发布选项。

（A）GIF 文件　　（B）Windows 的放映文件

（C）JPEG 文件　　（D）Macintosh 的放映文件

2. 在默认情况下，只能将 Flash 动画发布为（　　）格式的文档。

（A）swf　　（B）html

（C）gif　　（D）jpeg

3．在 Flash CS3 中还可以创建可执行文件，即（　）文件。

（A）FLA　　（B）SWF

（C）EXE　　（D）PNG

三、简答题

在传输数据图中，若方块超出了红线，表示什么含义？

四、上机操作题

1．制作一个动画，以 GIF 格式输出。

2．将一段 SWF 动画转换为可执行文件。

3．打开一个 Flash 文档，然后以 swf 和 avi 两种类型进行导出。

4．将一段 SWF 动画转换为可执行文件。操作提示：

（1）打开一个 SWF 动画。

（2）选择 文件(F) → 创建播放器(R)... 命令，弹出“另存为”对话框。

（3）输入文件名保存，即将 SWF 文件保存为可执行文件。

第12章 Flash 广告设计

学习导航

本章主要通过列举典型的宣传广告实例，来给读者讲解在Flash CS3 中设计作品的方法和技巧。希望读者能够反复练习每个实例，独立完成创作。

学习要点

- 公益广告
- 旅游景点广告
- 茶壶广告

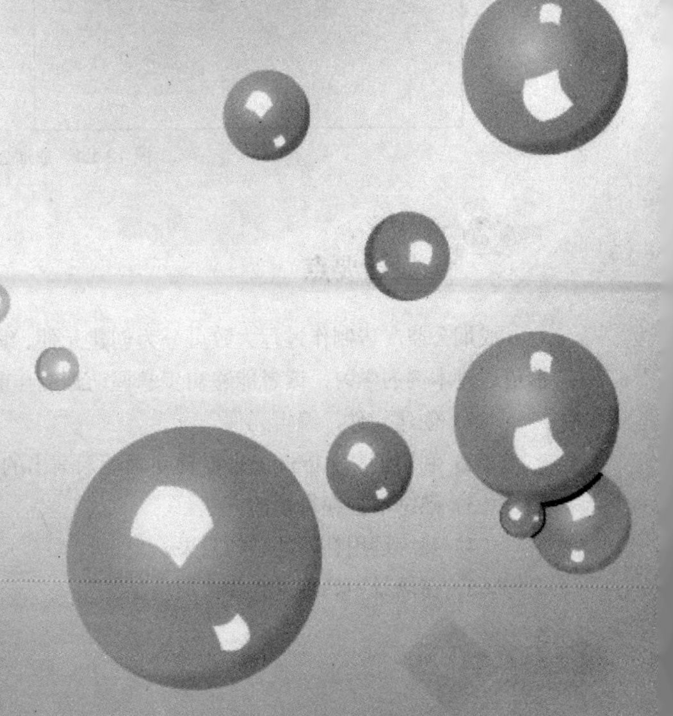

案例 1　公 益 广 告

设计背景

本实例设计了一个戒烟的公益广告，警醒的语言，鲜红的标志和吸烟者的图片以及烟圈的背景形成了鲜明的对比，此广告告诫人们珍惜生命，远离香烟。

设计内容

本例设计戒烟公益广告，最终效果如图 12.1.1 所示。

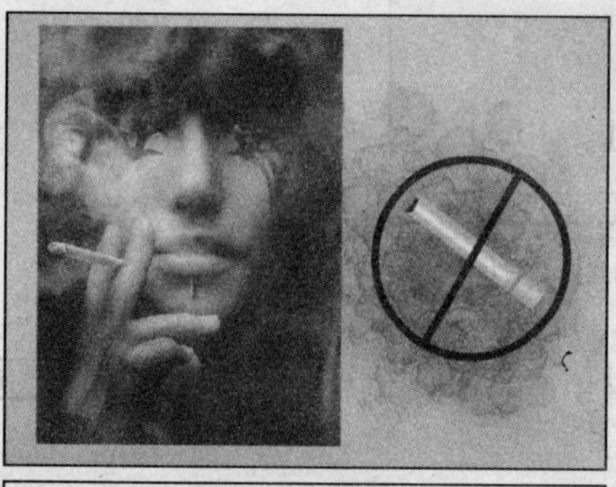

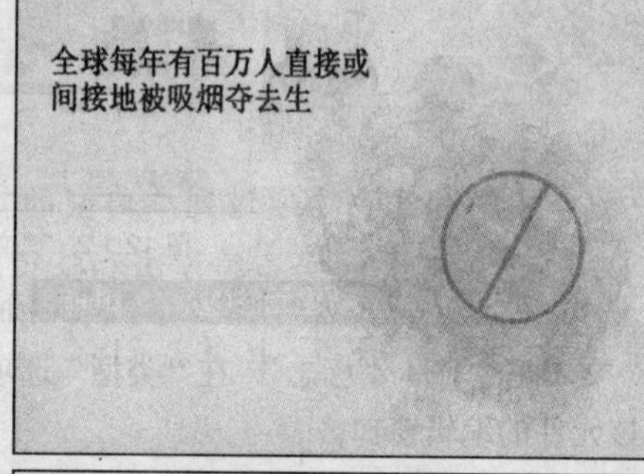

Please

图 12.1.1　戒烟公益广告效果图

设计要点

戒烟公益广告制作过程大致可分为创建元件、编辑元件、设置帧、创建补间动画、编写动作脚本。希望通过本例的学习，读者能够初步掌握动画制作的方法和技巧。

（1）创建元件，编辑元件。

（2）利用调整 Alpha 值来设置动画渐入渐出的效果。

（3）熟练掌握编辑帧的方法。

（4）熟练运用补间动画的效果。

（5）在场景中熟练排列各个图层。

（6）运用动作面板编写出简单的代码。

操作步骤

（1）选择 文件(F) → 新建(N)... Ctrl+N 命令，弹出“新建”对话框，选择“常规”选项卡中的 Flash 文件(ActionScript 3.0) 选项，单击 确定 按钮，新建一个 Flash 文档。

（2）选择 修改(M) → 文档(D)... Ctrl+J 命令，弹出“文档属性”对话框，设置“尺寸”为“550 px×400 px”，“背景颜色”为“白色”（见图 12.1.2），单击 确定 按钮。

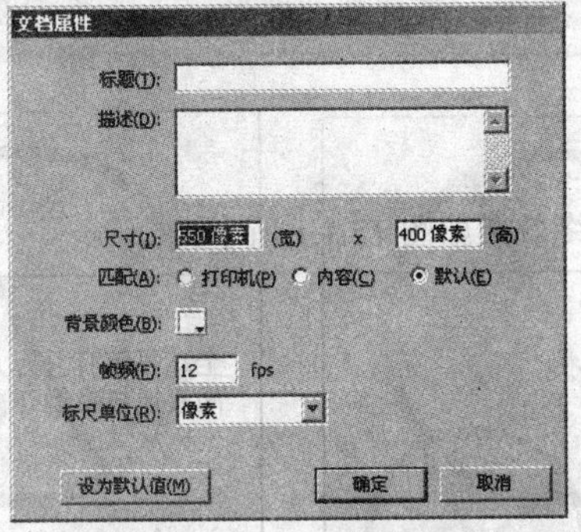

图 12.1.2　“文档属性”对话框

（3）选择 插入(I) → 新建元件(N)... Ctrl+F8 命令，弹出如图 12.1.3 所示的“创建新元件”对话框，在“名称”文本框中输入“标志”，在“类型”选项区中选中“影片剪辑”单选按钮，单击 确定 按钮，进入该元件的编辑窗口。

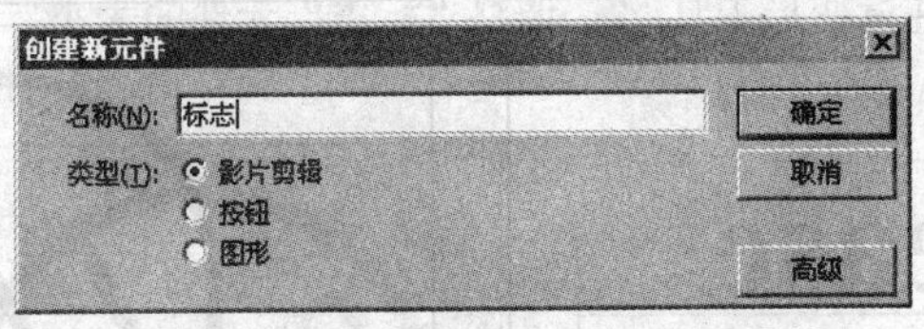

图 12.1.3　“创建新元件”对话框

（4）选择 文件(F) → 导入(I) → 导入到舞台(I)... Ctrl+R 命令，弹出如图 12.1.4 所示的“导入”对话框，在舞台中导入如图 12.1.5 所示的图形。

图 12.1.4　“导入”对话框

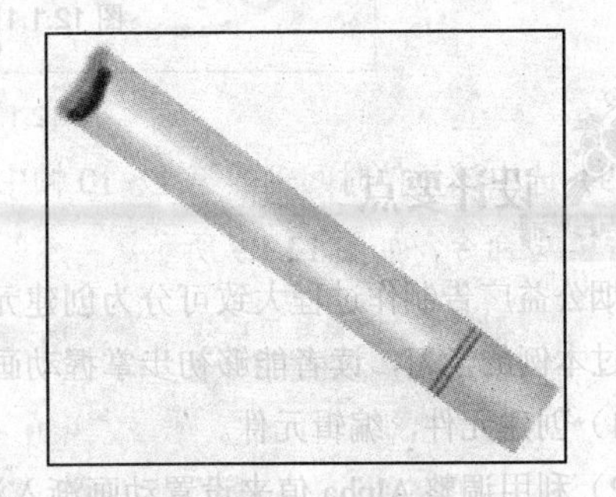

图 12.1.5　导入图片

（5）选择工具箱中的椭圆工具，在属性面板中设置笔触颜色为“红”，填充颜色为“无”，笔触高度为“9”，绘制出如图 12.1.6 所示的图形。

图 12.1.6　绘制图形

（6）选择工具箱中的选择工具，框选整个图形，选择修改(M)→组合(G)　Ctrl+G命令，如图 12.1.7 所示。

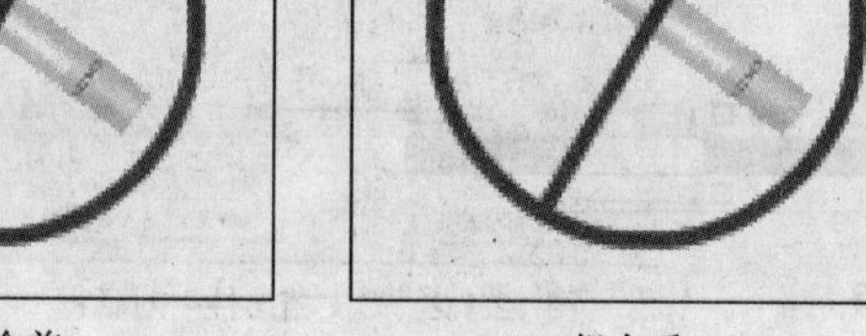

组合前　　　　组合后

图 12.1.7　将图形组合

（7）单击“标志”元件中时间轴上的第 10 帧，按“F6”键插入一个关键帧。

（8）选择工具箱中的任意变形工具，调整“标志”元件的大小。如图 12.1.8 所示为调整前后大小对比。

图 12.1.8　调整前后大小对比

（9）选中该元件时间轴的第 1～10 帧中的任意一帧，单击鼠标右键，在弹出的快捷菜单中选择创建补间动画命令，如图 12.1.9 所示。

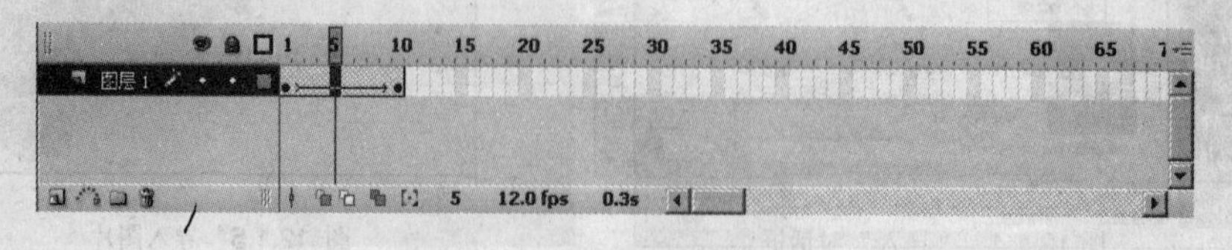

图 12.1.9　创建补间动画

（10）单击该元件时间轴上的“新建图层”按钮，插入一个新图层“图层 2”，如图 12.1.10

所示。

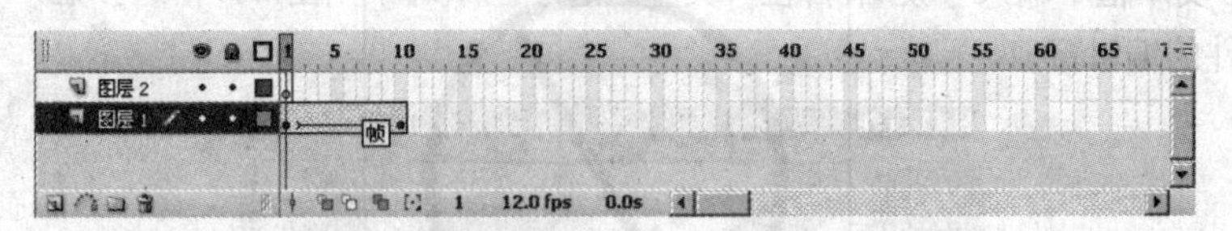

图 12.1.10 插入一个新图层

（11）复制该元件“图层1”的第1～10帧。

（12）选择“图层2”的第10～20帧，单击鼠标右键，在弹出的快捷菜单中选择粘贴帧命令，如图12.1.11所示。

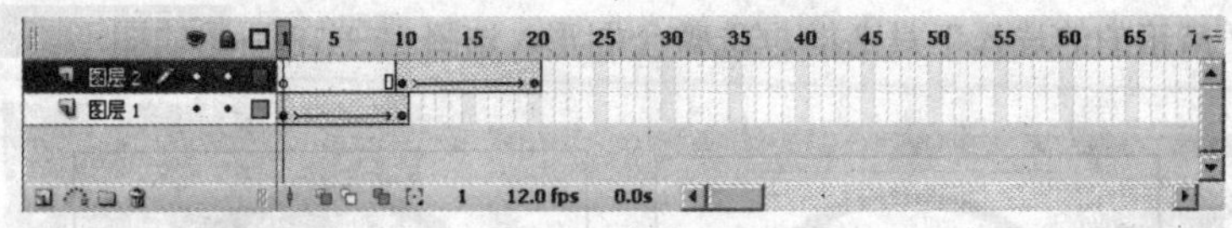

图 12.1.11 粘贴帧

（13）选中该层的第10～20帧，单击鼠标右键，在弹出的快捷菜单中选择翻转帧命令，如图12.1.12所示。

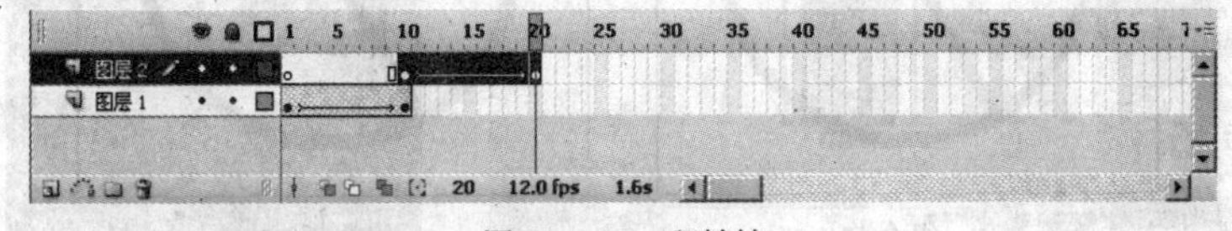

图 12.1.12 翻转帧

（14）选择插入(I)→新建元件(N)... Ctrl+F8命令，弹出如图12.1.13所示的“创建新元件”对话框，在“名称”文本框中输入“背景”，在“类型”选项区中选中“图形”单选按钮，单击确定按钮，进入该元件的编辑窗口。

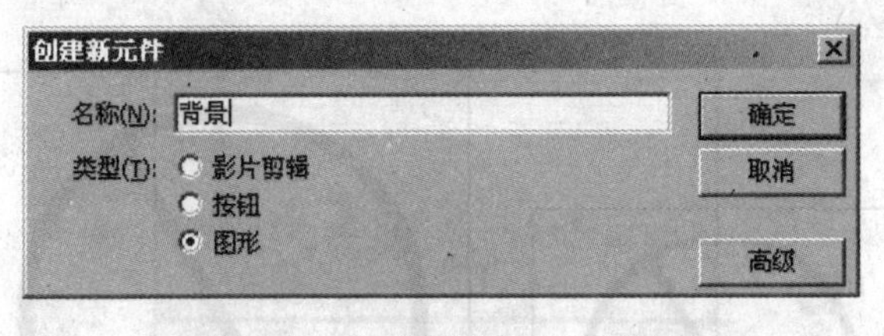

图 12.1.13 “创建新元件”对话框

（15）选择文件(F)→导入(I)→导入到舞台(I)... Ctrl+R命令，弹出如图12.1.14所示的“导入”对话框，在舞台中导入如图12.1.15所示的图形。

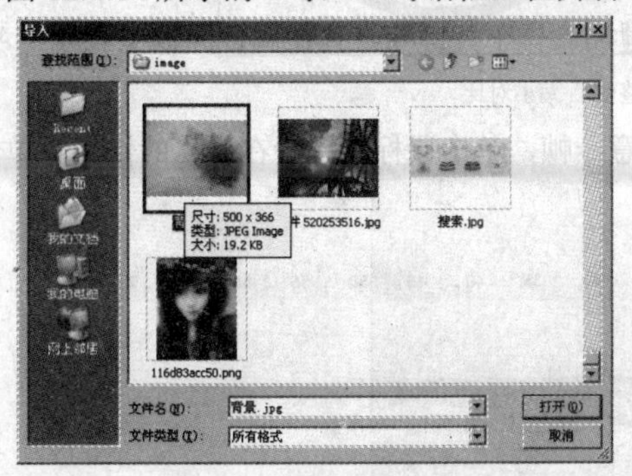

图 12.1.14 “导入”对话框

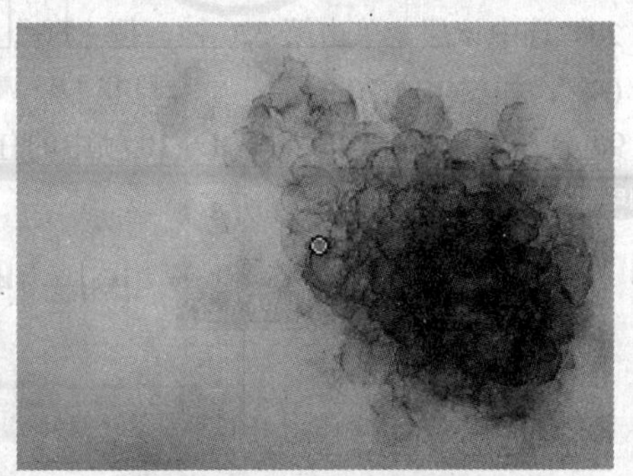

图 12.1.15 导入的图形

（16）选择插入(I)→新建元件(N)... Ctrl+F8命令，弹出如图12.1.16所示的“创建新元件”对话框框，在“名称”文本框中输入“吸烟”，在“类型”选项区中选中“图形”单选按钮，单击确定按钮，进入该原件的编辑窗口。

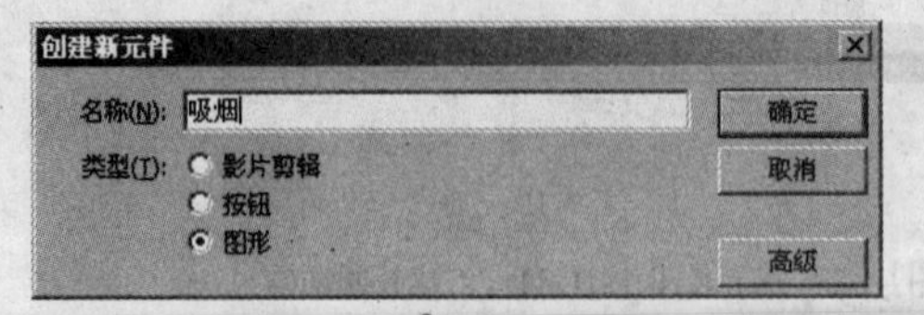

图 12.1.16 “创建新元件”对话框

（17）选择文件(F)→导入(I)→导入到舞台(I)... Ctrl+R命令，弹出如图 12.1.17 所示的“导入”对话框，在舞台中导入如图 12.1.18 所示的图形。

图 12.1.17 “导入”对话框

图 12.1.18 导入的图形

（18）单击场景 1图标，返回到“场景 1”的编辑窗口。

（19）选中“图层 1”，将背景元件放置到舞台中央，并在属性面板中设置“Alpha”值为“50%”，如图 12.1.19 所示。

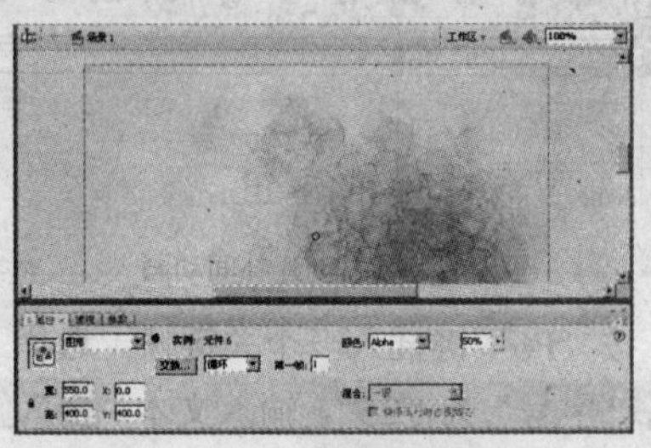

图 12.1.19 放置背景元件

（20）选中该层，单击第 220 帧，按“F6”键插入一个关键帧，并在属性面板中设置“Alpha”值为“0%”，如图 12.1.20 所示。

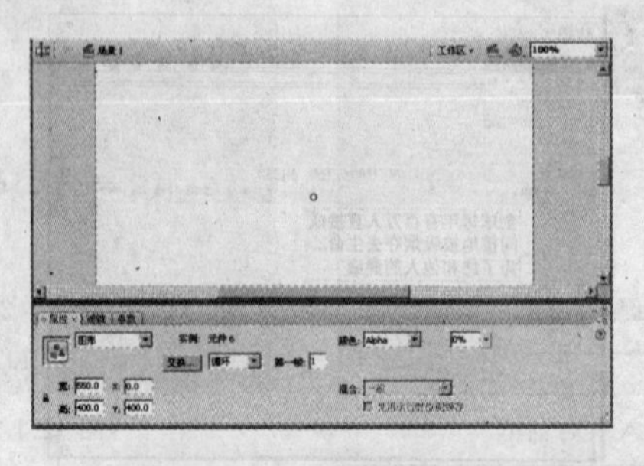

图 12.1.20 设置背景元件

（21）选中该层的第 11～220 帧中任意一帧，单击鼠标右键，在弹出的快捷菜单中选择 创建补间动画 命令，如图 12.1.21 所示。

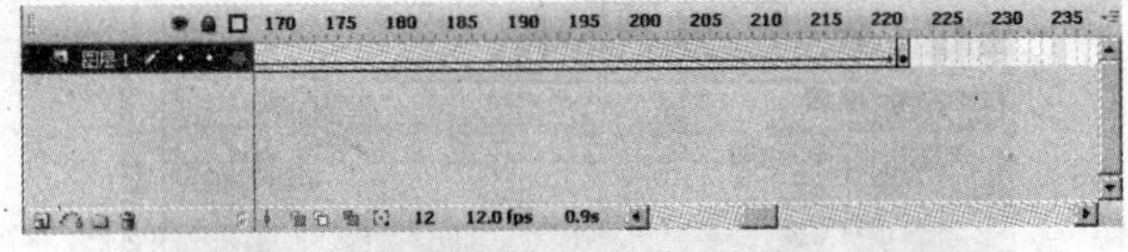

图 12.1.21 创建补间动画

（22）单击时间轴面板上的“插入图层”按钮，插入一个名为“图层 2”的图层，将“吸烟”元件放置在如图 12.1.22 所示的舞台位置。

（23）选中该层的第 45 帧，按“F6”键插入一个关键帧，选中“吸烟”元件，打开属性面板，设置其“Alpha”值为“0”，如图 12.1.23 所示。

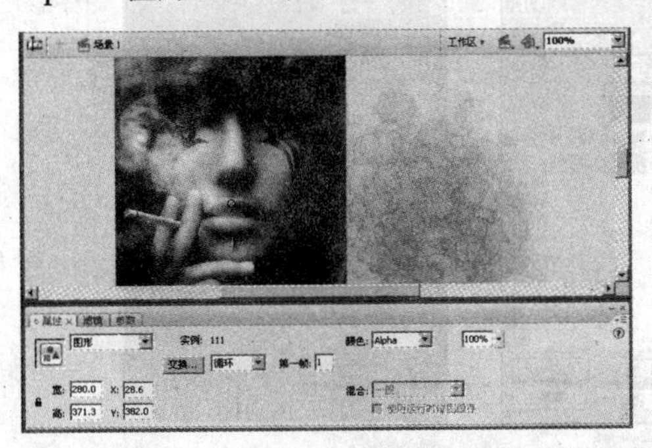

图 12.1.22 “吸烟”元件在舞台中的位置

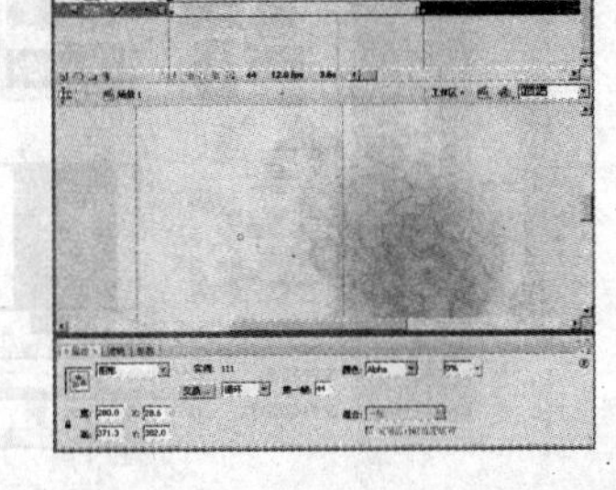

图 12.1.23 设置“吸烟”元件的“Alpha”值

（24）选中该层第 1～45 帧中的任意一帧，单击鼠标右键，在弹出的快捷菜单中选择 创建补间动画 命令，如图 12.1.24 所示。

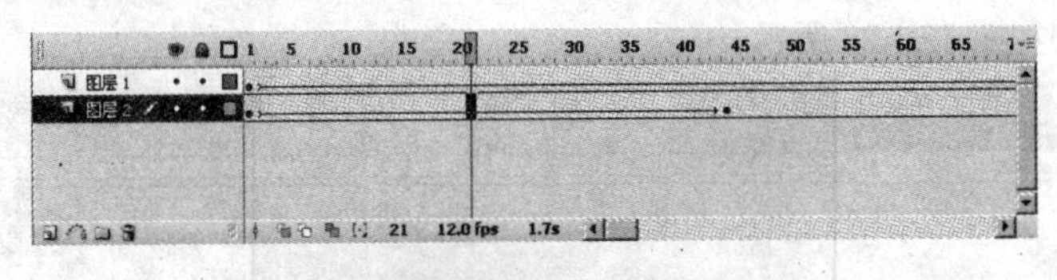

图 12.1.24 创建补间动画

（25）选中该层的第 46 帧，按“F6”键插入一个关键帧，选择工具箱中的文本工具 T，设置其“字体”为“Times New Roman”，“字号”为“25”，输入文本“全”。在隔 4 帧后即第 50 帧，按“F6”键插入一个关键帧，在文本框中继续输入一个字“球”，就这样每隔 4 帧插入一个关键帧输入一个字，直到第 166 帧，输入完整文本“全球每年有百万人直接或间接地被吸烟夺取生命…为了您和他人的健康”，如图 12.1.25 所示。

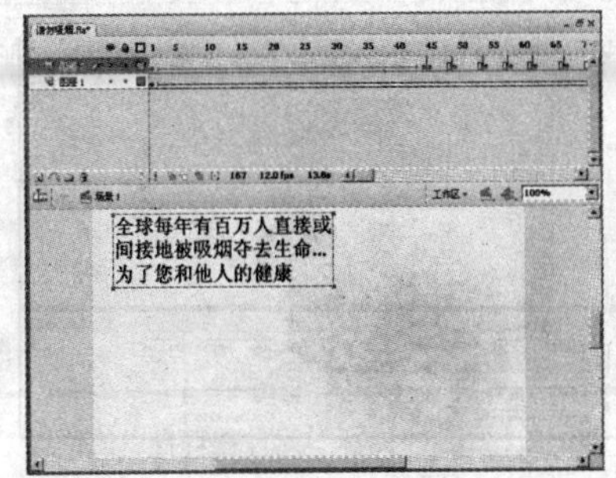

图 12.1.25 逐帧效果

（26）选中该层第 166 帧上所有的文本，单击鼠标右键，在弹出的快捷菜单中选择 转换为元件... 命令，会弹出如图 12.1.26 所示的“转换为元件”对话框，在“名称”文本框中输入“文本”，在“类型”选项区中选中“图形”单选按钮，单击 确定 按钮。

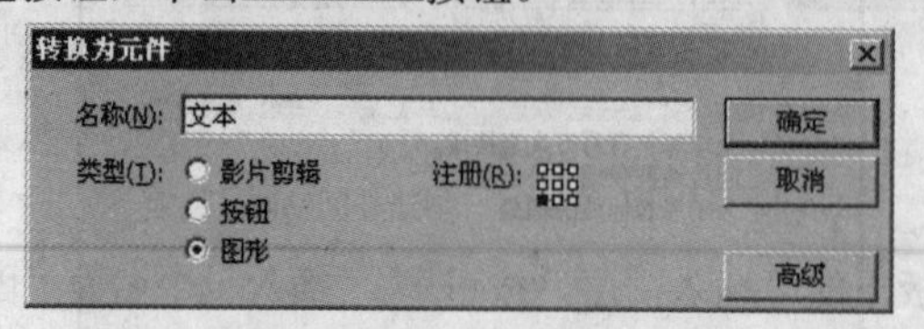

图 12.1.26 “转换为元件”对话框

（27）选中该层的第 200 帧，单击“文本”元件，打开属性面板，设置其“Alpha”值为“0%”，如图 12.1.27 所示。

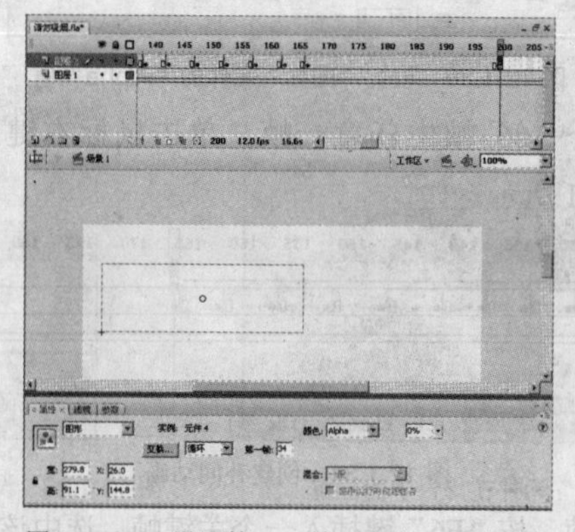

图 12.1.27 设置第 200 帧“文本”元件属性

（28）选中该层的第 166～200 帧中任意一帧，单击鼠标右键，在弹出的快捷菜单中选择 创建补间动画 命令，如图 12.1.28 所示。

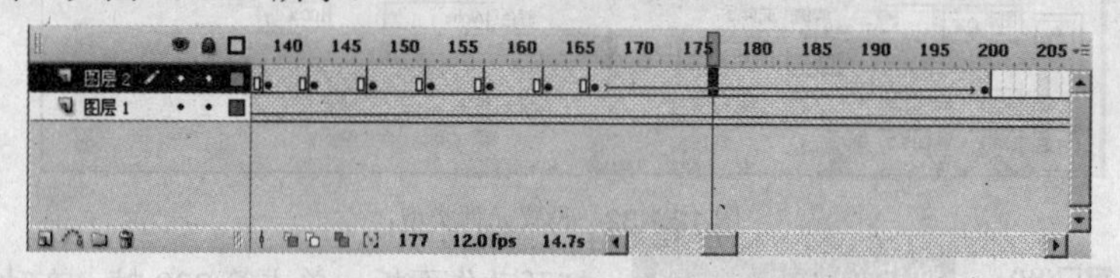

图 12.1.28 创建补间动画

（29）单击时间轴面板上的“插入图层”按钮，插入一个名为“图层 3”的图层，将“图标”元件放置在如图 12.1.29 所示的舞台位置。

图 12.1.29 “图标”元件在舞台中的位置

（30）选中该层的第 45 帧，按“F6”键插入一个关键帧，选中第 166 帧，单击“图标”元件，

打开其属性面板，设置其“Alpha”值为“0%”，如图 12.1.30 所示。

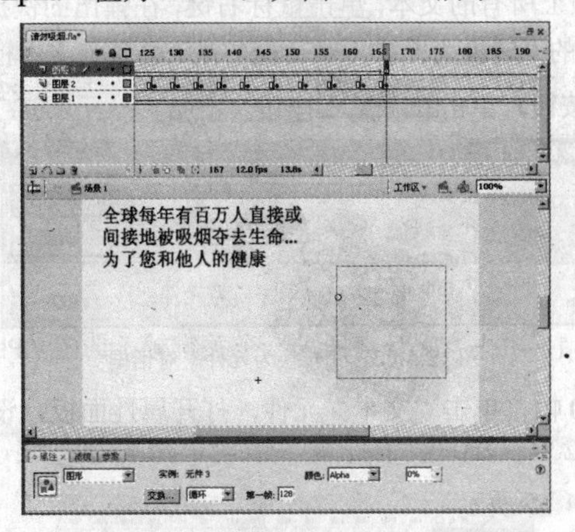

图 12.1.30 设置“图标”元件的“Alpha”值

（31）选中该层的第 45～166 帧中任意一帧，单击鼠标右键，在弹出的快捷菜单中选择创建补间动画命令，如图 12.1.31 所示。

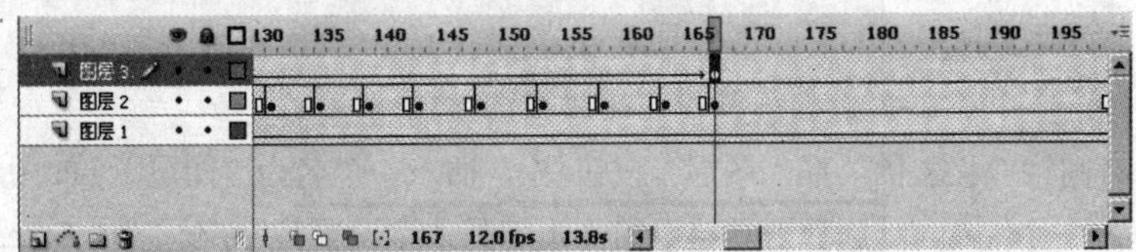

图 12.1.31 创建补间动画

（32）选中该层的第 220 帧，按“F6”键插入一个关键帧，选中该帧的“图标”元件，打开其属性面板，设置“元件类型”下拉列表的影片剪辑为图形，如图 12.1.32 所示

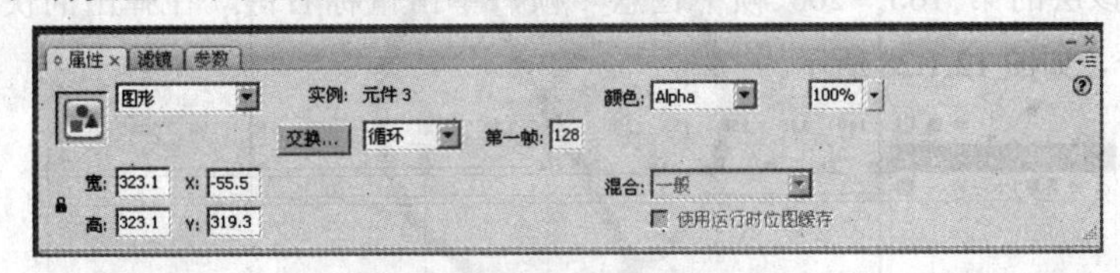

图 12.1.32 设置元件类型

（33）选择 窗口(W) → 動作(A) F9，打开动作面板，单击第 220 帧，在动作面板中输入 stop();

（34）单击时间轴面板上的“插入图层”按钮，插入一个名为“图层 4”的图层，选中第 200 帧，按“F6”键插入一个关键帧，选择工具箱中的文本工具，设置其“字体”为“Times New Roman”，“字号”为“84”，在舞台中央输入文本“Please”，如图 12.1.33 所示。

图 12.1.33 输入文本

（35）选中该层第 200 帧上所有的文本，单击鼠标右键，在弹出的快捷菜单中选择转换为元件...命

令，会弹出如图 12.1.34 所示的“转换为元件”对话框，在“名称”文本框中输入“please”，在“类型”选项区中选中“图形”单选按钮，单击确定按钮。

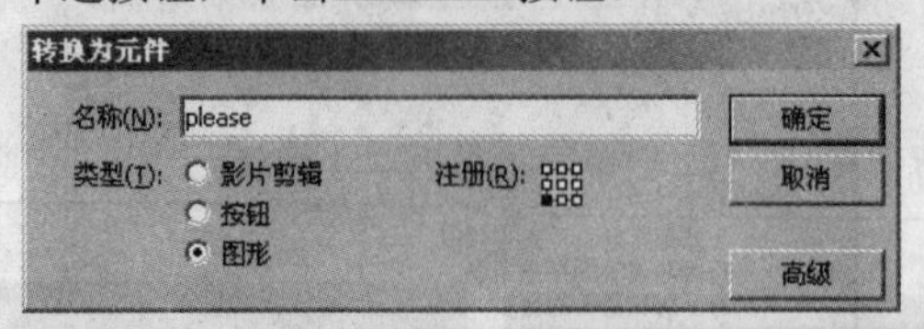

图 12.1.34 转换为元件

（36）选中该层第 220 帧，单击“F6”键插入一个关键帧，选中“Please”元件，设置其“Alpha”值为“0%”。

（37）选中该层的第 200～220 帧中任意一帧，单击鼠标右键，在弹出的快捷菜单中选择创建补间动画命令，如图 12.1.35 所示。

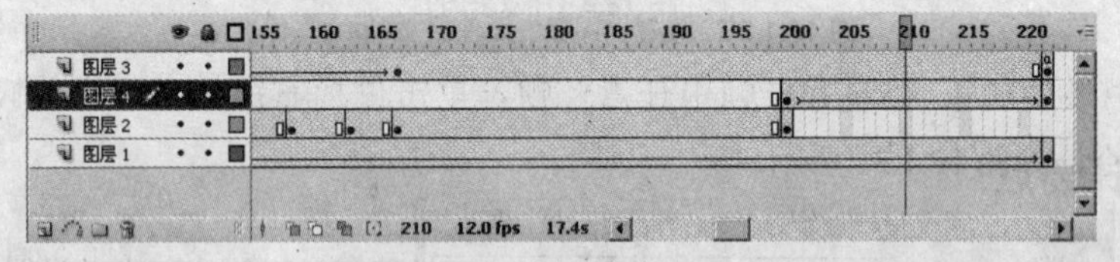

图 12.1.35 创建补间动画

（38）单击时间轴面板上的“插入图层”按钮，插入一个名为“图层 5”的图层，选中第 220 帧，按“F6”键插入一个关键帧，选择工具箱中的文本工具T，设置其“字体”为“Times New Roman”，“字号”为“35”，在舞台中央输入文本“珍惜生命 请勿吸烟”，如图 12.1.36 所示。

图 12.1.36 输入文本

（39）按“Ctrl+Enter”组合键测试影片效果，如图 12.1.1 所示。

案例 2 旅游景点广告

设计背景

旅游景点广告通过文字的变形和画面特效来吸引用户，在播放动画的同时读出信息，常用在网站主页的顶部，Flash 动画的尾部。

设计内容

本例设计旅游景点广告效果图，最终效果如图 12.2.1 所示。

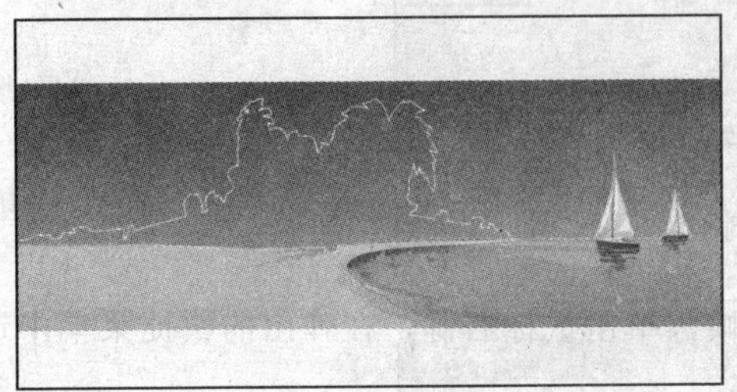

图 12.2.1　效果图

设计要点

旅游景点广告制作过程大致可分为使用工具、创建及编辑元件、创建文本并设置文本特效、设置帧、创建补间动画等。希望通过本例的学习，读者能更加细致地掌握网页制作的内容及要点。本例设计要点如下：

（1）工具箱的熟练应用。

（2）熟练应用颜色面板。

（3）创建元件，编辑元件。

（4）熟练运用补间动画。

（5）熟练应用文字特效。

（6）创建图层，编辑图层。

操作步骤

（1）选择 文件(F) → 新建(N)... Ctrl+N 命令，弹出“新建”对话框，选择“常规”选项卡中的 Flash 文件(ActionScript 3.0) 选项，单击 确定 按钮，新建一个 Flash 文档。

（2）选择 修改(M) → 文档(D)... Ctrl+J 命令，弹出“文档属性”对话框，设置“尺寸”为“550 px×400 px”，“背景颜色”为“白色”（见图 12.2.2），单击 确定 按钮。

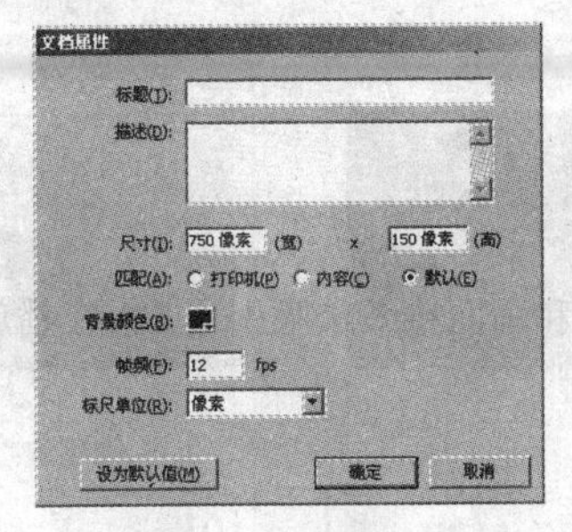

图 12.2.2　“文档属性”对话框

（3）更改“图层 1”的名称为“背景”，如图 12.2.3 所示。

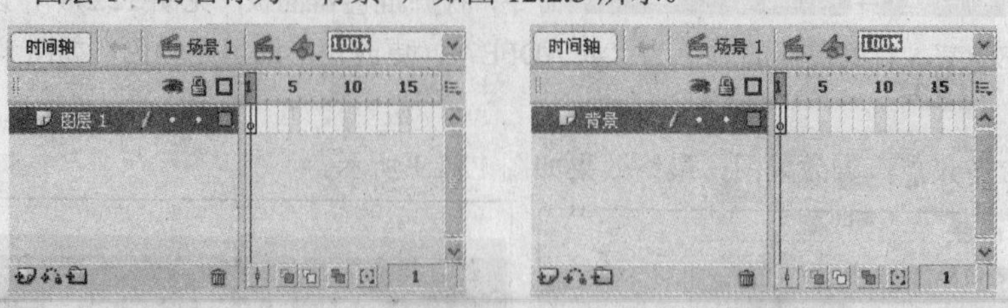

图 12.2.3　更改层名

（4）按“Ctrl+F8”键，弹出“创建新元件”对话框，在“名称”文本框中输入“bg1”，在“类型”选项区中选中“影片剪辑”单选按钮，如图 12.2.4 所示。

图 12.2.4　“创建新元件”对话框

（5）单击 确定 按钮，进入其编辑窗口，选择工具箱中的矩形工具，在属性面板中设置笔触颜色为“无”，填充颜色为“白色至黑色的线性渐变色”，在舞台的中心绘制一个矩形，如图 12.2.5 所示。

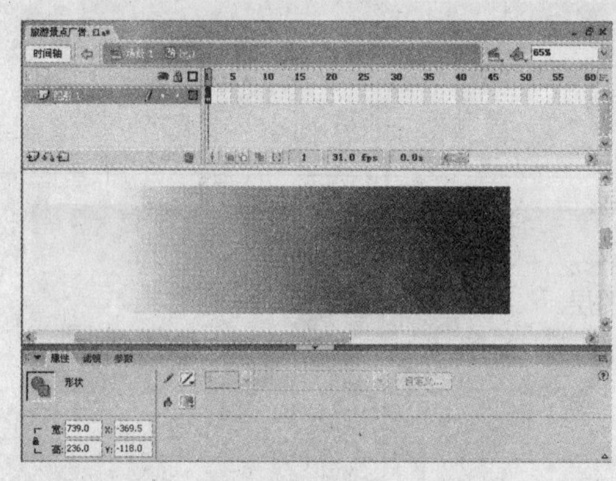

图 12.2.5　绘制矩形

（6）选择工具箱中的填充变形工具，单击矩形，显示其填充变形手柄，如图 12.2.6 所示。

（7）拖动变形手柄，调整矩形的填充效果，如图 12.2.7 所示。

图 12.2.6　显示填充变形手柄

图 12.2.7　调整填充效果

（8）选择 窗口(W) → 混色器(X) Shift+F9 命令，打开混色器面板（见图 12.2.8），设置左侧色标的颜色为“#009EDC”，右侧色标的颜色为“#CADFE7”，更改矩形的填充颜色，如图 12.2.9 所示。

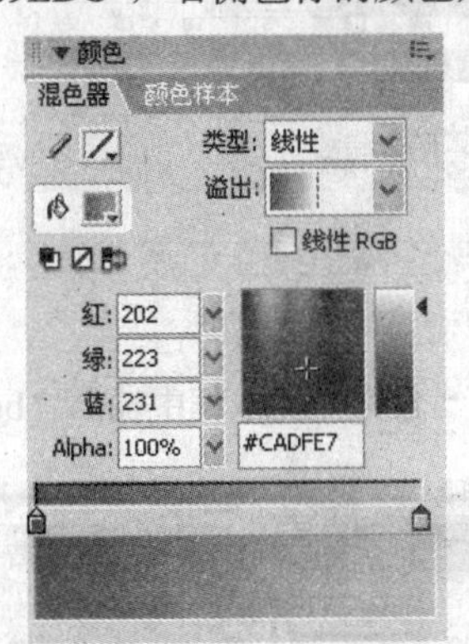

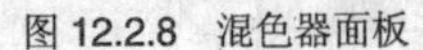

图 12.2.8　混色器面板

图 12.2.9　更改矩形的填充颜色

（9）重复步骤（4）的操作，创建一个名为“bg2”的元件，单击 确定 按钮，进入该元件的编辑窗口。

（10）选择 文件(F) → 导入(I) → 导入到舞台(I)... Ctrl+R 命令，弹出“导入”对话框，导入图片“back1.jpg”，并调整它到舞台的中心位置，如图 12.2.10 所示。

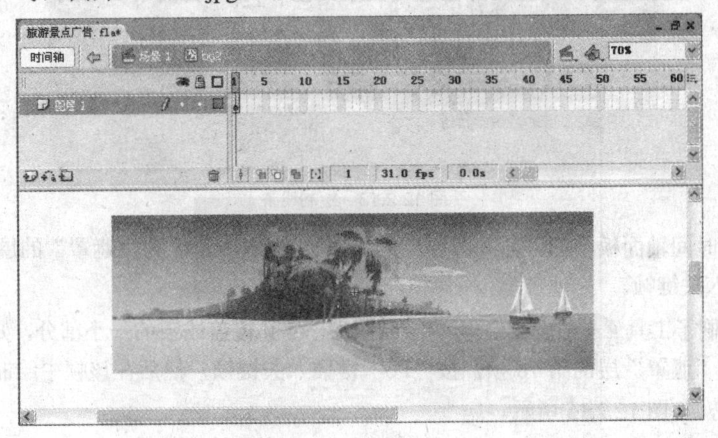

图 12.2.10　导入并调整图片

（11）单击 场景 1 图标，返回到主场景。

（12）选择 窗口(W) → 库(L) Ctrl+L 命令，打开库面板，从中拖动“bg1”元件到舞台的中心位置。

（13）选中“背景”层的第 15 帧，按“F6”键插入关键帧。

（14）选中第 1 帧中的“bg1”实例，在属性面板的“颜色”下拉列表中选择“Alpha”选项，设置 Alpha 值为“0”，使其完全透明，如图 12.2.11 所示。

（15）选中第 1 帧，在属性面板的“补间”下拉列表中选择“动画”选项，创建一段运动补间动画，如图 12.2.12 所示。

（16）选中“背景”层的第 170 帧，按“F5”键插入帧。

（17）单击时间轴面板中的“插入图层”按钮，插入一个名为“bg2”的层，然后从库面板中拖动“bg2”元件到舞台的中心位置。

（18）同样，插入一个名为“线条”的层，并且选中第 15 帧，按“F6”键插入关键帧。

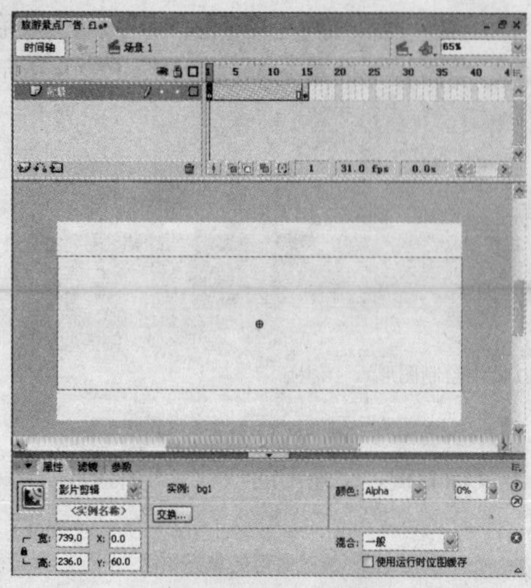

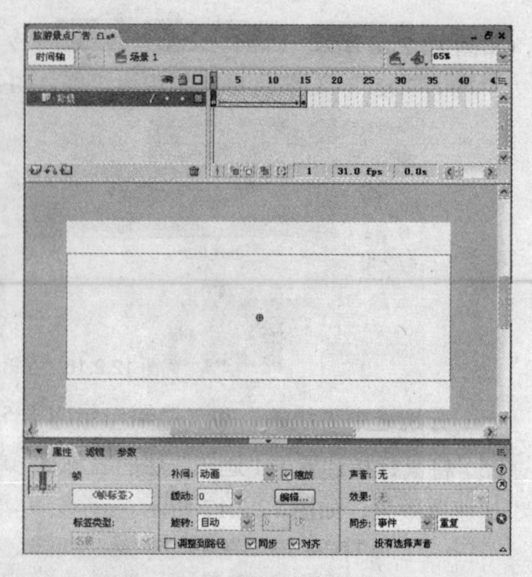

图 12.2.11 设置“bg1”实例完全透明 图 12.2.12 创建运动补间动画

（19）选择工具箱中的铅笔工具，在属性面板中设置笔触颜色为“白色”，参照“bg2”层中的湖泊、帆船、土地和树，绘制如图 12.2.13 所示的线条。

图 12.2.13 绘制线条

（20）单击时间轴面板中的“插入图层”按钮，插入一个名为“遮罩”的层，然后选中第 15 帧，按 F6 键插入关键帧。

（21）选择刷子工具，在线条的一端绘制图形，使其覆盖线条的一小部分，如图 12.2.14 所示。

（22）选中“遮罩”层的第 16 帧，按“F6”键插入关键帧，然后在该帧中绘制图形，使其覆盖线条的更多部分，如图 12.2.15 所示。

图 12.2.14 在第 15 帧中绘制图形

图 12.2.15 在第 16 帧中绘制图形

（23）继续插入第 17 帧、第 18 帧……并绘制相应图形，直至在第 50 帧中绘制覆盖整个线条的

图形，如图 12.2.16 所示。

图 12.2.16　在第 50 帧中绘制图形

（24）分别选中“线条”和“遮罩”层的第 53 帧，按“F7”键插入空白关键帧。

（25）将鼠标指针置于“遮罩”层的名称处，单击鼠标右键，在弹出的快捷菜单中选择 遮罩层 命令，添加遮罩效果，如图 12.2.17 所示。

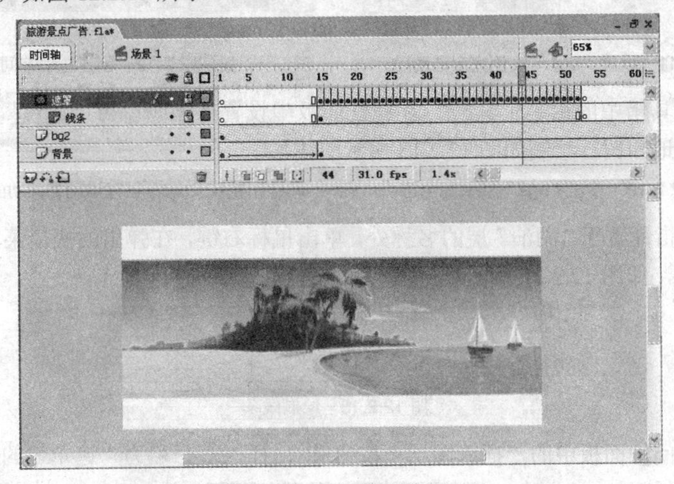

图 12.2.17　添加遮罩效果

（26）选中“bg2”层，单击时间轴面板中的“删除图层”按钮，将该层删除。

（27）选中“遮罩”层，单击时间轴面板中的“插入图层”按钮，插入一个名为“图片 1”的层。

（28）选中该层的第 35 帧，按“F6”键插入关键帧，然后从库面板中拖动“bg2”元件到舞台的中心位置。

（29）单击时间轴面板中的“插入图层”按钮，插入一个名为“湖泊”的层。

（30）选中第 35 帧，按“F6”键插入关键帧，绘制如图 12.2.18 所示的图形，使其覆盖“图片 1”层中的湖泊和帆船。

图 12.2.18　绘制覆盖湖泊和帆船的图形

（31）选中“图片 1”层的第 50 帧，按“F6”键插入关键帧。

（32）选中该层第 35 帧中的“bg2”实例，在属性面板的“颜色”下拉列表中选择“Alpha”选项，设置 Alpha 值为“0”，使其完全透明，如图 12.2.19 所示。

（33）在属性面板的“补间”下拉列表中选择“动画”选项，创建一段运动补间动画，如图 12.2.20 所示。

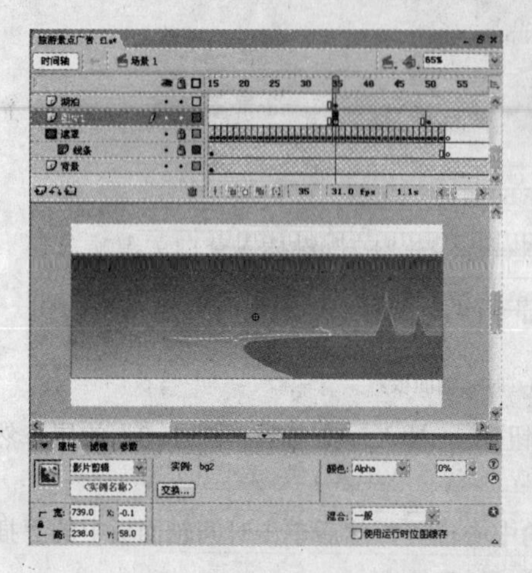

图 12.2.19 设置“bg2”实例完全透明

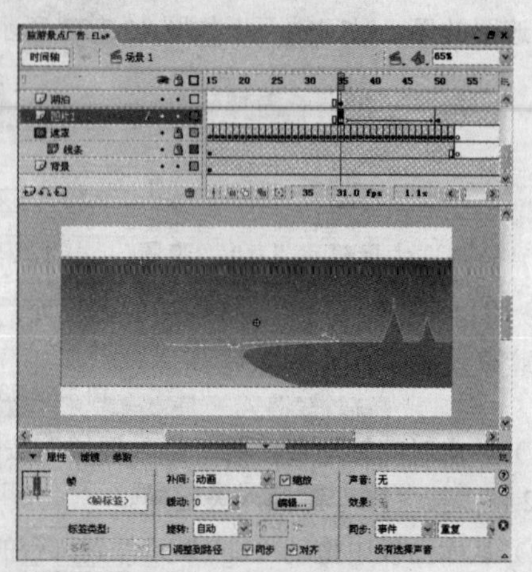

图 12.2.20 创建运动补间动画

（34）将鼠标指针置于“湖泊”层的名称处，单击鼠标右键，在弹出的快捷菜单中选择遮罩层命令，添加遮罩效果，如图 12.2.21 所示。

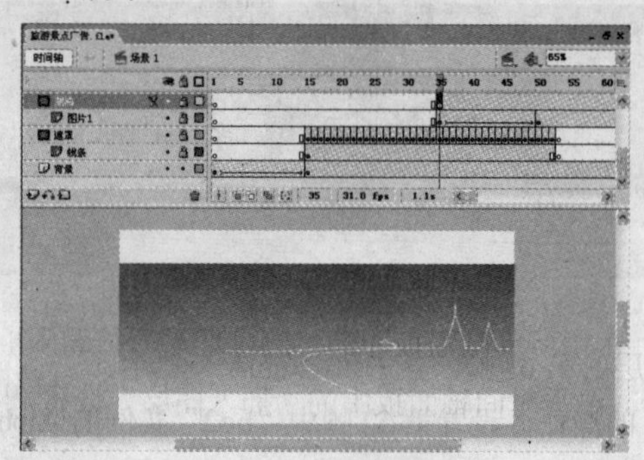

图 12.2.21 添加遮罩效果

（35）单击时间轴面板中的“插入图层”按钮，插入一个名为“图片 2”的层，然后选中该层的第 41 帧，按“F6”键插入关键帧。

（36）从库面板中拖动“bg2”元件到舞台的中心位置，然后单击时间轴面板中的“插入图层”按钮，插入一个名为“土地”的层。

（37）选中第 41 帧，按“F6”键插入关键帧，绘制如图 12.2.22 所示的图形，使其覆盖“图片 2”层中的土地。

图 12.2.22 绘制覆盖土地的图形

（38）选中“图片2”层的第56帧，按“F6”键插入关键帧。

（39）重复步骤（32）的操作，设置第41帧中“bg2”实例的Alpha值为“0”，重复步骤（33）的操作，在该层中创建运动补间动画。

（40）将鼠标指针置于“土地”层的名称处，单击鼠标右键，在弹出的快捷菜单中选择遮罩层命令，添加遮罩效果，时间轴面板如图12.2.23所示。

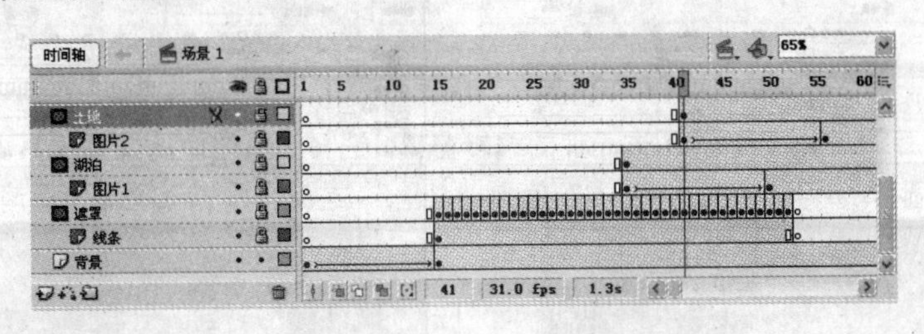

图12.2.23 时间轴面板

（41）单击时间轴面板中的“插入图层”按钮，插入一个名为“图片3”的层，然后选中该层的第52帧，按“F6”键插入关键帧。

（42）从库面板中拖动“bg2”元件到舞台的中心位置，然后单击时间轴面板中的“插入图层”按钮，插入一个名为“树”的层。

（43）选中第52帧，按“F6”键插入关键帧，绘制如图12.2.24所示的图形，使其覆盖“图片3”层中的树。

图12.2.24 绘制覆盖树的图形

（44）选中“图片3”层的第67帧，按“F6”键插入关键帧。

（45）重复步骤（32）的操作，设置第52帧中“bg2”实例的Alpha值为“0”，重复步骤（33）的操作，在该层中创建运动补间动画。

（46）将鼠标指针置于“树”层的名称处，单击鼠标右键，在弹出的快捷菜单中选择遮罩层命令，添加遮罩效果，如图12.2.25所示。

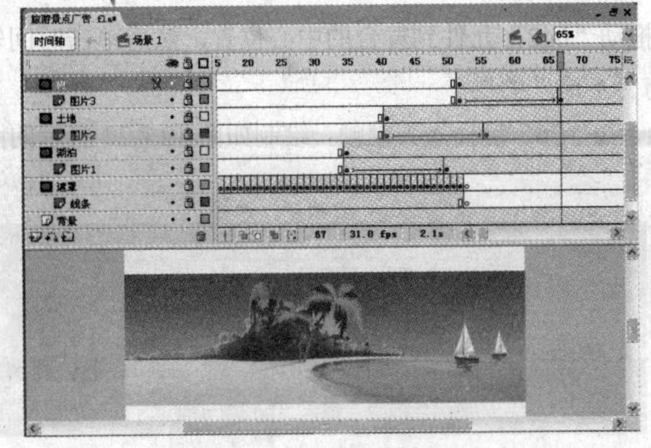

图12.2.25 添加遮罩效果

（47）按“Ctrl+F8”键，弹出“创建新元件”对话框，在“名称”文本框中输入“txt1”，在“类型”选项区中选中“影片剪辑”单选按钮，如图12.2.26所示。

图12.2.26 “创建新元件”对话框

（48）单击 确定 按钮，进入该元件的编辑窗口，选择工具箱中的文本工具 T，在属性面板中设置字体为“幼圆”，字号为“30”，文本颜色为“黑色”，在舞台中输入文本“丽湾兰岛风景好”，如图12.2.27所示。

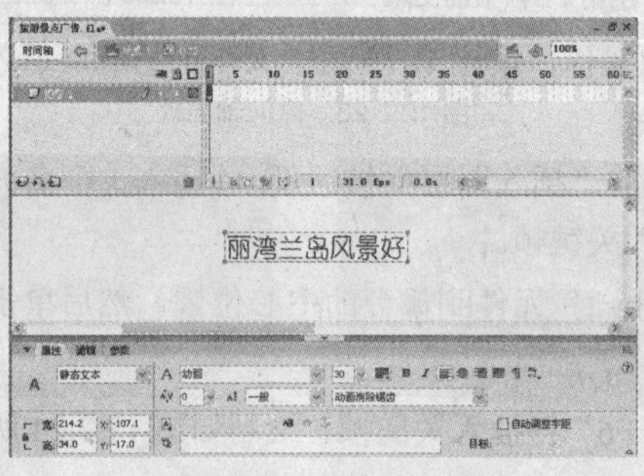

图12.2.27 输入文本

（49）重复步骤（47）和步骤（48）的操作，创建名为“txt2”的元件，并在其编辑窗口中输入文本“旅游观光好去处”。

（50）单击 场景 1 图标，返回到主场景。

（51）选中“树”层，单击“插入图层”按钮 两次，插入“文本1”和“文本2”层。

（52）在“文本1”层的第77帧中插入关键帧，并从库面板中拖动“txt1”元件到如图12.2.28所示的位置。

图12.2.28 拖入“txt1”元件

（53）在“文本2”层的第112帧中插入关键帧，并从库面板中拖动“txt2”元件到如图12.2.29所示的位置。

图12.2.29 拖入“txt2”元件

（54）分别选中“文本1”层的第86帧和110帧，“文本2”层的第121帧和145帧，按“F6”

键插入关键帧。

（55）选择工具箱中的任意变形工具，调整“文本 1”层第 77 帧中文本的大小和位置如图 12.2.30 所示，调整第 86 帧中文本的大小和位置如图 12.2.31 所示。

图 12.2.30 调整“文本 1”层第 77 帧中的文本

图 12.2.31 调整“文本 1”层第 86 帧中的文本

（56）重复步骤（32）的操作，设置第 77 帧中文本的 Alpha 值为“0”，第 86 帧中文本的 Alpha 值为“50”，如图 12.2.32 所示。

设置第 77 帧中文本的 Alpha 值

设置第 86 帧中文本的 Alpha 值

图 12.2.32 设置“文本 1”层中文本的 Alpha 值

（57）分别选中“文本 1”层的第 77 帧和 86 帧，在属性面板的“补间”下拉列表中选择“动画”选项，并设置“缓动”为“100”，创建两段运动补间动画，如图 12.2.33 所示。

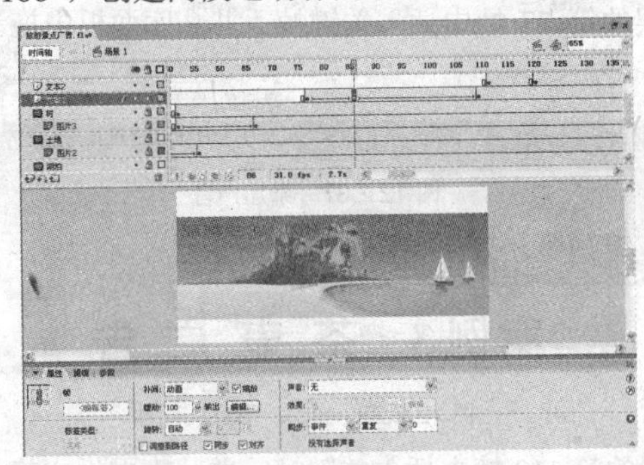

图 12.2.33 创建运动补间动画

（58）选择工具箱中的任意变形工具，调整“文本 2”层第 112 帧中文本的大小和位置如图 12.2.34 所示，调整第 121 帧中文本的大小和位置如图 12.2.35 所示。

图 12.2.34 调整“文本 2”层第 112 帧中的文本

图 12.2.35 调整“文本 2”层第 121 帧中的文本

（59）重复步骤（32）的操作，设置第 112 帧中文本的 Alpha 值为“0”，第 121 帧中文本的 Alpha 值为“50”。

（60）分别选中“文本 2”层的第 112 帧和 121 帧，在属性面板的“补间”下拉列表中选择“动画”选项，并设置“缓动”为“100”，创建两段运动补间动画。

（61）单击时间轴面板中的“插入图层”按钮，插入一个名为“文本 3”的层，然后选中该层的第 145 帧，按“F6”键插入关键帧。

（62）选择工具箱中的文本工具T，在属性面板中设置字体为“幼圆”，字号为“20”，文本颜色为“黑色”，在如图 12.2.36 所示的位置输入文本“飞腾广告公司制作”。

图 12.2.36　输入文本

（63）单击时间轴面板中的“插入图层”按钮，插入一个名为“声音”的层，然后选中该层的第 12 帧，按“F6”键插入关键帧。

（64）选择 文件(F) → 导入(I) → 导入到舞台(I)... Ctrl+R 命令，弹出“导入”对话框，导入声音文件“F1.wav”。

（65）选中“声音”层的第 12 帧，在属性面板的“声音”下拉列表中选择“F1.wav”选项，将声音添加至文件中，如图 12.2.37 所示。

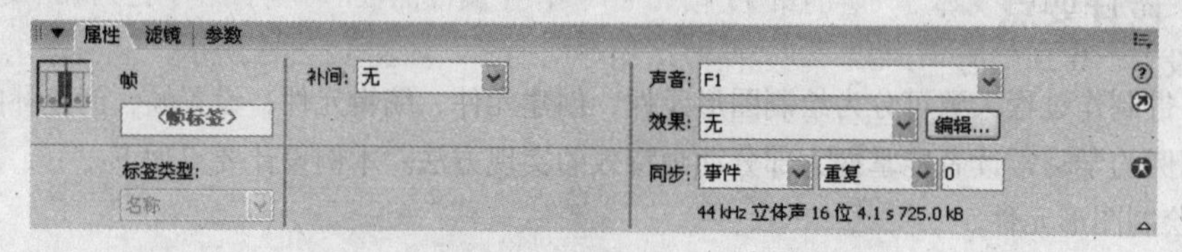

图 12.2.37　添加声音

（66）按“Ctrl+Enter”键预览，效果如图 12.2.1 所示。

案例 3　茶 壶 广 告

设计背景

本例将制作茶壶广告的动画效果，古风古韵的茶杯和茶壶，搭配绿色淡雅的背景，以及同茶水相同颜色的古诗词，衬托出中国茶文化的底蕴，给人以休闲养身的特殊感觉。

设计内容

本例制作茶壶广告，最终效果如图 12.3.1 所示。

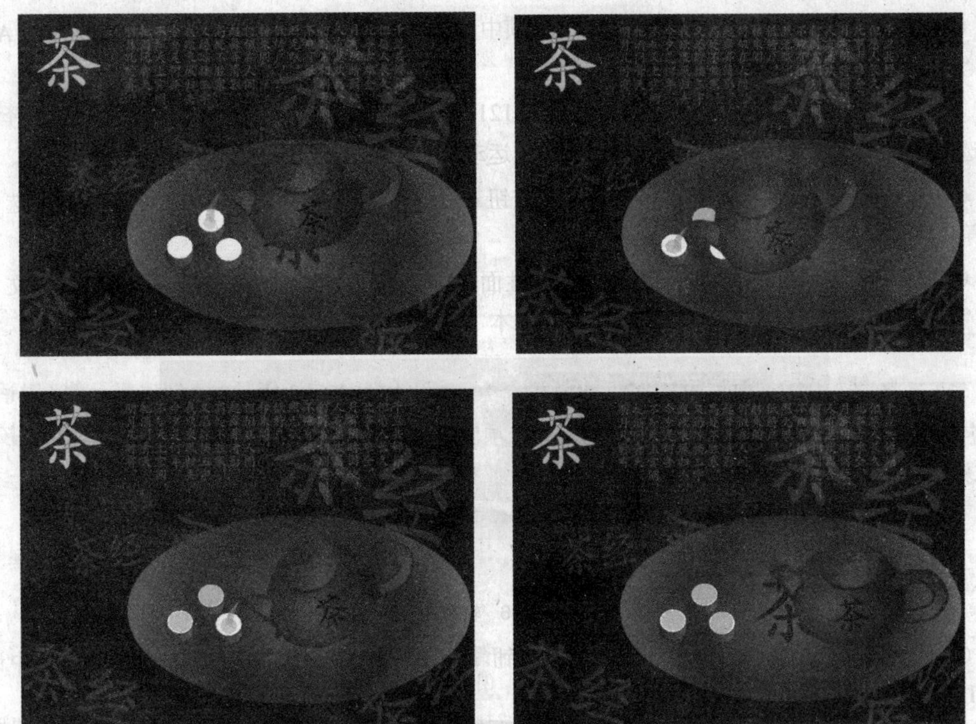

图 12.3.1　茶壶广告效果图

设计要点

茶壶广告制作过程大致可分为绘制图形元件、创建元件、编辑元件、设置帧、创建补间动画等。希望通过本例的学习，读者能掌握大部分动画特效的实现方法。本例设计要点如下：

（1）绘制图形元件。

（2）熟练应用工具箱。

（3）创建元件。

（4）熟练掌握编辑帧。

（5）熟练应用动作补间动画。

（6）熟练应用形状补间动画。

（7）熟练应用层。

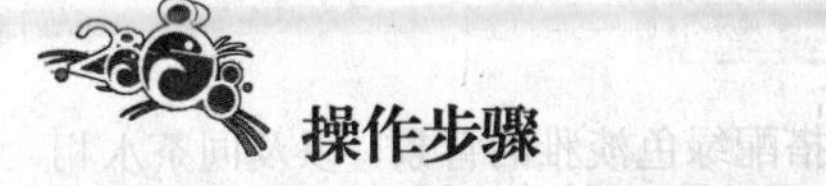

操作步骤

（1）选择 文件(F) → 新建(N)... Ctrl+N 命令，弹出“新建”对话框，选择“常规”选项卡中的 Flash 文件(ActionScript 3.0) 选项，单击 确定 按钮，新建一个 Flash 文档。

（2）选择 修改(M) → 文档(D)... Ctrl+J 命令，弹出“文档属性”对话框，设置“尺寸”为“550 px×400 px”，“背景颜色”为“绿色”（见图 12.3.2），单击 确定 按钮。

图 12.3.2 “文档属性”对话框

（3）选择插入(I)→新建元件(N)... Ctrl+F8命令，弹出如图 12.3.3 所示的“创建新元件”对话框，在“名称”文本框中输入“茶经”，在“类型”选项区中选中“图形”单选按钮，单击确定按钮，进入该元件的编辑窗口。

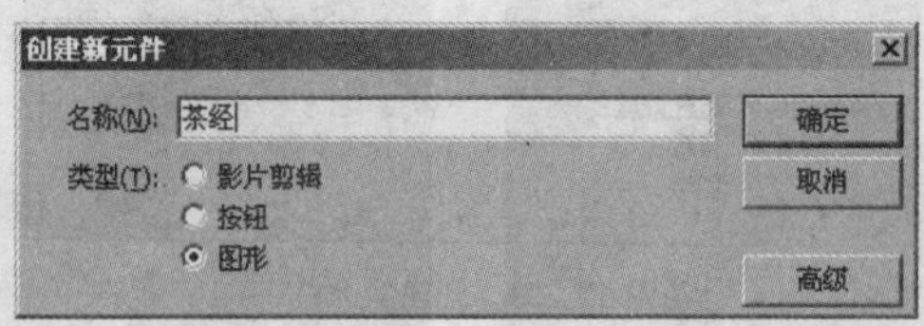

图 12.3.3 创建新元件

（4）选择工具箱中的文本工具T，设置属性面板中“字体”为“楷体_GB2312”，“字号”为“80”，“文本填充颜色”为“#E7D84E”，在舞台中输入文本“茶经”，如图 12.3.4 所示。

图 12.3.4 输入文本

（5）选择插入(I)→新建元件(N)... Ctrl+F8命令，弹出如图 12.3.5 所示的“创建新元件”对话框，在“名称”文本框中输入“茶杯”，在“类型”选项区中选中“图形”单选按钮，单击确定按钮，进入该元件的编辑窗口。

图 12.3.5 创建新元件

（6）选择工具箱中的线条工具和椭圆工具，绘制出如图 12.3.6 所示的图形。

（7）选择窗口(W)→颜色(C) Shift+F9命令打开颜色面板，选择“笔触颜色”为“#844200”，在“类型”选项中选择“放射状”，在“溢出”选项中选择，设置左边滑块“颜色”选项值为“#C68A31”，设置右边滑块“颜色”选项值为“#80552B”（见图 12.3.7），选择工具箱中的填充工具来填充茶杯底部，选中茶杯里面部分，选择白色填充，如图 12.3.8 所示。

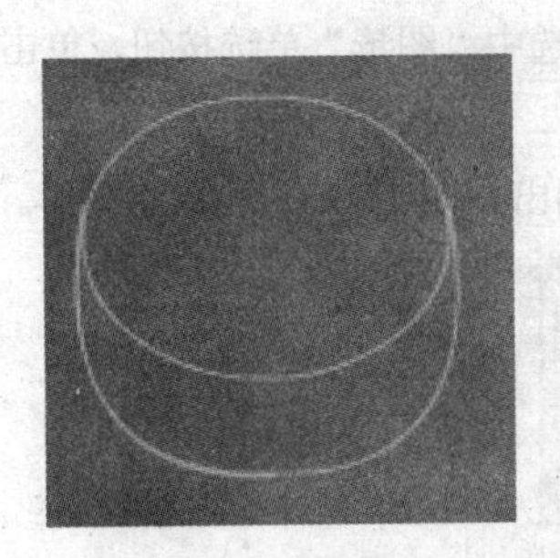

图 12.3.6 绘制图形

图 12.3.7 颜色面板

图 12.3.8 填充图形

（8）选择插入(I)→新建元件(N)... Ctrl+F8命令，弹出如图 12.3.9 所示的“创建新元件”对话框，在“名称”文本框中输入“茶壶”，在“类型”选项区中选中“影片剪辑”单选按钮，单击确定按钮，进入该元件的编辑窗口。

图 12.3.9 创建新元件

（9）选择工具箱中的线条工具和椭圆工具，绘制出如图 12.3.10 所示的图形。

（10）选择窗口(W)→颜色(C) Shift+F9命令打开颜色面板，选择“笔触颜色”为“#844200”，在“类型”选项中选择“放射状”，在“溢出”选项中选择，设置左边滑块“颜色”选项值为“#C68A31”，设置右边滑块“颜色”选项值为“#80552B”（见图 12.3.11），选择工具箱中的填充工具来填充整个茶壶，如图 12.3.12 所示。

图 12.3.10 绘制茶壶

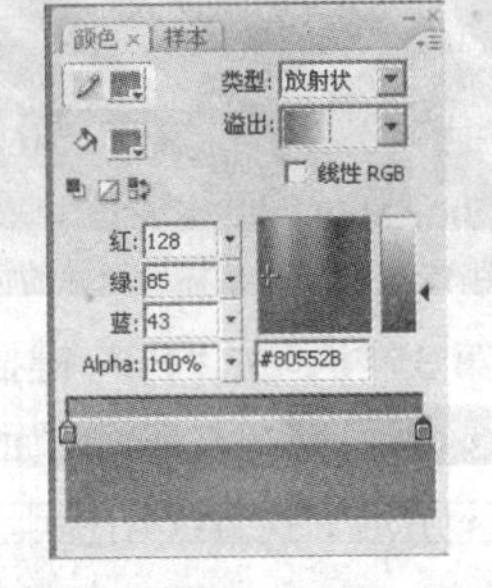

图 12.3.11 颜色面板

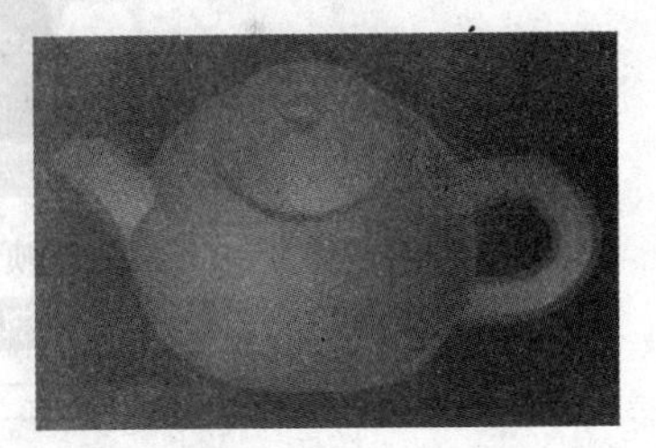

图 12.3.12 填充颜色

（11）选择工具箱中的文本工具，设置属性面板中“字体”为“楷体_GB2312”，“字号”为“40”，“文本填充颜色”为“#6C3600”，在茶壶上输入文本“茶”，如图 12.3.13 所示。

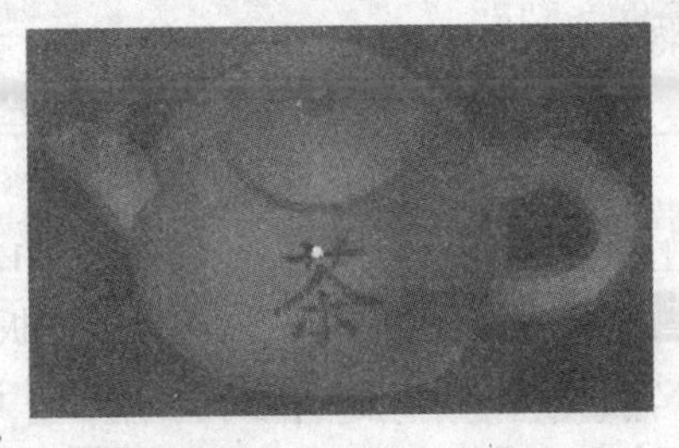

图 12.3.13 在茶壶上输入文本

（12）选择插入(I)→新建元件(N)... Ctrl+F8命令，弹出如图 12.3.14 所示的“创建新元件”对话框，在“名称”文本框中输入“倒茶”，在“类型”选项区中选中“图形”单选按钮，单击确定按钮，进入该原件的编辑窗口。

（13）选择工具箱中的线条工具和选择工具，绘制出如图 12.3.15 所示的图形。

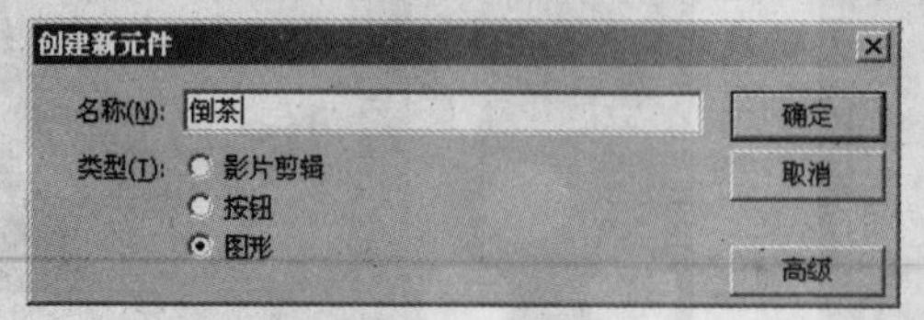

图 12.3.14 创建新元件

图 12.3.15 “倒茶”元件

（14）选择 插入(I) → 新建元件(N)... Ctrl+F8 命令，弹出如图 12.3.16 所示的“创建新元件”对话框，在“名称”文本框中输入“茶水”，在“类型”选项区中选中“图形”单选按钮，单击确定按钮，进入该原件的编辑窗口。

（15）选择工具箱中的线条工具和选择工具，绘制出如图 12.3.17 所示的图形。

图 12.3.16 创建新元件 图 12.3.17 “茶水”元件

（16）单击时间轴面板上的“插入图层”按钮，插入一个名为“图层 2”的图层，按“Ctrl+L”键打开库面板，复制“茶杯”元件 3 次，拖入到如图 12.3.18 所示的各个位置。

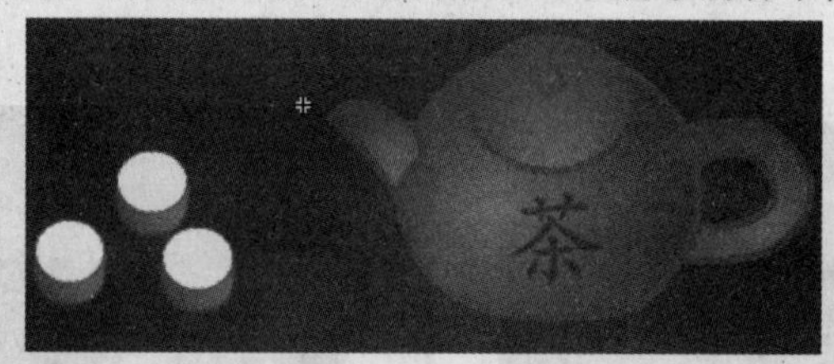

图 12.3.18 “茶杯”元件的位置

（17）选中“图层 1”第 20 帧和第 35 帧，按“F6”键插入一个关键帧，如图 12.3.19 所示。

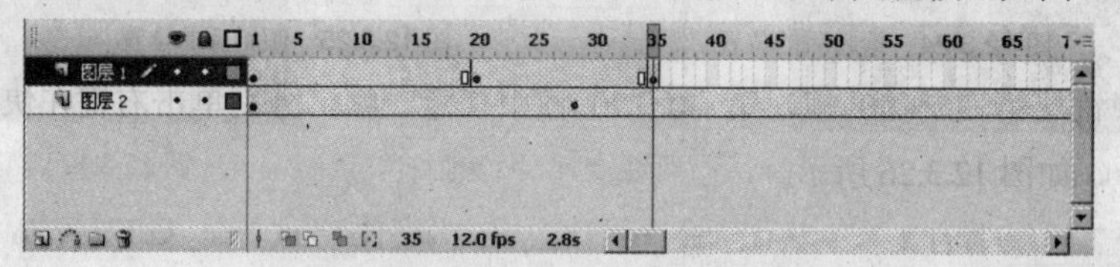

图 12.3.19 插入关键帧

（18）选中该层第 20 帧，将茶壶水平移至第一个茶杯的上方，如图 12.3.20 所示。

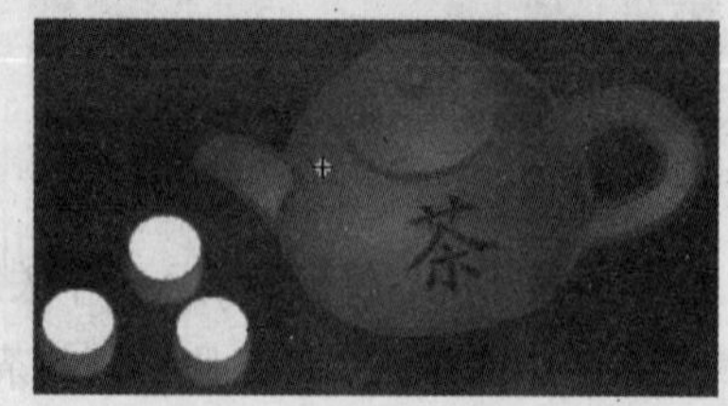

图 12.3.20 茶壶移动的位置

（19）选中该层第 35 帧，选择工具箱中的任意变形工具倾斜茶壶（见图 12.3.21），将茶壶倾

斜到如图 12.3.22 所示的位置。

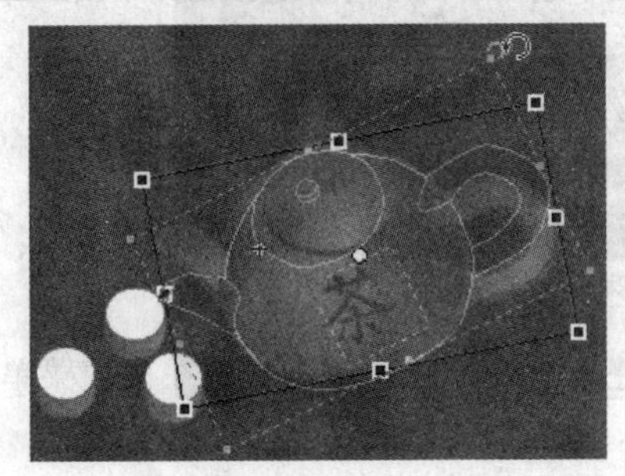

图 12.3.21　倾斜茶壶

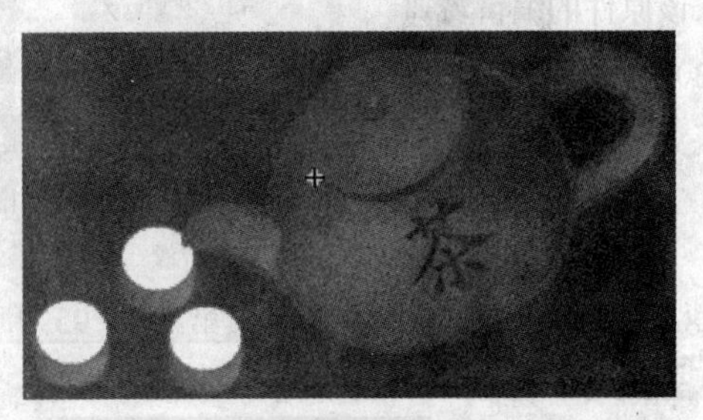

图 12.3.22　倾斜后的位置

（20）选中该层第 1～20 帧，第 20～35 帧中任意一帧，分别单击右键在快捷菜单中选择创建补间动画命令，如图 12.3.23 所示。

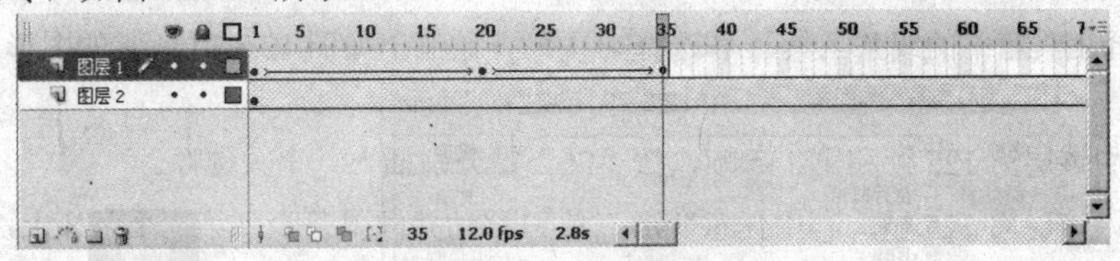

图 12.3.23　创建补间动画

（21）选中该层第 40 帧和第 70 帧分别插入一个关键帧。

（22）选中该层第 40 帧，利用任意变形工具将茶壶抬起到如图 12.3.24 所示的位置。

（23）选中该层第 70 帧，利用任意变形工具，移动并倾斜茶壶到第二个茶杯上，如图 12.3.25 所示。

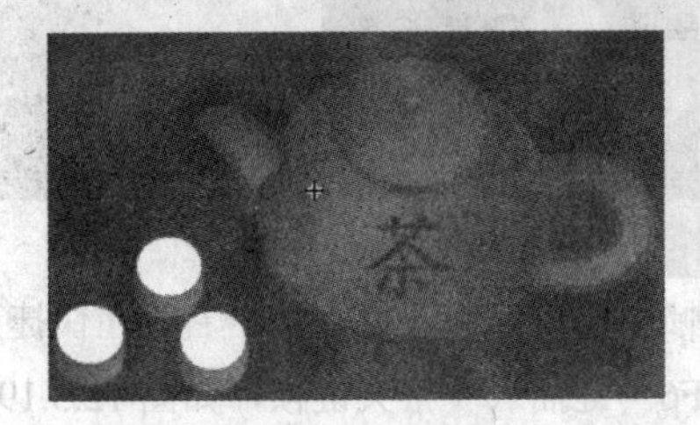

图 12.3.24　抬起后的位置

图 12.3.25　倾斜后的位置

（24）选中该层第 35～40 帧，第 40～70 帧中任意一帧，分别单击右键在快捷菜单中选择创建补间动画命令，如图 12.3.26 所示。

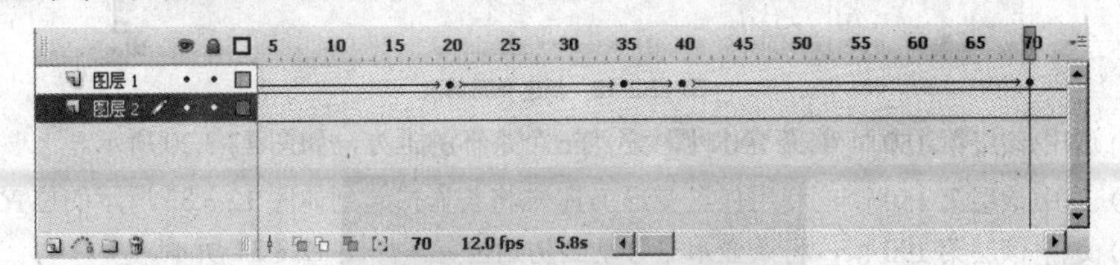

图 12.3.26　创建补间动画

（25）选中该层第 90 帧和第 95 帧，按“F6”键分别插入一个关键帧。

（26）选中该层第 90 帧，选择工具箱中的任意变形工具倾斜茶壶，将茶壶倾斜到如图 12.3.27 所示的位置。

（27）选中该层第 95 帧，利用任意变形工具将茶壶抬起到如图 12.3.28 所示的位置。

图 12.3.27　倾斜后的位置

图 12.3.28　抬起后的位置

（28）选中该层第 70～90 帧，第 90～95 帧中任意一帧，分别单击右键在快捷菜单中选择创建补间动画命令，如图 12.3.29 所示。

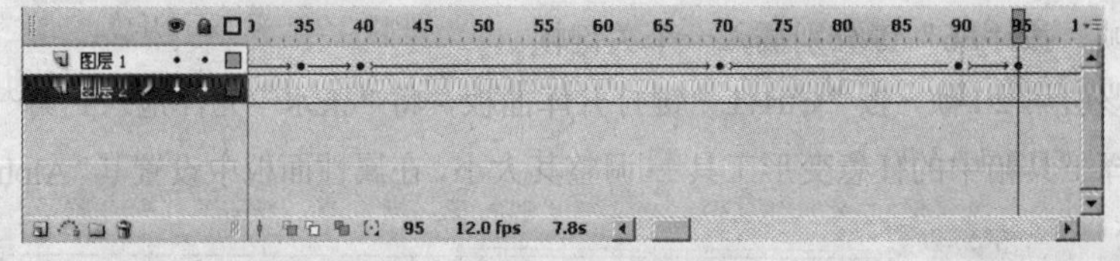

图 12.3.29　创建补间动画

（29）选中该层第 125 帧和第 145 帧，按“F6”键分别插入一个关键帧。

（30）选中该层第 125 帧，利用任意变形工具移动并倾斜茶壶到第三个茶杯上，如图 12.3.30 所示。

（31）选中该层第 145 帧，选择工具箱中的任意变形工具倾斜茶壶，将茶壶倾斜到如图 12.3.31 所示的位置。

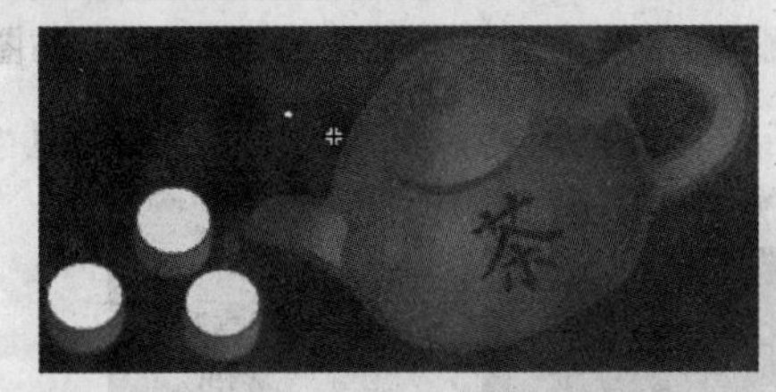

图 12.3.30　移动茶壶的位置

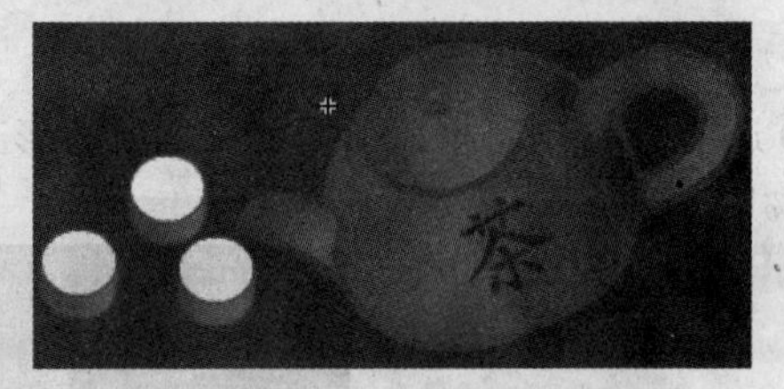

图 12.3.31　茶壶倾斜后的位置

（32）选中该层第 95～125 帧，第 125～145 帧中任意一帧，分别单击右键在快捷菜单中选择创建补间动画命令，如图 12.3.32 所示。

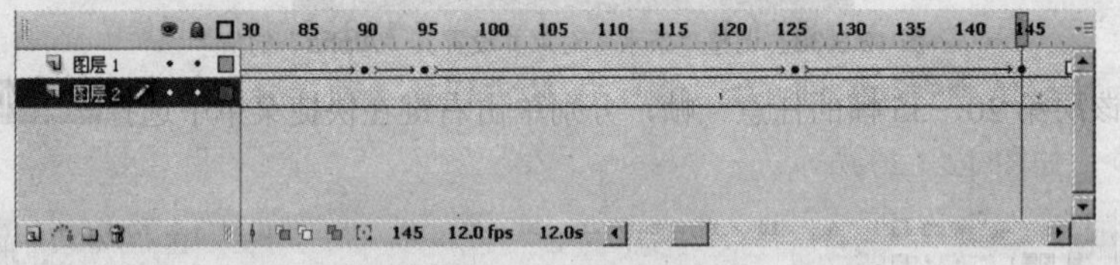

图 12.3.32　创建补间动画

（33）选中该层第 150 帧和第 190 帧，按“F6”键分别插入一个关键帧。

（34）选中该层第 150 帧，利用任意变形工具将茶壶抬起到如图 12.3.33 所示的位置。

（35）选中该层第 190 帧，将茶壶水平移动到初始位置，如图 12.3.34 所示。

图 12.3.33　茶壶抬起后的位置

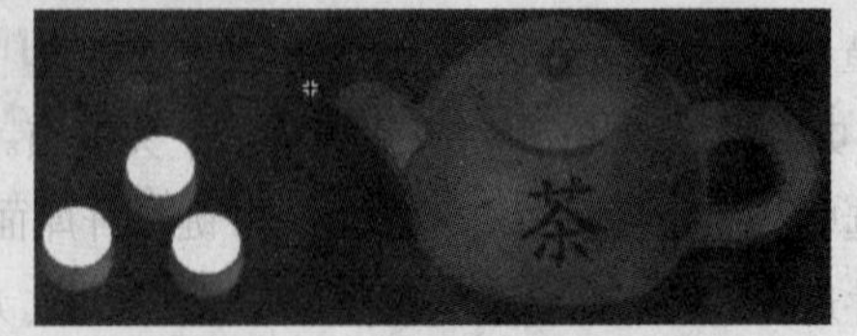

图 12.3.34　茶壶还原到初始位置

（36）选中该层第 145～150 帧，第 150～190 帧中任意一帧，分别单击右键在快捷菜单中选择创建补间动画命令，如图 12.3.35 所示。

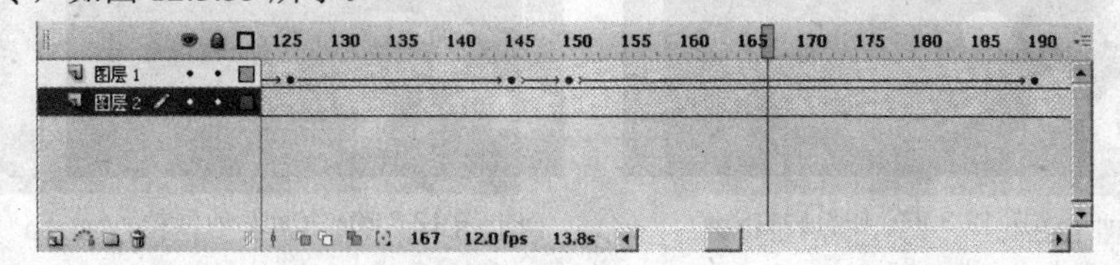

图 12.3.35　创建补间动画

（37）单击时间轴面板上的“插入图层”按钮，插入一个名为“倒茶 1”的图层，选中该层第 20 帧和第 35 帧，按“F6”键分别插入一个关键帧。

（38）选中该层第 20 帧，按“Ctrl+L”键打开库面板，将“茶水”元件拖入到第一个茶杯中（见图 12.3.36）并选择工具箱中的任意变形工具调整其大小，在属性面板中设置其“Alpha”值为“0%”，如图 12.3.37 所示。

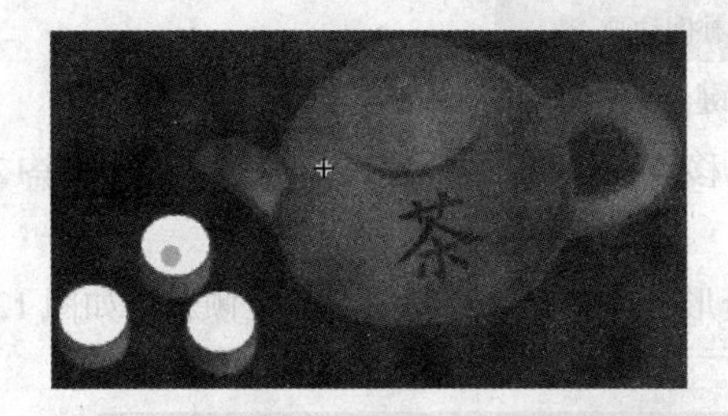

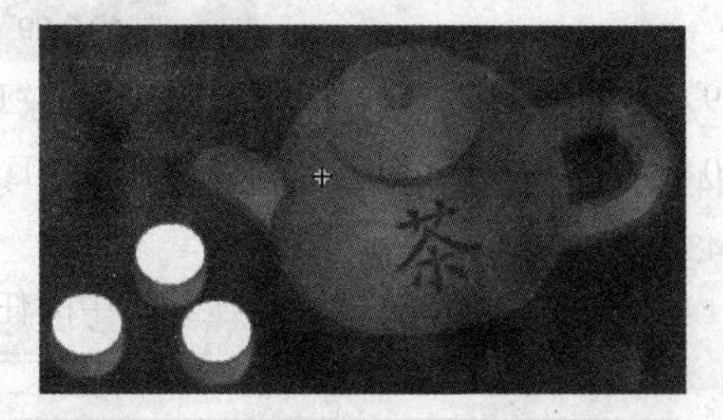

图 12.3.36　“茶水”元件的位置　　　　图 12.3.37　设置“茶水”元件的“Alpha”值

（39）选中第 35 帧，选择工具箱中的任意变形工具调整其大小，在属性面板中设置其“Alpha”值为“65%”，如图 12.3.36 所示。

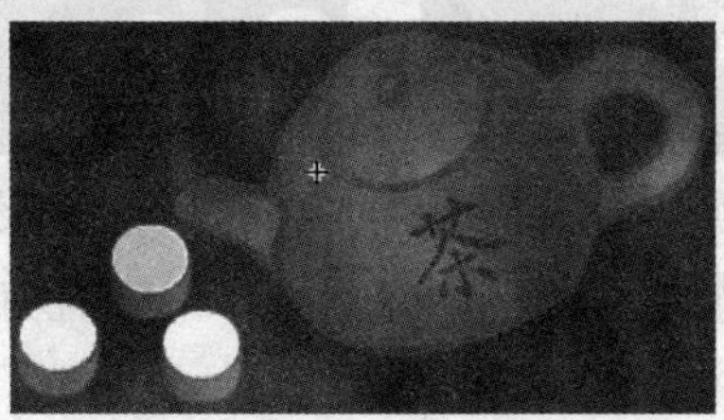

图 12.3.38　调整“茶水”对象并设置其“Alpha”的值

（40）选中该层第 20～35 帧的任意一帧，分别单击右键在快捷菜单中选择创建补间动画命令，如图 12.3.39 所示。

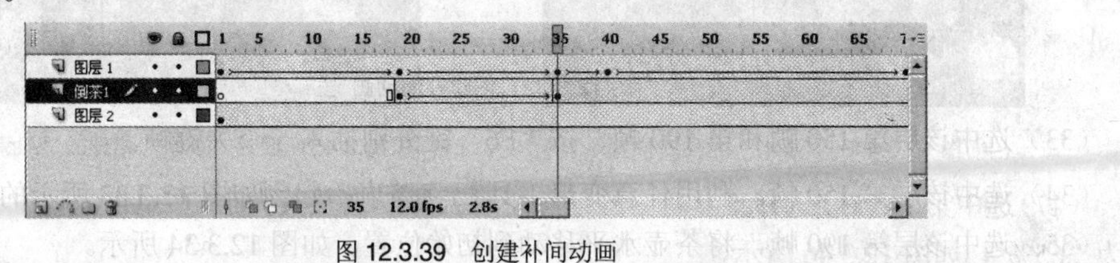

图 12.3.39　创建补间动画

（41）单击时间轴面板上的“插入图层”按钮，插入一个名为“倒茶 2”的图层，选中该层第 70 帧和第 90 帧，按“F6”键分别插入一个关键帧。

（42）选中该层第 70 帧，按“Ctrl+L”键打开库面板，将“茶水”元件拖入到第二个茶杯中（见图 12.3.40）并选择工具箱中的任意变形工具调整其大小，在属性面板中设置其“Alpha”值为“0%”，如图 12.3.41 所示。

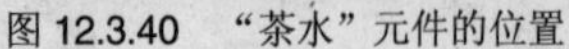

图 12.3.40 "茶水"元件的位置　　　图 12.3.41 设置"茶水"元件的"Alpha"值

（43）选中第 90 帧，选择工具箱中的任意变形工具调整其大小，在属性面板中设置其"Alpha"值为"65%"，如图 12.3.42 所示。

图 12.3.42 调整"茶水"对象并设置其"Alpha"的值

（44）选中该层第 70～90 帧的任意一帧，分别单击右键在快捷菜单中选择创建补间动画命令，如图 12.3.43 所示。

图 12.3.43 创建补间动画

（45）单击时间轴面板上的"插入图层"按钮，插入一个名为"倒茶 3"的图层，选中该层第 125 帧和第 145 帧，按"F6"键分别插入一个关键帧。

（46）选中该层第 125 帧，按"Ctrl+L"键打开库面板，将"茶水"元件拖入到第二个茶杯中（见图 12.3.44）并选择工具箱中的任意变形工具调整其大小，在属性面板中设置其"Alpha"值为"0%"，如图 12.3.45 所示。

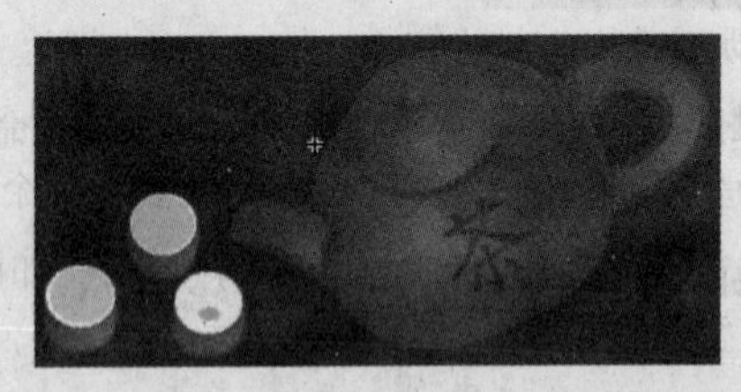

图 12.3.44 "茶水"元件的位置　　　图 12.3.45 设置"茶水"元件的"Alpha"值

（47）选中第 145 帧，选择工具箱中的任意变形工具调整其大小，在属性面板中设置其"Alpha"值为"65%"，如图 12.3.46 所示。

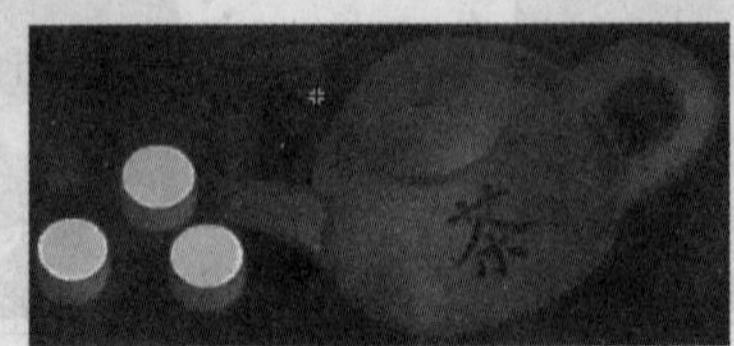

图 12.3.46 调整"茶水"对象并设置其"Alpha"的值

（48）选中该层第 125～145 帧的任意一帧，分别单击右键在快捷菜单中选择创建补间动画命令，如图 12.3.47 所示。

图 12.3.47　创建补间动画

（49）单击时间轴面板上的“插入图层”按钮，插入一个名为“水柱”的图层，选中该层第 20 帧和第 35 帧，按“F6”键分别插入一个关键帧。

（50）选中该层第 20 帧，按“Ctrl+L”键打开库面板，将“倒茶”元件拖入到第一个茶杯中并选择工具箱中的任意变形工具调整其大小，在属性面板中设置其“Alpha”值为“20%”，如图 12.3.48 所示。

（51）选中第 35 帧，选择工具箱中的任意变形工具调整其大小，在属性面板中设置其“Alpha”值为“65%”，如图 12.3.49 所示。

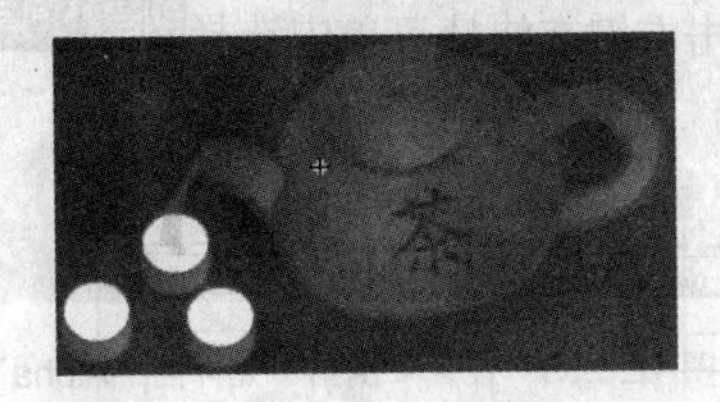

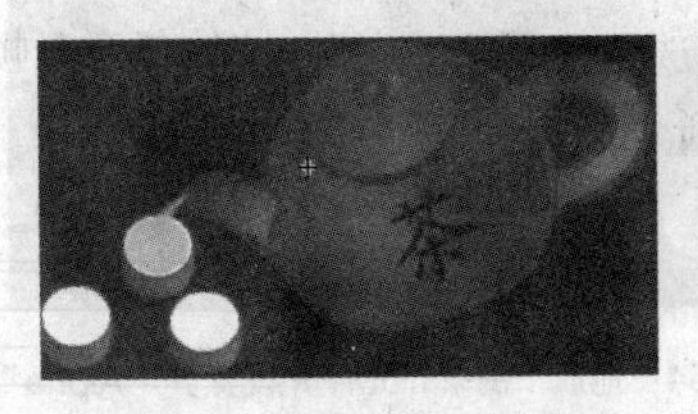

图 12.3.48　拖放“倒茶”元件并设置其“Alpha”值　　图 12.3.49　设置“倒茶”元件的“Alpha”值

（52）选中该层第 20～35 帧的任意一帧，分别单击右键在快捷菜单中选择创建补间动画命令，并在 36 帧按“F6”键插入一个空白关键帧，如图 12.3.50 所示。

图 12.3.50　创建补间动画并插入关键帧

（53）选中该层第 70 帧和第 90 帧，按“F6”键分别插入一个关键帧。

（54）选中该层第 70 帧，按“Ctrl+L”键打开库面板，将“倒茶”元件拖入到第一个茶杯中并选择工具箱中的任意变形工具调整其大小，在属性面板中设置其“Alpha”值为“20%”，如图 12.3.51 所示。

（55）选中第 90 帧，选择工具箱中的任意变形工具调整其大小，在属性面板中设置其“Alpha”值为“65%”，如图 12.3.52 所示。

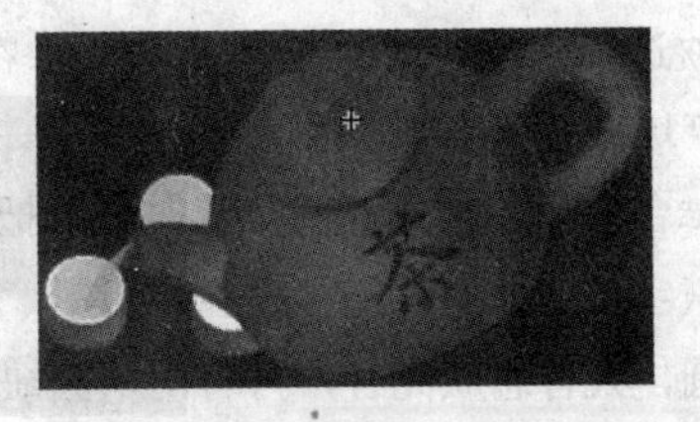

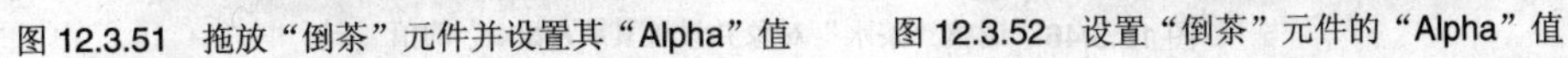

图 12.3.51　拖放“倒茶”元件并设置其“Alpha”值　　图 12.3.52　设置“倒茶”元件的“Alpha”值

（56）选中该层第 70～90 帧的任意一帧，分别单击右键在快捷菜单中选择创建补间动画命令，并在第 91 帧按“F6”键插入一个空白关键帧，如图 12.3.53 所示。

图 12.3.53　创建补间动画并插入关键帧

（57）选中该层第 125 帧和第 145 帧，按“F6”键分别插入一个关键帧。

（58）选中该层第 125 帧，按“Ctrl+L”键打开库面板，将“倒茶”元件拖入到第一个茶杯中并选择工具箱中的任意变形工具调整其大小，在属性面板中设置其“Alpha”值为“20%”，如图 12.3.54 所示。

（59）选中第 145 帧，选择工具箱中的任意变形工具调整其大小，在属性面板中设置其“Alpha”值为“65%”，如图 12.3.55 所示。

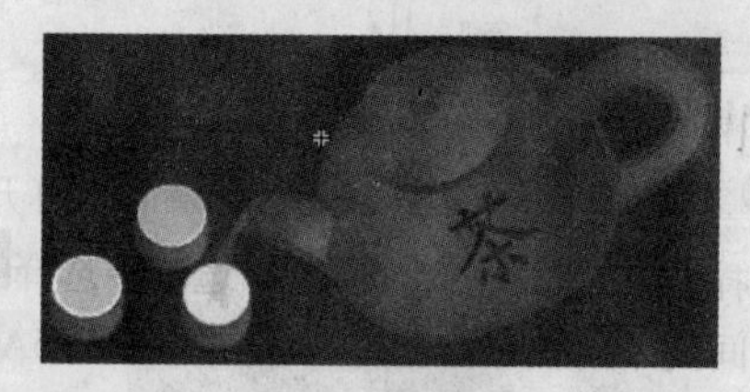

图 12.3.54　拖放“倒茶”元件并设置其“Alpha”值

图 12.3.55　设置“倒茶”元件的“Alpha”值

（60）选中该层第 125～145 帧的任意一帧，分别单击右键在快捷菜单中选择创建补间动画命令，并在第 146 帧按“F6”键插入一个空白关键帧，如图 12.3.56 所示。

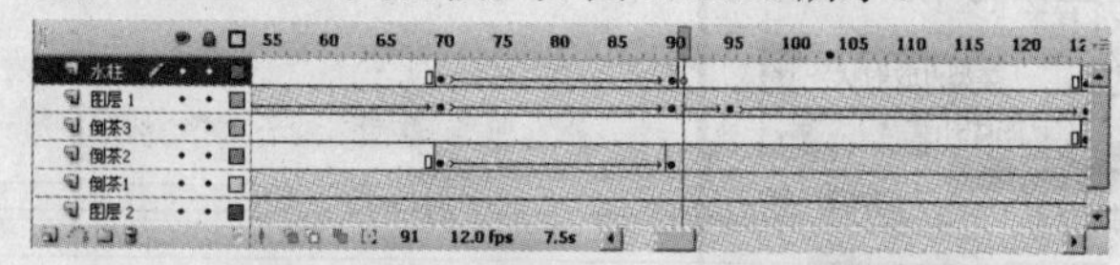

图 12.3.56　创建补间动画并插入关键帧

（61）选择插入(I) → 新建元件(N)... Ctrl+F8 命令，弹出如图 12.3.57 所示的“创建新元件”对话框，在“名称”文本框中输入“诗词”，在“类型”选项区中选中“图形”单选按钮，单击确定按钮，进入该原件的编辑窗口。

图 12.3.57　创建新元件并插入关键帧

（62）选择工具箱中的文本工具，在属性面板中设置“字体”为“楷体_GB2312”，“字号”为“16”，“填充颜色”为“#F4EDAE”，单击按钮，在弹出的下拉列表中选择 • 垂直，从左向右 命令，在舞台中输入文本“明月几时有，把酒问青天。不知天上宫阙，今夕是何年，我欲乘风归去，又恐琼楼玉宇，高处不胜寒，起舞弄清影，何似在人间。转朱阁，低绮户，照无眠，不应有恨，何时偏向别是圆，人有悲欢离合，月有阴晴圆缺，此事古难全，但愿人长久，千里共婵娟。”如图 12.3.58 所示。

千里共婵娟。
但愿人长久，
此事古难全。
月有阴晴圆缺，
人有悲欢离合，
何时偏向别是圆，
不应有恨，
照无眠。
低绮户，
转朱阁，
何似在人间。
起舞弄清影，
高处不胜寒。
又恐琼楼玉宇，
我欲乘风归去，
今夕是何年。
不知天上宫阙，
把酒问青天。
明月几时有，

图 12.3.58 输入文本

（63）选择 插入(I) → 新建元件(N)... Ctrl+F8 命令，弹出如图 12.3.59 所示的“创建新元件”对话框，在“名称”文本框中输入“托盘”，在“类型”选项区中选中“图形”单选按钮，单击 确定 按钮，进入该原件的编辑窗口。

图 12.3.59 创建新元件

（64）选择工具箱中的椭圆工具，选择 窗口(W) → 颜色(C) Shift+F9 命令打开颜色面板，选择“笔触颜色”为“无”，在“类型”选项中选择“放射状”，在“溢出”选项中选择，设置左边滑块“颜色”选项值为“#E6A96F”，设置中间两个滑块“颜色”选项值为“#985A17”，设置右边滑块“颜色”选项值为“#E09852”（见图 12.3.60），选择工具箱中的填充工具填充整个茶壶，如图 12.3.61 所示。

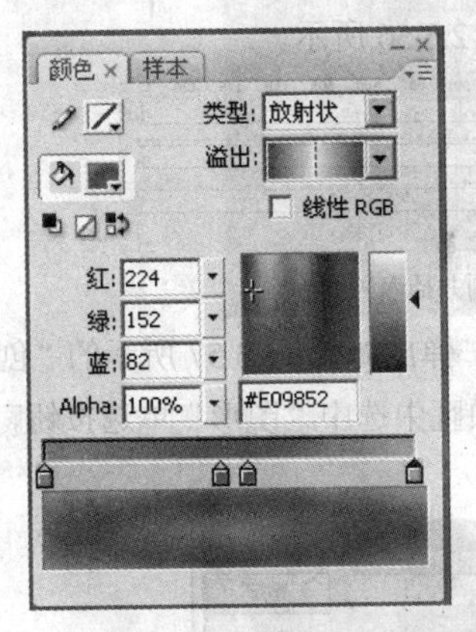

图 12.3.60 颜色面板

图 12.3.61 填充颜色

（65）选择工具箱中的文本工具，在属性面板中设置“字体”为“楷体_GB2312”，“字号”为“100”，“填充颜色”为“#7B4815”，在托盘中央输入文本“茶”，如图 12.3.62 所示。

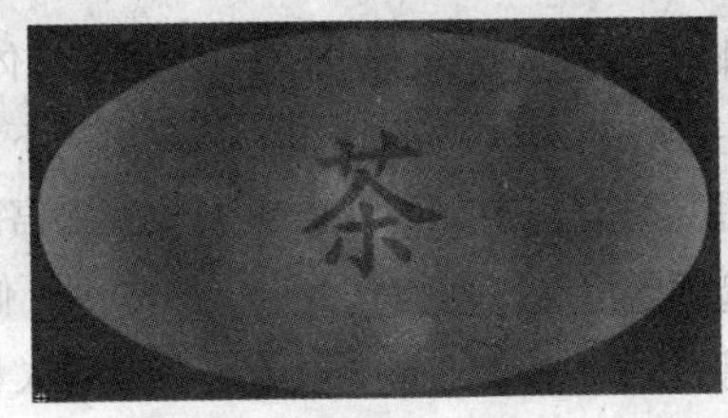

图 12.3.62 输入文本

（66）单击![场景1]图标，返回到“场景 1”的编辑窗口。

（67）选择工具箱中的文本工具T，在属性面板中设置“字体”为“楷体_GB2312”，“字号”为“80”，“填充颜色”为“#F4EDAE”，在舞台中输入文本“茶”。

（68）按“Ctrl+L”键打开库面板，将“诗词”元件拖到相应的位置。

（69）按“Ctrl+L”键打开库面板，将“茶经”元件拖入到舞台中 5 次，利用任意变形工具调整其大小和位置。设置属性面板中“茶经”元件的“Alpha”值为“30”，如图 12.3.63 所示。

图 12.3.63　“茶经”元件在舞台的位置

（70）单击时间轴面板上的“插入图层”按钮，插入一个名为“图层 2”的图层，将“托盘”元件放到如图 12.3.64 所示的位置。

图 12.3.64　“托盘”元件在舞台中的位置

（71）单击时间轴面板上的“插入图层”按钮，插入一个名为“图层 3”的图层，将“茶壶”元件放到如图 12.3.65 所示的位置。

图 12.3.65　“茶壶”元件在舞台中的位置

（72）按“Ctrl+Enter”键测试影片效果，如图 12.3.1 所示。

第13章

教学及光盘动画

学习导航

本章主要通过教学课件和光盘动画制作，使读者了解教学课件和光盘动画的制作过程，进而对动画制作有更加全面的认识。

学习要点

- 教学课件
- 光盘片头动画
- 光盘片尾动画

案例1　教 学 课 件

设计背景

我们制作的是一个诗词教学课件，诗词的背景效果应该是与诗词有关联的，当然诗词中的文字与背景应该相结合。设计中运用鲜艳的色彩为文字增加活力，再加上美丽的月光和闪闪发光的星星，给人一种美的感受。

设计内容

本例制作诗词教学课件，最终效果如图 13.1.1 所示。

图 13.1.1　诗词教学课件效果图

设计要点

诗词教学课件制作过程大致可分为创建元件、编辑元件、使用遮罩层。希望通过本例的学习，读者能熟练掌握遮罩层动画的制作方法。本例设计要点如下：

（1）绘制图形图像。

（2）设置字体属性。

（3）熟练运用补间动画的效果。

（4）熟练应用遮罩层。

（5）熟练运用影片剪辑元件。

操作步骤

（1）选择 文件(F) → 新建(N)... Ctrl+N 命令，弹出“新建”对话框，选择“常规”选项卡中的 Flash 文件(ActionScript 3.0) 选项，单击 确定 按钮，新建一个 Flash 文档。

（2）选择 修改(M) → 文档(D)... Ctrl+J 命令，弹出“文档属性”对话框，设置“尺寸”为“550 px×400 px”，“背景颜色”为“白色”（见图 13.1.2），单击 确定 按钮。

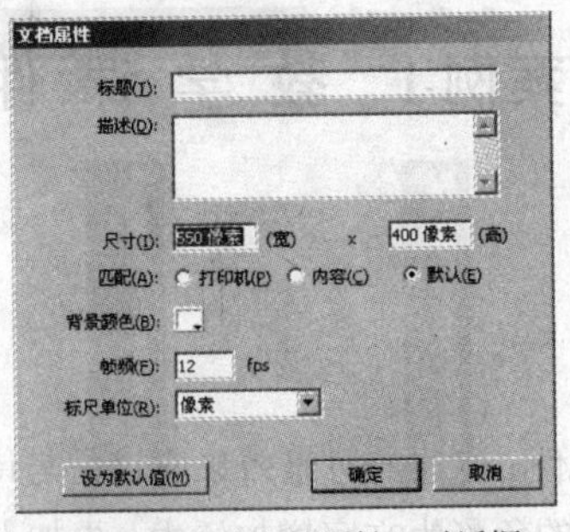

图 13.1.2　“文档属性”对话框

（3）选择 插入(I) → 新建元件(N)... Ctrl+F8 命令，弹出如图 13.1.3 所示的“创建新元件”对话框，在“名称”文本框中输入“卷轴”，在“类型”选项区中选中“图形”单选按钮，单击 确定 按钮，进入该元件的编辑窗口。

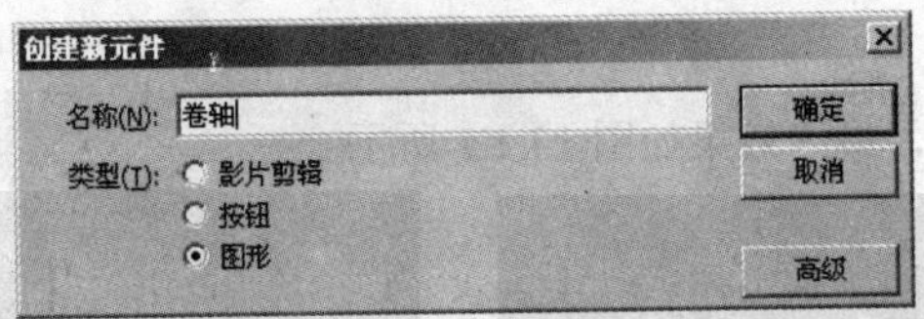

图 13.1.3　创建新元件

（4）选择工具箱中的矩形工具，在舞台中绘制一个矩形，选择 窗口(W) → 颜色(C) Shift+F9 命令打开颜色面板，在“类型”选项中选择“线性”，在“溢出”选项中选择，设置“颜色”选项值为“#999999”，然后调整滑块的位置（见图 13.1.4），选择工具箱中的填充工具来填充矩形，如图 13.1.5 所示。

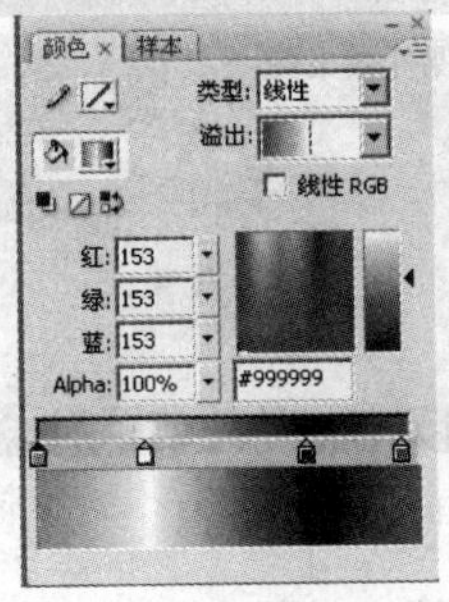

图 13.1.4　设置颜色面板

图 13.1.5 为矩形填充颜色

（5）选择工具箱中的矩形工具，在舞台中绘制一个矩形，选择 窗口(W) → 颜色(C) Shift+F9 命令打开颜色面板，在“类型”选项中选择“线性”，在“溢出”选项中选择，设置“颜色”选项值为“#996600”，然后调整滑块的位置（见图 13.1.6），选择工具箱中的填充工具来填充矩形，填充好后复制这个矩形，如图 13.1.7 所示。

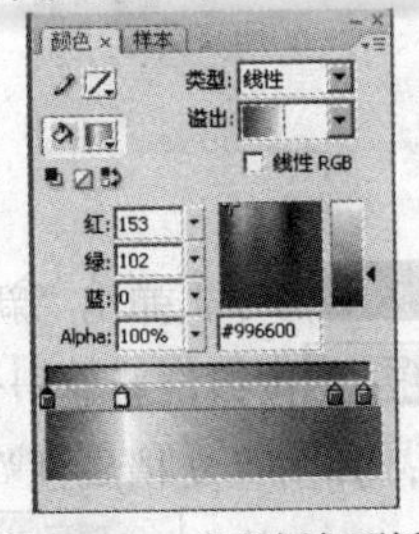

图 13.1.6　设置颜色面板

图 13.1.7　为矩形填充颜色

（6）调整 3 个矩形的位置，选择 修改(M) → 组合(G) Ctrl+G 命令，将其组合，如图 13.1.8 所示。

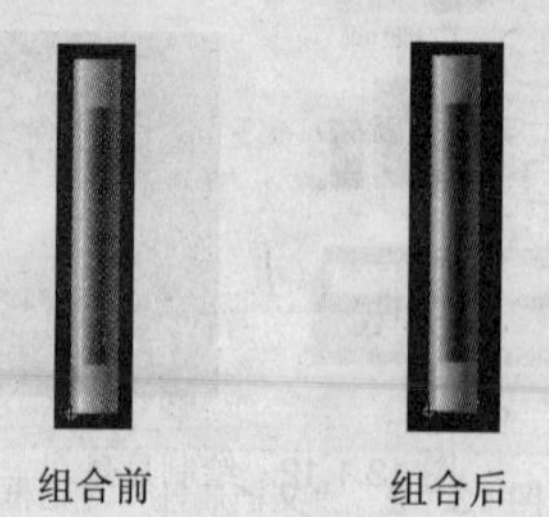

图 13.1.8 绘制出卷轴

（7）选择 插入(I) → 新建元件(N)... Ctrl+F8 命令，弹出如图 13.1.9 所示的“创建新元件”对话框，在“名称”文本框中输入“诗词”，在“类型”选项区中选中“图形”单选按钮，单击 确定 按钮，进入该元件的编辑窗口。

图 13.1.9 创建新元件

（8）选择工具箱中的文本工具 T，设置其“字体”为“隶书”，“字号”为“30”，填充颜色为“#E0933D”，在舞台中输入“床前明月光，疑是地上霜。举头望明月，低头思故乡。---李白”，如图 13.1.10 所示。

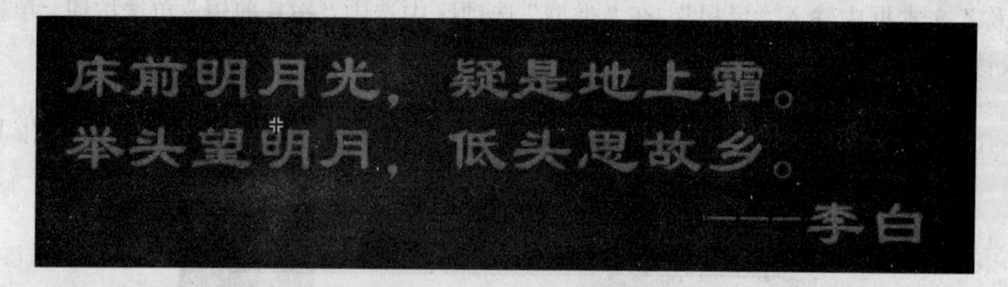

图 13.1.10 输入文本

（9）选择 插入(I) → 新建元件(N)... Ctrl+F8 命令，弹出如图 13.1.11 所示的“创建新元件”对话框，在“名称”文本框中输入“月亮”，在“类型”选项区中选中“图形”单选按钮，单击 确定 按钮，进入该元件的编辑窗口。

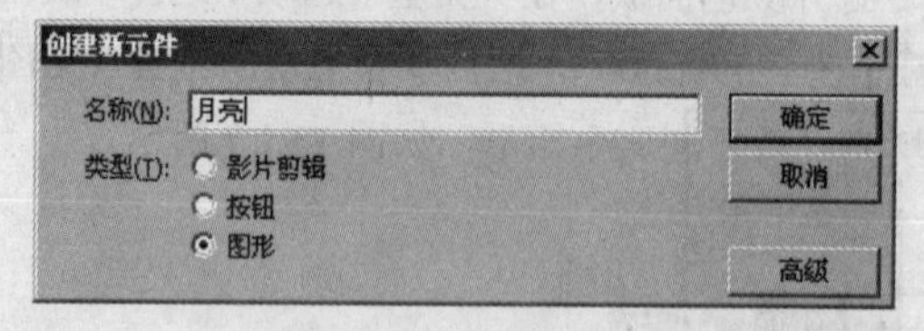

图 13.1.11 创建新元件

（10）选择工具箱中的椭圆工具，在舞台中绘制一个椭圆，选择 窗口(W) → 颜色(C) Shift+F9 命令打开颜色面板，在“类型”选项中选择“放射状”，在“溢出”选项中选择，设置“颜色”选项值为“#996600”，然后调整滑块的位置（见图 13.1.12），选择工具箱中的填充工具填充椭圆。

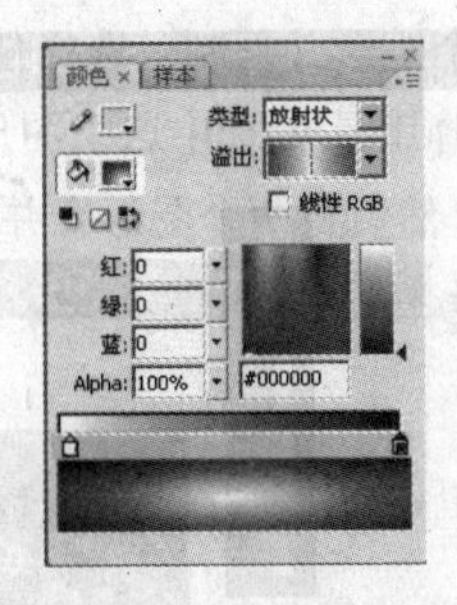

图 13.1.12　绘制月亮

（11）选择工具箱中的椭圆工具在绘制好的圆上绘制一个圆，然后单击选择工具，删除这个圆，就形成了圆缺，如图 13.1.13 所示。

形成圆缺

圆缺

图 13.1.13　绘制月亮

（12）选择 插入(I) → 新建元件(N)... Ctrl+F8 命令，弹出如图 13.1.14 所示的“创建新元件”对话框，在“名称”文本框中输入“星星”，在“类型”选项区中选中“影片剪辑”单选按钮，单击 确定 按钮，进入该元件的编辑窗口。

图 13.1.14　创建新元件

（13）选择工具箱中的矩形工具，在舞台中绘制一个矩形，选择 窗口(W) → 颜色(C) Shift+F9 命令打开颜色面板，在“类型”选项中选择“放射状”，在“溢出”选项中选择，设置左边滑块“颜色”选项值为“#FFFFFF”，设置右边滑块“颜色”选项值为“#000000”（见图 13.1.15），选择工具箱中的填充工具来填充矩形，如图 13.1.16 所示。

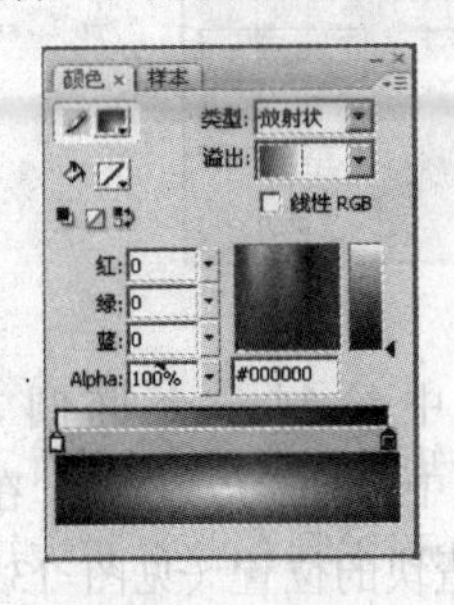

图 13.1.15　颜色面板

图 13.1.16　为矩形填充颜色

（14）选择工具箱中的选择工具，选中这个矩形并复制。选择任意变形工具，调整两个矩形的位置，组合成如图 13.1.17 所示的图形，用选择工具选中这个图形并复制。选择任意变形工具，调整这个图形的位置并缩放（见图 13.1.18），然后将两个图形合并为如图 13.1.19 所示的图形。选择工具箱中的选择工具，选中这个图形，选择 修改(M) → 组合(G) Ctrl+G 命令。这样“星星”元件就做好了。

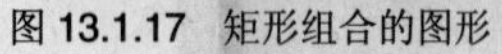

图 13.1.17　矩形组合的图形　　图 13.1.18　调整图形　　图 13.1.19　将两个图形组合

（15）单击时间轴面板，分别在第 10 帧、第 20 帧按“F6”键插入一个关键帧，选中第 10 帧，选择任意变形工具在舞台中等比例缩放这个“星星”元件。在第 1～10 帧，单击鼠标右键，在弹出的快捷菜单中选择创建补间形状命令，如图 13.1.20 所示。

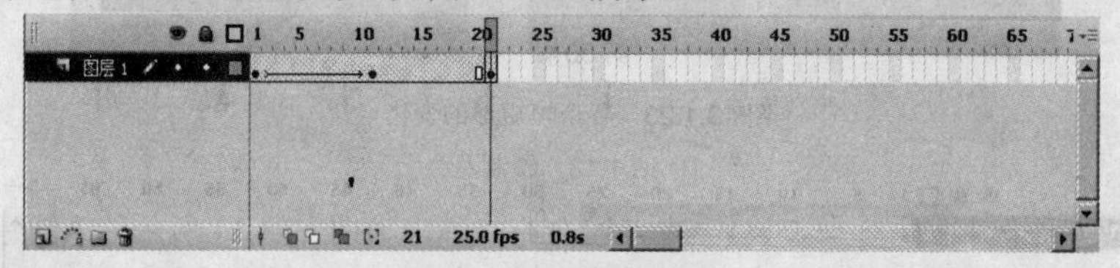

图 13.1.20　创建补间动画

（16）选中第 1～10 帧，单击鼠标右键，选择复制帧命令，选中第 10～20 帧，单击鼠标右键，选择粘贴帧命令，然后再单击鼠标右键，选择翻转帧命令，如图 13.1.21 所示。

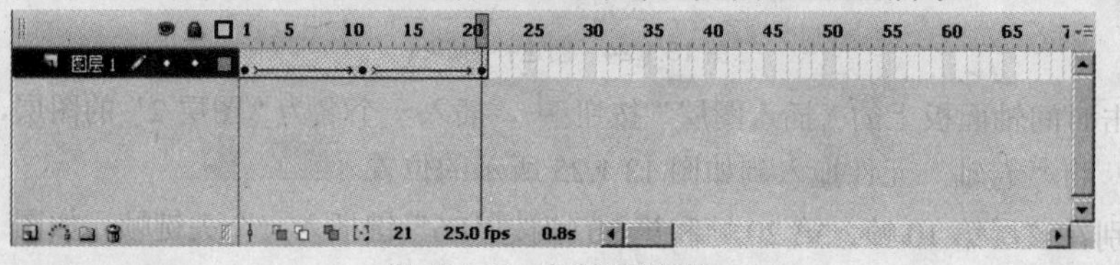

图 13.1.21　复制和翻转帧

（17）单击场景 1图标，返回到“场景 1”的编辑窗口。

（18）单击时间轴，分别在“图层 1”的第 10 帧、第 20 帧和第 30 帧按“F6”键插入一个关键帧，如图 13.1.22 所示。

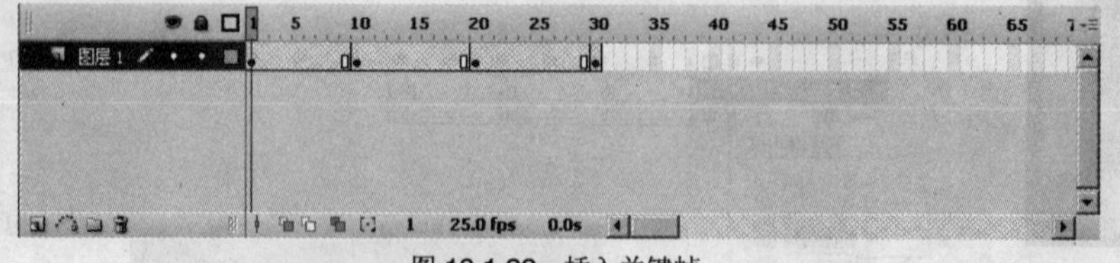

图 13.1.22　插入关键帧

（19）选择“图层 1”的第 10 帧，在舞台中绘制出一个矩形，选中第 10 帧，选择任意变形工具，扩大矩形右边的宽度，同样第 20，30 帧继续利用任意变形工具逐渐扩大矩形右边的宽度，如图 13.1.23 所示。

（20）分别在第 1～10 帧，第 10～20 帧，第 20～30 帧中选择任意一帧，分别单击鼠标右键选择创建补间形状命令，如图 13.1.24 所示。

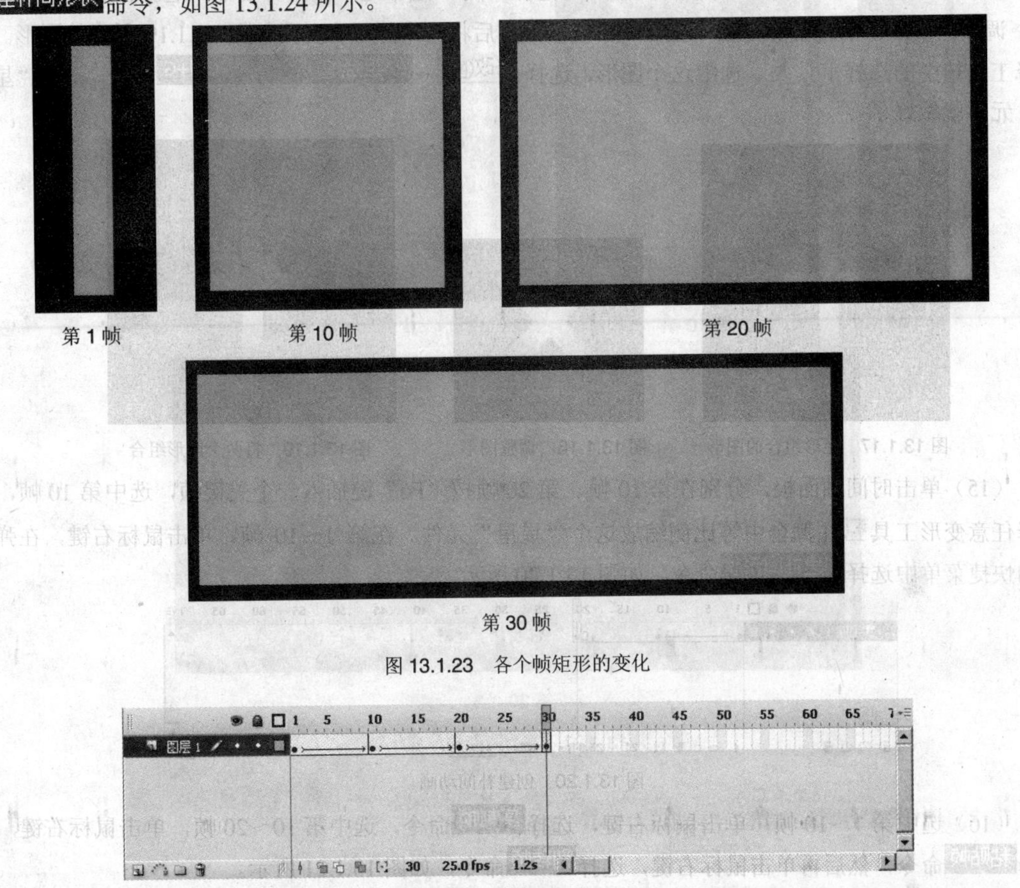

图 13.1.23　各个帧矩形的变化

图 13.1.24　创建补间形状

（21）单击时间轴面板上的“插入图层”按钮，插入一个名为“图层 2”的图层，按“Ctrl+L”键打开库面板，将“卷轴”元件拖入到如图 13.1.25 所示的位置。

（22）分别在该层第 10 帧、第 20 帧和第 30 帧按“F6”键插入一个关键帧，如图 13.1.26 所示。

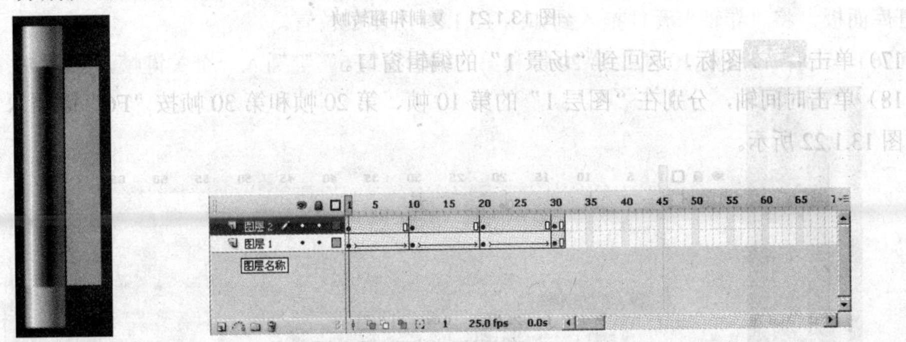

图 13.1.25　卷轴的位置

图 13.1.26　插入关键帧

（23）选中该层第 10 帧，选择任意变形工具，缩减“卷轴”元件右边的宽度，同样第 20，30 帧继续利用任意变形工具逐渐缩减“卷轴”元件右边的宽度，如图 13.1.27 所示。

（24）分别在第 1～10 帧，第 10～20 帧，第 20～30 帧中选择任意一帧，分别单击右键在快捷菜

单中选择创建补间动画命令，如图 13.1.28 所示。

第 1 帧　　第 10 帧　　第 20 帧

第 30 帧

图 13.1.27　各个帧卷轴的变化

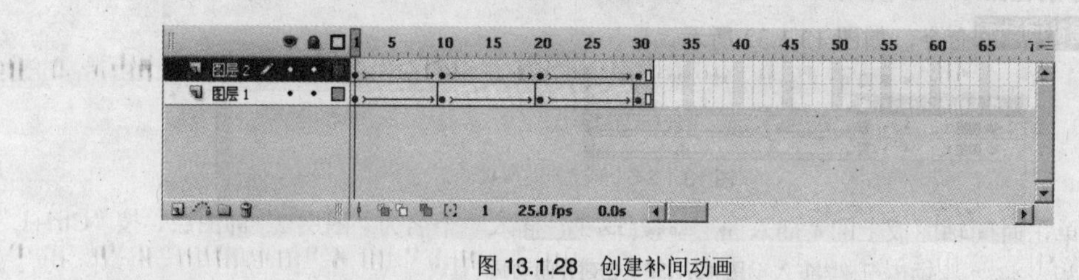

图 13.1.28　创建补间动画

（25）单击时间轴面板上的“插入图层”按钮，插入一个名为“图层 3”的图层，按“Ctrl+L”键打开库面板，将“卷轴”元件拖入到如图 13.1.29 所示的位置。

（26）分别在该层第 10 帧、第 20 帧和第 30 帧按“F6”键插入一个关键帧，如图 13.1.30 所示。

图 13.1.29　卷轴的位置

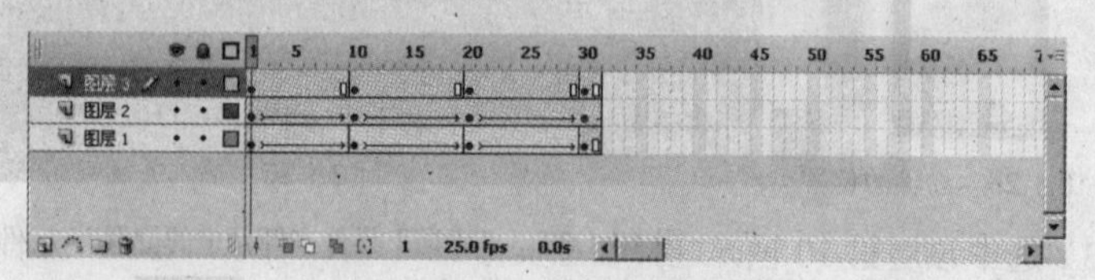

图 13.1.30　插入关键帧

（27）选中该层第 10 帧，选择任意变形工具，扩大“卷轴”元件右边的宽度，同样第 20，30

帧继续利用任意变形工具逐渐扩大矩形右边的宽度，如图 13.1.31 所示。

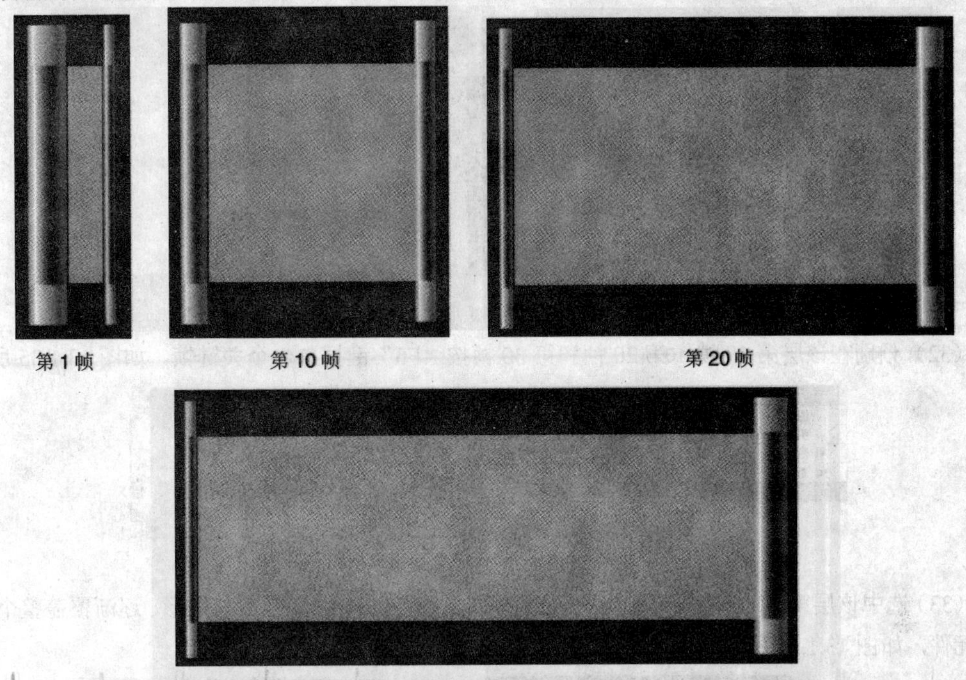

第 1 帧　　第 10 帧　　第 20 帧

第 30 帧

图 13.1.31　各个帧右侧卷轴的变化

（28）分别在第 1～10 帧，第 10～20 帧，第 20～30 帧中选择任意一帧，分别单击右键在快捷菜单中选择创建补间动画命令，如图 13.1.32 所示。

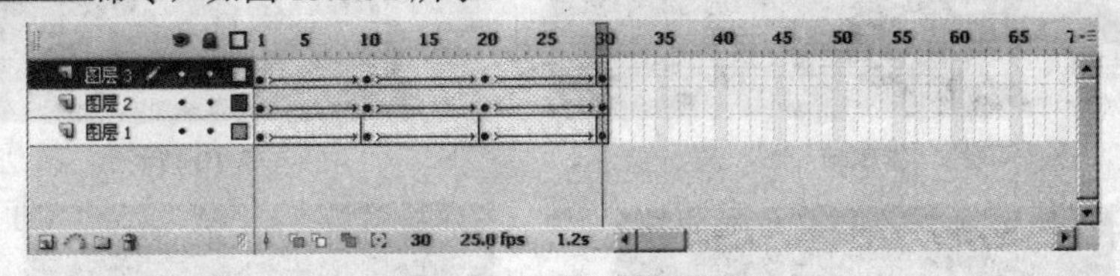

图 13.1.32　创建补间动画

（29）单击时间轴面板上的“插入图层”按钮，插入一个名为“图层 4”的图层，按“Ctrl+L”键打开库面板，将“诗词”元件拖入到如图 13.1.33 所示的位置。

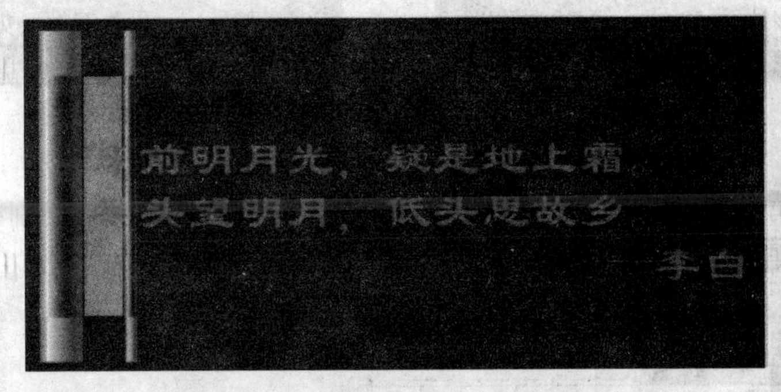

图 13.1.33　“诗词”元件在舞台中的位置

（30）选中该层第 30 帧，单击右键在快捷菜单中选择插入帧命令。

（31）单击时间轴面板上的“插入图层”按钮，插入一个名为“图层 5”的图层，选择工具

箱中的矩形工具，绘制一个矩形，将矩形放在如图 13.1.34 所示的位置。

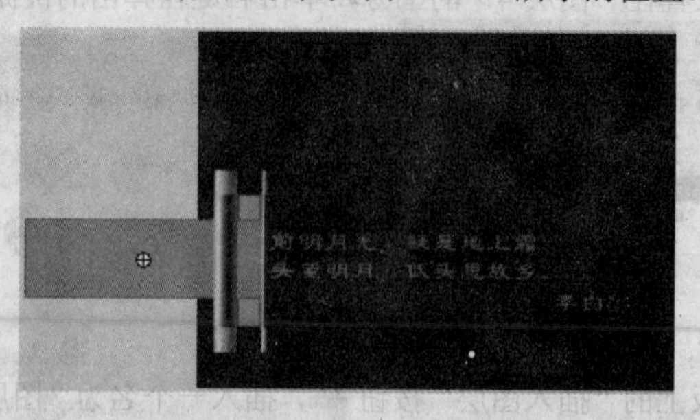

图 13.1.34 绘制矩形并调整位置

（32）分别在该层第 10 帧、第 20 帧和第 30 帧按“F6”键插入一个关键帧，如图 13.1.35 所示。

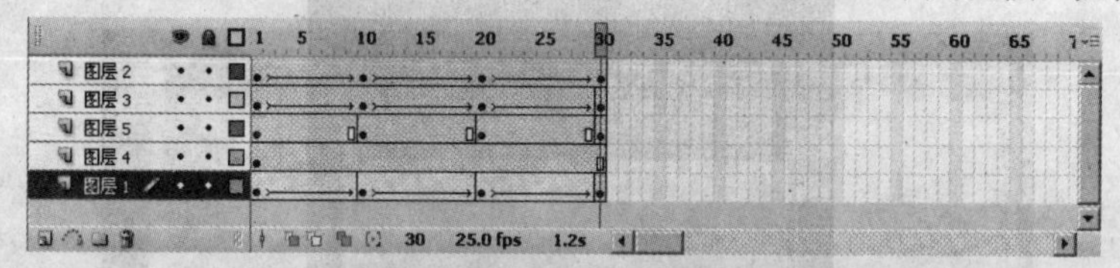

图 13.1.35 插入关键帧

（33）选中该层第 10 帧，选择矩形水平右移，同样第 20，30 帧继续右移矩形，逐渐覆盖整个“诗词”元件，如图 13.1.36 所示。

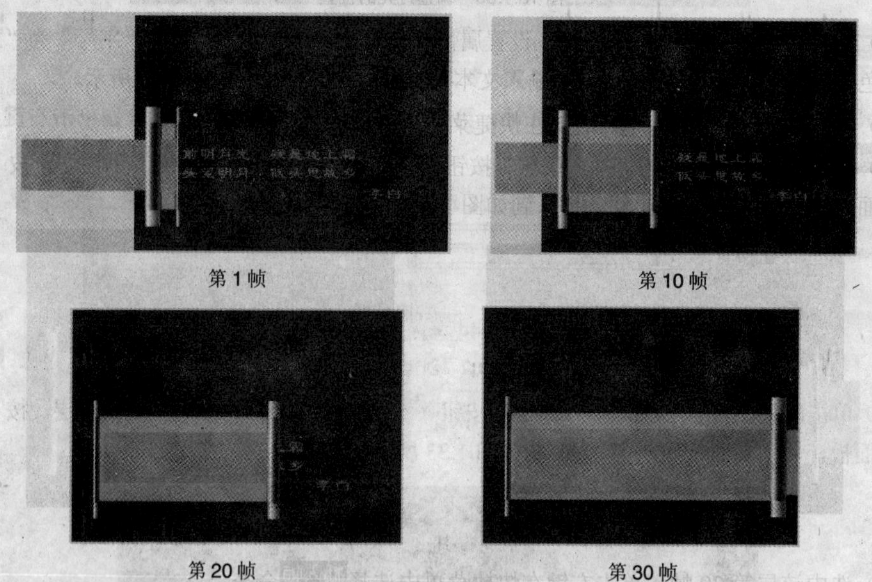

图 13.1.36 各个帧矩形的变化

（34）分别在第 1~10 帧，第 10～20 帧，第 20～30 帧中选择任意一帧，分别单击右键在快捷菜单中选择创建补间动画命令，如图 13.1.37 所示。

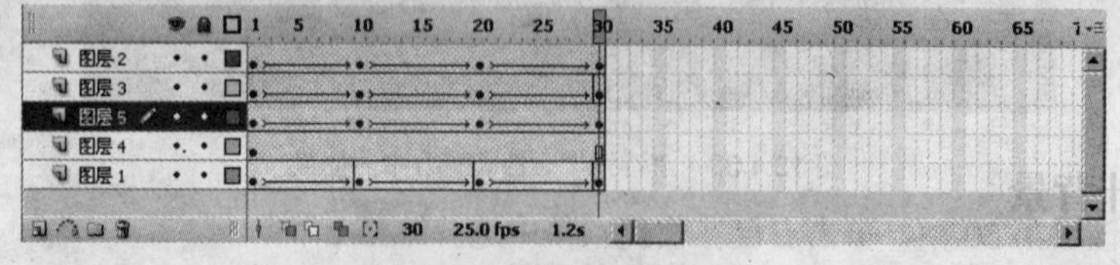

图 13.1.37 创建补间动画

（35）将“图层5”放置在“图层4”的上方，单击右键在弹出的快捷菜单中选择遮罩层命令，效果如图13.1.38所示。

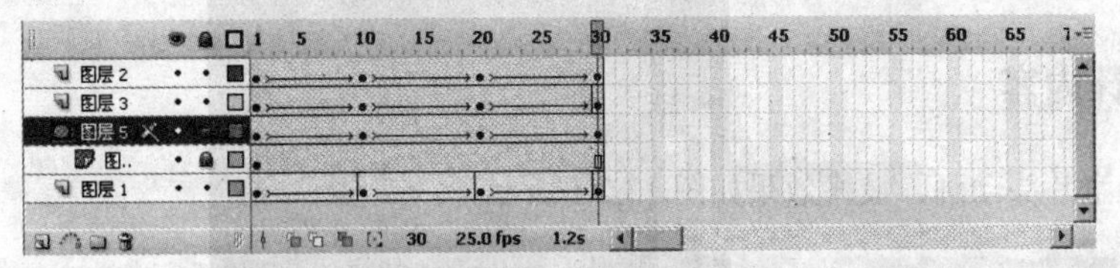

图13.1.38　创建遮罩层

（36）单击时间轴面板上的“插入图层”按钮，插入一个名为“图层6”的图层，按“Ctrl+L”键打开库面板，将“月亮”元件拖入到如图13.1.39所示的位置。

图13.1.39　调整月亮的位置

（37）选择工具箱中的文本工具T，设置属性面板中“字体”为“隶书”，“字号”为“30”，“文本填充颜色”为“#E0933D”，在舞台中输入文本“古诗词欣赏”，如图13.1.40所示。

（38）选中该层第30帧，单击右键在快捷菜单中选择插入帧命令。

（39）单击时间轴面板上的“插入图层”按钮，插入一个名为“图层7”的图层，按“Ctrl+L”键打开库面板，复制“星星”元件并拖入到如图13.1.41所示的各个位置。

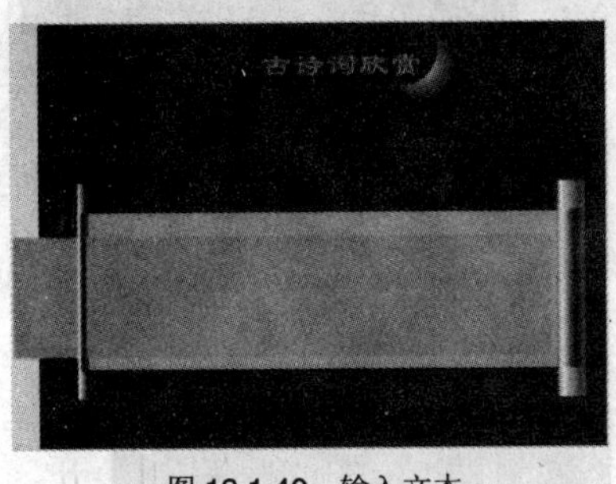

图13.1.40　输入文本

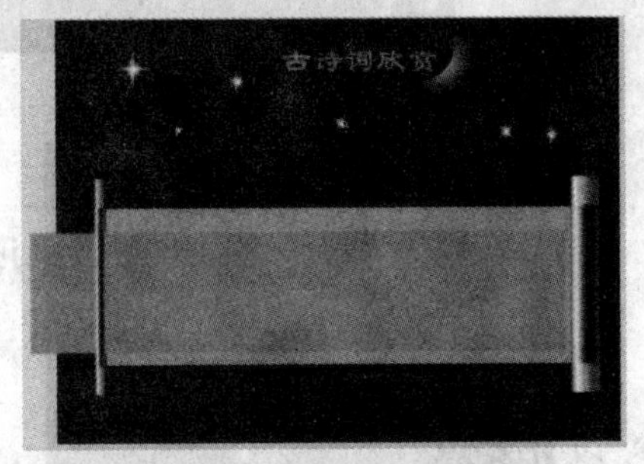

图13.1.41　“星星”元件的位置

（40）选中该层第30帧，单击右键在快捷菜单中选择插入帧命令。

（41）单击“Ctrl+Enter”键测试影片效果，如图13.1.1所示。

案例2　光盘片头动画

设计背景

教学光盘片头动画，需要给人以视觉冲击，颜色的搭配和音乐的背景都是商业片头动画中不可或

缺的一部分，通过各种按钮来实现光盘的各个功能。

设计内容

本例制作光盘片头动画，最终效果如图 13.2.1 所示。

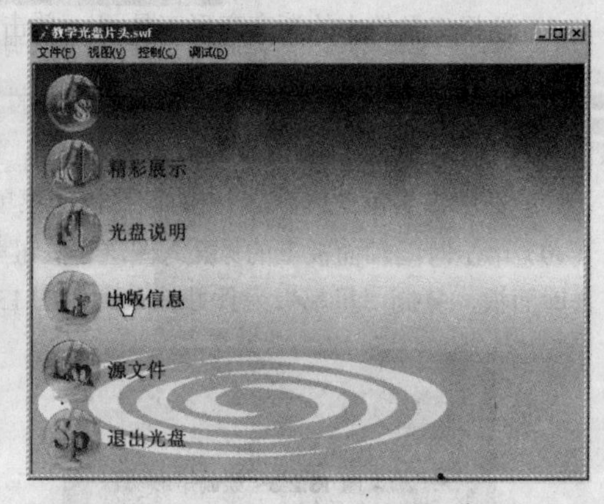

图 13.2.1　效果图

设计要点

光盘片头动画制作过程大致可分为创建元件、编辑元件、设置帧、创建补间动画、编写动作脚本。希望通过本例的学习，读者能熟练掌握动画制作的方法和技巧。本例设计要点如下：

（1）创建元件，编辑元件。

（2）利用调整 Alpha 值来设置按钮元件渐入渐出的效果。

（3）熟练掌握编辑帧的方法。

（4）熟练运用补间动画。

（5）在场景中熟练排列各个图层。

（6）运用动作面板编写出简单的代码。

操作步骤

（1）选择 文件(F) → 新建(N)... Ctrl+N 命令，弹出“新建”对话框，选择“常规”选项卡中的 Flash 文件(ActionScript 3.0) 选项，单击 确定 按钮，新建一个 Flash 文档。

（2）选择 修改(M) → 文档(D)... Ctrl+J 命令，设置“尺寸”为“550 px×400 px”，“背景颜色”为“白色”，“帧频”为“30”，单击 确定 按钮。

（3）更改“图层 1”的名称为“背景”，如图 13.2.2 所示。

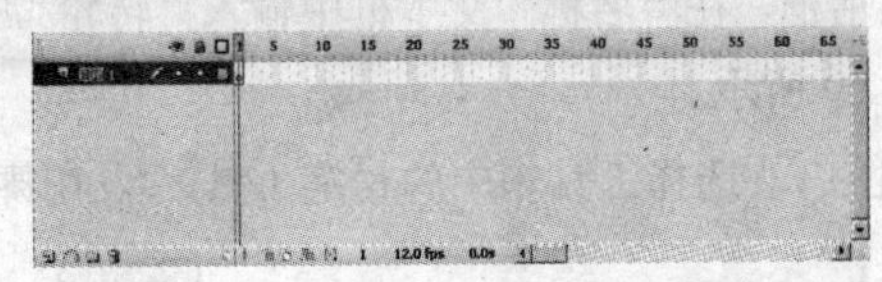

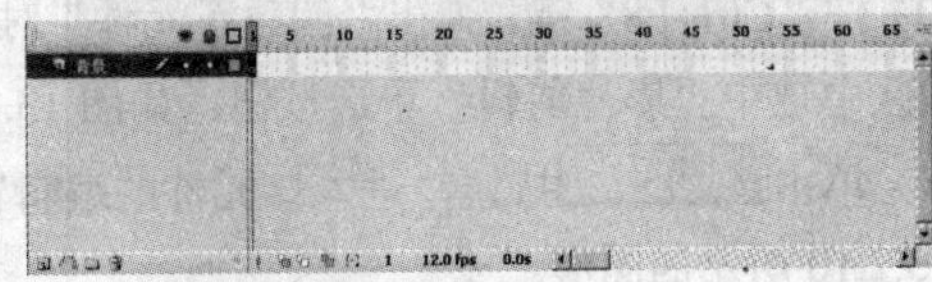

图 13.2.2　更改层名

（4）选择工具箱中的矩形工具，在属性面板中设置笔触颜色为“无”，填充颜色为“白色至黑色的线性渐变色”，然后绘制一个矩形，如图 13.2.3 所示。

（5）选择工具箱中的渐变变形工具，单击矩形，显示其填充变形手柄，如图 13.2.4 所示。

图 13.2.3　绘制矩形

图 13.2.4　显示填充变形手柄

（6）拖动变形手柄，调整矩形的填充效果，如图 13.2.5 所示。

（7）选择 窗口(W) → 颜色(C) Shift+F9 命令，打开颜色面板，如图 13.2.6 所示。

图 13.2.5　调整填充效果

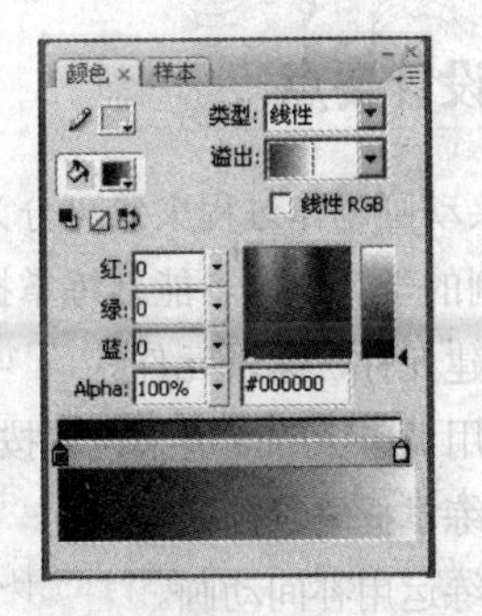

图 13.2.6　颜色面板

（8）在颜色条上单击增加一个色标，然后设置左侧色标的颜色为“#BED8E9”，中间色标的颜色为“#FFFFFF”，右侧色标的颜色为“#FFDB4A”，并调整它们的位置如图 13.2.7 所示。

（9）选择工具箱中的颜料桶工具，单击鼠标填充矩形，效果如图 13.2.8 所示。

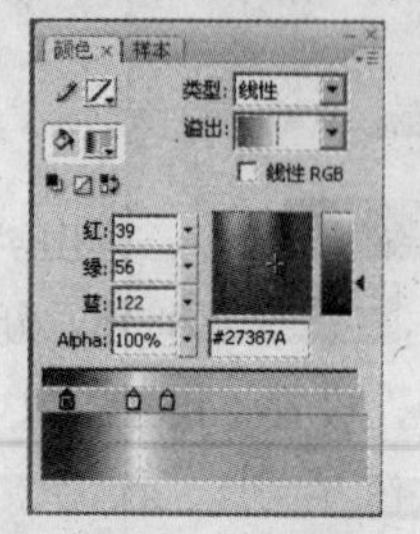

图 13.2.7　设置填充颜色

图 13.2.8　填充矩形

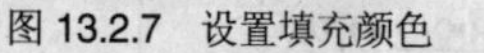

（10）按“Ctrl+F8”键，弹出“创建新元件”对话框，在“名称”文本框中输入“转轮”，在“类型”选项区中选中“影片剪辑”单选按钮，如图 13.2.9 所示。

（11）单击 确定 按钮，进入该元件的编辑窗口，选择工具箱中的铅笔工具，在舞台中绘制如图 13.2.10 所示的图形。

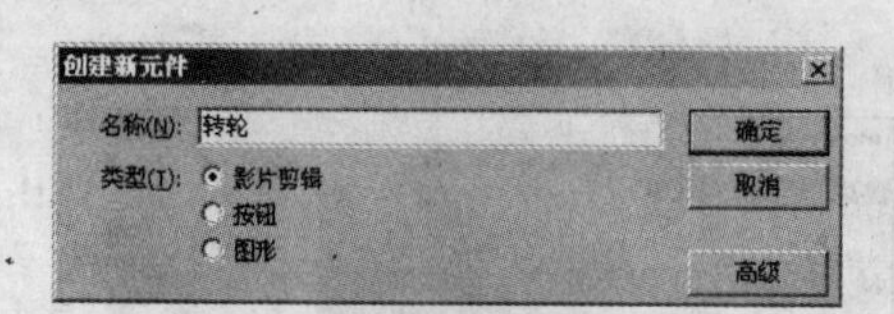

图 13.2.9　“创建新元件”对话框

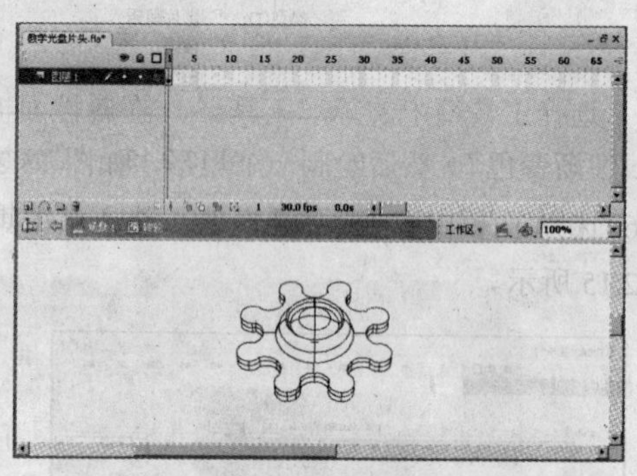

图 13.2.10　绘制图形

（12）分别选择第 6，11，16 帧，按“F6”键插入关键帧，然后更改其中的图形，得到转轮转动一周的效果，如图 13.2.11 所示。

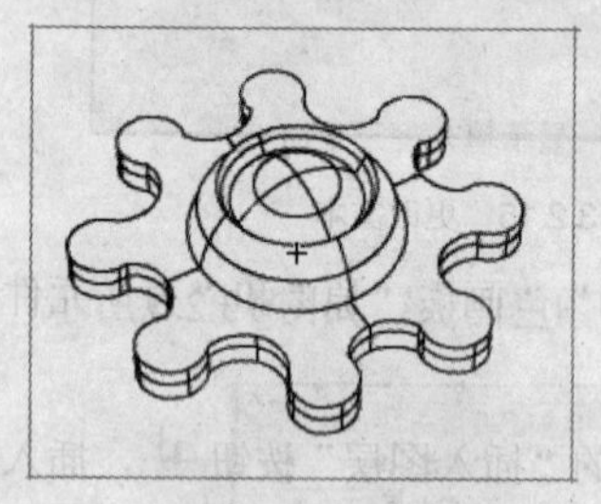

第 6 帧

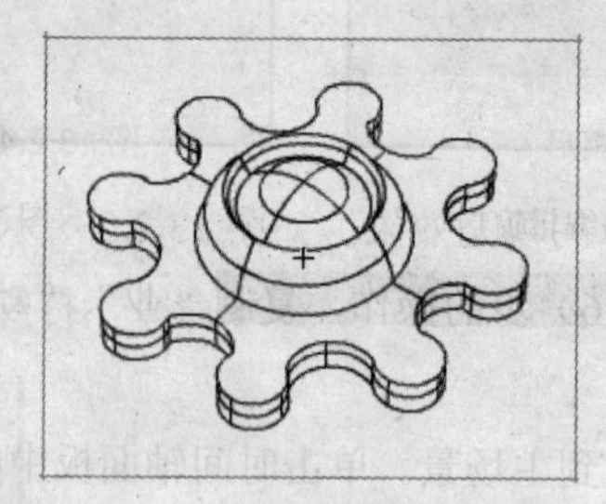

第 11 帧

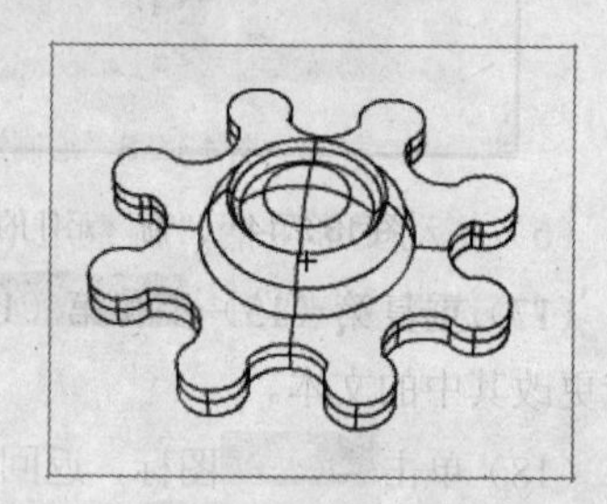

第 16 帧

图 13.2.11　其他帧中的图形

（13）按“Ctrl+F8”键，弹出“创建”对话框，在“名称”文本框中输入“Flash”，在“类型”选项区中选中“图形”单选按钮，单击 确定 按钮，进入该元件的编辑窗口。

（14）选择工具箱中的文本工具 T，在属性面板中设置“字体”为“华文新魏”，字号为“45”，“文本颜色”为“黑色”，在舞台的中心位置输入“Flash”，如图 13.2.12 所示。

（15）选择 窗口(W) → 库(L) Ctrl+L 命令，打开库面板，选择“Flash”元件，单击鼠标右键，在弹出的快捷菜单中选择 直接复制 命令，弹出“直接复制元件”对话框，在“名称”文本框中输入“商”（见图 13.2.13），单击 确定 按钮，关闭对话框。

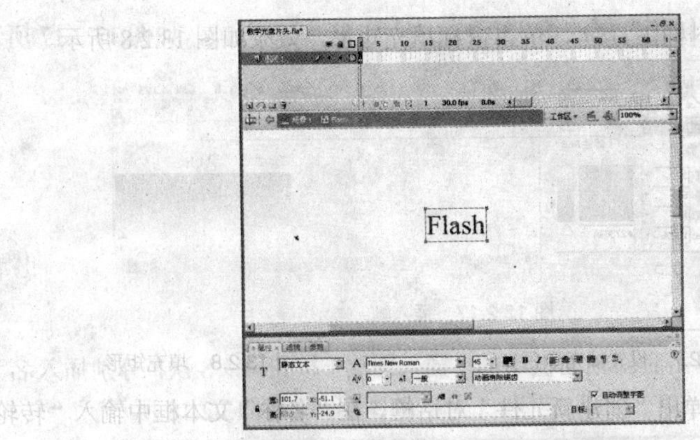

图 13.2.12　输入文本

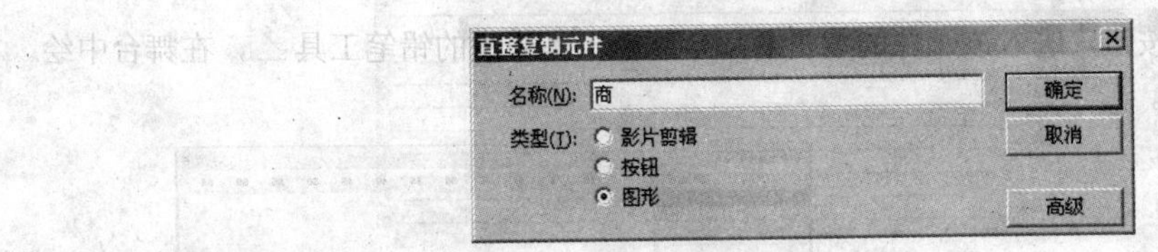

图 13.2.13　"直接复制元件"对话框

（16）在库面板中双击"商"元件，进入其编辑窗口（见图 13.2.14），更改其中的文本为"商"，如图 13.2.15 所示。

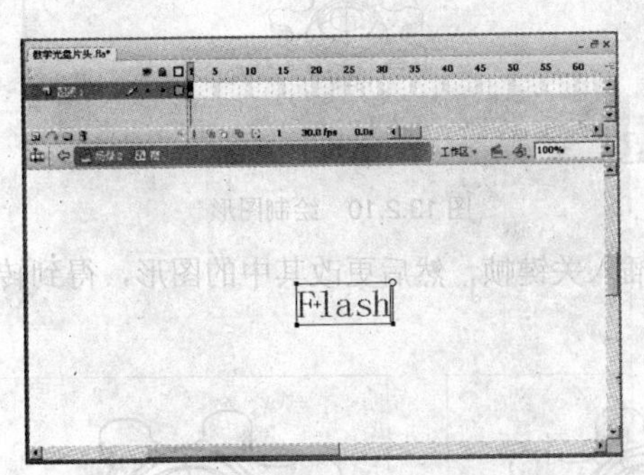

图 13.2.14　"商"元件的编辑窗口

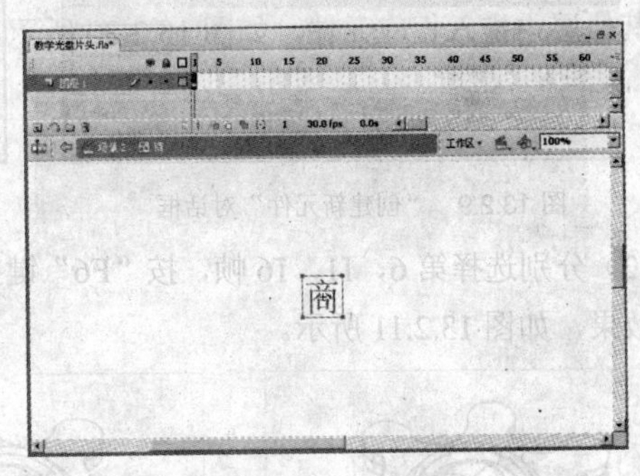

图 13.2.15　更改文本

（17）重复第（15）步和第（16）步的操作，复制"业"、"动"、"画"、"原"和"力"元件，并相应更改其中的文本。

（18）单击场景 1图标，返回到主场景。单击时间轴面板中的"插入图层"按钮，插入一个名为"转轮"的层。

（19）选择"转轮"层的第 1 帧，从库面板中拖动"转轮"元件到如图 13.2.16 所示的位置。

图 13.2.16　拖入"转轮"元件

（20）选择“背景”和“转轮”层的第 120 帧，按“F5”键插入帧，如图 13.2.17 所示。

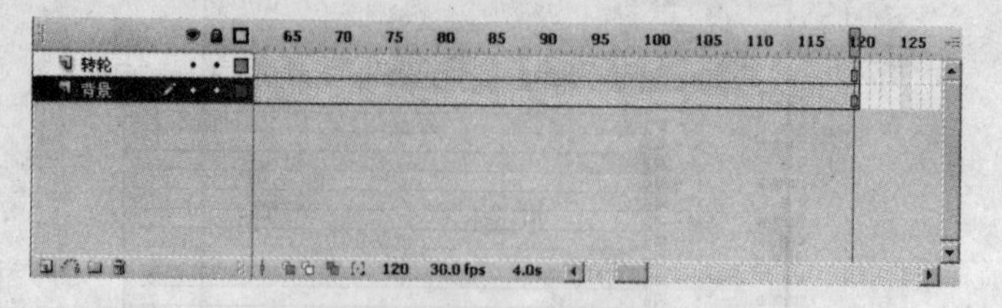

图 13.2.17　插入帧

（21）选择“转轮”层，单击时间轴面板中的“插入图层”按钮 8 次，分别插入名为“Flash”、“商”、“业”、“动 1”、“画”、“原”、“动 2”和“力”的图层，如图 13.2.18 所示。

图 13.2.18　插入层

（22）选择“Flash”层的第 1 帧，从库面板中拖动“Flash”元件到如图 13.2.19 所示的位置。

（23）重复第（22）步的操作，在“商”层中拖入“商”元件，在“业”层中拖入“业”元件，同样在其他层中拖入相应元件，如图 13.2.20 所示。

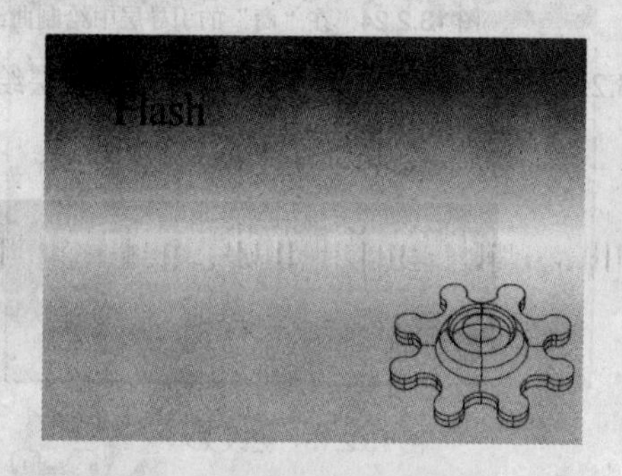

图 13.2.19　拖动“Flash”元件　　图 13.2.20　拖入其他文本元件

（24）选择“Flash”层，单击时间轴面板中的“添加运动引导层”按钮，为该层添加引导层，如图 13.2.21 所示。

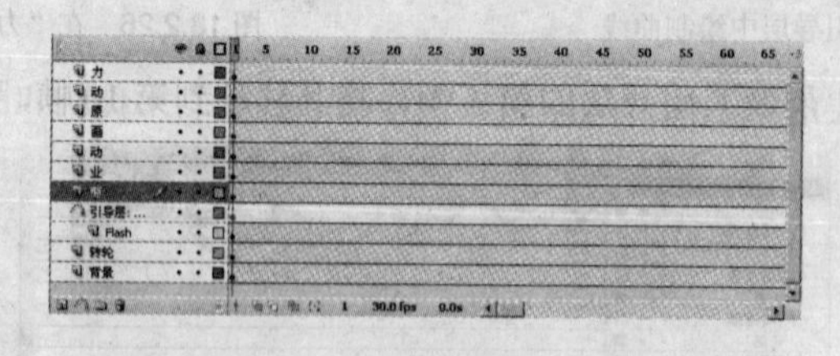

图 13.2.21　为“Flash”层添加引导层

（25）同样，为其他文本层添加引导层，如图 13.2.22 所示。

（26）选择工具箱中的铅笔工具，在“Flash”的引导层中绘制一条曲线，并使其上端点与“Flash”实例的中心重合，如图 13.2.23 所示。

（27）在“商”的引导层中绘制一条曲线，并使其上端点与“商”实例的中心重合，如图 13.2.24 所示。

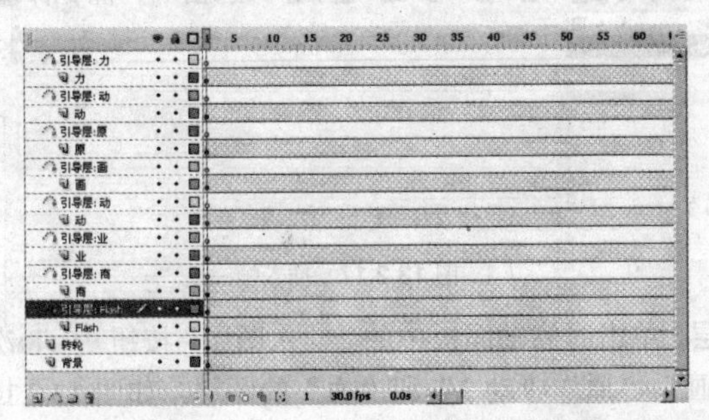

图 13.2.22 为其他文本层添加引导层

图 13.2.23 在“Flash”的引导层中绘制曲线

图 13.2.24 在“商”的引导层中绘制曲线

（28）在“业”的引导层中绘制曲线（见图 13.2.25），用同样的方法，为其他的引导层绘制曲线，如图 13.2.26 所示。

图 13.2.25 在“业”的引导层中绘制曲线

图 13.2.26 在“力”的引导层中绘制曲线

（29）分别选择“商”层及其引导层的第 1 帧，将其移动到第 10 帧，如图 13.2.27 所示。

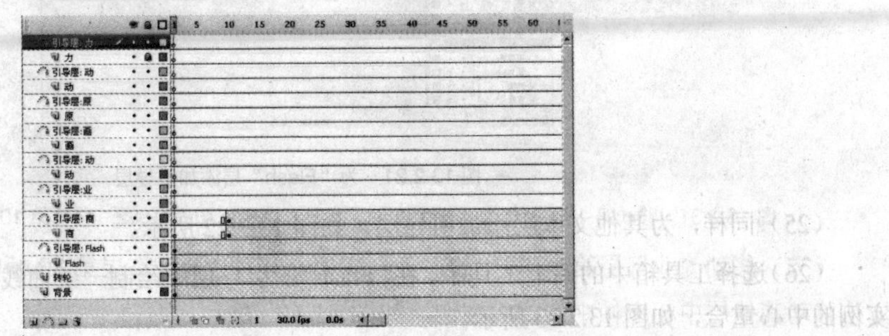

图 13.2.27 移动“商”层及其引导层的帧

（30）移动其他文本层及引导层的第 1 帧到如图 13.2.28 所示的位置。

（31）选择“Flash”层的第 10 帧，按“F6”键插入关键帧，如图 13.2.29 所示。

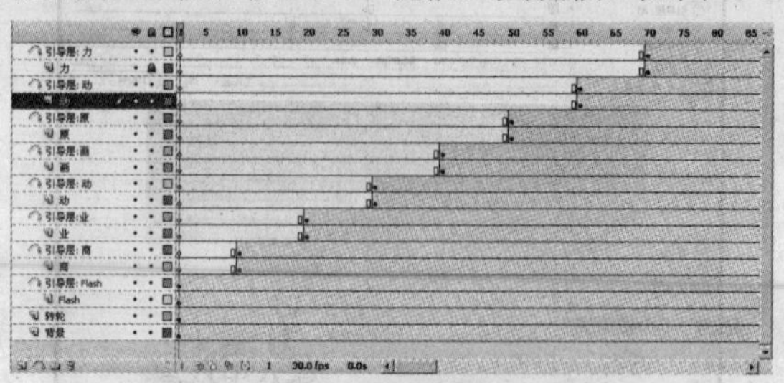

图 13.2.28　移动其他文本层及引导层的帧

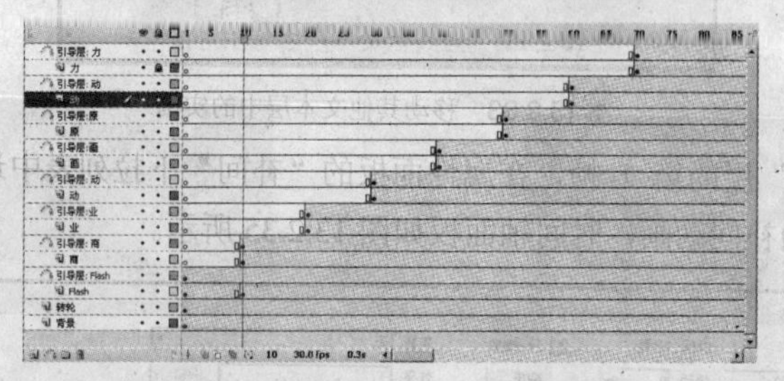

图 13.2.29　在“Flash”层中插入关键帧

（32）在“商”层的第 20 帧中插入关键帧，在“业”层的第 30 帧中插入关键帧，用同样的方法在其他层的相应帧中插入关键帧，如图 13.2.30 所示。

（33）移动“Flash”层第 1 帧中的“Flash”实例，使其中心与相应引导线的另一个端点重合，如图 13.2.31 所示。

（34）移动“商”层第 10 帧中的“商”实例，使其中心与相应引导线的另一个端点重合，如图 13.2.32 所示。

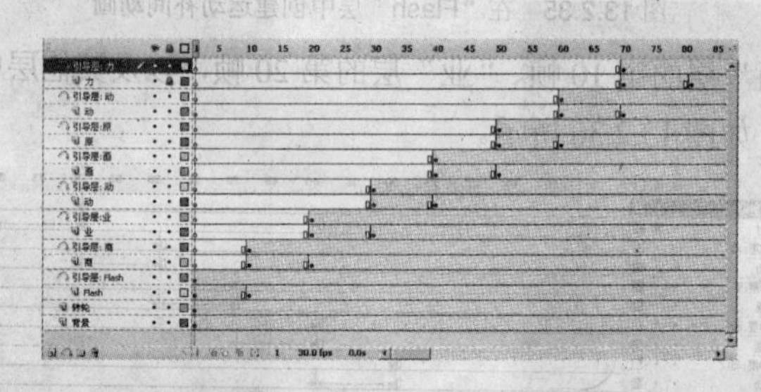

图 13.2.30　在其他文本层中插入关键帧

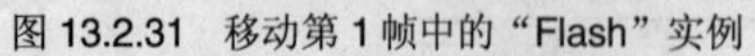

图 13.2.31　移动第 1 帧中的“Flash”实例

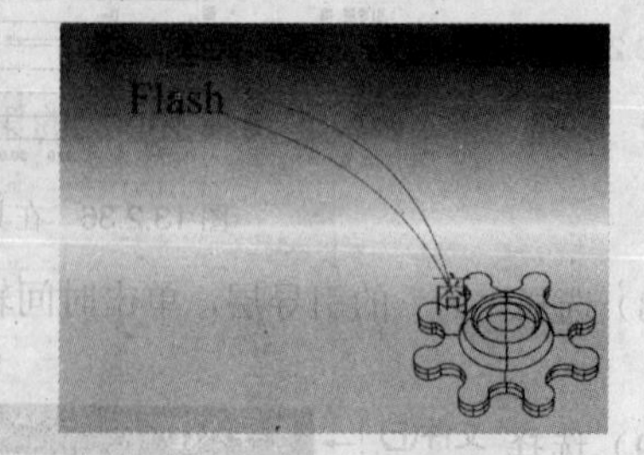

图 13.2.32　移动第 10 帧中的“商”实例

（35）移动“业”层第 20 帧中的“业”实例，移动“动 1”层第 30 帧中的“动”实例，用同样方法移动其他层中相应帧中的相应实例，如图 13.2.33 所示。

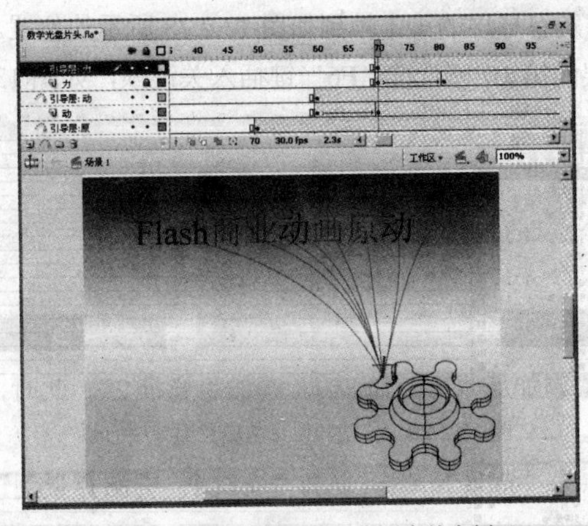

图 13.2.33　移动其他文本层中的实例

（36）选择“Flash”层的第 1 帧，在属性面板的“补间”下拉列表中选择“动画”选项（见图 13.2.34），创建一段运动补间动画，时间轴面板如图 13.2.35 所示。

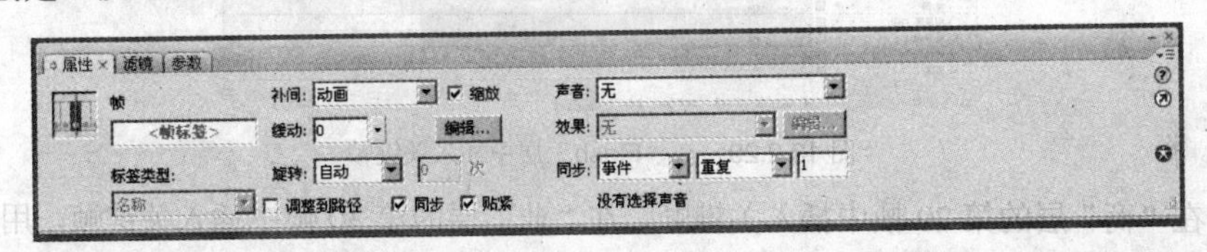

图 13.2.34　选择“动画”选项

引导层: Flash
Flash
转轮
背景
7　30.0 fps　0.2s

图 13.2.35　在“Flash”层中创建运动补间动画

（37）分别选择“商”层的第 10 帧、“业”层的第 20 帧，以及其他层中的相应的帧，在其文本层中创建运动补间动画，如图 13.2.36 所示。

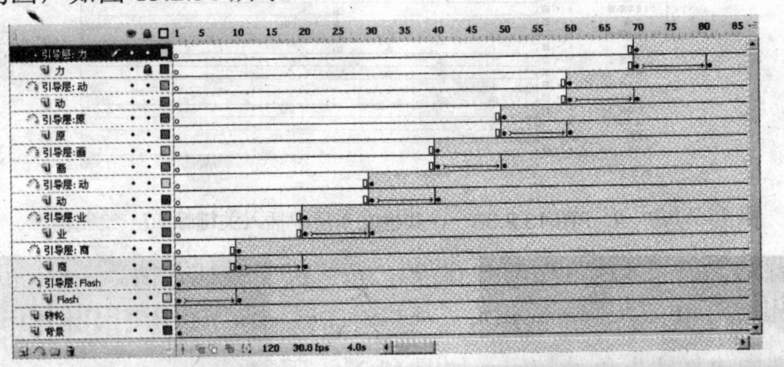

图 13.2.36　在其他文本层中创建运动补间动画

（38）选择“力”的引导层，单击时间轴面板中的“插入图层”按钮，插入一个名为“声音”的图层。

（39）选择 文件(F) → 导入(I) → 导入到舞台(I)...　Ctrl+R 命令，弹出“导入”对话框，导入声音文件“35.wav”。

（40）选择“声音”层的第 1 帧，在属性面板的“声音”下拉列表中选择“35.wav”选项，将声音添加至文件中，如图 13.2.37 所示。

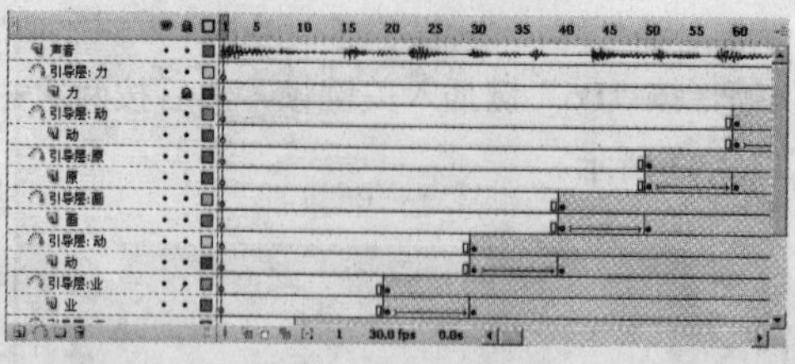

图 13.2.37　添加声音至文件中

（41）选择 窗口(W) → 其它面板(R) → 场景(S) Shift+F2 命令，打开场景面板（见图 13.2.38），单击“添加场景”按钮 ，添加“场景 2”，此时，在 Flash CS3 的工作界面中将显示场景 2 的编辑窗口。

（42）重命名“图层 1”为“背景”，然后复制“场景 1”中的背景到该层中，如图 13.2.39 所示。

（43）单击时间轴面板中的“插入图层”按钮 ，插入一个名为“弧线”的图层，并在该层中绘制如图 13.2.40 所示的图形。

图 13.2.38　场景面板

图 13.2.39　复制背景

图 13.2.40　绘制图形

（44）选择“背景”和“弧线”层的第 60 帧，按“F5”键插入帧。

（45）按“Ctrl+F8”键，弹出“创建新元件”对话框，在“名称”文本框中输入“按钮 1”，在“类型”选项区中选中“按钮”单选按钮，如图 13.2.41 所示。

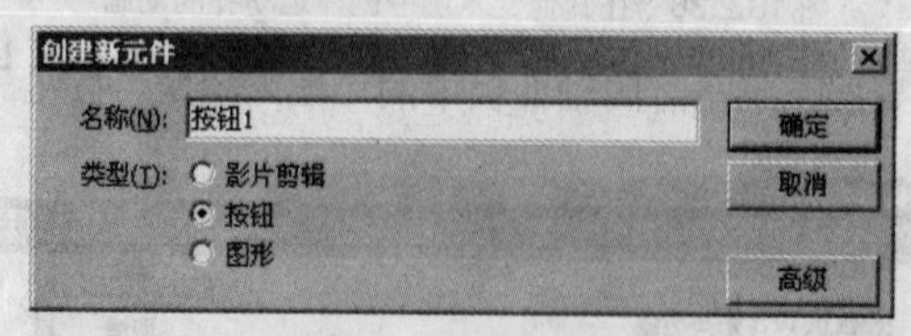

图 13.2.41　“创建新元件”对话框

（46）单击 确定 按钮，进入其编辑窗口，选择 文件(F) → 导入(I) → 导入到舞台(I)... Ctrl+R 命令，弹出“导入”对话框，导入图片“1.png”，并调整它的大小和位置，如图

13.2.42 所示。

（47）选择“指针经过”帧，按“F6”键插入关键帧，然后按两次←和↑键，将该帧中的图片向左上角移动两个像素，如图 13.2.43 所示。

图 13.2.42　导入并调整图片

图 13.2.43　移动“指针经过”帧中的图片

（48）选择“点击”帧，按“F6”键插入关键帧，然后选择工具箱中的矩形工具，在舞台中绘制一个矩形作为按钮的触发区，如图 13.2.44 所示。

（49）单击时间轴面板中的“插入图层”按钮，插入一个名为“图层 2”的图层。

（50）选择工具箱中的文本工具T，在属性面板中设置“字体”为“华文新魏”，“字号”为“20”，“文本颜色”为“黑色”，在图片的右侧输入文本“实例演示”，如图 13.2.45 所示。

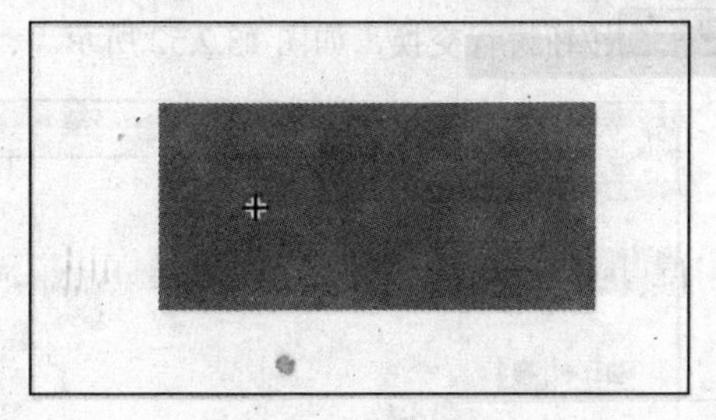

图 13.2.44　绘制矩形

图 13.2.45　输入文本

（51）选择“指针经过”帧，按“F6”键插入关键帧，并更改文本的颜色为“#FF6600”，如图 13.2.46 所示。

（52）选择整个文本，并按两次“←”和“↑”键，将其向左上角移动两个像素，如图 13.2.47 所示。

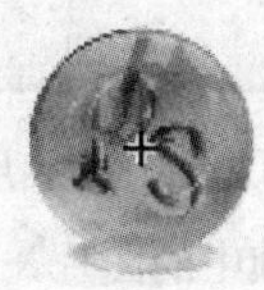
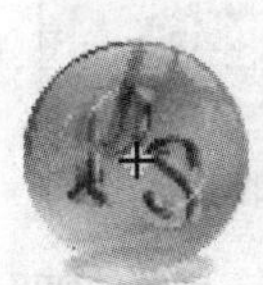

图 13.2.46　更改文本的颜色

图 13.2.47　移动文本

（53）选择 文件(F) → 导入(I) → 导入到库(L)... 命令，弹出“导入到库”对话框，导入图片“2.png”～“5.png”。

（54）在库面板中选择“按钮 1”元件，单击鼠标右键，在弹出的下拉列表中选择 直接复制 命令，弹出“直接复制元件”对话框，在“名称”文本框中输入“按钮 2”（见图 13.2.48），单击 确定 按钮，关闭对话框。

图 13.2.48　“直接复制元件”对话框

（55）在库面板中双击“按钮 2”元件，进入其编辑窗口（见图 13.2.49），更改其中的所有文本为“精彩展示”，如图 13.2.50 所示。

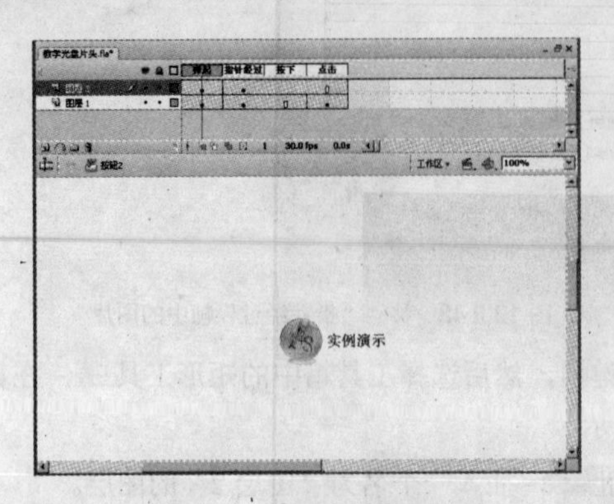

图 13.2.49 “按钮 2”元件的编辑窗口

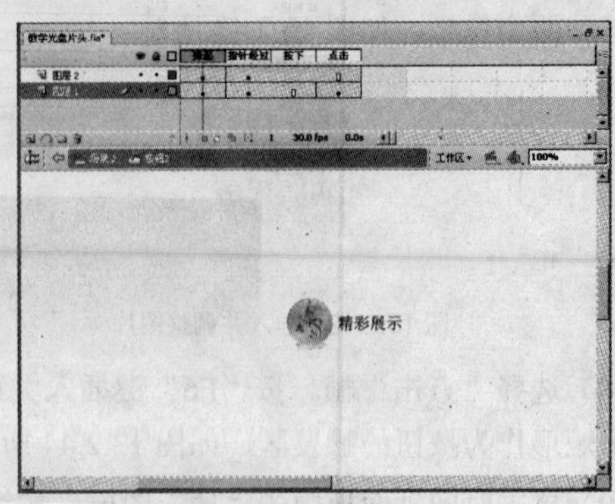

图 13.2.50 更改文本

（56）选择“弹起”帧中的图片，单击属性面板中的 交换... 按钮，在弹出的“交换位图”对话框中选择“2.png”选项（见图 13.2.51），单击 确定 按钮进行交换，如图 13.2.52 所示。

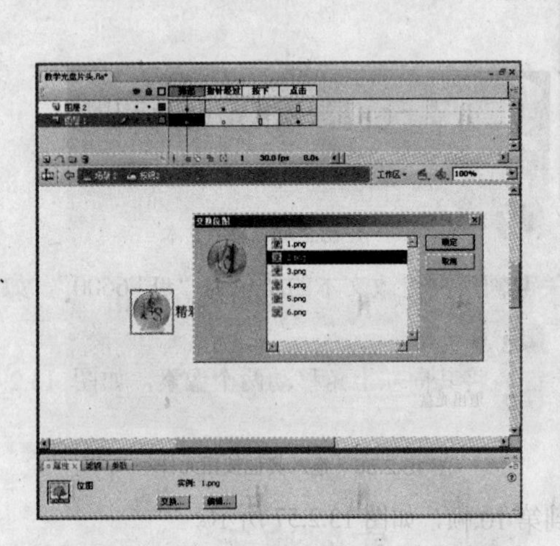

图 13.2.51 选择用于交换的图片

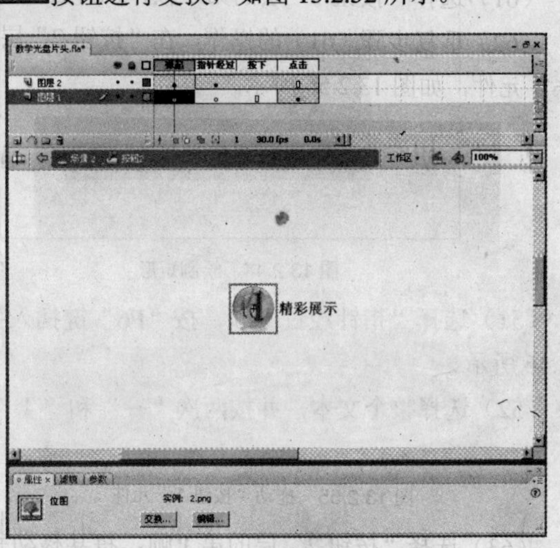

图 13.2.52 交换图片

（57）重复第（56）步的操作，用“2.png”交换“指针经过”帧中的图片。

（58）重复第（54）～（57）步的操作，创建“按钮 3”、“按钮 4”、“按钮 5”和“按钮 6”元件，并更改其中的文本及图片，如图 13.2.53 所示。

光盘说明

创建“按钮 3”元件

出版信息

创建“按钮 4”元件

源 文 件

创建“按钮 5”元件

退出光盘

创建“按钮 6”元件

图 13.2.53 创建其他按钮元件

（59）单击 场景 2 图标，返回到“场景 2”的编辑窗口。

（60）选择“弧线”层，单击时间轴面板中的“插入图层”按钮 6 次，分别插入名为“按钮 1”～“按钮 6”的图层，如图 13.2.54 所示。

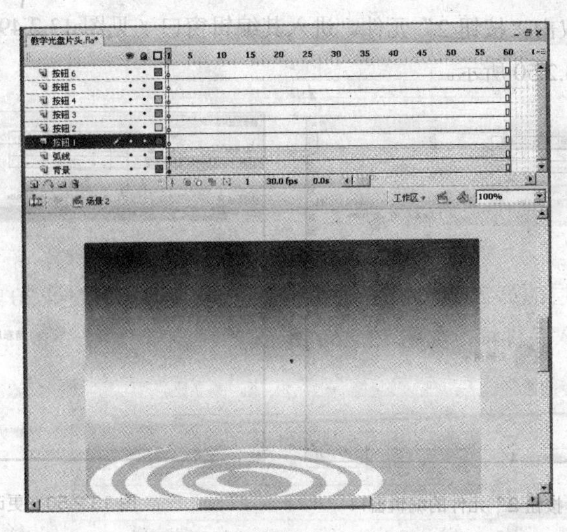

图 13.2.54 插入 6 个按钮层

（61）选择“按钮 1”层的第 1 帧，从库面板中拖动“按钮 1”元件到如图 13.2.55 所示的位置。

（62）重复步骤（61）的操作，在“按钮 2”层中拖入“按钮 2”元件在“按钮 6”层中拖入“按钮 6”元件，如图 13.2.56 所示。

图 13.2.55 拖动“按钮 1”元件

图 13.2.56 拖入其他按钮元件

（63）选择“按钮 2”层的第 1 帧，将其移动到第 10 帧，如图 13.2.57 所示。

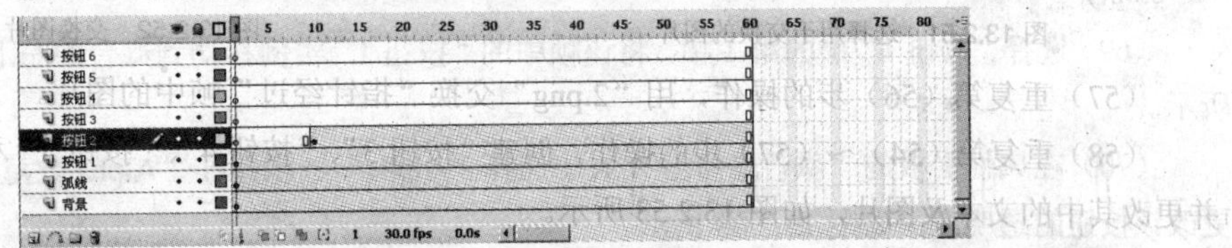

图 13.2.57 移动“按钮 2”层的帧

（64）移动其他按钮层的第 1 帧到如图 13.2.58 所示的位置。

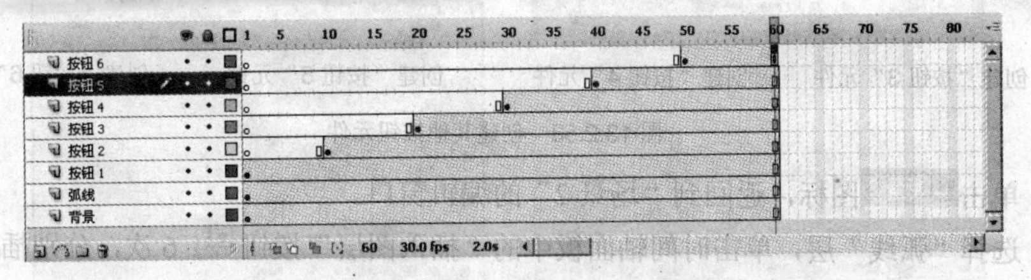

图 13.2.58 移动其他按钮层的帧

（65）选择“按钮 1”层的第 10 帧，按“F6”键插入关键帧，如图 13.2.59 所示。

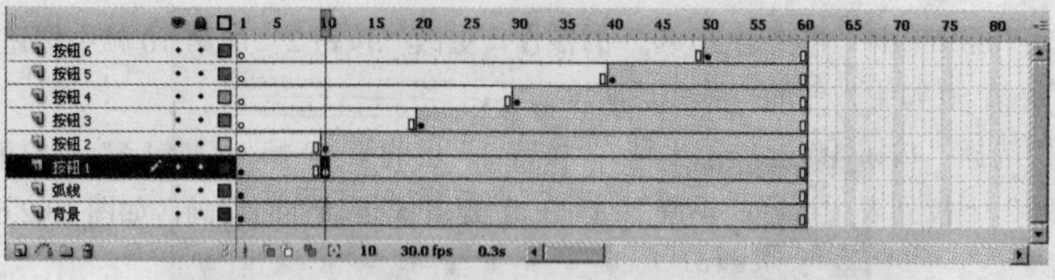

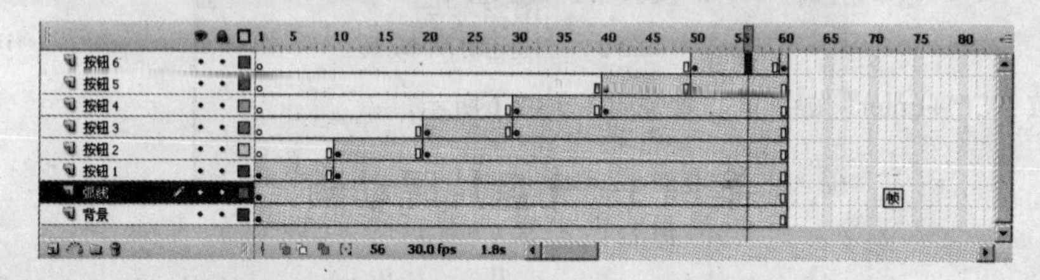

图 13.2.59　在“按钮 1”层中插入关键帧

（66）在“按钮 2”层的第 20 帧中插入关键帧，在“按钮 3”层的第 30 帧中插入关键帧，在“按钮 6”层的第 60 帧中插入关键帧，如图 13.2.60 所示。

图 13.2.60　在其他按钮层中插入关键帧

（67）选择 窗口(W) → 動作(A) F9 命令，打开动作面板，如图 13.2.61 所示。

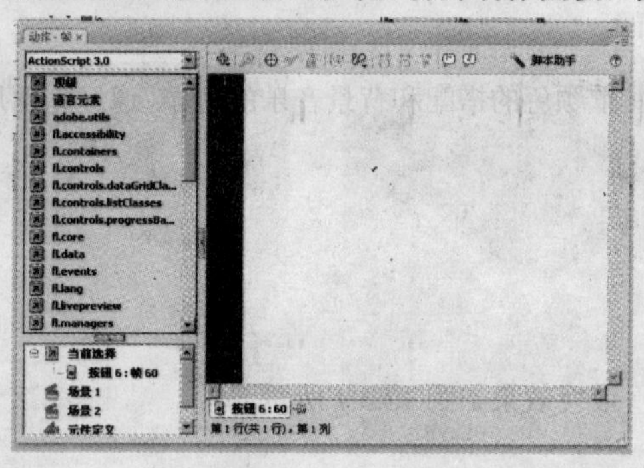

图 13.2.61　动作面板

（68）选择“按钮 6”层的第 60 帧，在动作面板中输入以下代码：

```
stop();
```

（69）选择“按钮 1”层的第 1 帧，将该帧中的“按钮 1”实例移动到舞台的左下角，如图 13.2.62 所示。

（70）在属性面板的“颜色”下拉列表中选择“Alpha”选项，在“Alpha 数量”框中输入“0”，更改该按钮的透明度，如图 13.2.63 所示。

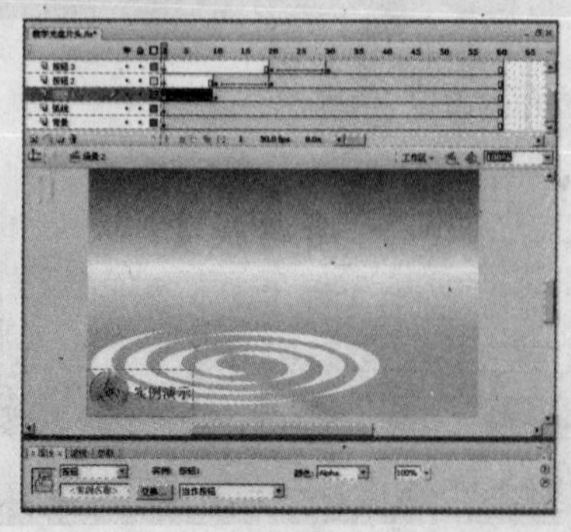

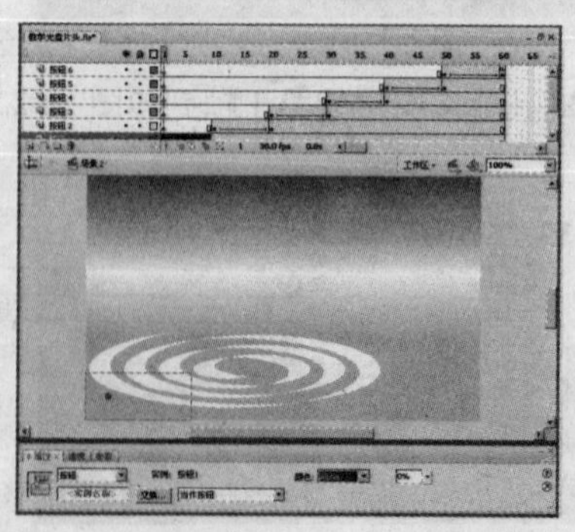

图 13.2.62　调整“按钮 1”实例的位置　　图 13.2.63　更改“按钮 1”实例的透明度

（71）重复“第 69 步”和“第 70 步”的操作，更改“按钮 2”层第 10 帧中按钮的位置和透明度，“按钮 6”层第 50 帧中按钮的位置和透明度。

（72）分别选择“按钮 1”层的第 1 帧、“按钮 2”层的第 10 帧、“按钮 6”层的第 50 帧，在属性面板的“补间”下拉列表中选择“动画”选项，创建 6 段运动补间动画，如图 13.2.64 所示。

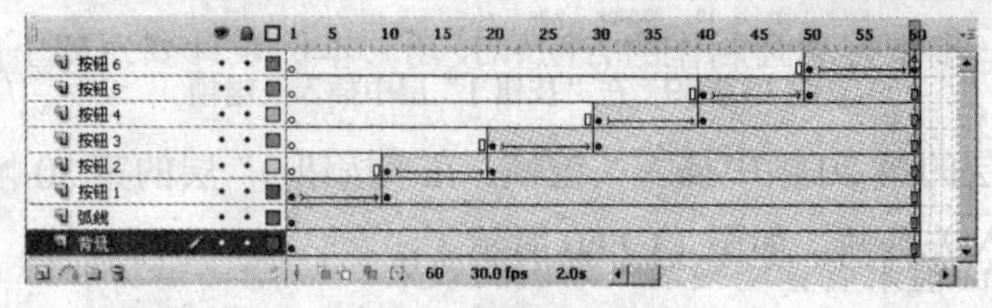

图 13.2.64　创建运动补间动画

（73）按“Ctrl+Enter”键预览，效果如图 13.2.1 所示。

案例 3　光盘片尾动画

设计背景

教学光盘片尾动画需要注重颜色的搭配和背景音乐的协调，通过光盘片尾动画可以了解制作光盘的一些信息。

设计内容

本例制作光盘片尾动画，最终效果如图 13.3.1 所示。

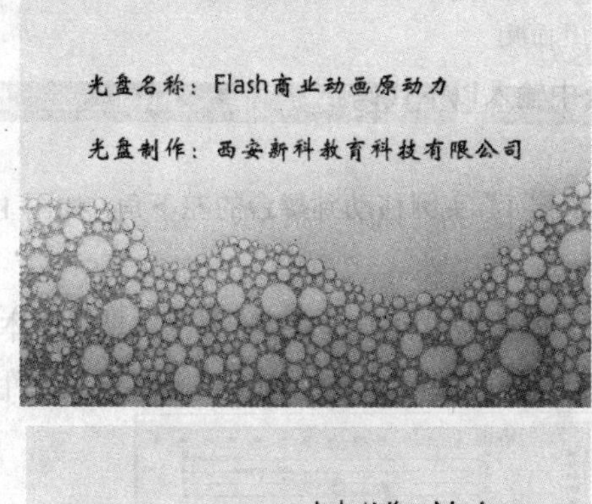

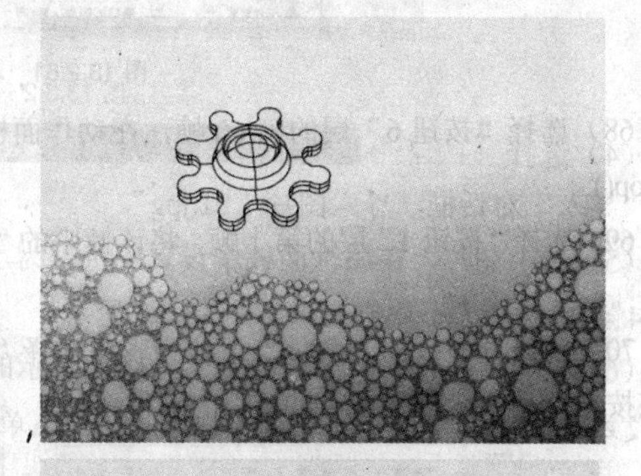

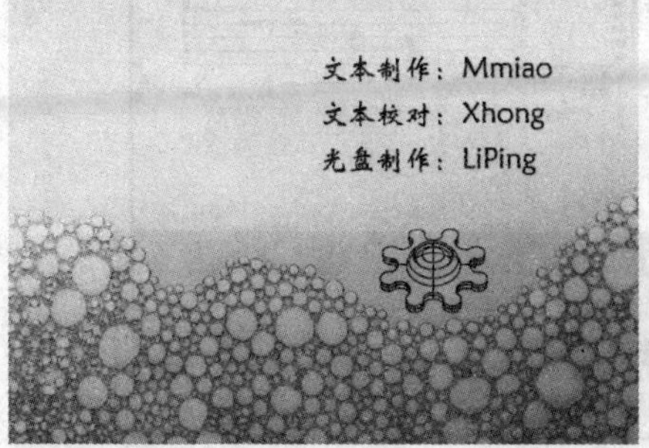

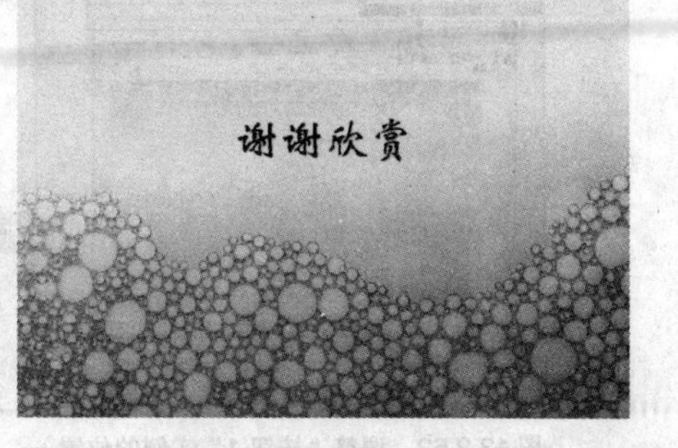

图 13.3.1　效果图

设计要点

光盘片尾动画制作过程大致可分为创建元件、编辑元件、设置帧、创建补间动画、编写动作脚本。通过本实例的学习，进一步掌握动画制作的方法和技巧。本例设计要点如下：

（1）创建元件，编辑元件。

（2）熟练使用文本工具。

（3）利用调整 Alpha 值来设置动画渐入渐出的效果。

（4）熟练运用补间动画带来的效果。

（5）在场景中熟练排列各个图层。

（6）运用动作面板编写出简单的代码。

操作步骤

（1）选择 文件(F) → 新建(N)... Ctrl+N 命令，弹出“新建”对话框，选择“常规”选项卡中的 Flash 文件(ActionScript 3.0) 选项，单击 确定 按钮，新建一个 Flash 文档。

（2）选择 修改(M) → 文档(D)... Ctrl+J 命令，设置“尺寸”为“550 px×400 px”，“背景颜色”为“白色”，“帧频”为“30”，单击 确定 按钮。

（3）更改“图层 1”的名称为“背景”，如图 13.3.2 所示。

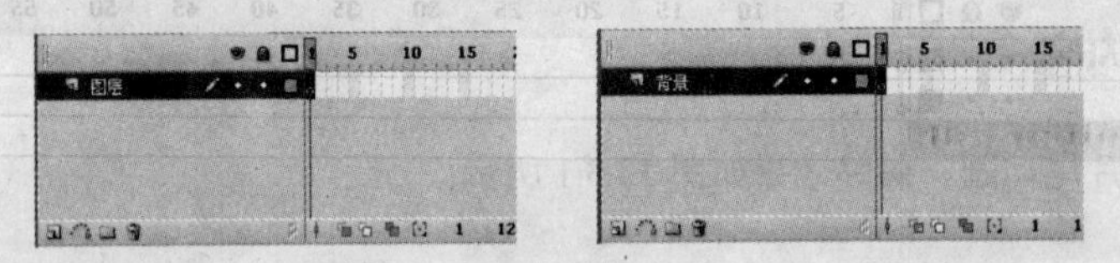

图 13.3.2　更改层名

（4）选择 文件(F) → 导入(I) → 导入到舞台(I)... Ctrl+R 命令，弹出“导入”对话框，导入图片“b1.jpg”。

（5）选中图片，在属性面板中设置“宽”为“550”，“高”为“336.6”，“X”为“0”，“Y”为“63.4”，调整其大小和位置，如图 13.3.3 所示。

（6）按“Ctrl+F8”键，弹出如图 13.3.4 所示的“创建新元件”对话框，在“名称”文本框中输入“文本 1”，在“类型”选项区中选中“图形”单选按钮，单击 确定 按钮，进入该元件的编辑窗口。

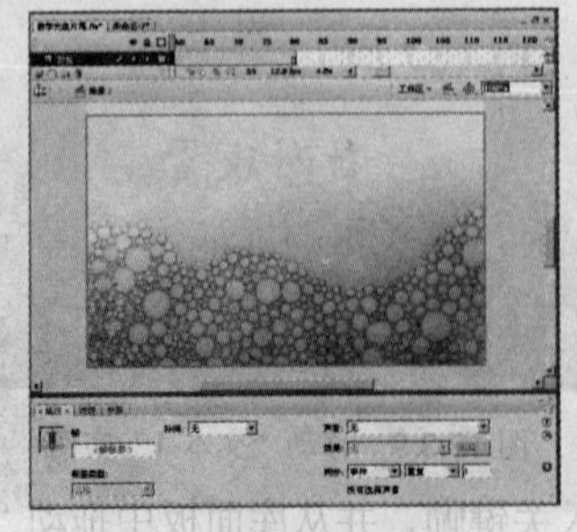

图 13.3.3　调整图片的大小和位置

图 13.3.4　“创建新元件”对话框

（7）选择工具箱中的文本工具 T，在属性面板中设置字体为“华文新魏”，字号为“25”，文本颜色为“黑色”（见图 13.3.5），在舞台的中心输入文本“光盘名称：Flash 商业动画原动力”，如图 13.3.6 所示。

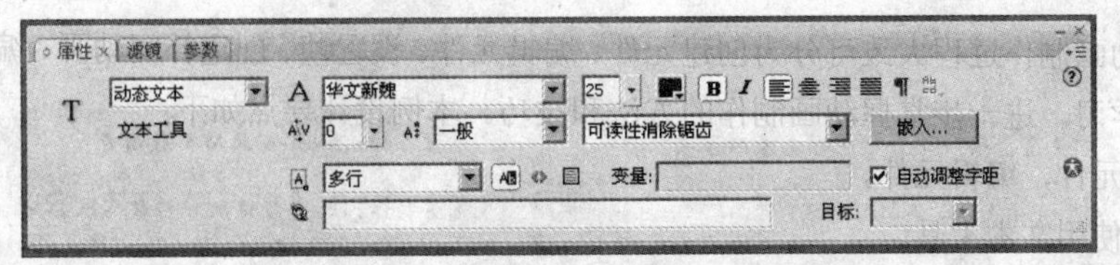

图 13.3.5　设置文本的属性

光盘名称：Flash商业动画原动力

图 13.3.6　输入文本

（8）重复步骤（6）和（7）的操作，创建“文本 2”元件，并输入文本“光盘制作：西安新科教育科技有限公司”。

（9）单击 场景 1 图标，返回到主场景，选中“背景”层的第 60 帧，按“F5”键插入帧。

（10）单击时间轴面板中的“插入图层”按钮 两次，分别插入名为“文本 1”和“文本 2”的图层，如图 13.3.7 所示。

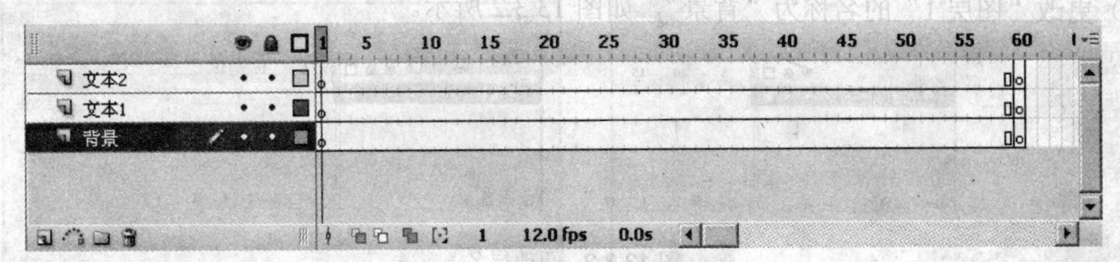

图 13.3.7　插入层

（11）选择 窗口(W) → 库(L) Ctrl+L 命令，打开库面板，从中拖动“文本 1”元件到“文本 1”层中，如图 13.3.8 所示。

（12）选中该层的第 10 帧，按“F6”键插入关键帧，然后移动该帧中的“文本 1”实例到如图 13.3.9 所示的位置。

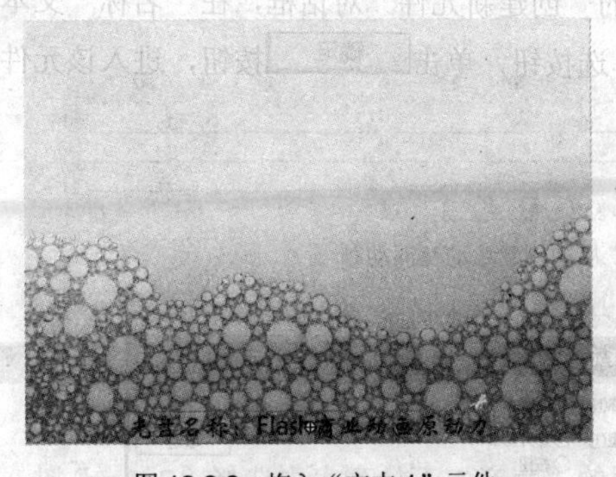

图 13.3.8　拖入“文本 1”元件

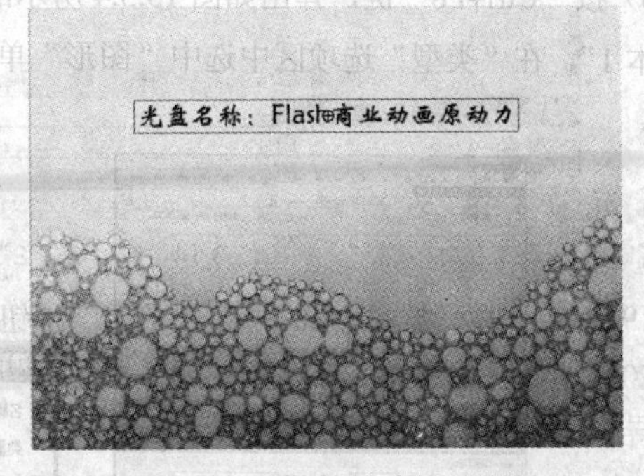

图 13.3.9　移动“文本 1”实例

（13）选中“文本 2”层的第 10 帧，按“F6”键插入关键帧，并从库面板中拖动“文本 2”元件

到如图 13.3.10 所示的位置。

（14）选中“文本 2”的第 20 帧，按“F6”键插入关键帧，然后移动该帧中的“文本 2”实例到如图 13.3.11 所示的位置。

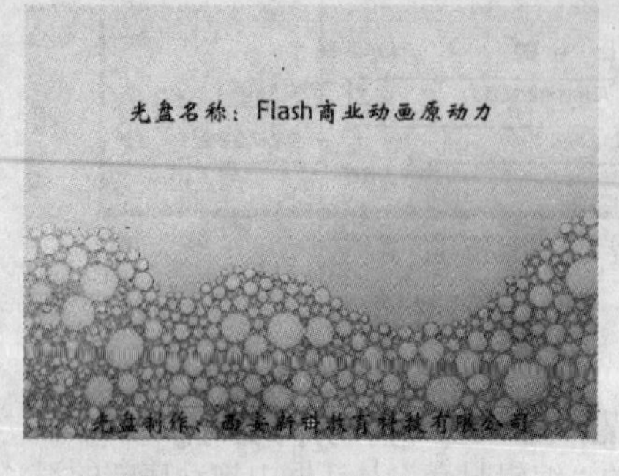

图 13.3.10　拖入“文本 2”元件

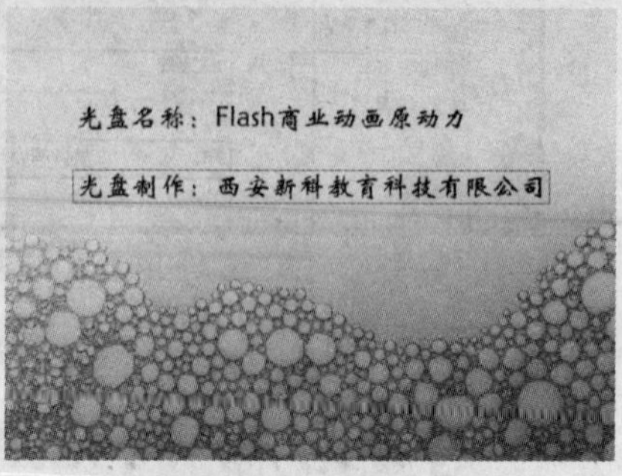

图 13.3.11　移动“文本 2”实例

（15）选中“文本 1”层第 1 帧中的“文本 1”实例，在属性面板的“颜色”下拉列表中选择“Alpha”选项，在“透明度”文本框中输入“0”，更改其透明度，如图 13.3.12 所示。

（16）重复第（15）步的操作，更改“文本 2”层第 10 帧中“文本 2”实例的透明度为“0”。

（17）选中“文本 1”层的第 1 帧，在属性面板的“补间”下拉列表中选择“动画”选项，创建一段运动补间动画，如图 13.3.13 所示。

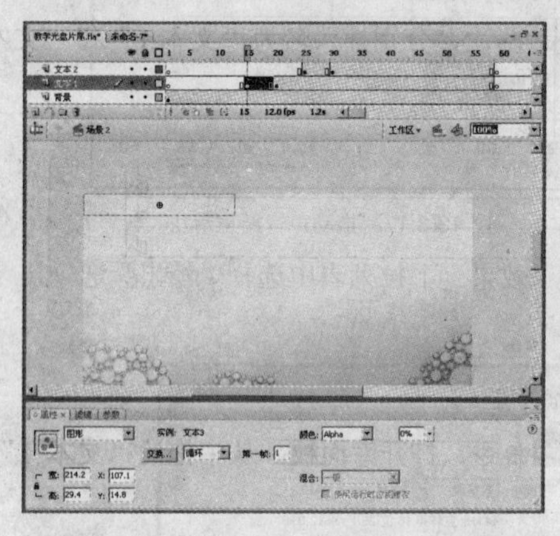

图 13.3.12　更改“文本 1”实例的透明度

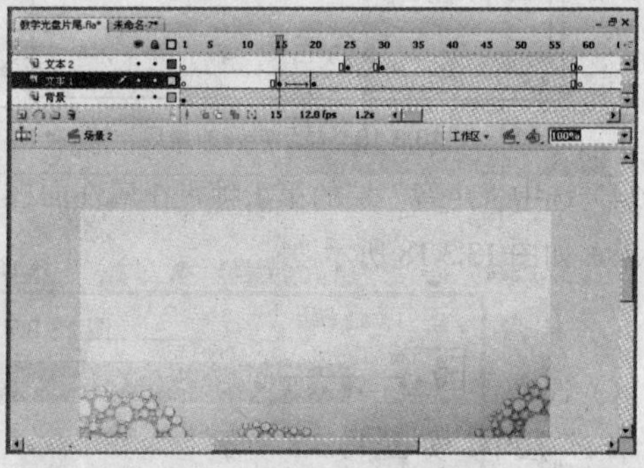

图 13.3.13　创建运动补间动画

（18）重复步骤（17）的操作，在“文本 2”层中创建一段运动补间动画，时间轴面板如图 13.3.14 所示。

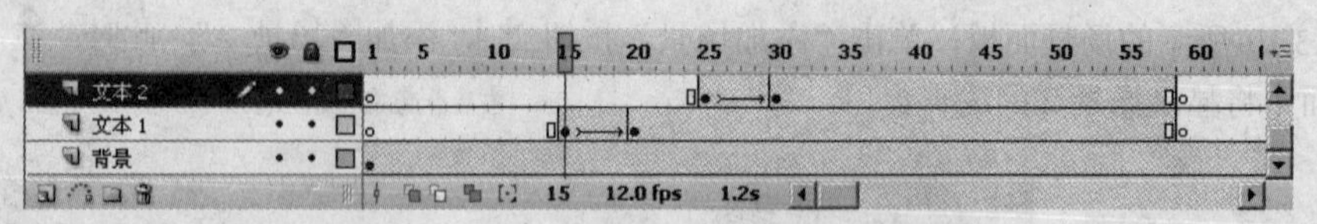

图 13.3.14　在“文本 2”层中创建运动补间动画

（19）单击时间轴面板中的“插入图层”按钮，插入一个名为“声音”的图层。

（20）选择 文件(F) → 导入(I) → 导入到舞台(I)... Ctrl+R 命令，弹出“导入”对话框，导入声音文件“2.wav”。

（21）选中“声音”层的第 1 帧，在属性面板的“声音”下拉列表中选择“2.wav”选项，将声音添加至文件中，如图 13.3.15 所示。

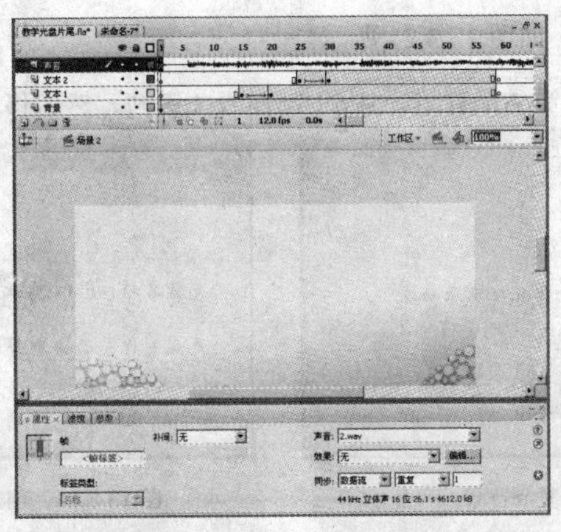

图 13.3.15　添加声音至文件中

（22）单击属性面板中的 编辑... 按钮，在弹出的“编辑封套”对话框中拖动底部的滑动条显示该声音的最后一帧，如图 13.3.16 所示。

（23）拖动声音结束滑块到第 140 帧（见图 13.3.17），然后单击 确定 按钮，关闭对话框。

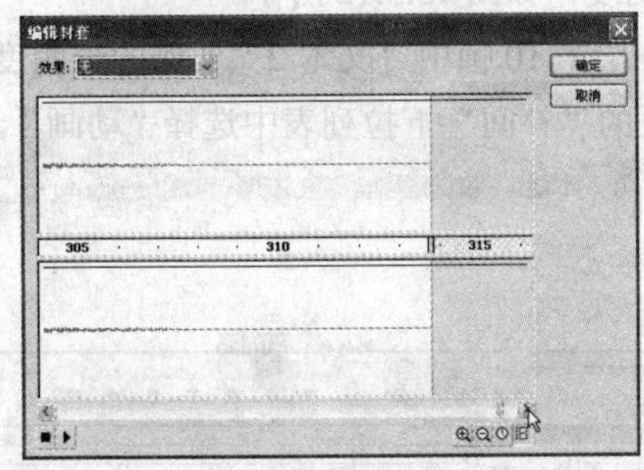

图 13.3.16　显示声音的最后一帧

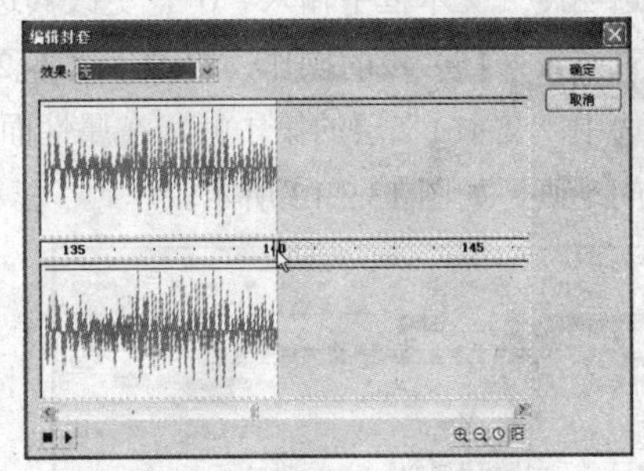

图 13.3.17　拖动声音结束滑块

（24）选中“声音”层的第 1 帧，在属性面板的“效果”下拉列表中选择“淡出”选项，设置声音的效果，如图 13.3.18 所示。

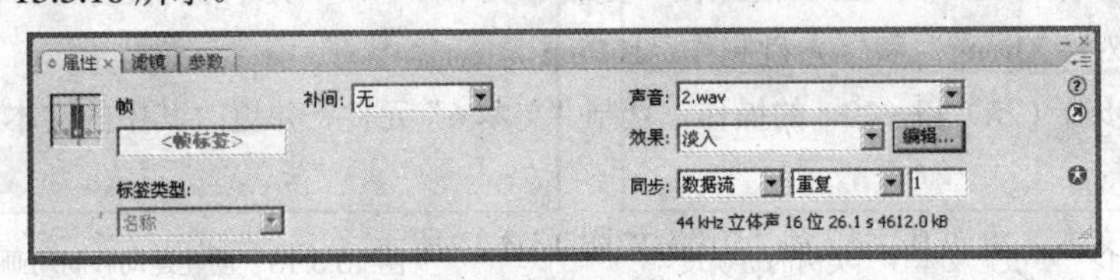

图 13.3.18　设置声音的效果

（25）选择 窗口(W) → 其它面板(R) → 场景(S) Shift+F2 命令，打开如图 13.3.19 所示的场景面板，单击“添加场景”按钮 + ，添加“场景 2”，此时，在 Flash CS3 的工作界面中将显示场景 2 的编辑窗口。

图 13.3.19　场景面板

（26）重命名“图层 1”为“背景”，然后复制“场景 1”中的背景到该层中，如图 13.3.20 所示。

（27）重复“实例 2　教学光盘片头”步骤（10）～（12）的操作，创建“转轮”元件，并在其

中绘制转轮转动一周的效果，如图 13.3.21 所示。

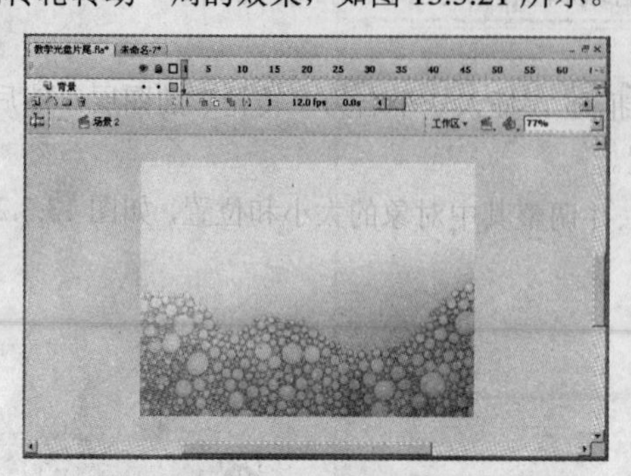

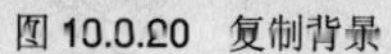

图 10.0.20 复制背景

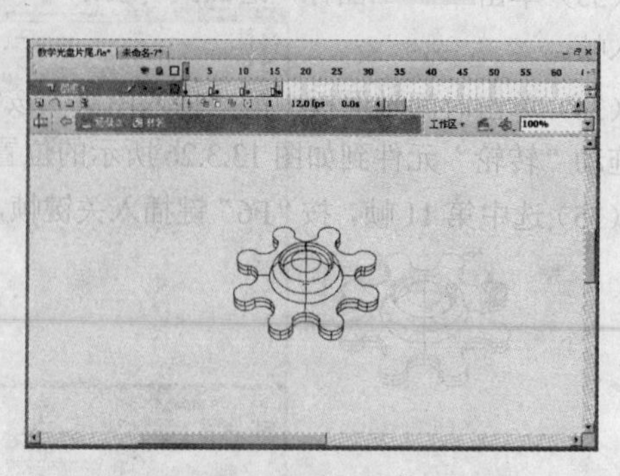

图 13.3.21 创建“转轮”元件

（28）在库面板中选中“文本 1”元件，单击鼠标右键，在弹出的下拉列表中选择直接复制命令，弹出“直接复制”对话框，在“名称”文本框中输入“文本 3”，单击确定按钮，关闭对话框。

（29）在库面板中双击“文本 3”元件，进入其编辑窗口（见图 13.3.22），更改其中的文本为“文本制作：Mmiao”，如图 13.3.23 所示。

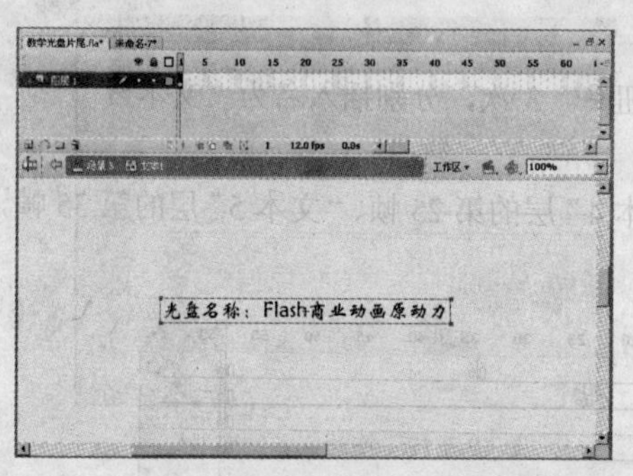

图 13.3.22 “文本 3”元件的编辑窗口

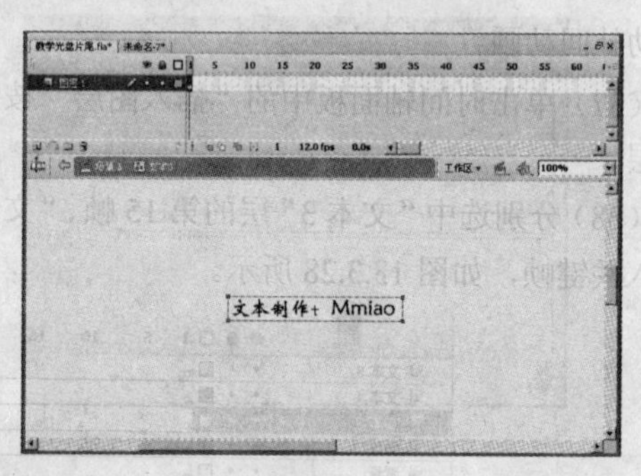

图 13.3.23 更改文本

（30）重复步骤（28）和（29）的操作，复制“文本 4”和“文本 5”元件，并依次更改其中的文本为“文本校对：Xhong”和“光盘制作：LiPing”。

（31）重复步骤（28）和（29）的操作，复制“文本 6”元件，并更改其中的文本为“谢谢欣赏”，如图 13.3.24 所示。

（32）选中文本，更改其字号为“40”，如图 13.3.25 所示。

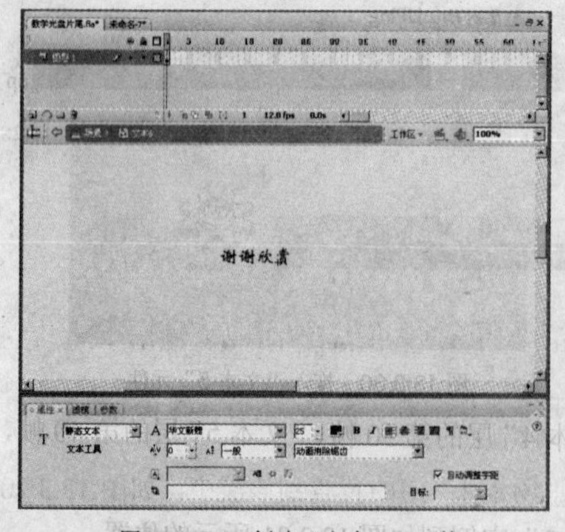

图 13.3.24 创建“文本 6”元件

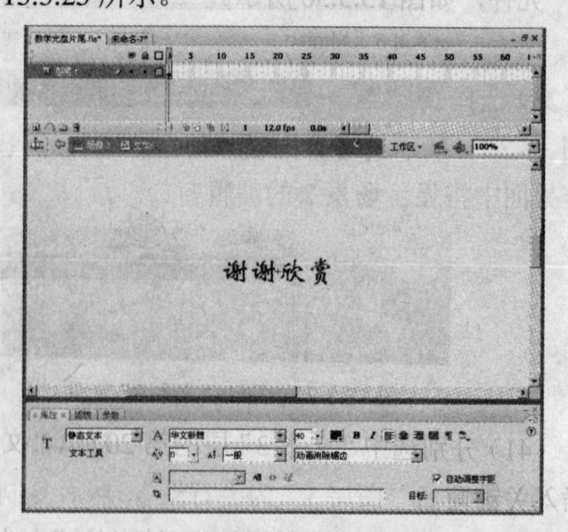

图 13.3.25 更改文本的大小

（33）单击 场景 2 图标，返回到“场景 2”的编辑窗口，选中“背景”层的第 80 帧，按“F5”键插入帧。

（34）单击时间轴面板中的“插入图层”按钮，插入一个名为“转轮”的图层，然后从库面板中拖动“转轮”元件到如图 13.3.26 所示的位置。

（35）选中第 11 帧，按“F6”键插入关键帧，并调整其中对象的大小和位置，如图 13.3.27 所示。

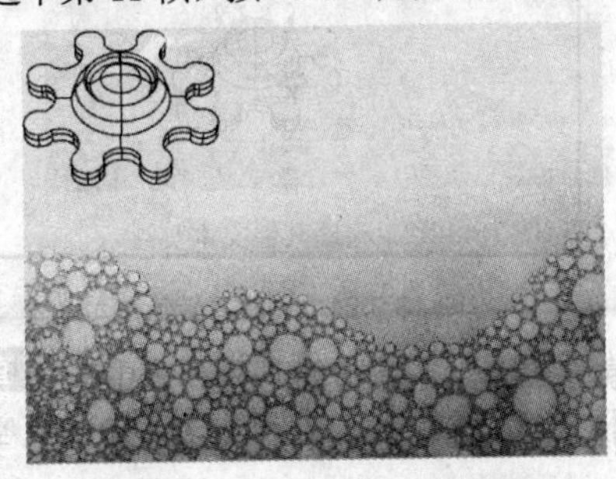

图 13.3.26　拖入“转轮”元件

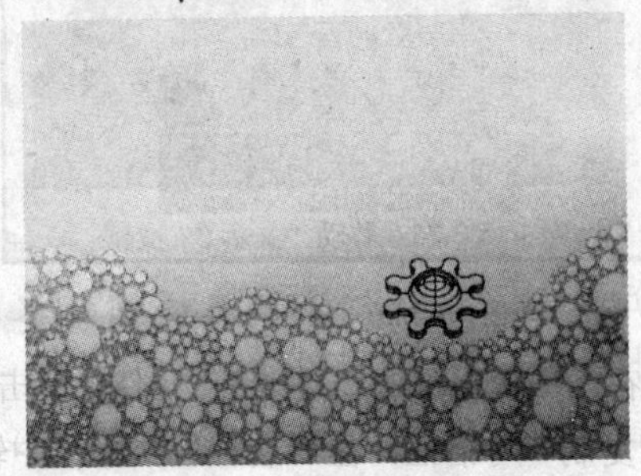

图 13.3.27　调整“转轮”实例的大小和位置

（36）选中“转轮”层的第 1 帧，在属性面板的“补间”下拉列表中选择“动画”选项，创建一段运动补间动画。

（37）单击时间轴面板中的“插入图层”按钮 3 次，分别插入名为“文本 3”～“文本 5”的图层。

（38）分别选中“文本 3”层的第 15 帧、“文本 4”层的第 25 帧、“文本 5”层的第 35 帧，按“F6”键插入关键帧，如图 13.3.28 所示。

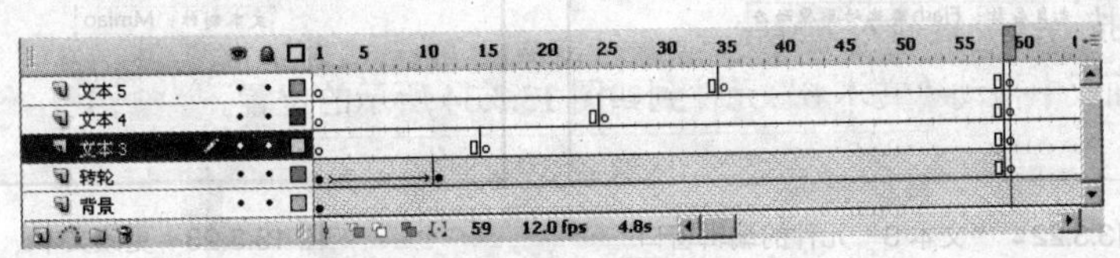

图 13.3.28　插入关键帧

（39）选中“文本 3”层的第 15 帧，从库面板中拖动“文本 3”元件到舞台的左上角，如图 13.3.29 所示。

（40）在“文本 4”层的第 25 帧中拖入“文本 4”元件，在“文本 5”层的第 35 帧中拖入“文本 5”元件，如图 13.3.30 所示。

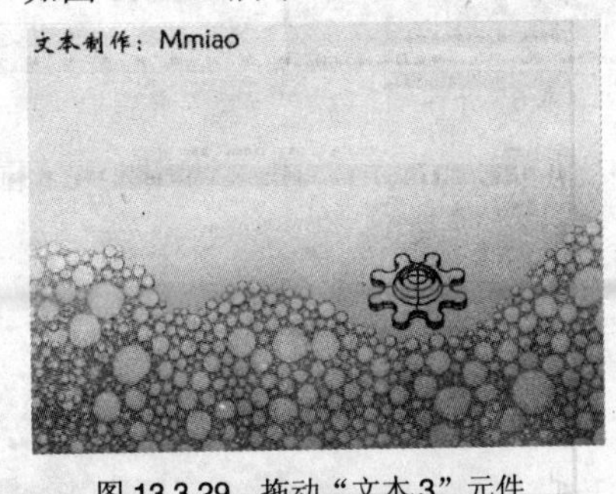

图 13.3.29　拖动“文本 3”元件

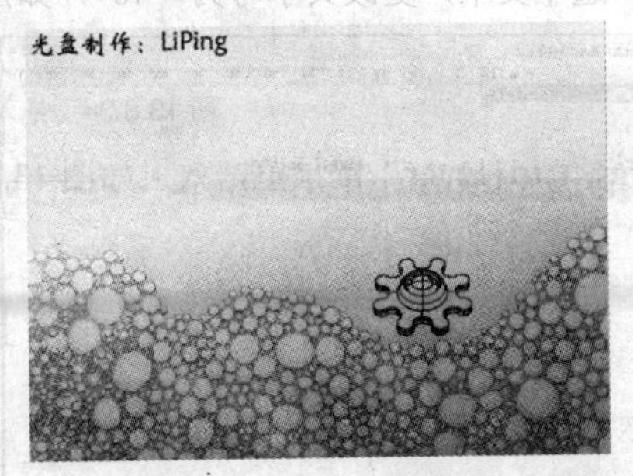

图 13.3.30　插入“文本 5”元件

（41）分别选中“文本 3”层的第 20 帧、“文本 4”层的第 30 帧、“文本 5”层的第 40 帧，按“F6”键插入关键帧。

（42）移动“文本 3”层第 20 帧中的“文本 3”实例到如图 13.3.31 所示的位置。

（43）移动“文本 4”层第 30 帧、“文本 5”层第 40 帧中的文本实例到如图 13.3.32 所示的位置。

图 13.3.31 移动“文本 3”实例

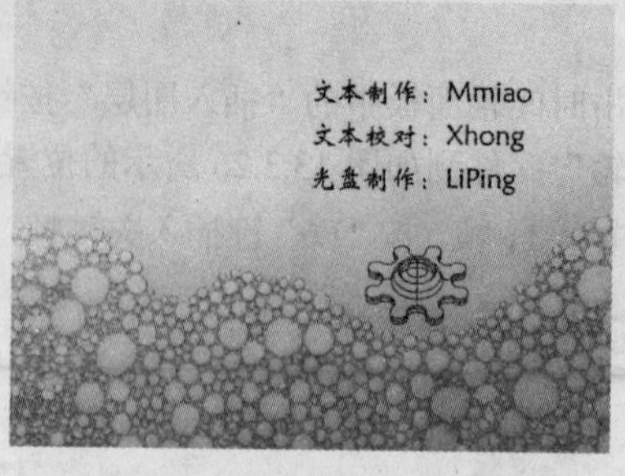

图 13.3.32 移动其他文本实例

（44）分别选中“文本 3”层的第 15 帧、“文本 4”层的第 25 帧、“文本 5”层的第 35 帧，在属性面板的“补间”下拉列表中选择“动画”选项，创建 3 段运动补间动画。

（45）选中“转轮”、“文本 3”、“文本 4”、“文本 5”层的第 59 帧，按“F7”键插入空白关键帧，如图 13.3.33 所示。

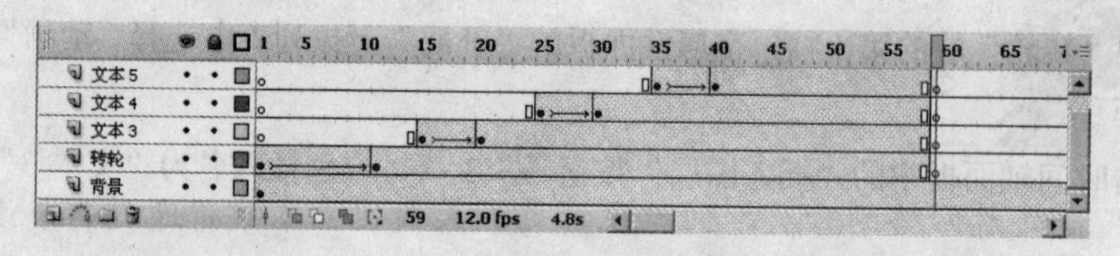

图 13.3.33 插入空白关键帧

（46）单击时间轴面板中的“插入图层”按钮，插入一个名为“文本 6”的图层，然后选中该层的第 60 帧，按“F6”键插入关键帧。

（47）从库面板中拖动“文本 6”元件到如图 13.3.34 所示的位置。

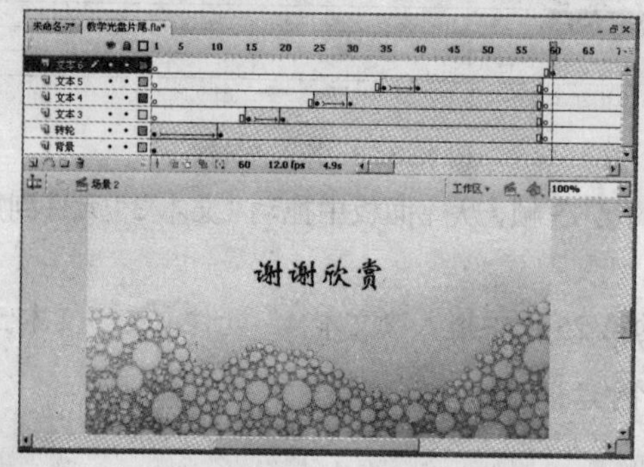

图 13.3.34 拖入“文本 6”元件

（48）按“Ctrl+Enter”键预览，效果如图 13.3.1 所示。

第 14 章

网站设计

学习导航

随着网络的普及，网站设计更加大众化。本章将通过两个设计实例使读者大致了解用 Flash 建设网站的技术和方法。希望通过本章的学习，读者也能制作出简单的 Flash 网站。

学习要点

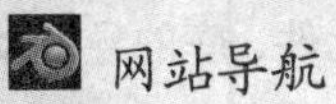

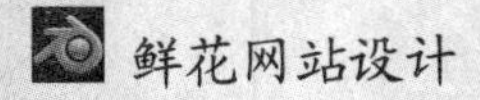

- 网站导航
- 鲜花网站设计

案例1 网站导航

设计背景

本例将学习使用 Flash 制作网站导航。网站导航是网站主页的“指南针”，怎样把“指南针”做得有特色、有特点，符合网站的主题，让我们来看看如下实例。

设计内容

本例制作网站导航，最终效果如图 14.1.1 所示。

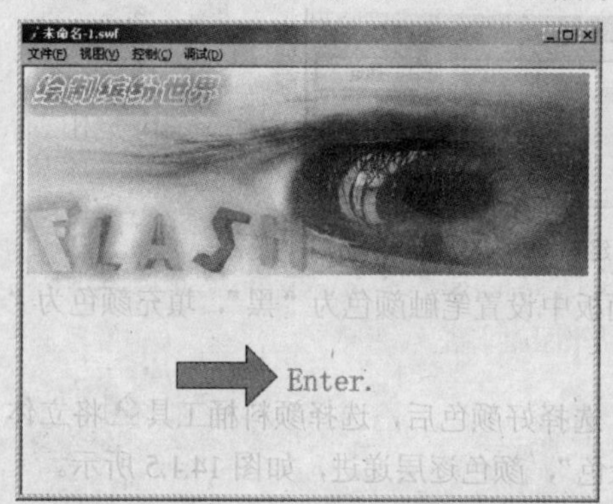

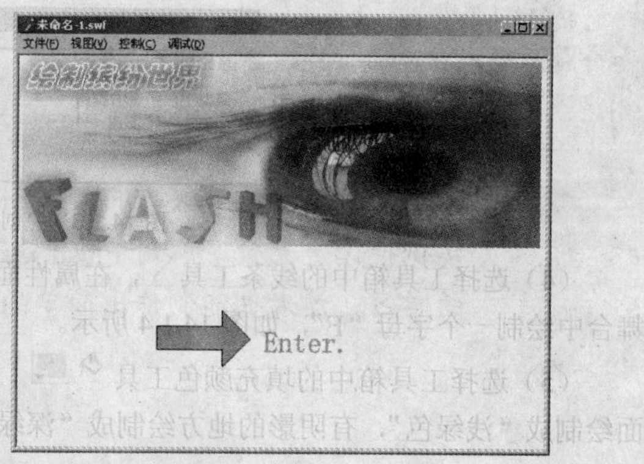

图 14.1.1 效果图

设计要点

网站导航的制作过程大致可分为绘制图形元件、创建及编辑元件、库的导入及导出、插入及编辑帧、创建形状及动作补间动画等。本例设计要点如下：

（1）绘制图形元件。

（2）从库中导入导出图片。

（3）插入帧及编辑帧。

（4）熟练应用形状补间动画。

（5）熟练应用变形属性面板。

（6）运用动作面板编写出简单的代码。

操作步骤

（1）选择 文件(F) → 新建(N)... Ctrl+N 命令，弹出“新建”对话框，选择“常规”选项卡中的 Flash 文件(ActionScript 3.0) 选项，单击 确定 按钮，新建一个 Flash 文档。

（2）选择 修改(M) → 文档(D)... Ctrl+J 命令，弹出“文档属性”对话框，设置“尺寸”为“550 px×400 px”，“背景颜色”为“白色”（见图 14.1.2），单击 确定 按钮。

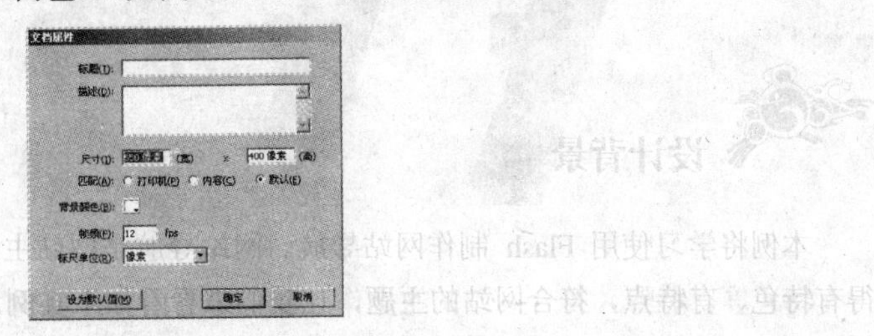

图 14.1.2　“文档属性”对话框

（3）选择 插入(I) → 新建元件(N)... Ctrl+F8 命令，弹出“创建新元件”对话框，在“名称”文本框中输入“F”，在“类型”选项区中选中“影片剪辑”单选按钮，单击 确定 按钮，进入该原件的编辑窗口，如图 14.1.3 所示。

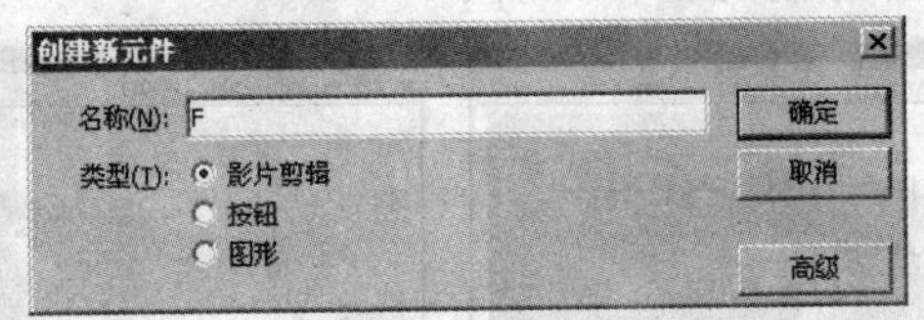

图 14.1.3　“创建新元件”对话框

（4）选择工具箱中的线条工具，在属性面板中设置笔触颜色为“黑”，填充颜色为“无”，在舞台中绘制一个字母“F”，如图 14.1.4 所示。

（5）选择工具箱中的填充颜色工具，选择好颜色后，选择颜料桶工具将立体“F”表面绘制成“浅绿色”，有阴影的地方绘制成“深绿色”，颜色逐层递进，如图 14.1.5 所示。

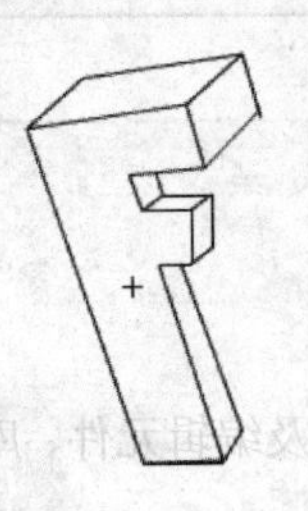

图 14.1.4　绘制字母

图 14.1.5　填充颜色

（6）选择工具箱中的选择工具，双击填充好的立体字“F”上的线条，选择整个线段后按“Delete”键，删除整个线段后效果如图 14.1.6 所示。

（7）单击时间轴分别给“4”，“7”，“10”，“13”插入一个关键帧（见图 14.1.7），并分别用颜料桶工具填充“蓝”、“咖啡”、“黄”、“紫”颜色，如图 14.1.8 所示。

图 14.1.6　立体字母“F”

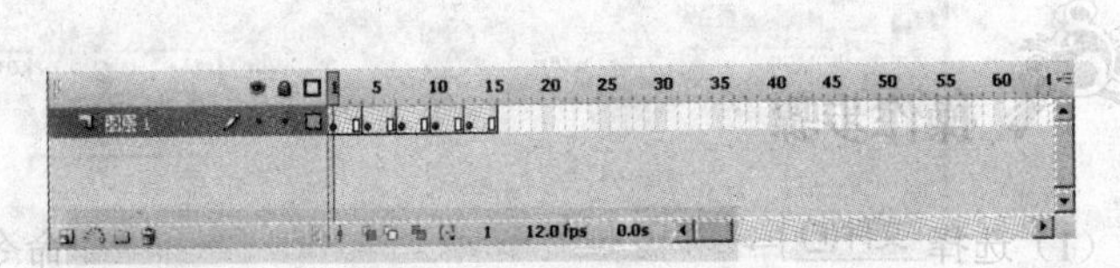

图 14.1.7　插入关键帧

图 14.1.8 各个帧对应的颜色

（8）重复步骤（3）～（7）的操作，分别绘制出影片剪辑“L”，“A”，“S”，“H”，如图 14.1.9 所示。

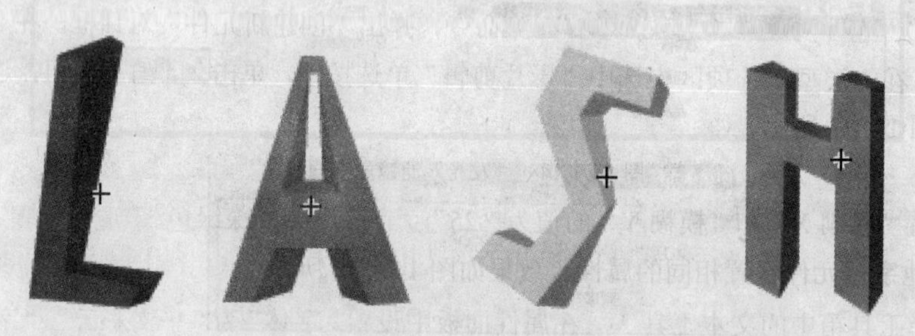

图 14.1.9 创建其他字母元件

（9）单击 场景 1 图标，返回到主场景。

（10）选择 文件(F) → 导入(I) → 导入到舞台(I)... Ctrl+R 命令，弹出“导入”对话框，选择一幅图片为背景，如图 14.1.10 所示。

（11）选择工具箱中的变形工具，调整背景图片的大小。分别将影片剪辑元件“F”，“L”，“A”，“S”，“H”放在合适的位置，如图 14.1.11 所示。

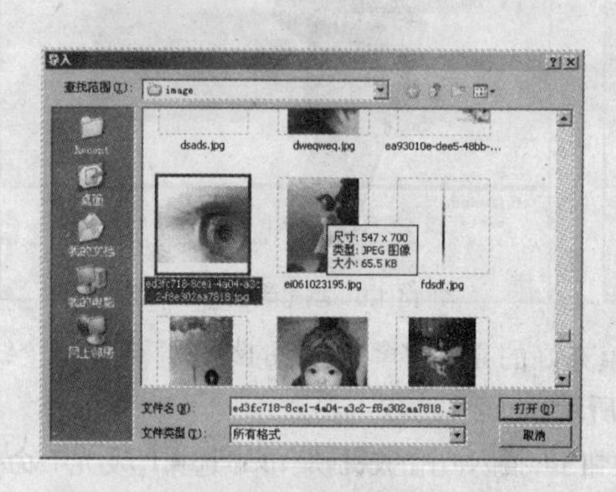

图 14.1.10 导入图片　　图 14.1.11 元件放入舞台并调整位置

（12）选择工具箱中的选择工具，单击元件“F”，打开属性面板，将“颜色”下拉列表中的“无”改为“Alpha”并设置其透明度为“50%”。其他字母元件设置相同的属性，如图 14.1.12 所示。

图 14.1.12 设置元件透明度

（13）单击属性面板中的“滤镜”标签，打开“滤镜”选项卡，如图 14.1.13 所示。

图 14.1.13　“滤镜”选项卡

（14）选择元件“F”，单击“添加滤镜”按钮，在弹出的快捷菜单中选择“发光”命令，属性面板如图 14.1.14 所示。

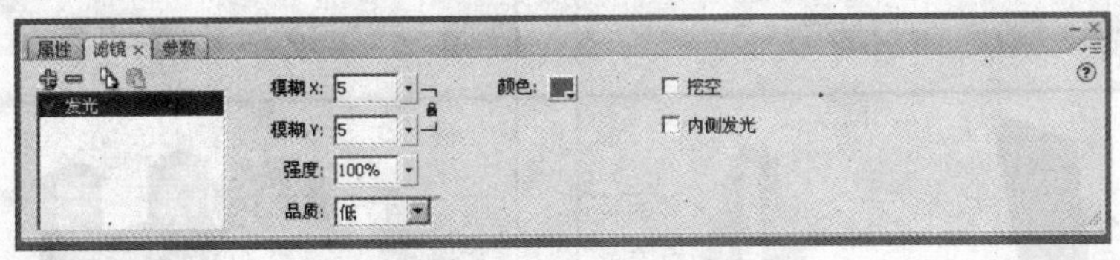

图 14.1.14　“发光”滤镜属性面板

（15）设置“模糊 X”和“模糊 Y”的值为“25”，“颜色”为“深绿色”，重复步骤（12）～（14）的操作，为其他字母元件设置相同的属性，效果如图 14.1.15 所示。

（16）选择工具箱中的文本工具，在属性面板中设置“字体”为“华文彩云”，“字号”为“30”，“文本颜色”为“黑色”，并单击“切换粗体”按钮和“切换斜体”按钮，然后在舞台的合适位置输入“绘制缤纷世界”，如图 14.1.16 所示。

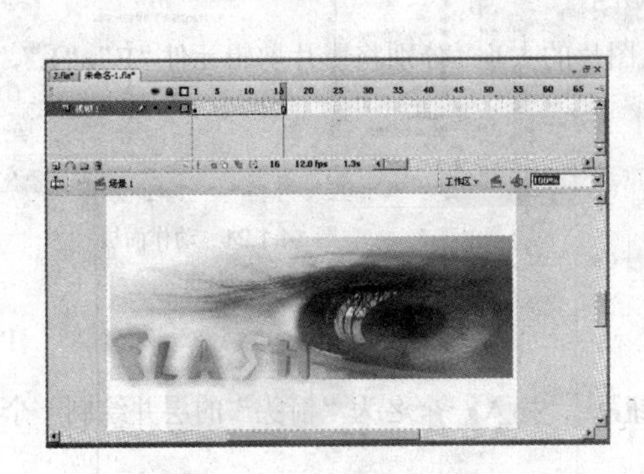

图 14.1.15　各字母元件“发光”效果

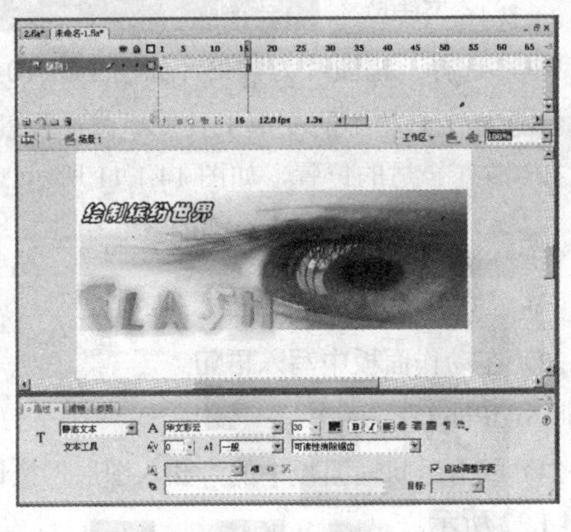

图 14.1.16　设置文本

（17）单击属性面板中的“滤镜”标签，打开“滤镜”选项卡。

（18）选择整个文本，单击“添加滤镜”按钮，在弹出的快捷菜单中选择“发光”命令，设置“模糊 X”和“模糊 Y”的值为“25”，选中“挖空”复选框，设置颜色选项为“黑色”，如图 14.1.17 所示。

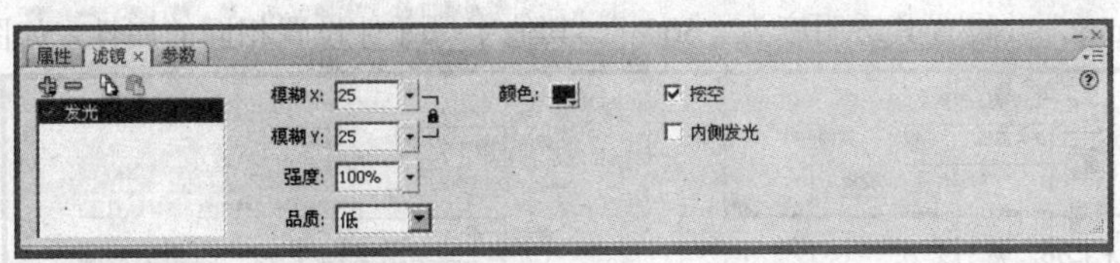

图 14.1.17　设置“发光”滤镜属性面板

（19）选择 插入(I) → 新建元件(N)... Ctrl+F8 命令，弹出“创建新元件”对话框，在“名称”文本框中输入“Enter”，在“类型”选项区中选中“影片剪辑”单选按钮，进入元件编辑区，如图 1.1.18 所示。

（20）选择工具箱中的文本工具 T，在属性面板中设置“字体”为“Times New Roman”，“字号”为“30”，“文本颜色”为“灰色”，并单击“切换粗体”按钮 B，然后在舞台的中心位置输入“Enter”，如图 14.1.19 所示。

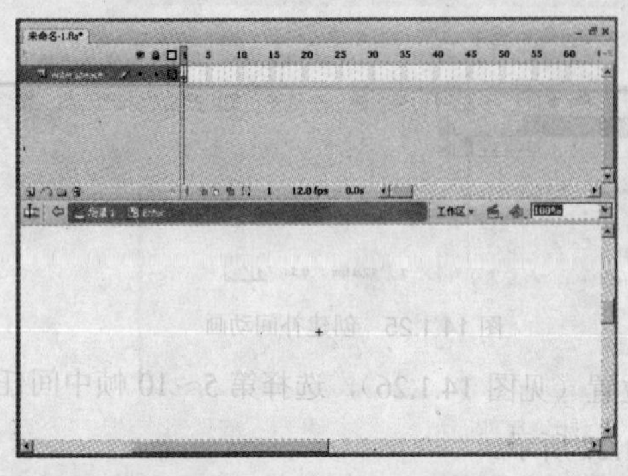

图 14.1.18 进入元件编辑区

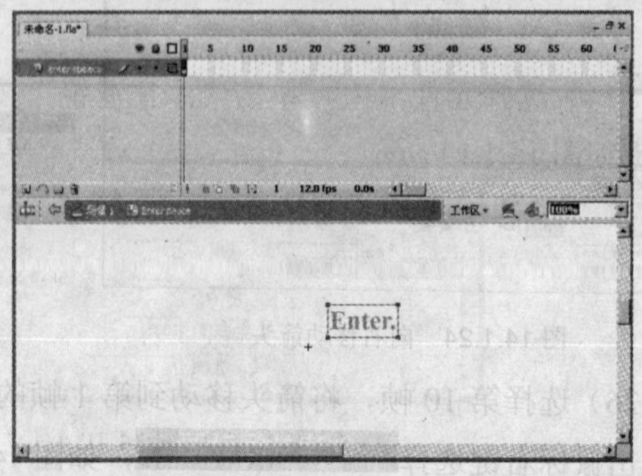

Enter.

图 14.1.19 输入文本

（21）选择该层，单击第 10 帧，按“F6”键插入一个关键帧（见图 14.1.20），选择 窗口(W) → 動作(A) F9 命令打开动作面板，如图 14.1.21 所示。

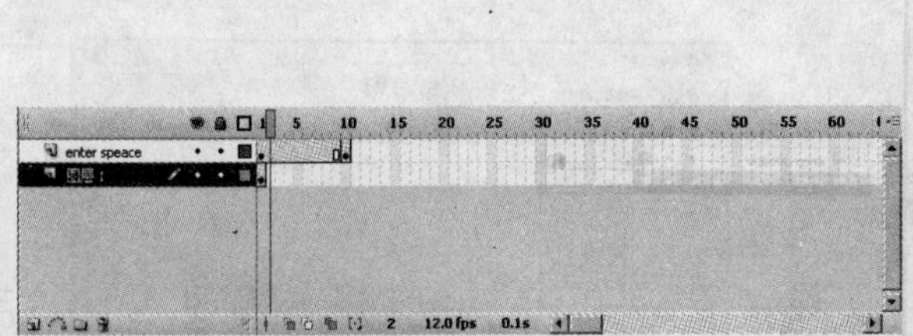

图 14.1.20 插入关键帧

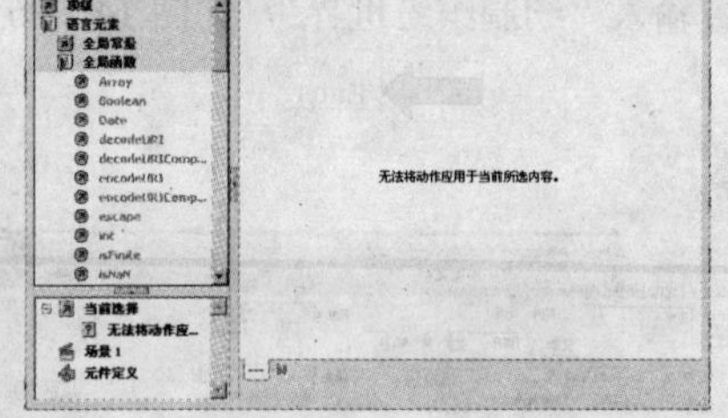

图 14.1.21 动作面板

（22）在动作面板中写入语句

gotoAndPlay(1);

（23）单击时间轴面板中的“插入图层”按钮，插入一个名为“箭头”的层并绘制一个箭头，如图 14.1.22 所示。

（24）选择“箭头”层的第 5 帧和第 10 帧，按“F6”键分别插入一个关键帧，如图 14.1.23 所示。

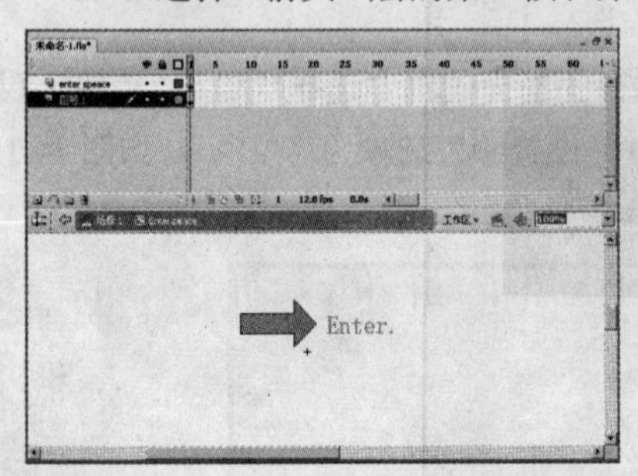

图 14.1.22 绘制箭头

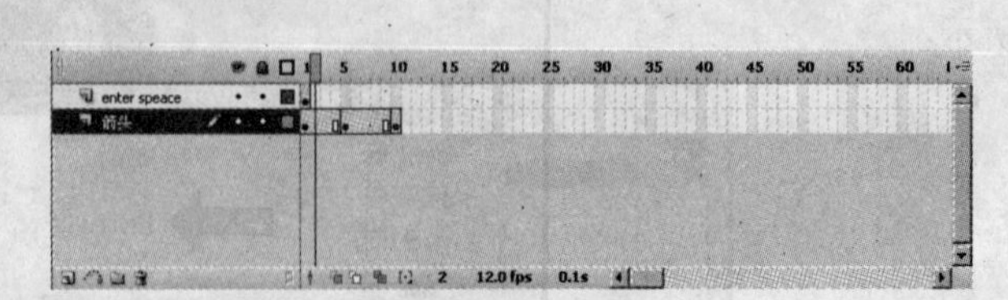

图 14.1.23 插入关键帧

（25）选择第 5 帧，按方向键将箭头向右水平移动 5 次（见图 14.1.24），选择第 1～5 帧中间任意一帧，单击鼠标右键选择 创建补间动画，如图 14.1.25 所示。

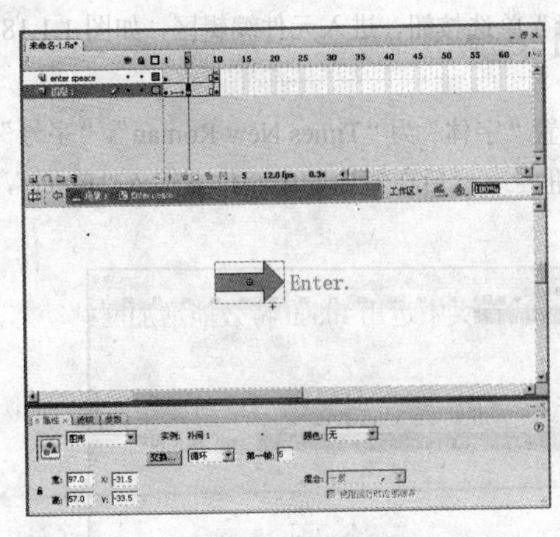

图 14.1.24　向右移动箭头

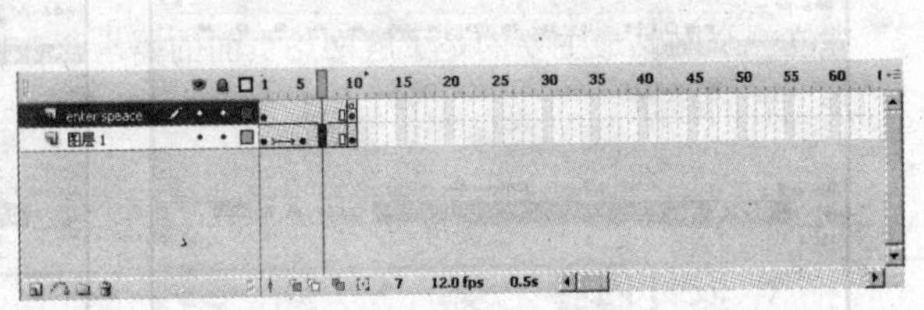

图 14.1.25　创建补间动画

（26）选择第 10 帧，将箭头移动到第 1 帧的位置（见图 14.1.26），选择第 5～10 帧中间任意一帧，单击鼠标右键选择 创建补间动画 ，如图 14.1.27 所示。

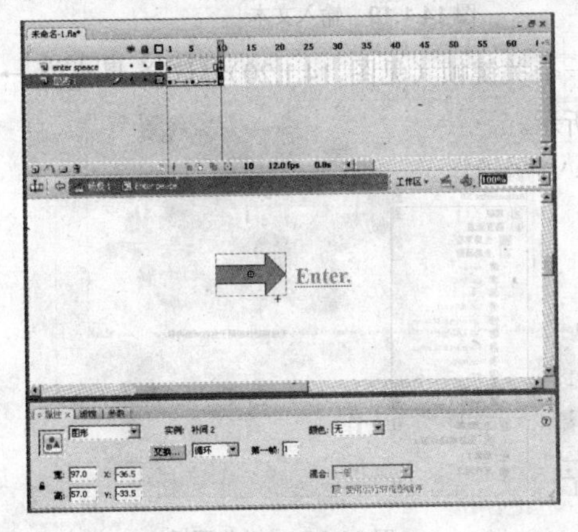

图 14.1.26　移动箭头回原位

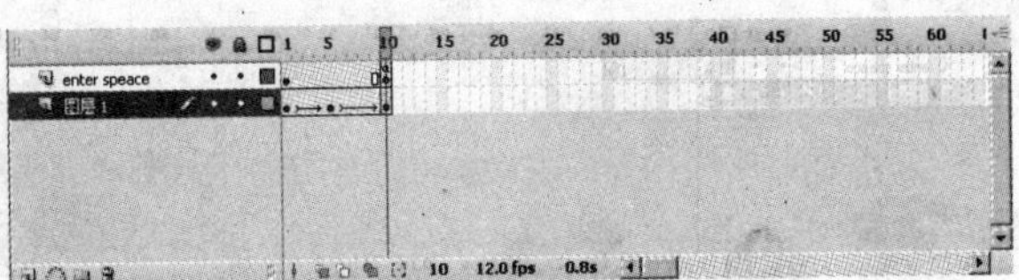

图 14.1.27　创建补间动画

（27）单击 场景 1 图标，返回到主场景。

（28）将元件“Enter”放到合适的位置，如图 14.1.28 所示。

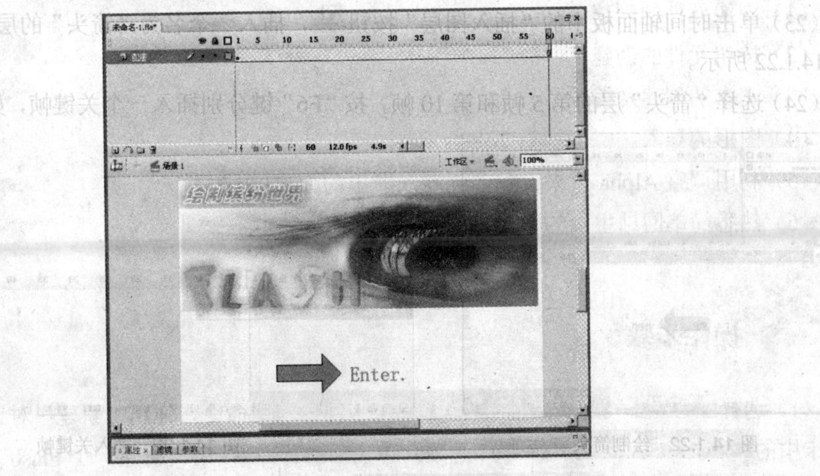

图 14.1.28　“Enter”元件在舞台的位置

（29）按“Ctrl+S”键保存文件，最终效果如图 14.1.1 所示。

案例 2　鲜花网站首页

设计背景

建立一个网站最主要的是了解网站页面的需求，在网站首页中运用 Flash 特效能增加网站动感，吸引浏览者的注意。

设计内容

本例制作鲜花网站首页，最终效果如图 14.2.1 所示。

图 14.2.1　最终效果

设计要点

制作鲜花网站的过程大致可分为创建图形元件、创建并设置文本、创建按钮元件、创建补间动画、设置动画特效。通过本实例的学习，初步掌握动画制作的方法和技巧。本例设计要点如下：

（1）图像元件的创建。

（2）按钮元件的创建。

（3）文本的创建及编辑。

（4）图形的导入。

（5）利用调整 Alpha 值来设置动画渐入渐出的效果。

（6）熟悉简单网站主页的样式。

操作步骤

（1）选择 文件(F) → 新建(N)...　Ctrl+N 命令，弹出“新建”对话框，选择“常规”选项卡中的 Flash 文件(ActionScript 3.0) 选项，单击 确定 按钮，新建一个 Flash 文档。

（2）选择 修改(M) → 文档(D)...　Ctrl+J 命令，弹出“文档属性”对话框，设置“尺寸”为“550 px×400 px”，“背景颜色”为“白色”（见图 14.2.2），单击 确定 按钮。

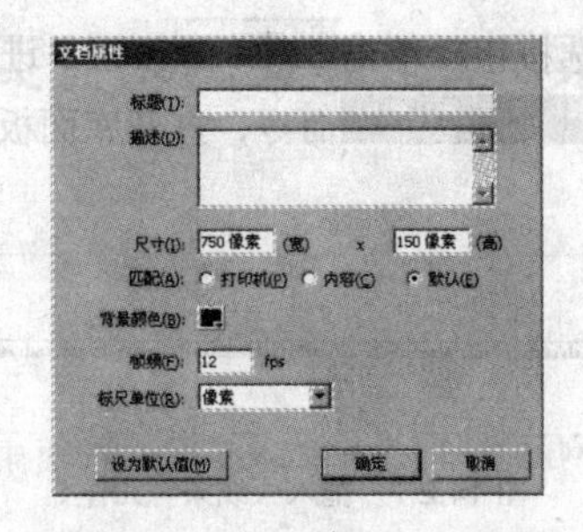

图 14.2.2 “文档属性”对话框

（3）选择工具箱中的矩形工具，在属性面板中设置笔触颜色为“黑色”，填充颜色为“无”，绘制一个与舞台大小相同的矩形，并将它移至舞台的中心，如图 14.2.3 所示。

（4）更改填充颜色为“#336666”，在舞台上绘制一个小矩形，并将其复制多次，排列到如图 14.2.4 所示的位置。

图 14.2.3　绘制并移动矩形　　　　图 14.2.4　复制并排列矩形

（5）按“Ctrl+F8”键，弹出“创建新元件”对话框，在“名称”文本框中输入“线条”，在“类型”选项区中选中“图形”单选按钮，如图 14.2.5 所示。

图 14.2.5 “创建新元件”对话框

（6）单击 确定 按钮，进入元件的编辑窗口，选择工具箱中的直线工具，在舞台中绘制如图 14.2.6 所示的图形。

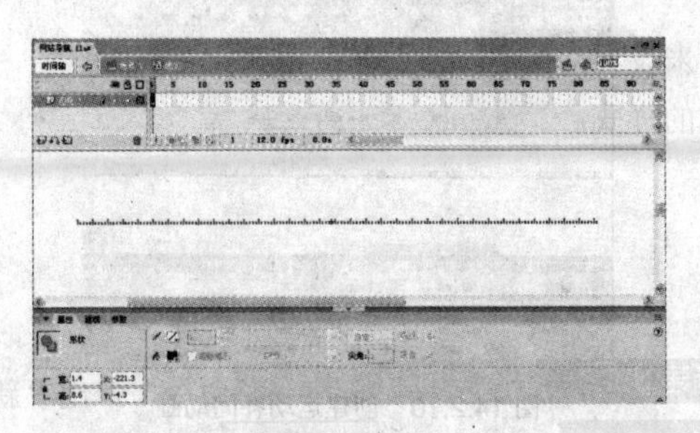

图 14.2.6　绘制图形

（7）按“Ctrl+F8”键，弹出“创建新元件”对话框，在“名称”文本框中输入“线条 1”，在“类

型”选项区中选中“影片剪辑”单选按钮，单击确定按钮，进入该元件的编辑窗口。

（8）选择窗口(W)→库(L) Ctrl+L命令，打开库面板，从中拖动“线条”元件到舞台的中心位置，如图 14.2.7 所示。

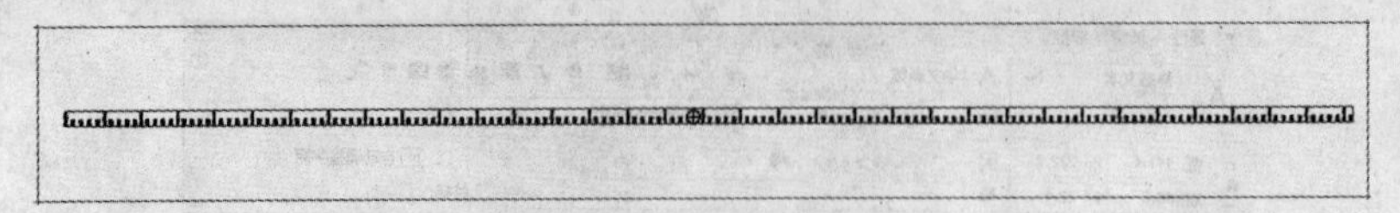

图 14.2.7　拖入“线条”元件

（9）单击时间轴中的“插入图层”按钮，插入“图层 2”，同样，拖动“线条”元件到舞台的中心位置。

（10）分别选中两层的第 150 帧，按 F6 键插入关键帧。

（11）向左移动“图层 2”第 1 帧中的线条，使其位于“图层 1”第 1 帧中线条的左侧，如图 14.2.8 所示。

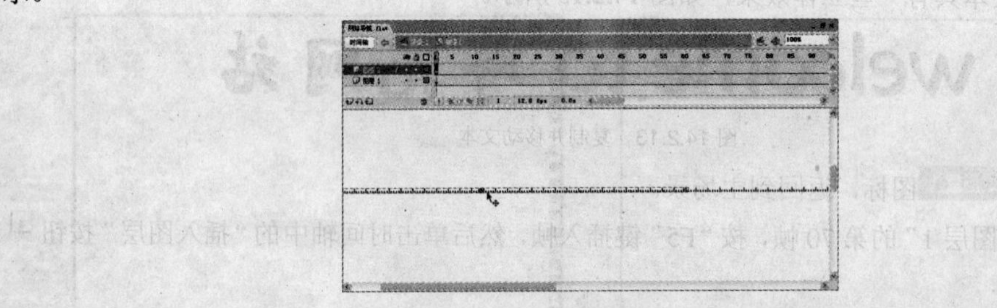

图 14.2.8　移动“图层 2”第 1 帧中的线条

（12）向右移动“图层 1”第 150 帧中的线条，使其位于“图层 2”第 150 帧中线条的右侧，如图 14.2.9 所示。

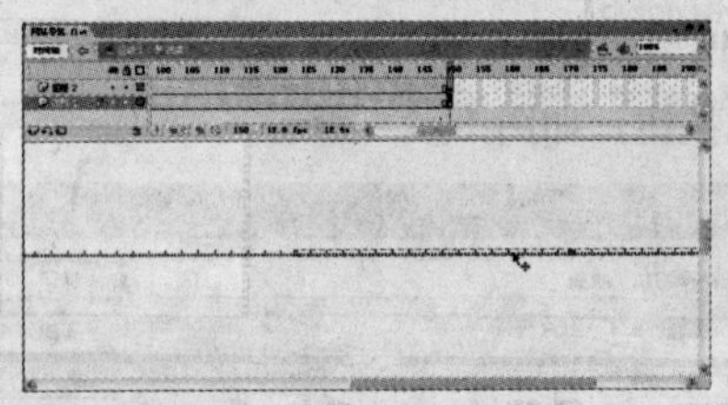

图 14.2.9　移动“图层 1”第 150 帧中的线条

（13）分别选中两层的第 1 帧，在属性面板的“补间”下拉列表中选择“动画”选项，创建两段运动补间动画，如图 14.2.10 所示。

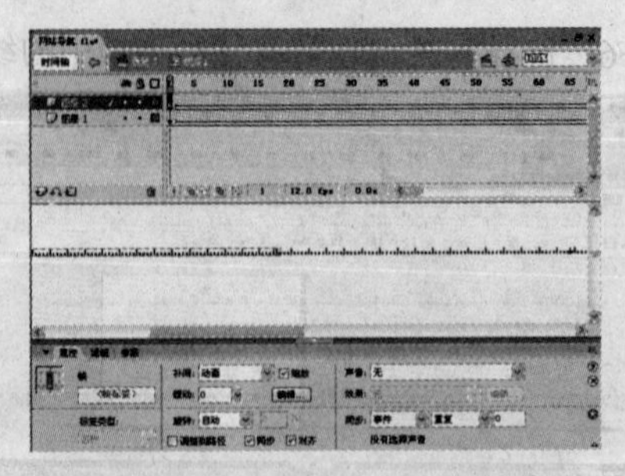

图 14.2.10　创建运动补间动画

（14）按“Ctrl+F8”键，弹出“创建新元件”对话框，在“名称”文本框中输入“文本”，在“类型”选项区中选中“图形”单选按钮，单击确定按钮，进入元件的编辑窗口。

（15）选择工具箱中的文本工具 T，在属性面板中设置“字体”为“华文新魏”，“字号”为“44”，“文本颜色”为“黑色”（见图 14.2.11），在舞台中输入文本“welcome to 鲜花网站”，如图 14.2.12 所示。

图 14.2.11　设置文本属性

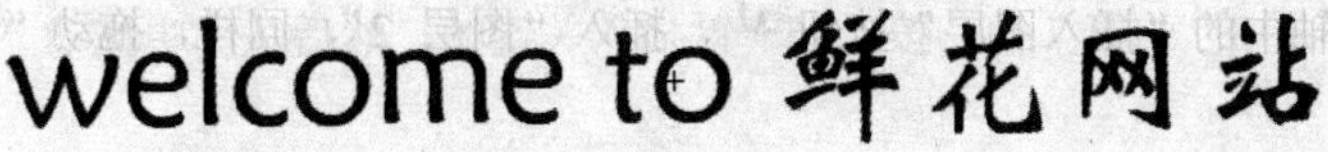

welcome to 鲜花网站

图 14.2.12　输入文本

（16）将文本复制一次，并更改其颜色为“#33CC00”，然后按两次方向键“←”，将它向左移动两个像素，使文本具有一些立体效果，如图 14.2.13 所示。

welcome to 鲜花网站

图 14.2.13　复制并移动文本

（17）单击 场景1 图标，返回到主场景。

（18）选中“图层 1”的第 70 帧，按“F5”键插入帧，然后单击时间轴中的“插入图层”按钮，插入“图层 2”。

（19）选中“图层 2”的第 1 帧，从库中拖动“线条 1”元件到舞台的左下角，如图 14.2.14 所示。

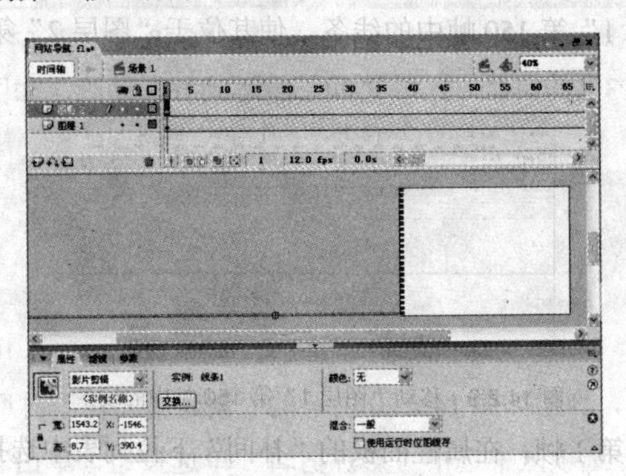

图 14.2.14　拖入“线条 1”元件

（20）选中第 15 帧，按“F6”键插入关键帧，并移动该帧中的线条到如图 14.2.15 所示的位置。

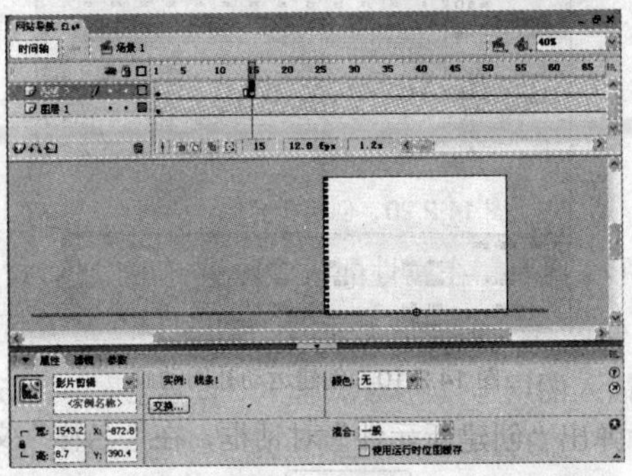

图 14.2.15　“线条 1”实例在第 15 帧中的位置

（21）同样，在“图层 2”的第 1～15 帧之间创建运动补间动画，如图 14.2.16 所示。

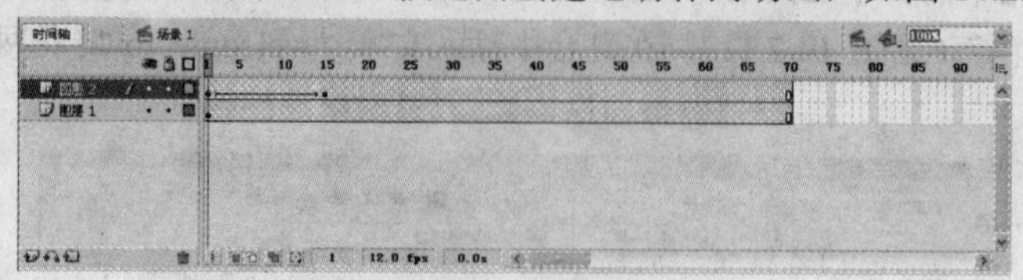

图 14.2.16　创建运动补间动画

（22）选中“图层 2”，单击时间轴中的“插入图层”按钮，插入“图层 3”。

（23）选中“图层 3”的第 7 帧，按“F6”键插入关键帧，然后从库中拖动“文本”元件到如图 14.2.17 所示的位置。

（24）选中该层的第 15 帧，按“F6”键插入关键帧。

（25）选中第 7 帧中的“文本”实例，在属性面板的“颜色”下拉列表中选择“Alpha”选项，在“Alpha 数量”框中输入“0”，使其完全透明，如图 14.2.18 所示。

图 14.2.17　拖入“文本”元件

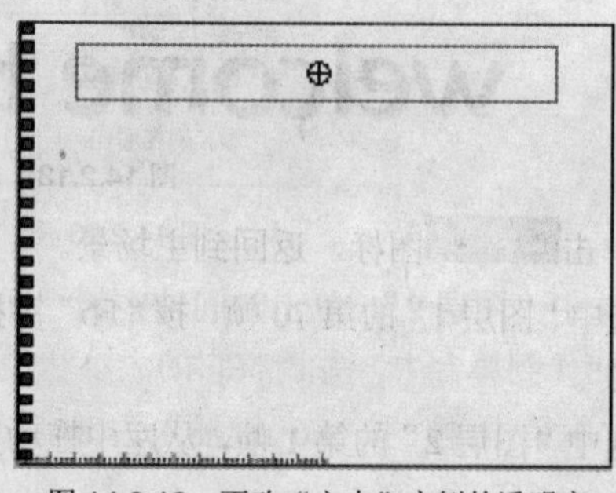

图 14.2.18　更改“文本”实例的透明度

（26）同样，在“图层 3”的第 7～15 帧之间创建运动补间动画，如图 14.2.19 所示。

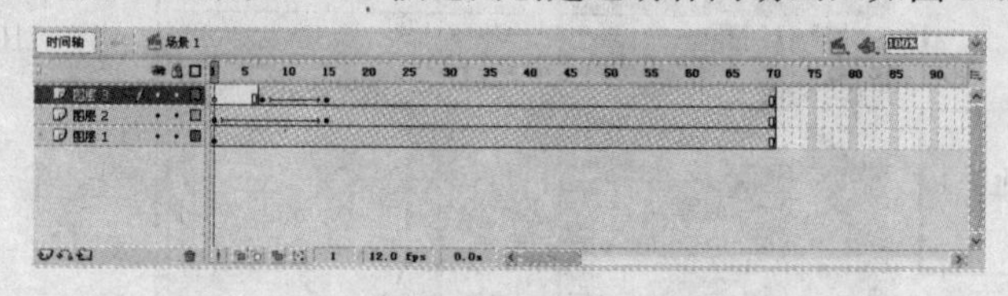

图 14.2.19　创建运动补间动画

（27）按“Ctrl+F8”键，弹出如图 14.2.20 所示的“创建新元件”对话框，在“名称”文本框中输入“圆动画”，在“类型”选项区中选中“影片剪辑”单选按钮，单击确定按钮，进入该元件的编辑窗口。

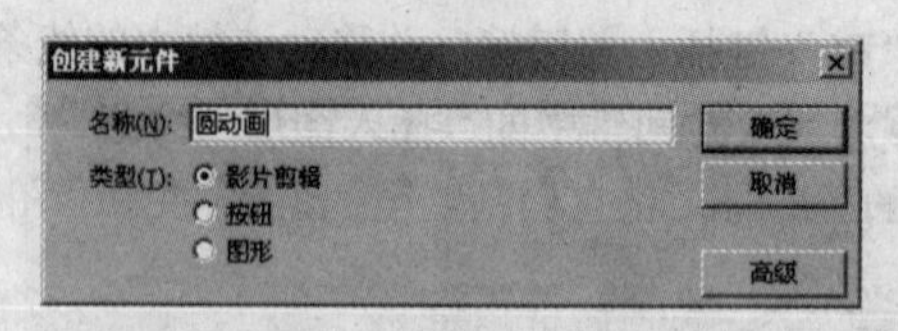

图 14.2.20　创建新元件对话框

（28）选择工具箱中的矩形工具，在属性面板中设置笔触颜色为“#003300”，填充颜色为“无”，按住“Shift”键，在舞台的中心位置绘制一个正方形，如图 14.2.21 所示。

（29）单击时间轴中的“插入图层”按钮，插入“图层 2”，然后选择工具箱中的椭圆工具，在属性面板中设置笔触颜色为“#003300”，填充颜色为“绿色至黑色的放射状渐变色”，在正方形的右侧绘制一个圆形，如图 14.2.22 所示。

（30）选中圆形的轮廓线，按“F8”键，弹出如图 14.2.23 所示的“转化为元件”对话框，在“名称”文本框中输入“空心圆”，在“类型”选项区中选中“图形”单选按钮，然后单击确定按钮，将其转换为元件。

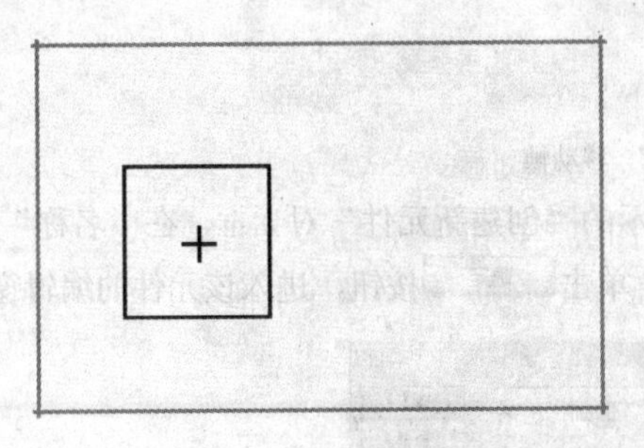

图 14.2.21 绘制正方形

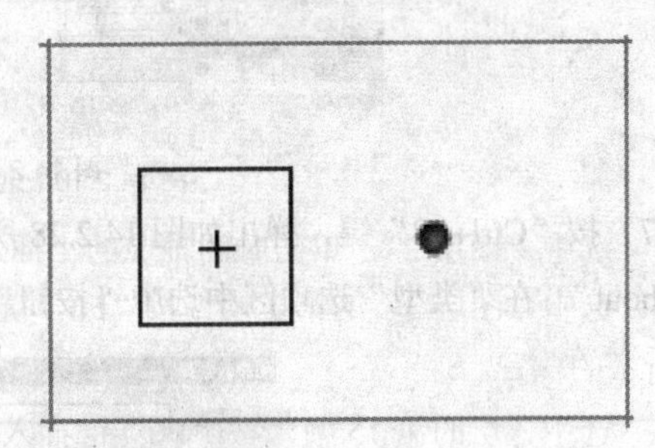

图 14.2.22 绘制圆形

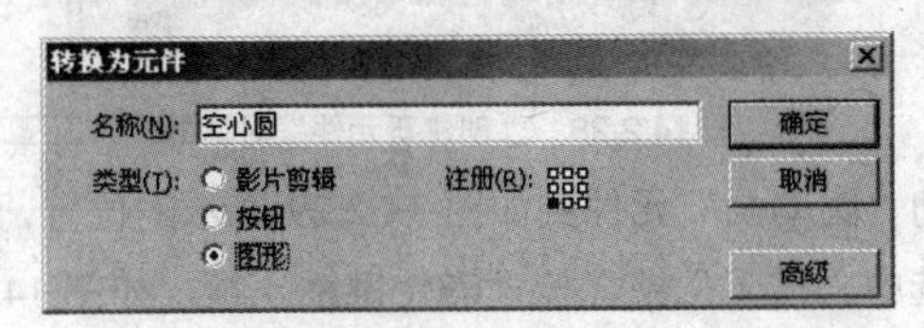

图 14.2.23 “转化为元件”对话框

（31）选中“图层 2”，单击时间轴中的“插入图层”按钮，插入“图层 3”。从库面板中拖动“空心圆”元件到舞台中，并调整它的大小和位置如图 14.2.24 所示。

（32）选中第 10 帧，按“F6”键插入关键帧，然后改变该帧中“空心圆”实例的 Alpha 值为“20%”，大小如图 14.2.25 所示。

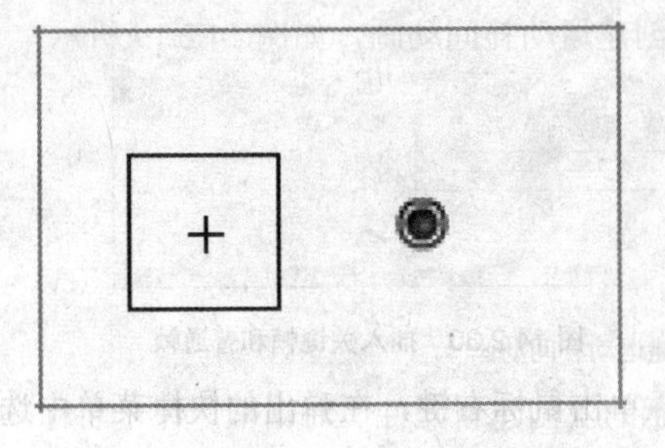

图 14.2.24 第 1 帧中的“空心圆”

图 14.2.25 第 10 帧中的“空心圆”

（33）选中“图层 3”的第 1 帧，在属性面板的“补间”下拉列表中选择“动画”选项，创建一段运动补间动画。

（34）选中“图层 3”，单击两次时间轴中的“插入图层”按钮，插入“图层 4”和“图层 5”。

（35）复制“图层 3”中的所有帧，将它们粘贴至“图层 4”和“图层 5”中，时间轴如图 14.2.26 所示。

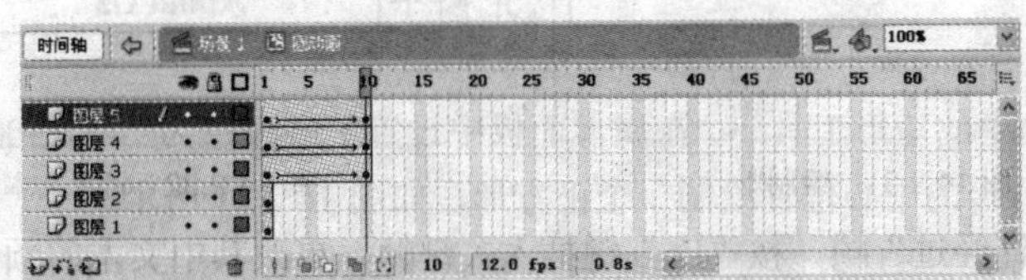

图 14.2.26 粘贴帧

（36）向后移动“图层 4”和“图层 5”中的所有帧，然后选中“图层 1”和“图层 2”的第 14

帧，按“F5”键插入帧，时间轴如图 14.2.27 所示。

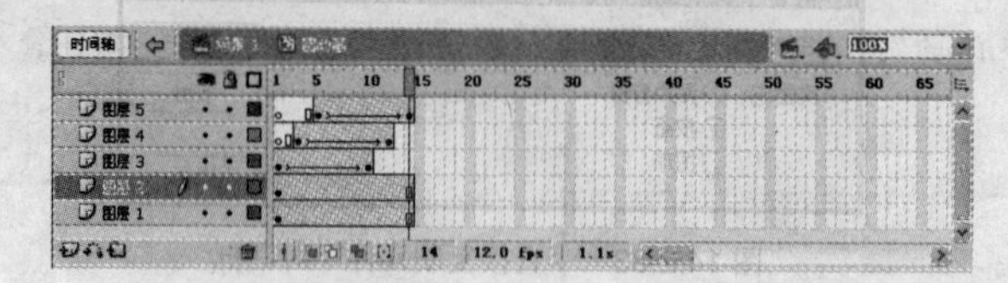

图 14.2.27　移动帧

（37）按“Ctrl+F8”键，弹出如图 14.2.28 所示的“创建新元件”对话框，在“名称”文本框中输入“about”，在“类型”选项区中选中“按钮”，单击确定按钮，进入该元件的编辑窗口。

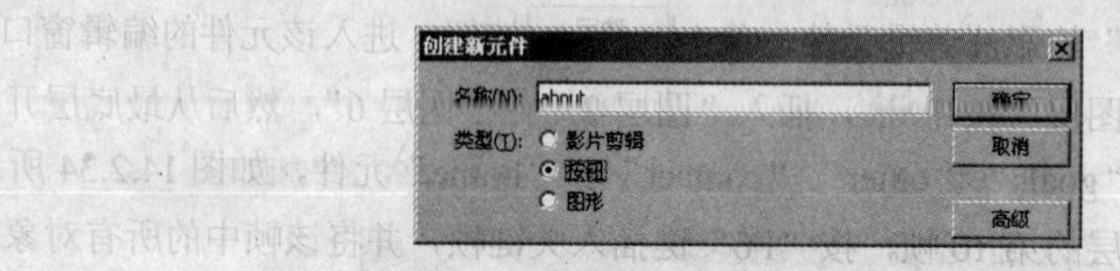

图 14.2.28　“创建新元件”对话框

（38）从库面板中拖动“圆动画”元件到如图 14.2.29 所示的位置，然后选中“指针经过”帧，按“F6”键插入关键帧，选中“按下”帧，按“F5”键插入帧，如图 14.2.30 所示。

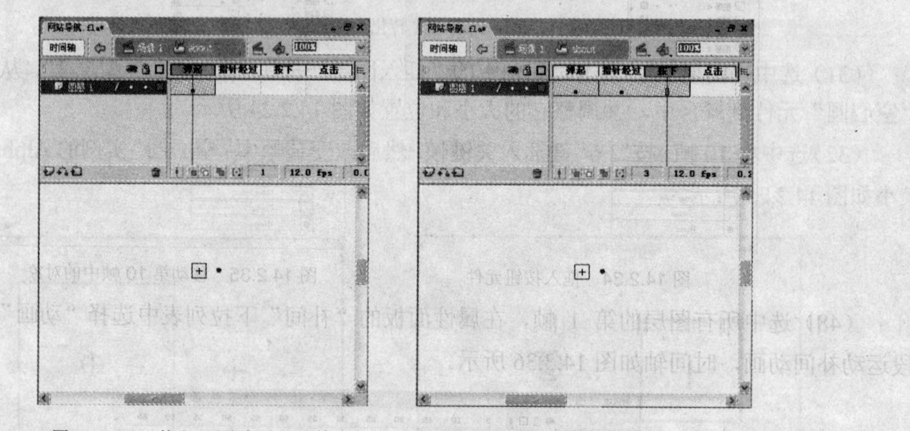
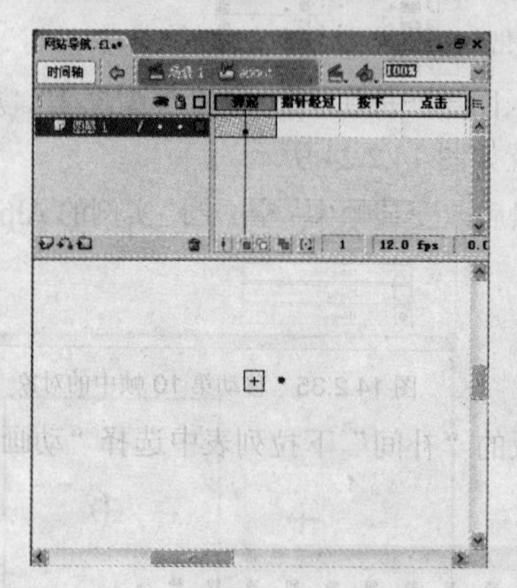

图 14.2.29　拖入“圆动画”元件　　　　图 14.2.30　插入关键帧和普通帧

（39）选中“弹起”帧中的“圆动画”实例，单击鼠标右键，在弹出的快捷菜单中选择分离命令，将其分离成图形，然后删除右侧的圆形，并在正方形的旁边绘制一个矩形，如图 14.2.31 所示。

（40）单击时间轴中的“插入图层”按钮，插入“图层 2”，然后选择工具箱中的文本工具T，在属性面板中设置“文本类型”为“静态文本”，“字体”为“Times New Roman”，“字号”为“12”，“文本颜色”为“#003300”，在矩形的上面输入文本“About Us”，如图 14.2.32 所示。

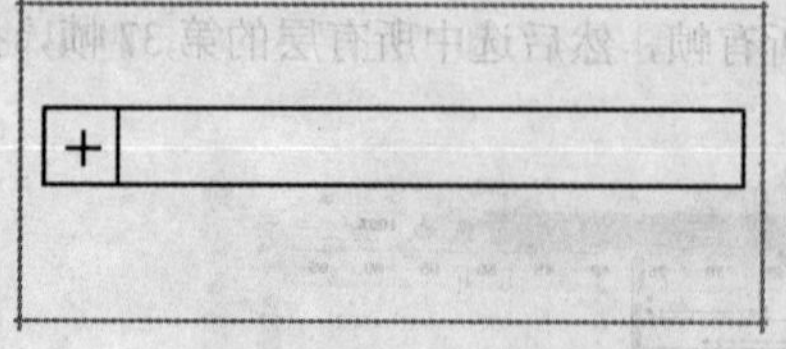
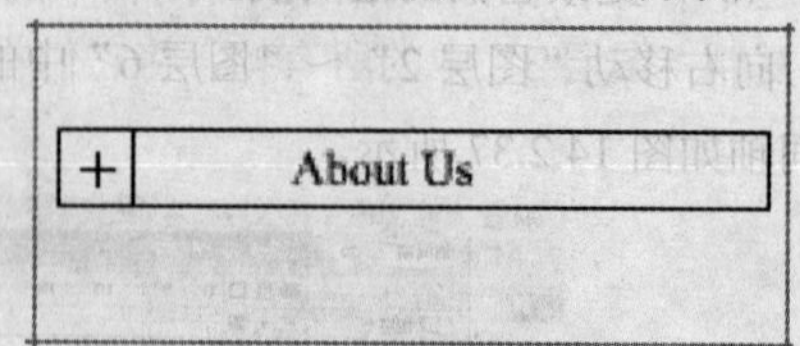

图 14.2.31　绘制矩形　　　　图 14.2.32　输入文本

（41）选中“指针经过”帧，按“F6”键插入关键帧，更改其中文本的颜色为“#009900”。

（42）在库面板中选中“About Us”元件，单击鼠标右键，在弹出的快捷菜单中选择直接复制命令，弹出“直接复制元件”对话框，在“名称”文本框中输入“contact”，如图 14.2.33 所示。

图 14.2.33　"直接复制元件"对话框

（43）单击 确定 按钮，进入"contact"元件的编辑窗口，更改其中的文本为"Contact"。

（44）重复第（42）步和第（43）步的操作，复制"goals"、"products"、"home"和"other"元件，并相应更改其中的文本。

（45）创建名为"菜单"的影片剪辑元件，单击 确定 按钮，进入该元件的编辑窗口。

（46）单击 5 次"插入图层"按钮，插入"图层 2"～"图层 6"，然后从最底层开始，依次拖入"about"、"products"、"goals"、"other"、"contact"和"home"元件，如图 14.2.34 所示。

（47）分别选中所有图层的第 10 帧，按"F6"键插入关键帧，并将该帧中的所有对象向右移动一小段距离，如图 14.2.35 所示。

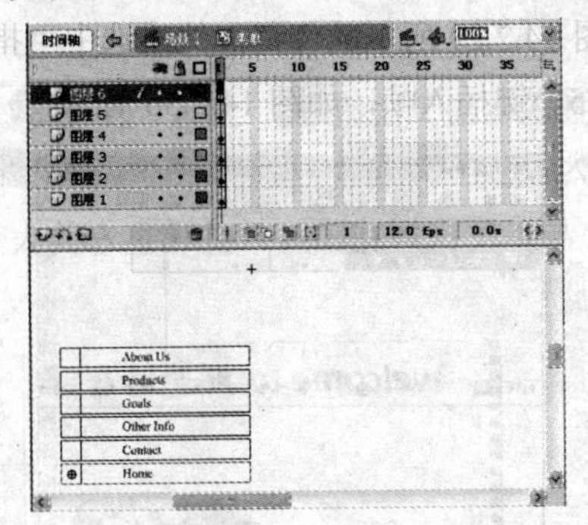

图 14.2.34　拖入按钮元件

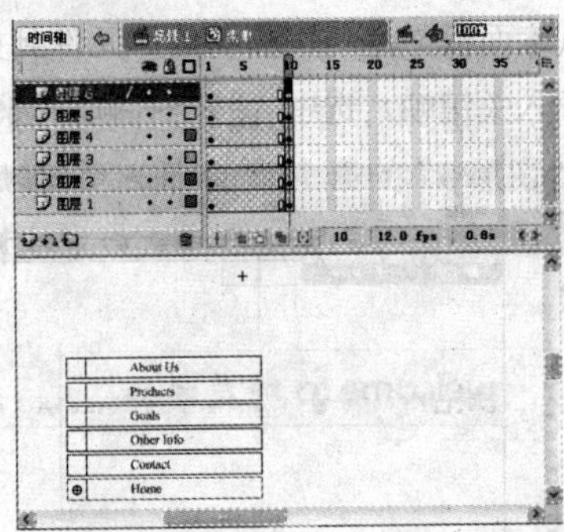

图 14.2.35　移动第 10 帧中的对象

（48）选中所有图层的第 1 帧，在属性面板的"补间"下拉列表中选择"动画"选项，创建 6 段运动补间动画，时间轴如图 14.3.36 所示。

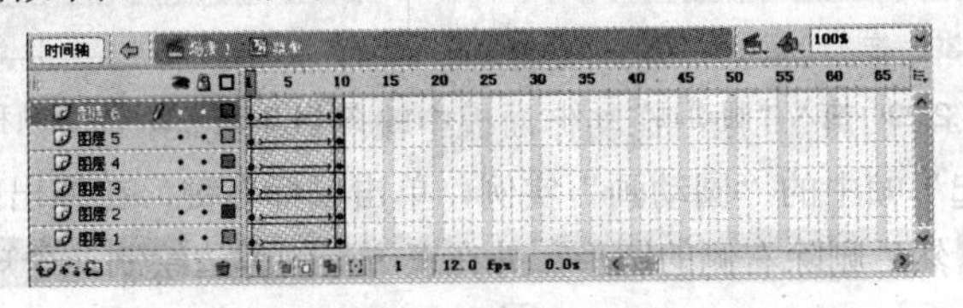

图 14.2.36　创建补间动画

（49）选中第 1 帧中的所有对象，在属性面板的"颜色"下拉列表中选择"Alpha"选项，设置 Alpha 值为"0"，更改它们的透明度。

（50）向右移动"图层 2"～"图层 6"中的所有帧，然后选中所有层的第 37 帧，按"F5"键插入帧，时间轴如图 14.2.37 所示。

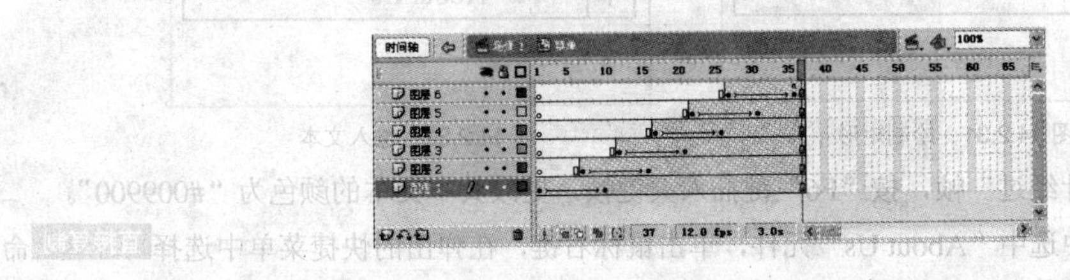

图 14.2.37　移动帧并插入帧

（51）选择 窗口(W) → 动作(A) F9 命令，打开动作面板，如图 14.2.38 所示。

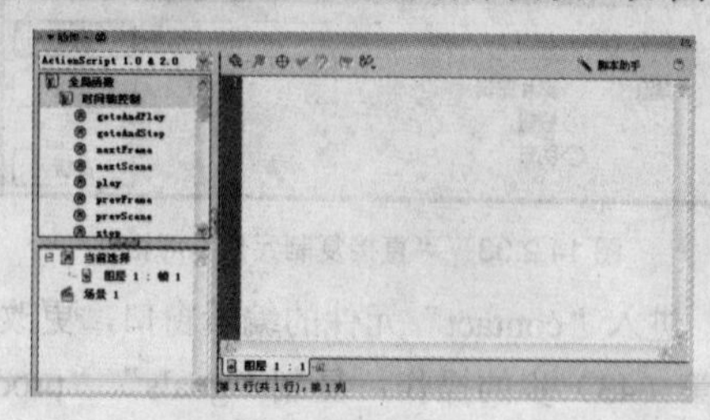

图 14.2.38 动作面板

（52）选中“图层 6”的第 36 帧，在动作面板中输入以下代码：

```
stop();
```

（53）单击 场景 1 图标，返回到主场景。

（54）选中“图层 3”，单击时间轴中的“插入图层”按钮，插入“图层 4”。

（55）选中“图层 4”的第 25 帧，按“F6”键插入关键帧，然后拖动“菜单”元件到如图 14.2.39 所示的位置。

（56）选中“图层 4”，单击两次时间轴中的“插入图层”按钮，插入“图层 5”和“图层 6”。

（57）在“图层 5”的第 70 帧中插入关键帧，然后选择 文件(F) → 导入(I) → 导入到舞台(I)... Ctrl+R 命令，弹出“导入”对话框，导入一张鲜花图片，并调整它的大小和位置，如图 14.2.40 所示。

图 14.2.39 拖入“菜单”元件

图 14.2.40 导入并调整图片

（58）选中“图层 5”的第 70 帧，在动作面板中输入以下代码：

```
stop();
```

（59）选择 文件(F) → 导入(I) → 导入到库(L)... 命令，弹出“导入到库”对话框，单击 打开(O) 按钮导入一段声音。

（60）选中“图层 6”的第 1 帧，在属性面板的“声音”下拉列表中选择导入的声音文件，将其添加到动画中，此时，声音在时间轴中将显示为波形，如图 14.2.41 所示。

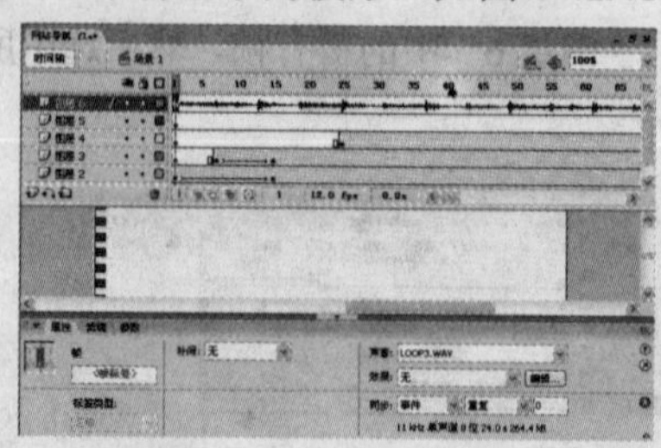

图 14.2.41 添加声音

（61）按“Ctrl+Enter”键预览动画效果，如图 14.2.1 所示。

第 15 章

Flash 其他典型实例

学习导航

本章主要通过列举两个典型实例，介绍 Flash CS3 的使用方法和技巧。希望通过本章的学习，读者能够深入了解 Flash 动画的原理和创建方法，在实践中广泛应用。

学习要点

- 个人简历
- 电子杂志设计

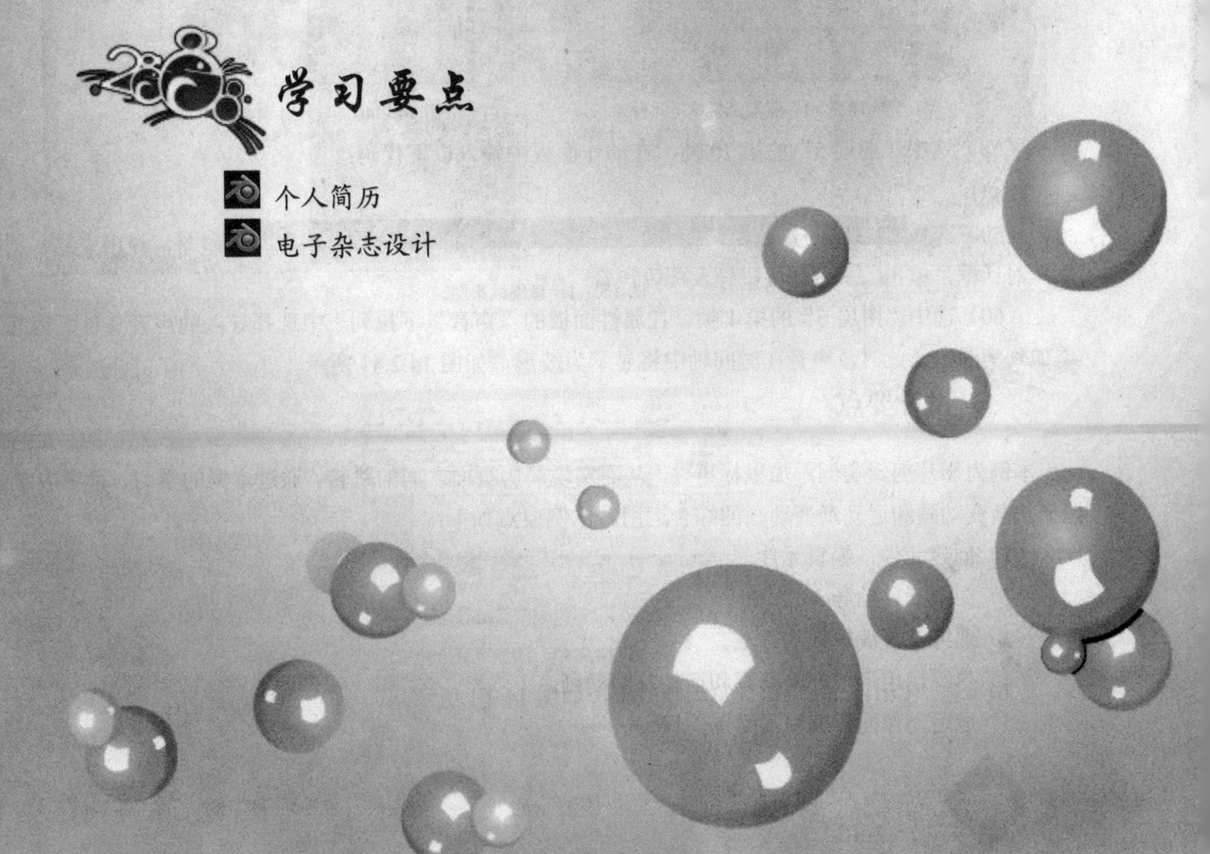

案例1　个 人 简 历

设计背景

创作一个个人简历，对于菜单、背景、简历内容都要有一个总体上的规划，本例就是让大家了解个人简历的制作过程。

设计内容

本例制作个人简历，最终效果如图 15.1.1 所示。

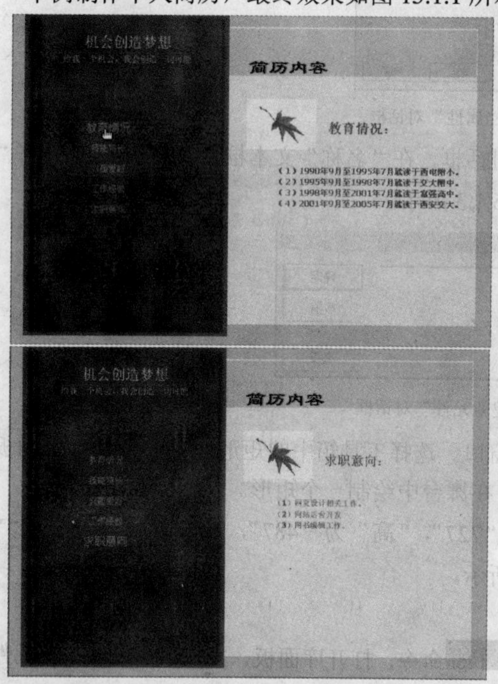

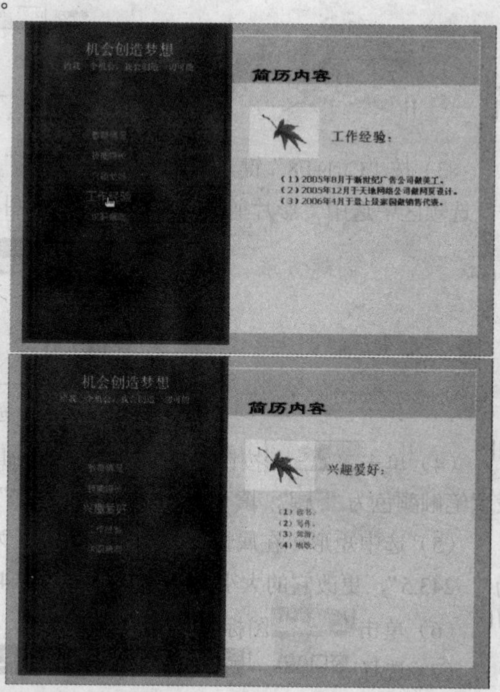

图 15.1.1　最终效果图

设计要点

本例为影片剪辑实例添加鼠标事件，从而实现简历页面之间的跳转。通过本例的学习，读者应掌握形状渐变动画和运动渐变动画的综合运用。本例要点如下：

（1）创建元件，编辑元件。

（2）图形元件的导入。

（3）熟练掌握编辑帧的方法。

（4）熟练运用形状补间动画和运动补间动画。

（5）运用动作面板编写出简单的代码。

操作步骤

（1）选择 文件(F) → 新建(N)... Ctrl+N 命令，弹出“新建”对话框，选择“常规”选项卡中的 Flash 文件(ActionScript 3.0) 选项，单击 确定 按钮，新建一个 Flash 文档。

（2）选择 修改(M) → 文档(D)... Ctrl+J 命令，弹出“文档属性”对话框，设置“尺寸”为“550 px×400 px”，“背景颜色”为“绿色”（见图 15.1.2），单击 确定 按钮。

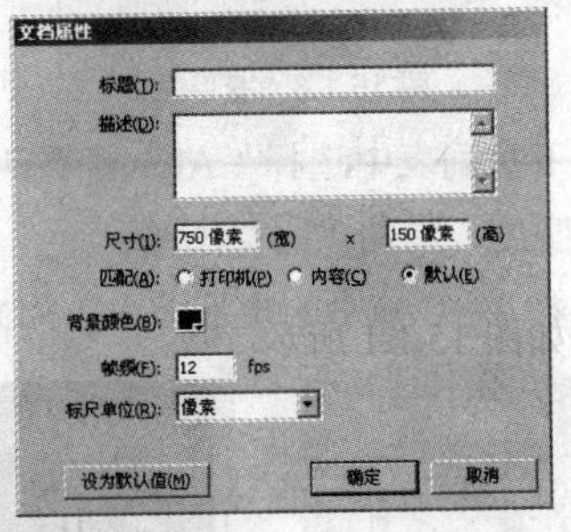

图 15.1.2 “文档属性”对话框

（3）按“Ctrl+F8”键，弹出“创建新元件”对话框，在“名称”文本框中输入“矩形”，在“类型”选项区中选中“影片剪辑”单选按钮，如图 15.1.3 所示。

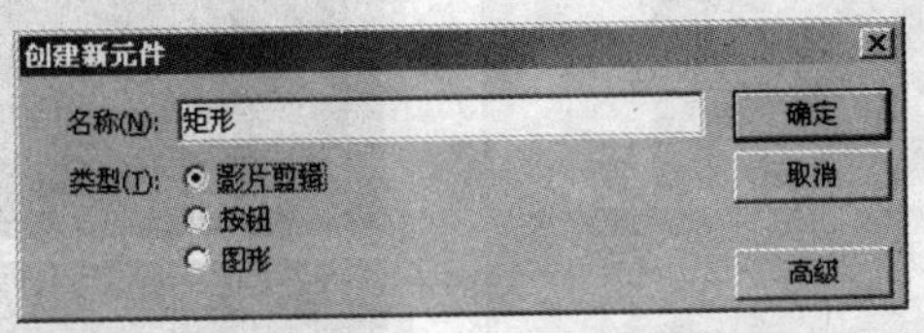

图 15.1.3 “创建新元件”对话框

（4）单击 确定 按钮，进入该元件的编辑窗口。选择工具箱中的矩形工具，在属性面板中设置笔触颜色为“无”，填充颜色为“#C7C79C”，在舞台中绘制一个矩形。

（5）选中矩形，在属性面板中设置“宽”为“727”，“高”为“487”，“X”为“-363.5”，“Y”为“-243.5”，更改它的大小和位置，如图 15.1.4 所示。

（6）单击 场景 1 图标，返回到主场景。

（7）选择 窗口(W) → 库(L) Ctrl+L 命令，打开库面板，从中拖动“矩形”元件到舞台中，并设置其“X”为“18”，“Y”为“93.4”，如图 15.1.5 所示。

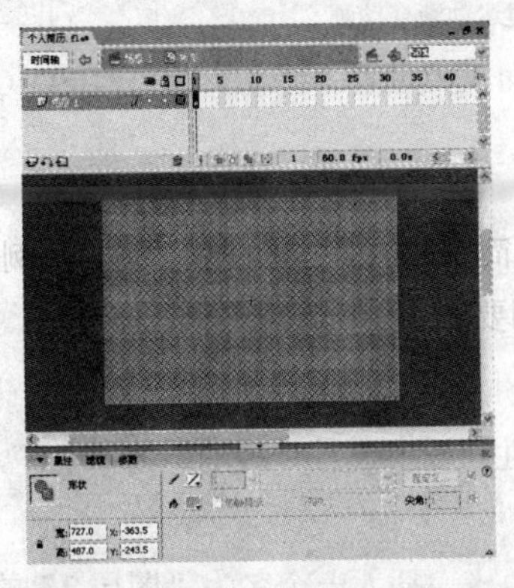

图 15.1.4 更改矩形的大小和位置

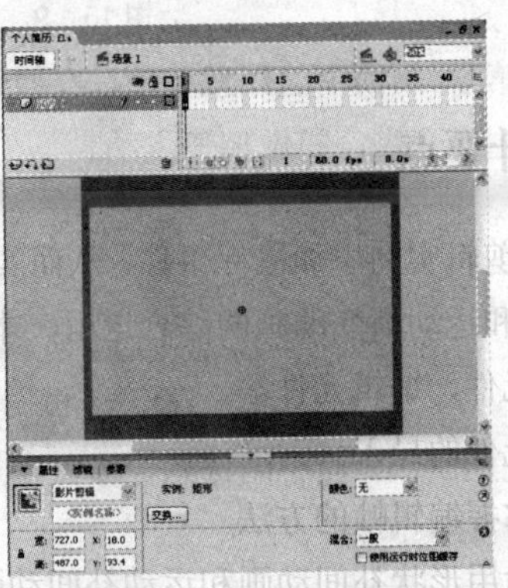

图 15.1.5 拖入并调整矩形

（8）分别选中第 10 帧和第 20 帧，按“F6”键插入关键帧。

（9）选中第 1 帧中的矩形，按“Ctrl+T”键打开变形面板，然后在和文本框中输入数值“30%”（见图 15.1.6），按“Enter”键将其等比例缩小。

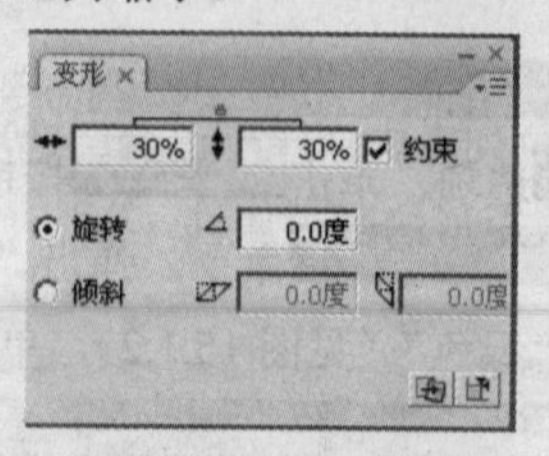

图 15.1.6　变形面板

（10）在属性面板的“颜色”下拉列表中选择“Alpha”选项，在“Alpha 数量”文本框中输入数值“0”，更改第 1 帧中矩形的透明度，如图 15.1.7 所示。

（11）重复第（9）步的操作，将第 10 帧中的矩形缩小为原来的“92.4%”，然后重复第（10）步的操作，更改其透明度为“89%”，如图 15.1.8 所示。

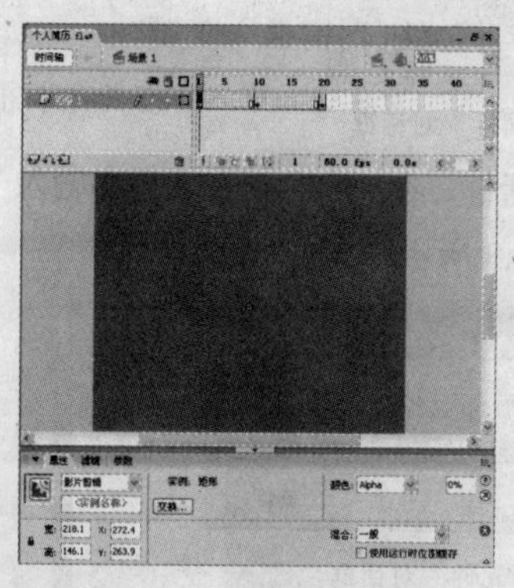

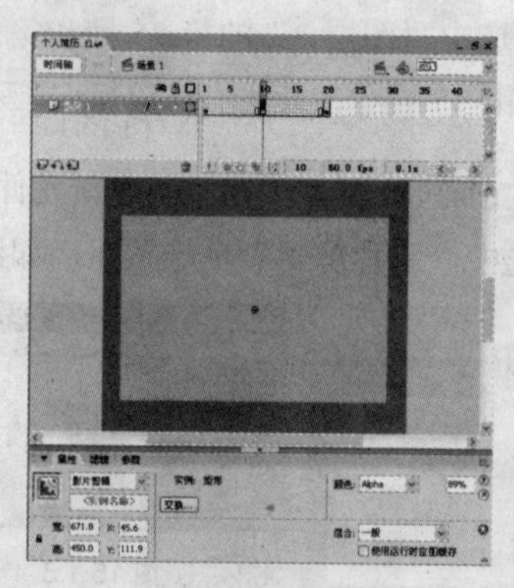

图 15.1.7　更改第 1 帧中矩形的透明度　　图 15.1.8　更改第 10 帧中矩形的大小和透明度

（12）分别选中第 1～10 帧中任意一帧，单击鼠标右键，在弹出的快捷菜单中选择创建补间动画命令，创建两段运动渐变动画，如图 15.1.9 所示。

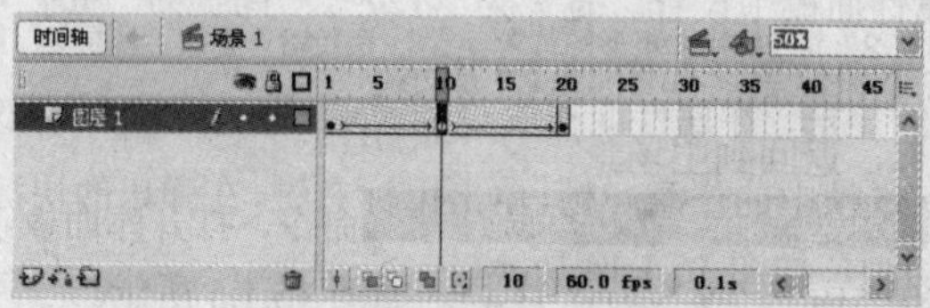

图 15.1.9　创建运动渐变动画

（13）选中第 1～9 帧中的任意一帧，在属性面板中设置“缓动”为“-100”（见图 15.1.10），使矩形的运动速度由慢变快，即做加速运动。

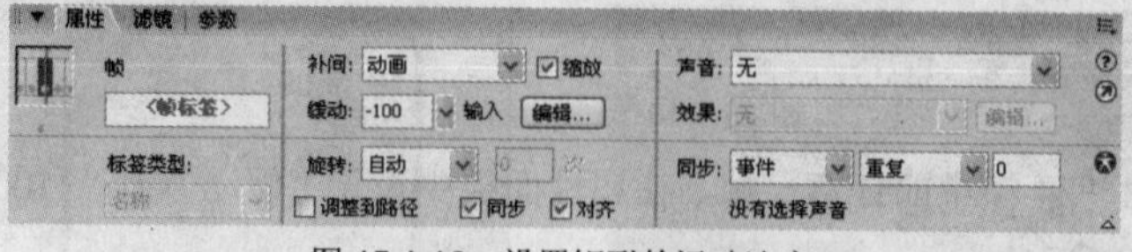

图 15.1.10　设置矩形的运动速度

（14）选中第 10～19 帧中的任意一帧，在属性面板中设置“缓动”为“100”，使矩形的运动速度由快变慢，即做减速运动。

（15）单击时间轴面板中的“插入图层”按钮，插入一个名为“图层 2”的图层。

（16）选中“图层 2”的第 28 帧，按“F6”键插入关键帧，然后从库面板中拖动“矩形”元件到舞台中。

（17）在变形面板的↔文本框中输入数值“53.5%”，在↕文本框中输入数值“90.3%”，按“Enter”键，将矩形缩小。

（18）在属性面板的“颜色”下拉列表中选择“色调”选项，设置颜色值为“#ECEDD9”，色彩数量为“100%”（见图 15.1.11），更改矩形的颜色属性。

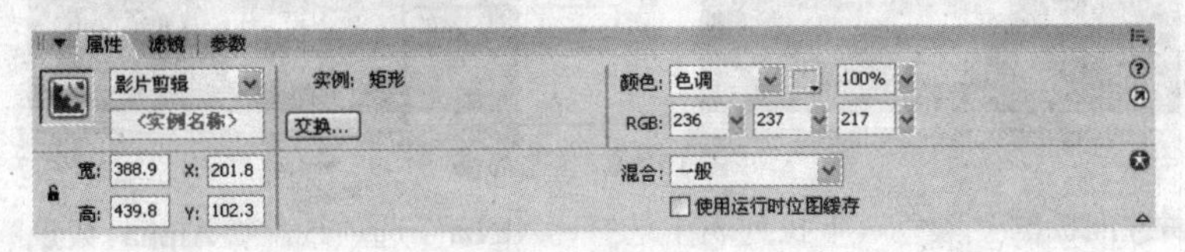

图 15.1.11　更改矩形的颜色属性

（19）选中“图层 2”第 28 帧中的矩形，在属性面板中设置“X”为“-67.0”，“Y”为“110”，更改其位置，如图 15.1.12 所示。

（20）分别选中“图层 2”的第 35 帧和第 43 帧，按“F6”键插入关键帧。

（21）选中第 35 帧中的矩形，在属性面板中设置“X”为“324.0”，更改其在水平方向上的位置，如图 15.1.13 所示。

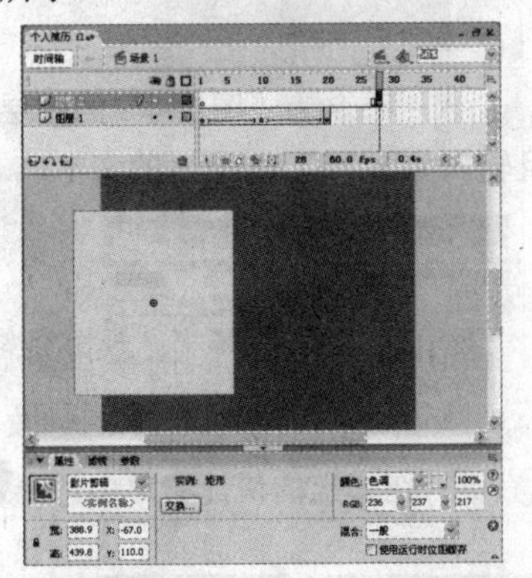

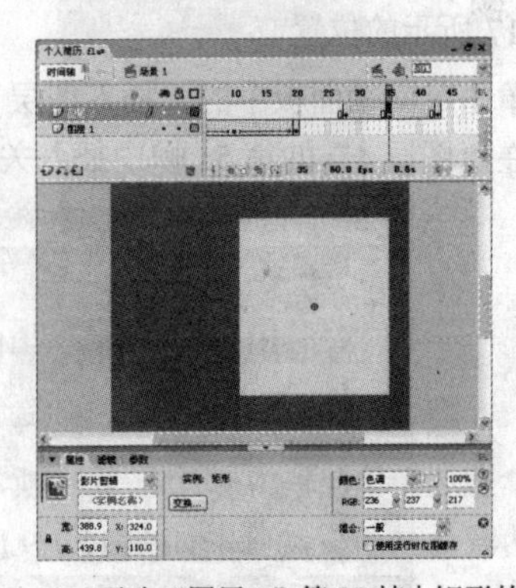

图 15.1.12　更改“图层 2”第 28 帧中矩形的位置　　图 15.1.13　更改“图层 2”第 35 帧中矩形的位置

（22）选中第 43 帧中的矩形，在属性面板中设置“X”为“330.0”，更改其在水平方向上的位置。

（23）分别选中第 28～35 帧中的任意一帧，单击鼠标右键，在弹出的快捷菜单中选择创建补间动画命令，创建两段运动渐变动画，如图 15.1.14 所示。

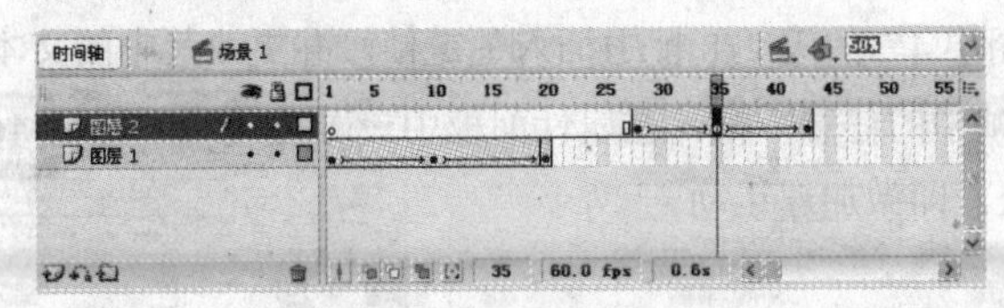

图 15.1.14　创建运动渐变动画

（24）选中第 28～34 帧中的任意一帧，在属性面板中设置“缓动”为“-100”，使矩形的运动速度由慢变快，即做加速运动。

（25）按“Ctrl+F8”键，弹出“创建新元件”对话框，在“名称”文本框中输入“图标”，在“类型”选项区中选中“影片剪辑”单选按钮，单击 确定 按钮，进入该元件的编辑窗口。

（26）选择工具箱中的矩形工具，在属性面板中设置笔触颜色为“无”，填充颜色为“#F7FCCD”，在舞台的中心位置绘制一个矩形，如图 15.1.15 所示。

（27）选择 文件(F) → 导入(I) → 导入到库(L)... → 导入到舞台(I)... Ctrl+R 命令，弹出“导入”对话框，导入一幅图片到矩形上面，并调整它的大小和位置，如图 15.1.16 所示。

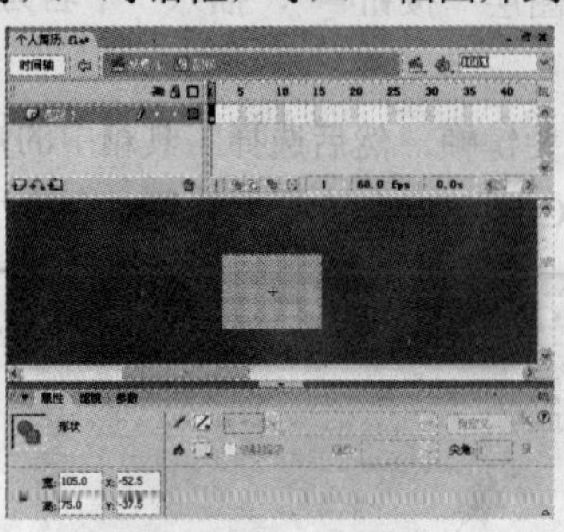

图 15.1.15　绘制矩形

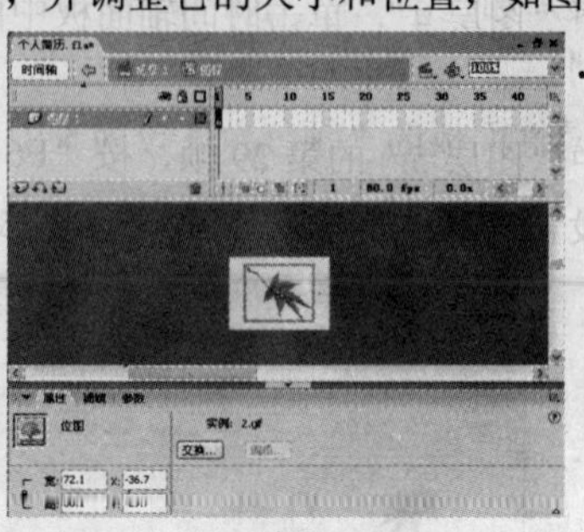

图 15.1.16　导入并调整图片

（28）单击 场景 1 图标，返回到主场景。

（29）分别选中“图层 1”和“图层 2”的第 524 帧，按“F5”键插入帧。

（30）选中“图层 2”，单击时间轴面板中的“插入图层”按钮，插入一个名为“图层 3”的图层。

（31）选中“图层 3”的第 50 帧，按“F6”键插入关键帧，然后从库面板中拖动“图标”元件到如图 15.1.17 所示的位置。

（32）单击时间轴面板中的“插入图层”按钮，插入一个名为“图层 4”的图层。

（33）在“图层 4”的第 51 帧中插入关键帧，并且输入如图 15.1.18 所示的文本。

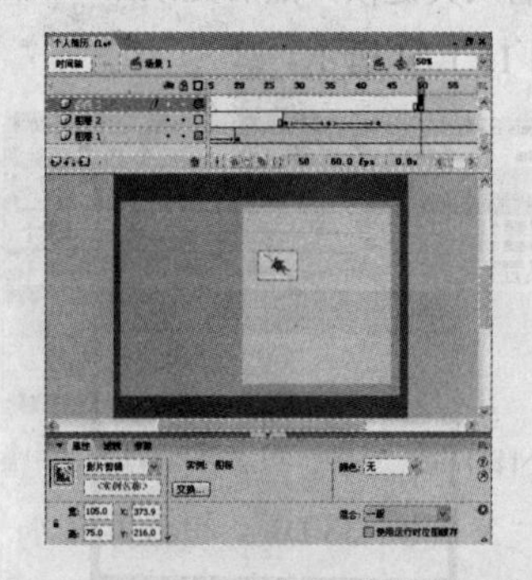

图 15.1.17　拖入并调整“图标”元件

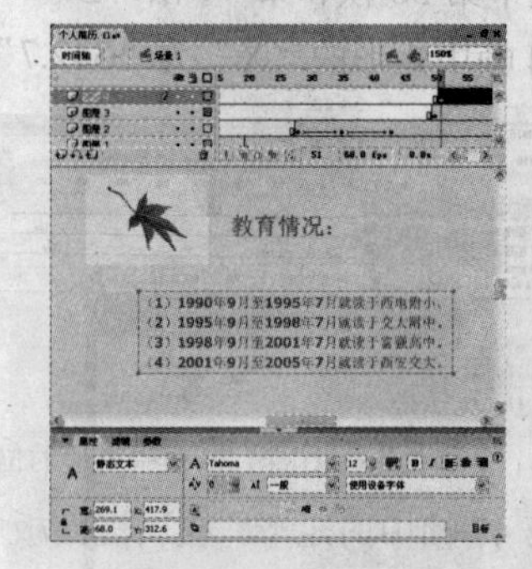

图 15.1.18　输入文本

（34）选中“图层 4”的第 134 帧，按“F6”键插入关键帧，更改其中的文本如图 15.1.19 所示。

（35）同样，在“图层 4”的第 218 帧中插入关键帧，并更改其中的文本如图 15.1.20 所示。

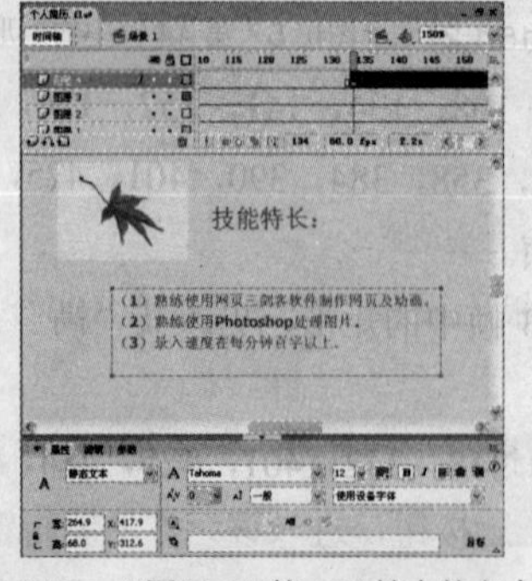

图 15.1.19　“图层 4”第 134 帧中的文本

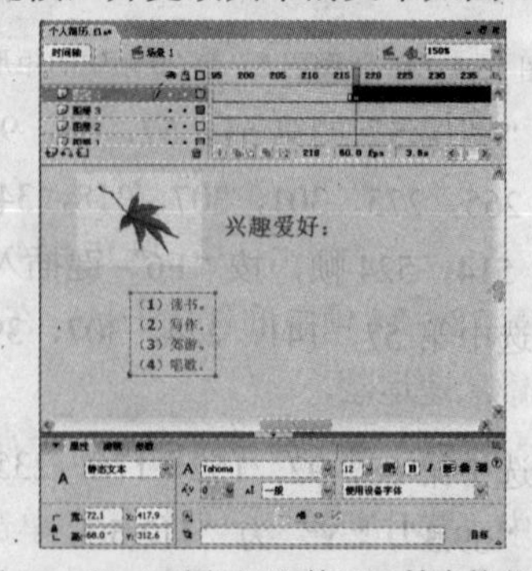

图 15.1.20　“图层 4”第 218 帧中的文本

（36）在“图层4”的第301帧中插入关键帧，并更改其中的文本如图15.1.21所示。

（37）在“图层4”的第384帧中插入关键帧，并更改其中的文本如图15.1.22所示。

（38）选中“图层4”，单击时间轴面板中的“插入图层”按钮，插入一个名为“图层5”的图层。

（39）选中“图层5”的第29帧，按“F6”键插入关键帧，然后选择工具箱中的矩形工具，在属性面板中设置笔触颜色为“无”，填充颜色为“#CECEA1”，在该帧中绘制一个矩形。

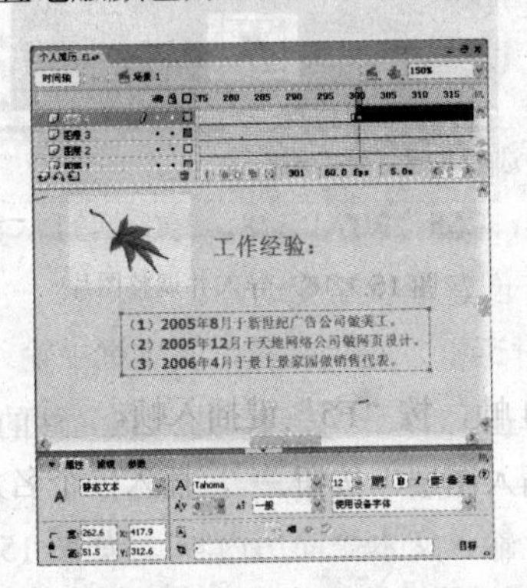

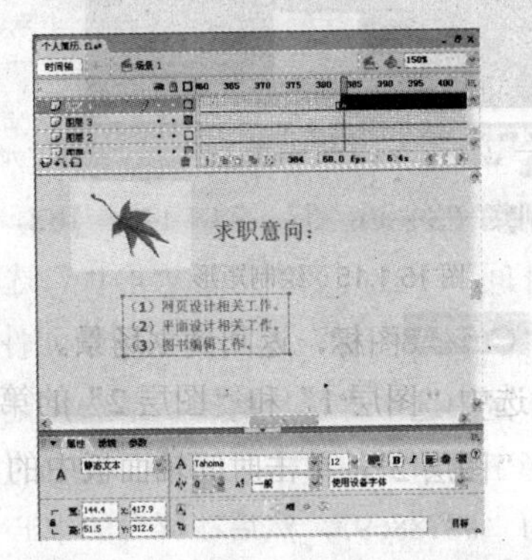

图15.1.21　“图层4”第301帧中的文本　图15.1.22　“图层4”第384帧中的文本

（40）选中矩形，在属性面板中设置“宽”为“378”，“高”为“436”，“X”为“-57.3”，“Y”为“112.5”，更改它的大小和位置，如图15.1.23所示。

（41）分别选中第36帧和第44帧，按“F6”键插入关键帧，然后更改第36帧中矩形的“X”为“333.7”，第44帧中矩形的“X”为“342.7”，如图15.1.24所示。

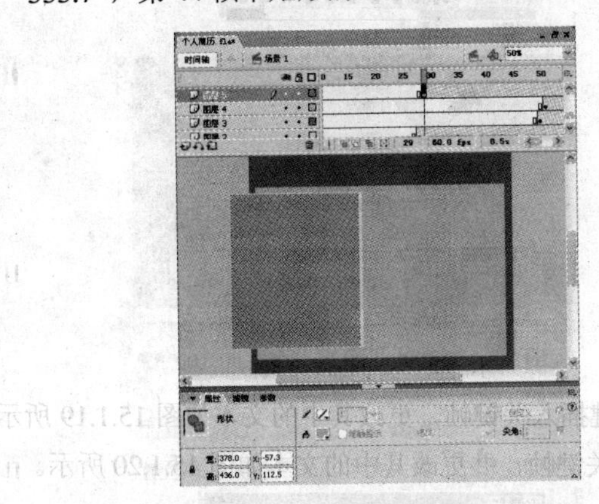

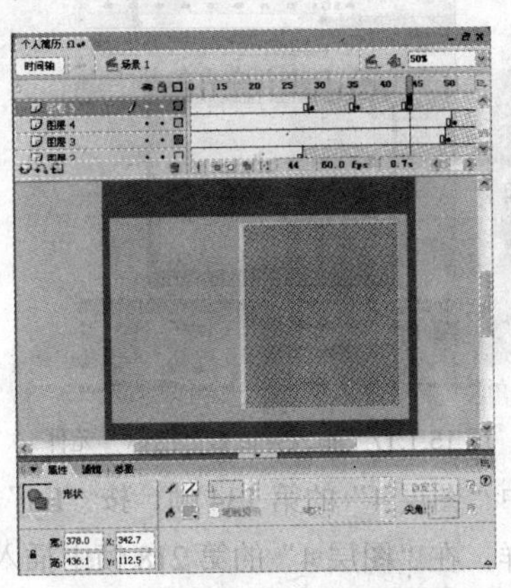

图15.1.23　“图层5”第29帧中的矩形　图15.1.24　“图层5”第44帧中的矩形

（42）选中“图层5”的第51，57，68，92，98，108，134，141，152，176，182，192，218，224，235，259，265，275，301，307，318，342，348，358，384，390，401，425，431，441，467，473，484，508，514，524帧，按“F6”键插入关键帧。

（43）分别选中第57，141，224，307，390，473帧中的矩形，更改其“高”为“88.8”，“Y”为“112.4”。

（44）分别选中第68，92，152，176，235，259，318，342，401，425，484，508帧中的矩形，更改其“高”为“69.3”，“Y”为“112.5”。

（45）分别选中第98，182，265，348，431，514帧中的矩形，更改其“高”为“404.7”，“Y”

为“112.5”。

（46）分别选中第 29，51，92，134，176，218，259，301，342，384，425，467，508 帧，在属性面板的“补间”下拉列表中选择“形状”选项，创建形状渐变动画，并设置“缓动”为“-100”，如图 15.1.25 所示。

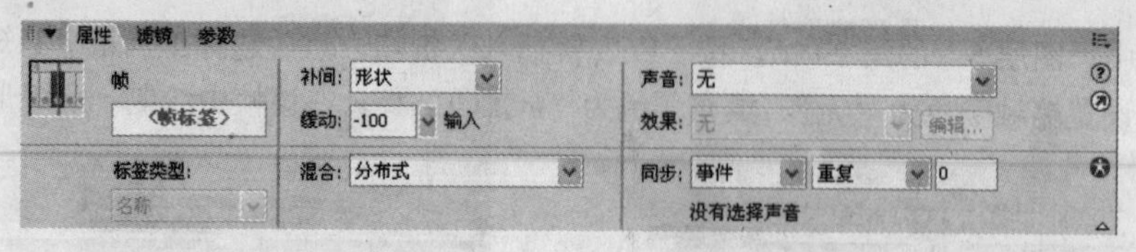

图 15.1.25　选择“形状”选项并设置缓动属性

（47）分别选中第 36，57，98，141，182，224，265，307，348，390，431，473，514 帧，在属性面板的“补间”下拉列表中选择“形状”选项，创建形状渐变动画。

（48）按“Ctrl+F8”键，弹出“创建新元件”对话框，在“名称”文本框中输入“简历内容”，在“类型”选项区中选中“影片剪辑”单选按钮，单击 确定 按钮，进入该元件的编辑窗口。

（49）选择工具箱中的文本工具 T，在属性面板中设置“字体”为“隶书”，“字号”为“30”，“文本颜色”为“#878869”，然后在舞台的中心位置输入文本“简历内容”，如图 15.1.26 所示。

（50）单击时间轴面板中的“插入图层”按钮，插入一个名为“图层 2”的图层。

（51）重复第（49）步的操作，在“图层 2”中输入同样的文本，然后更改其颜色为“黑色”，并将其向左移动两个像素，如图 15.1.27 所示。

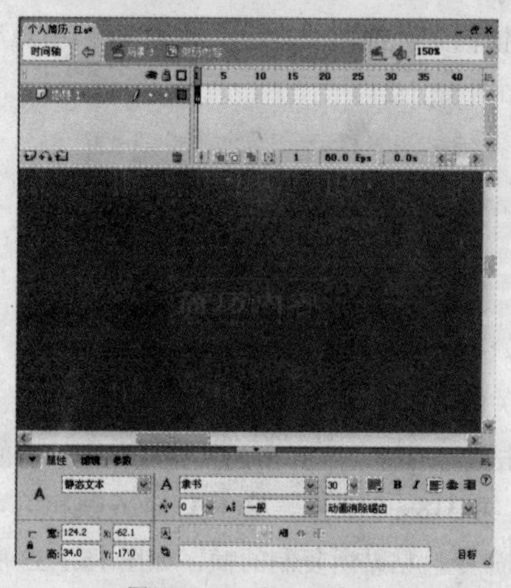

图 15.1.26　输入文本

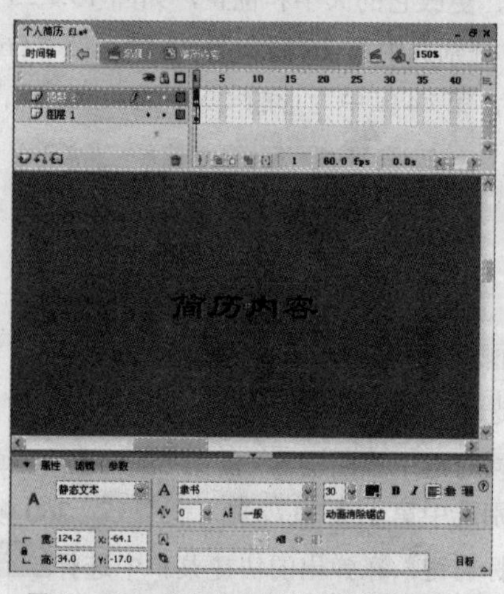

图 15.1.27　输入文本并更改其颜色和位置

（52）单击 场景 1 图标，返回到主场景。

（53）选中“图层 5”，单击时间轴面板中的“插入图层”按钮，插入一个名为“图层 6”的图层。

（54）选中“图层 6”的第 68 帧，按“F6”键插入关键帧，然后从库面板中拖动“简历内容”元件到舞台中。

（55）选中“简历内容”实例，在属性面板中设置“宽”为“126.2”，“高”为“34”，“X”为“534.0”，“Y”为“151.3”，更改它的大小和位置，如图 15.1.28 所示。

（56）分别选中第 82，83，92 帧，按“F6”键插入关键帧，然后更改相应“简历内容”实例的“X”为“373.9”，如图 15.1.29 所示。

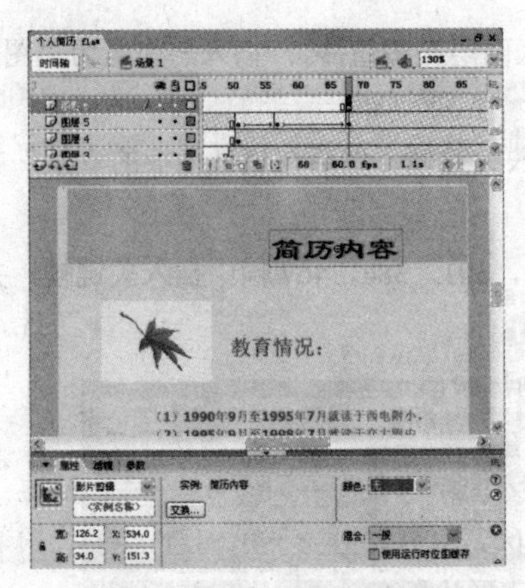

图 15.1.28　第 68 帧中的“简历内容”实例

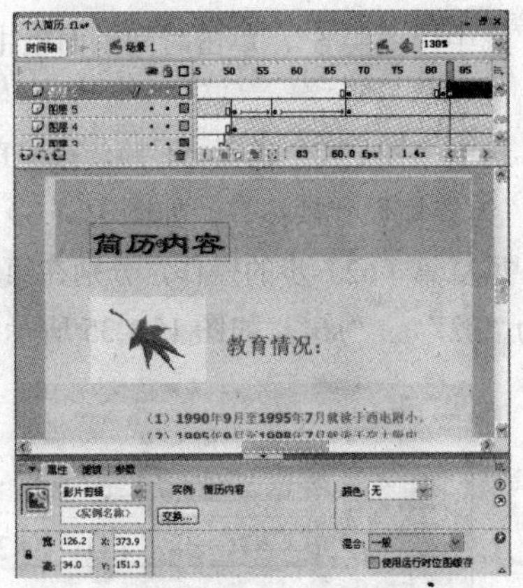

图 15.1.29　更改“简历内容”实例的水平位置

（57）分别选中第 68 帧和第 92 帧中的“简历内容”实例，在属性面板的“颜色”下拉列表中选择“Alpha”选项，在“Alpha 数量”文本框中输入数值“0”，更改它们的透明度，如图 15.1.30 所示。

（58）分别选中第 68 帧和第 92 帧，在属性面板的“补间”下拉列表中选择“动画”选项，创建两段运动渐变动画，并设置“缓动”为“100”，如图 15.1.31 所示。

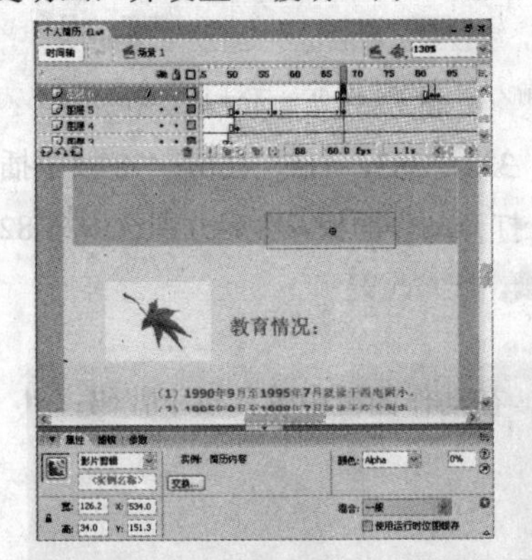

图 15.1.30　更改“简历内容”实例的透明度

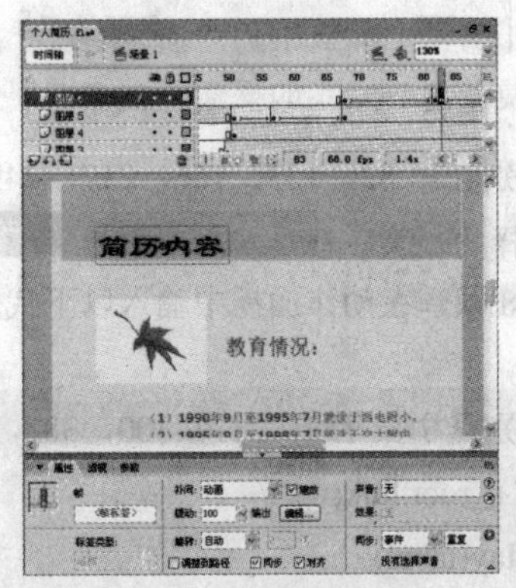

图 15.1.31　创建运动渐变动画

（59）选中第 93 帧，按“F7”键插入一个空白关键帧，如图 15.1.32 所示。

（60）同时选中“图层 6”的第 68～93 帧，单击鼠标右键，在弹出的快捷菜单中选择复制帧命令，然后分别选中第 152～177 帧、第 235～260 帧、第 318～343 帧、第 401～426 帧和第 484～509 帧，单击鼠标右键，在弹出的快捷菜单中选择粘贴帧命令，粘贴所复制的帧，如图 15.1.33 所示。

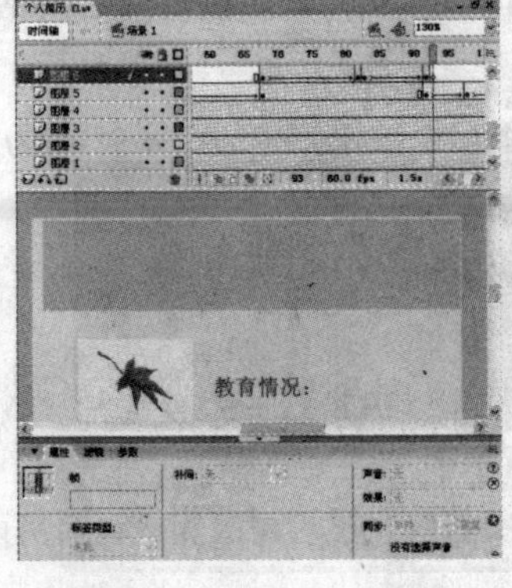

图 15.1.32　插入空白关键帧

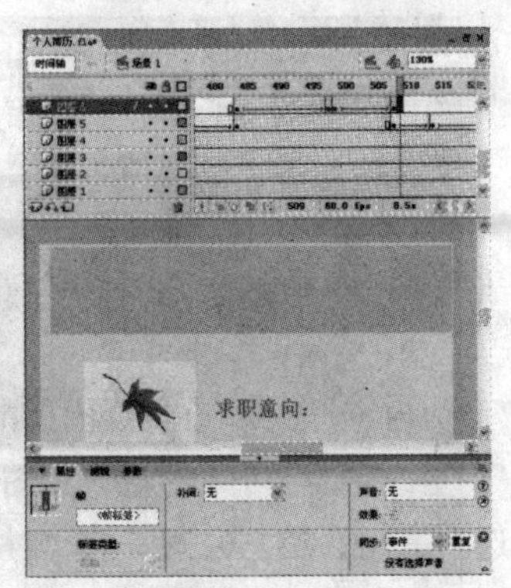

图 15.1.33　粘贴所复制的帧

（61）选中“图层 6”，单击时间轴面板中的“插入图层”按钮，插入一个名为“图层 7”的图层。

（62）选中“图层 7”的第 51 帧，按“F6”键插入关键帧，然后在属性面板的“帧”文本框中输入“s1”，为该帧设置帧标签，如图 15.1.34 所示。

（63）重复第（62）步的操作，分别在第 134，218，301，384，467 帧中插入关键帧，并依次设置帧标签为“s2”～“s6”，如图 15.1.35 所示。

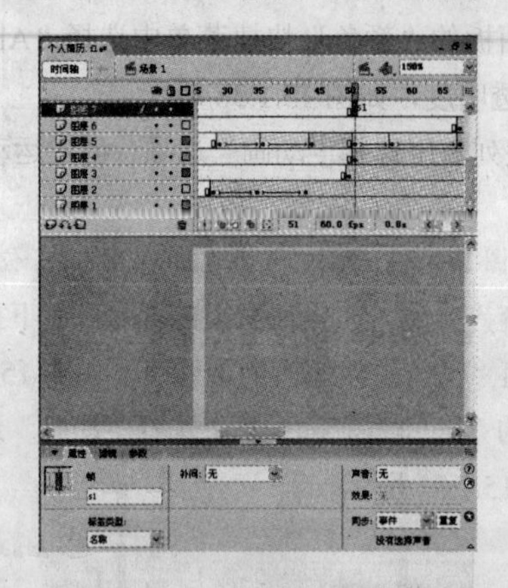

图 15.1.34　为第 51 帧设置帧标签

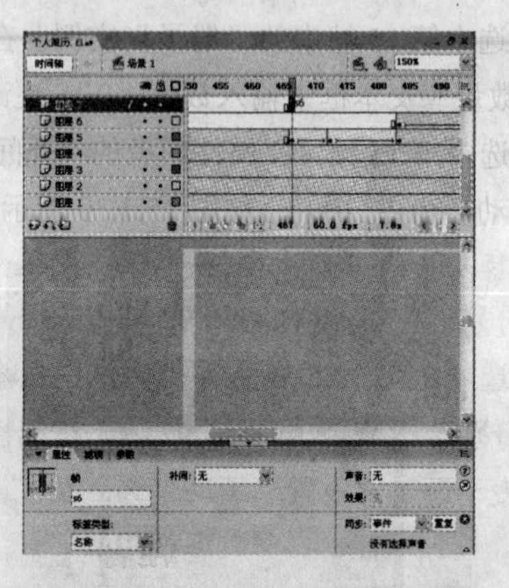

图 15.1.35　为第 467 帧设置帧标签

（64）分别在第 82，133，166，217，249，300，332，383，415，466，498 帧中插入关键帧。

（65）选择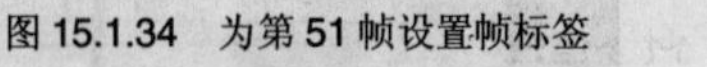命令，打开动作面板，然后分别选中第 82，166，249，332，415，498 帧，在动作面板中输入以下代码：

```
stop();
```

（66）分别选中第 133，217，300，383，466 帧，在动作面板中输入以下代码：

```
label = "s"+_root.link;
gotoAndPlay(label);
```

（67）按“Ctrl+F8”键，弹出“创建新元件”对话框，在“名称”文本框中输入“册子”，在“类型”选项区中选中“影片剪辑”单选按钮，单击 确定 按钮，进入该元件的编辑窗口。

（68）选择 文件(F) → 导入(I) → 导入到舞台(I)... Ctrl+R 命令，弹出“导入”对话框，导入一幅图片到如图 15.1.36 所示的位置。

（69）插入“图层 2”，并在其中输入如图 15.1.37 所示的文本。

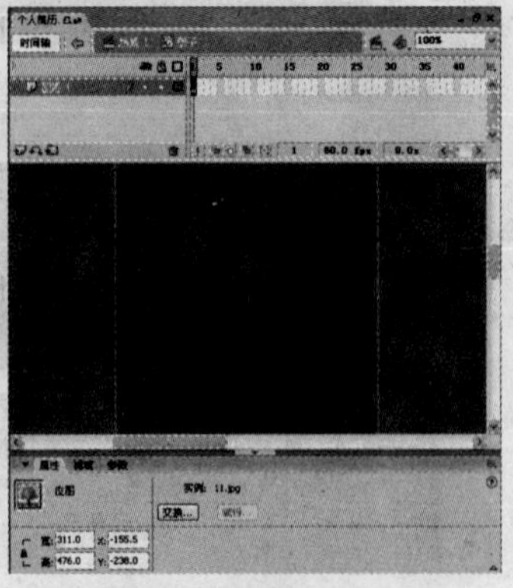

图 15.1.36　导入图片

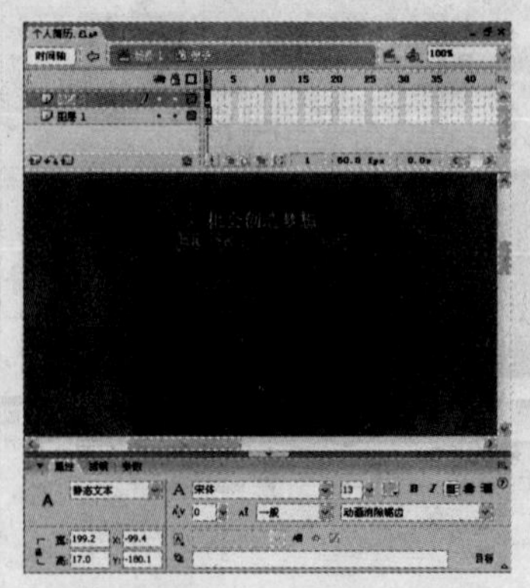

图 15.1.37　输入文本

（70）单击 场景 1 图标，返回到主场景。

（71）选中“图层 7”，单击时间轴面板中的“插入图层”按钮，插入一个名为“图层 8”的图层。

（72）在“图层 8”的第 15 帧中插入关键帧，然后从库面板中拖动“册子”元件到舞台中。

（73）选中“册子”实例，设置其“X”为“376.0”，“Y”为“92.0”，然后在第 24 帧和第 31 帧中插入关键帧，并依次更改“册子”实例的“X”为“59.9”和“92.0”。

（74）选中第 15 帧中的“册子”实例，在属性面板的“颜色”快捷菜单中选择“Alpha”选项，在“Alpha 数量”文本框中输入数值“0”，更改它的透明度，如图 15.1.38 所示。

（75）选中第 15 帧，在属性面板的“补间”下拉列表中选择“动画”选项，创建运动渐变动画，并设置“缓动”为“-100”，如图 15.1.39 所示。

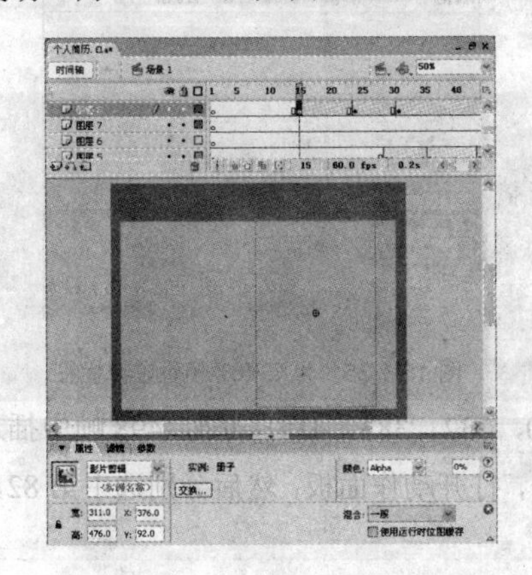

图 15.1.38 更改“册子”实例的透明度

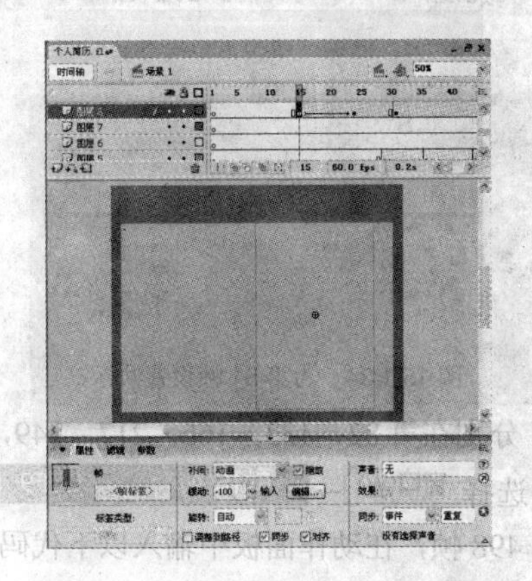

图 15.1.39 创建运动渐变动画

（76）选中第 24 帧，在属性面板的“补间”下拉列表中选择“动画”选项，并设置“缓动”为“100”。

（77）按“Ctrl+F8”键，弹出“创建新元件”对话框，在“名称”文本框中输入“教育情况”，在“类型”选项区中选中“图形”单选按钮，单击 确定 按钮，进入其编辑窗口，输入如图 15.1.40 所示的文本。

（78）重复第（77）步的操作，创建“技能特长”、“兴趣爱好”、“工作经验”和“求职意向”元件，并在它们的编辑窗口中输入相应文本，如图 15.1.41 所示。

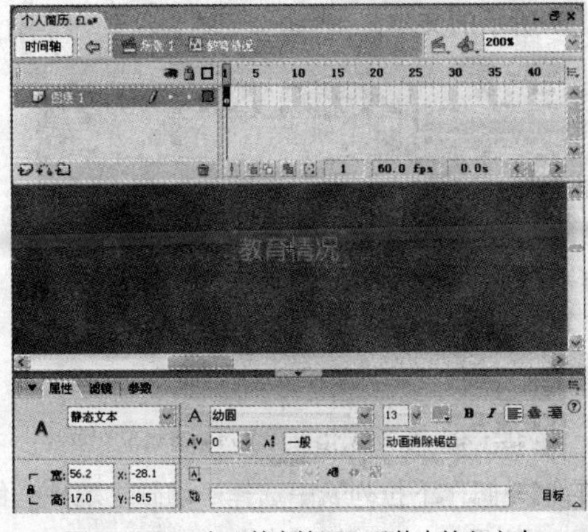

图 15.1.40 在“教育情况”元件中输入文本

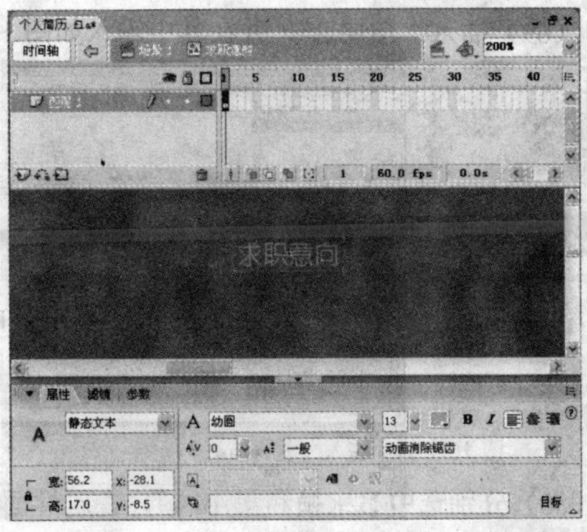

图 15.1.41 在“求职意向”元件中输入文本

（79）按“Ctrl+F8”键，弹出“创建新元件”对话框，在“名称”文本框中输入“矩形 1”，在“类型”选项区中选中“影片剪辑”单选按钮，单击确定按钮，进入该元件的编辑窗口。

（80）选择工具箱中的矩形工具，在属性面板中设置笔触颜色为“无”，填充颜色为“#858F7E”，在舞台中绘制一个矩形，如图 15.1.42 所示。

（81）重复第（79）步的操作，创建一个名为“教育情况 1”的元件，并从库面板中拖动“矩形 1”元件到舞台的中心位置。

（82）选中“矩形 1”实例，在属性面板的“颜色”下拉列表中选择“Alpha”选项，在“Alpha 数量”文本框中输入数值“0”，更改它的透明度，如图 15.1.43 所示。

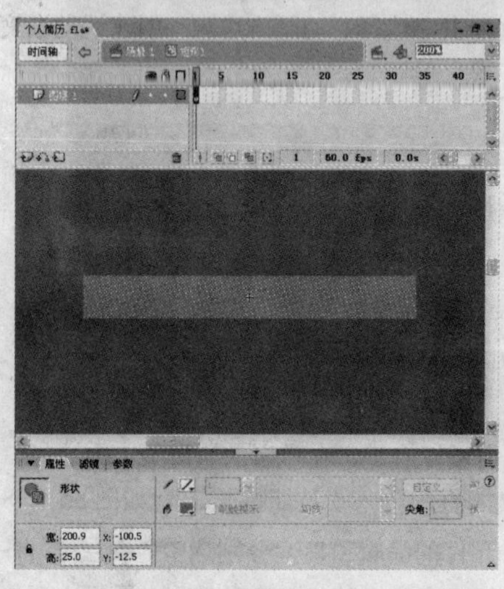

图 15.1.42　绘制矩形

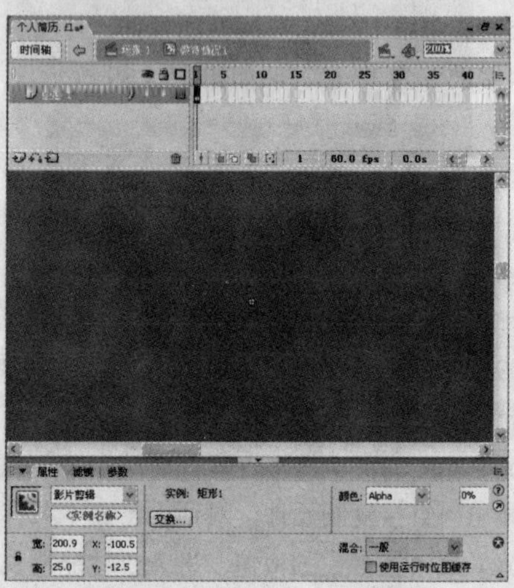

图 15.1.43　更改“矩形 1”实例的透明度

（83）选中第 20 帧，按“F5”键插入帧，然后单击时间轴面板中的“插入图层”按钮，插入一个名为“图层 2”的图层。

（84）从库面板中拖动“教育情况”元件到“图层 2”中，如图 15.1.44 所示。

（85）分别选中第 10 帧和第 20 帧，按“F6”键插入关键帧，然后更改第 10 帧中“教育情况”实例的大小和位置，如图 15.1.45 所示。

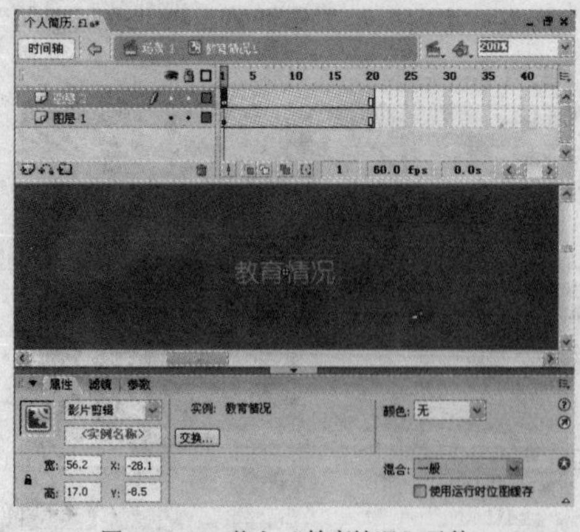

图 15.1.44　拖入“教育情况”元件

图 15.1.45　更改第 10 帧中的“教育情况”实例

（86）分别选中第 1 帧和第 10 帧，在属性面板的“补间”下拉列表中选择“动画”选项，创建运动渐变动画，并设置“缓动”为“100”，如图 15.1.46 所示。

（87）单击时间轴面板中的“插入图层”按钮，插入一个名为“图层 3”的图层。

（88）分别选中“图层 3”的第 2，10，11 帧，按“F6”键插入关键帧，然后选中第 2 帧和第 11 帧，在属性面板的“帧”文本框中依次输入“s1”和“s2”，设置帧标签，如图 15.1.47 所示。

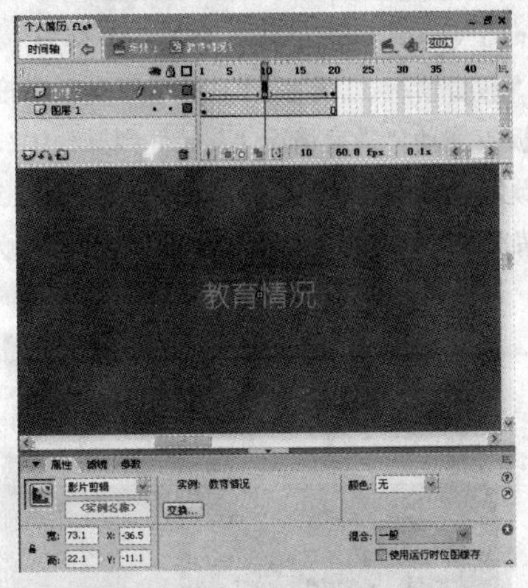

图 15.1.46 创建运动渐变动画

图 15.1.47 设置帧标签

（89）分别选中第 1 帧和第 10 帧，在动作面板中输入以下代码：

```
stop();
```

（90）在库面板中选中“教育情况 1”元件，单击鼠标右键，在弹出的快捷菜单中选择直接复制命令，弹出“直接复制元件”对话框，在“名称”文本框中输入“技能特长 1”，如图 15.1.48 所示。

（91）单击确定按钮，进入“技能特长 1”元件的编辑窗口，分别选中“图层 2”各关键帧中的“教育情况”实例，单击属性面板中的交换...按钮，在弹出的“交换元件”对话框中选择“技能特长”元件（见图 15.1.49），然后单击确定按钮进行替换，如图 15.1.50 所示。

图 15.1.48 “直接复制元件”对话框

图 15.1.49 “交换元件”对话框

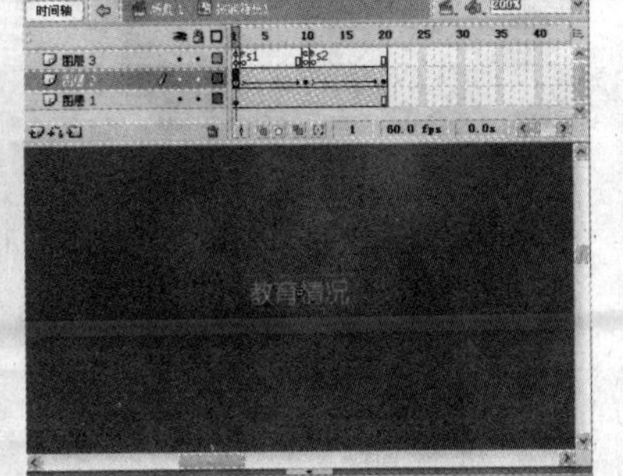

替换前

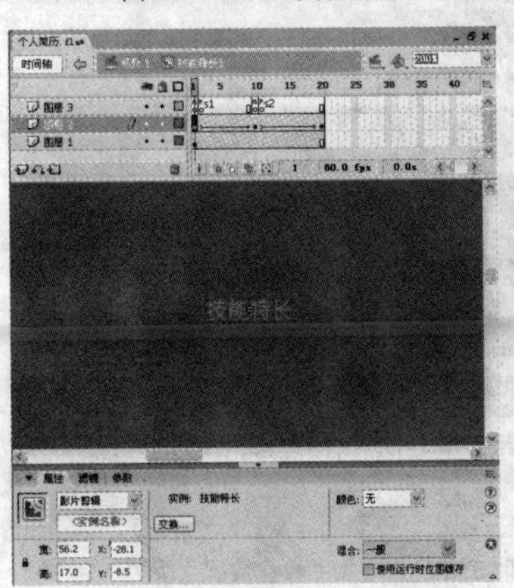

替换后

图 15.1.50 替换元件前后的效果

（92）重复第（90）步和第（91）步的操作，创建“兴趣爱好 1”、“工作经验 1”和“求职意向 1”元件，并替换“图层 2”各关键帧中的对象为相应元件。

（93）单击 场景 1 图标，返回到主场景。

（94）选中“图层 8”，单击时间轴面板中的“插入图层”按钮，插入一个名为“图层 9”的图层。

（95）在第 28 帧中插入关键帧，然后从库面板中拖动“教育情况 1”元件到舞台中。

（96）选中“教育情况 1”实例，设置其“X”为“253.9”，“Y”为“260.5”（见图 15.1.51），然后在第 40 帧中插入关键帧，并更改该帧中“教育情况 1”实例的“X”为“163.9”，“Y”为“260.5”，如图 15.1.52 所示。

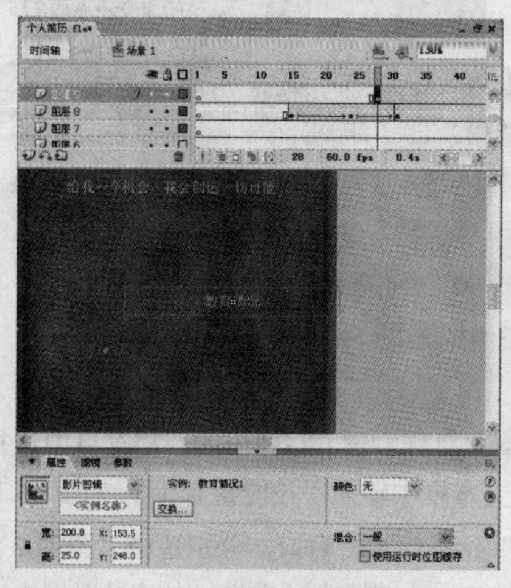

图 15.1.51　第 28 帧中的“教育情况 1”实例　　图 15.1.52　第 40 帧中的“教育情况 1”实例

（97）选中第 28 帧中的“教育情况 1”实例，在属性面板的“颜色”下拉列表中选择“Alpha”选项，在“Alpha 数量”文本框中输入数值“0”，更改它的透明度，如图 15.1.53 所示。

（98）选中第 28 帧，在属性面板的“补间”下拉列表中选择“动画”选项，创建运动渐变动画，并设置“缓动”为“100”，如图 15.1.54 所示。

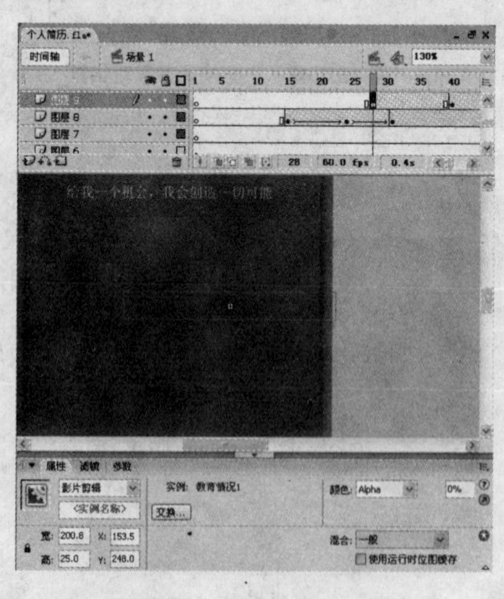

图 15.1.53　更改实例的透明度

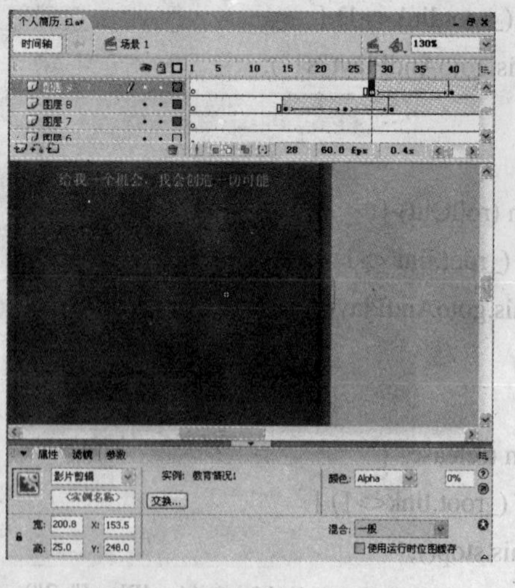

图 15.1.54　创建运动渐变动画

（99）分别选中两个关键帧中的“教育情况 1”实例，在属性面板的“实例名称”文本框中输入

字符“item1”。

（100）选中第 28 帧中的“教育情况 1”实例，在动作面板中输入以下代码：

```
on (rollOver) {
if (_root.link<>1) {
this.gotoAndPlay("s1");
}
}
on (rollOut) {
if (_root.link<>1) {
this.gotoAndPlay("s2");
}
}
on (release) {
if (_root.link<>1) {
this.gotoAndPlay("s1");
_root["item"+_root.link].gotoAndPlay("s2");
_root.link = 1;
}
}
on (release) {
_root.link = 1;
_root.play();
}
```

（101）选中第 40 帧中的“教育情况 1”实例，在动作面板中输入以下代码：

```
on (rollOver) {
if (_root.link<>1) {
this.gotoAndPlay("s1");
}
}
on (rollOut) {
if (_root.link<>1) {
this.gotoAndPlay("s2");
}
}
on (release) {
if (_root.link<>1) {
this.stop();
_root["item"+_root.link].gotoAndPlay("s2");
_root.link = 1;
```

```
}
}
on (release) {
_root.link = 1;
_root.play();
}
```

（102）选中“图层 9”，单击时间轴面板中的“插入图层”按钮，插入一个名为“图层 10”的图层。

（103）在第 30 帧中插入关键帧，然后从库面板中拖动“技能特长 1”元件到舞台中。

（104）选中“技能特长 1”实例，设置其“X”为“153.5”，“Y”为“278.0”，然后在第 42 帧中插入关键帧，并更改该帧中“技能特长 1”实例的“X”为“63.4”，“Y”为“278.0”。

（105）选中第 30 帧中的“技能特长 1”实例，在属性面板的“颜色”下拉列表中选择“Alpha”选项，在“Alpha 数量”文本框中输入数值“0”，更改它的透明度。

（106）选中第 30 帧，在属性面板的“补间”下拉列表中选择“动画”选项，创建运动渐变动画，并设置“缓动”为“100”。

（107）分别选中两个关键帧中的“技能特长 1”实例，在属性面板的“实例名称”文本框中输入字符“item2”。

（108）选中第 30 帧中的“技能特长 1”实例，在动作面板中输入以下代码：

```
on (rollOver) {
if (_root.link<>2) {
this.gotoAndPlay("s1");
}
}
on (rollOut) {
if (_root.link<>2) {
this.gotoAndPlay("s2");
}
}
on (release) {
if (_root.link<>2) {
this.gotoAndPlay("s1");
_root["item"+_root.link].gotoAndPlay("s2");
_root.link = 2;
}
}
on (release) {
_root.link = 2;
_root.play();
}
```

（109）选中第 42 帧中的“技能特长 1”实例，在动作面板中输入以下代码：

```
on (rollOver) {
if (_root.link<>2) {
this.gotoAndPlay("s1");
}
}
on (rollOut) {
if (_root.link<>2) {
this.gotoAndPlay("s2");
}
}
on (release) {
if (_root.link<>2) {
this.stop();
_root["item"+_root.link].gotoAndPlay("s2");
_root.link = 2;
}}
on (release) {
_root.link = 2;
_root.play();
}
```

（110）重复第（102）～（109）步的操作，制作“兴趣爱好 1”、“工作经验 1”和“求职意向 1”元件在主场景的动画效果，时间轴面板如图 15.1.55 所示。

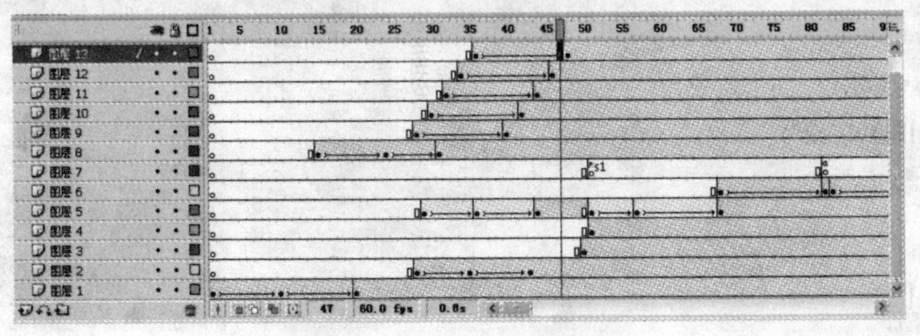

图 15.1.55　时间轴面板

注意

“兴趣爱好 1”、“工作经验 1”和“求职意向 1”实例的“Y”值依次递增 30，实例名称中的数字依次递增 1，代码中<>和=符号右侧的数字依次递增 1。例如，“兴趣爱好 1”实例的“Y”值为“308”，“实例名称”为“item3”，代码中所有<>和=符号右侧的数字变为 3。

（111）选中“图层 13”，单击时间轴面板中的“插入图层”按钮 ，插入一个名为“图层 14”的图层。

（112）选中“图层 14”的第 48 帧，按“F6”键插入关键帧，并在动作面板中输入以下代码：

```
//_root.link=1;
_root.link=1;
_root.item1.gotoAndPlay("s1")
```

（113）按“Ctrl+Enter”键，预览动画效果，如图 15.1.1 所示。

案例 2　电子杂志设计

设计背景

本例的电子杂志设计，在统一的淡雅的色调下给人以明快、清新的感觉，淡蓝的书面、透明的内容让人联想到本文的主题。希望通过本例的学习读者能制作出属于自己的电子杂志。

设计内容

本例制作电子杂志，最终效果如图 15.2.1 所示。

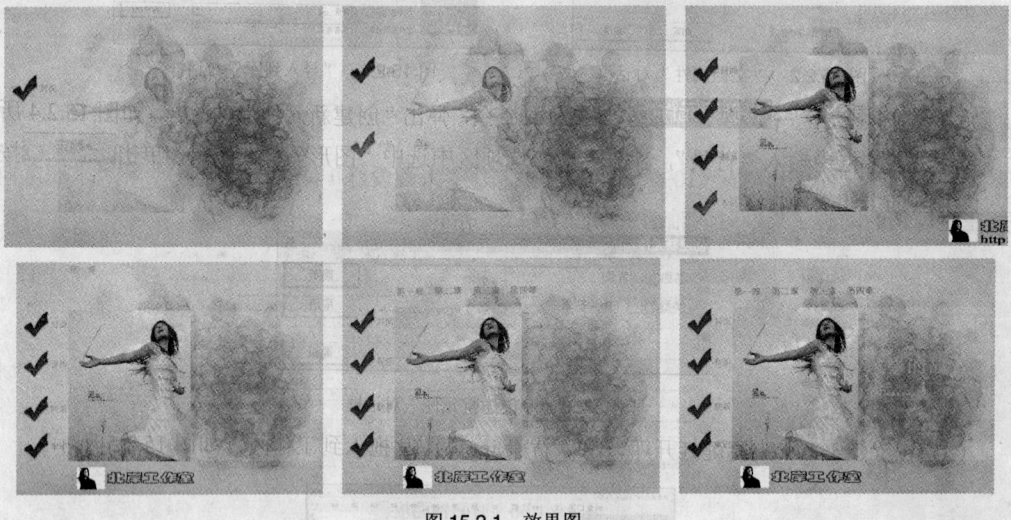

图 15.2.1　效果图

设计要点

电子杂志的制作过程大致可分为创建元件、编辑元件、制作交互按钮、制作 Logo 等。通过本例的学习，读者应该熟练掌握应用 Flash 制作电子杂志的方法。本例要点如下：

（1）创建元件，编辑元件。

（2）制作按钮元件。

（3）能自己制作 Logo。

（4）熟练运用补间动画。

（5）利用调整 Alpha 值来设置动画渐入渐出的效果。

（6）运用动作面板编写出简单的代码。

操作步骤

（1）选择 文件(F) → 新建(N)... Ctrl+N 命令，弹出“新建”对话框，选择“常规”选项卡中的 Flash 文件(ActionScript 2.0) 选项，单击 确定 按钮，新建一个 Flash 文档。

（2）选择 修改(M) → 文档(D)... Ctrl+J 命令，弹出“文档属性”对话框，设置“尺寸”为“420 px×420 px”，“背景颜色”为“白色”（见图 15.2.2），单击 确定 按钮。

（3）选择 文件(F) → 导入(I) → 导入到库(L)... 命令，弹出“导入到库”对话框，导入“背景.jpg”图片，如图 15.2.3 所示。

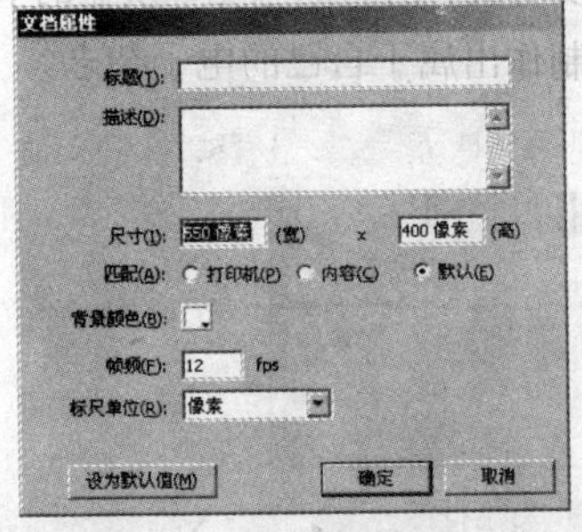

图 15.2.2 “文档属性”对话框

图 15.2.3 “导入到库”对话框

（4）选择 插入(I) → 新建元件(N)... Ctrl+F8 命令，弹出“创建新元件”对话框，如图 15.2.4 所示，在“名称”文本框中输入“背景”，在“类型”选项区中选中“图形”单选按钮，单击 确定 按钮，进入该元件的编辑窗口。

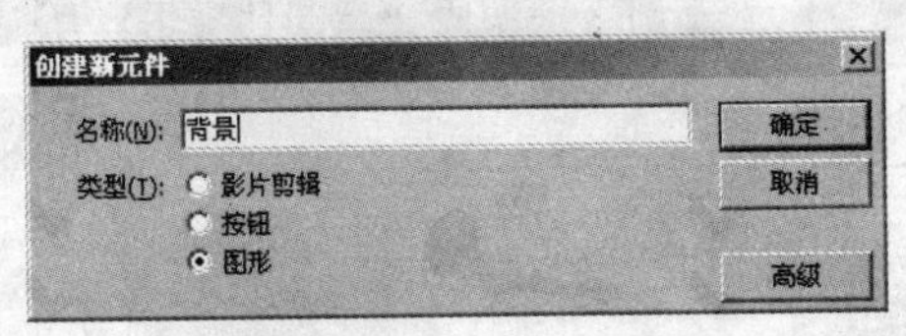

图 15.2.4 “创建新元件”对话框

（5）按“Ctrl+L”快捷键打开库，将“背景.jpg”图片拖入到工作区，如图 15.2.5 所示。

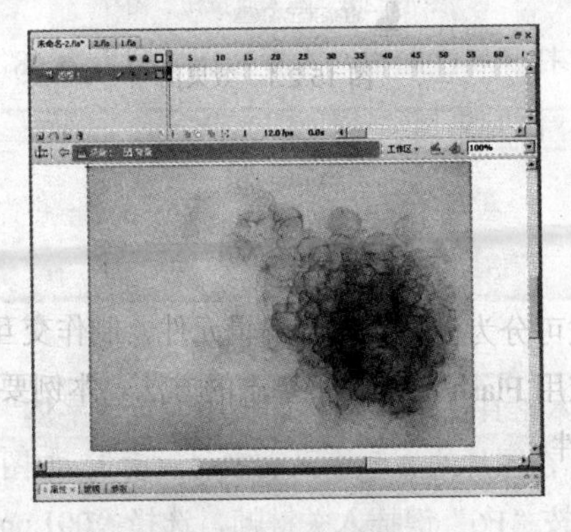

图 15.2.5 元件“背景”

（6）选择 文件(F) → 导入(I) → 导入到库(L)... 命令，弹出“导入到库”

对话框，导入“001.png”图片，如图 15.2.6 所示。

（7）选择 插入(I) → 新建元件(N)... Ctrl+F8 命令，弹出“创建新元件”对话框，如图 15.2.7 所示，在“名称”文本中输入“按钮 1”，在“类型”选项区中选中“按钮”单选按钮，单击 确定 按钮，进入该元件的编辑窗口。

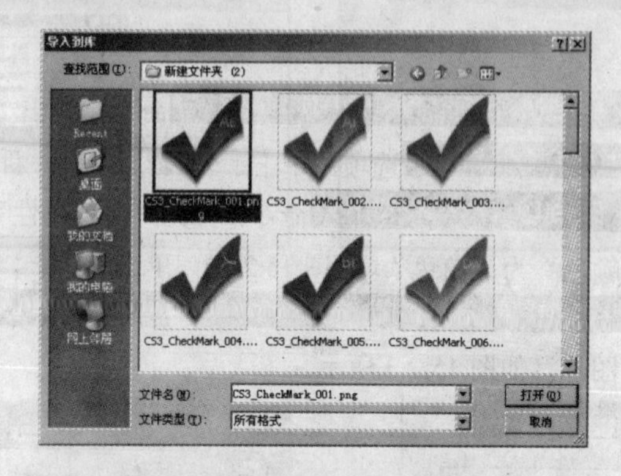

图 15.2.6 “导入到库”对话框

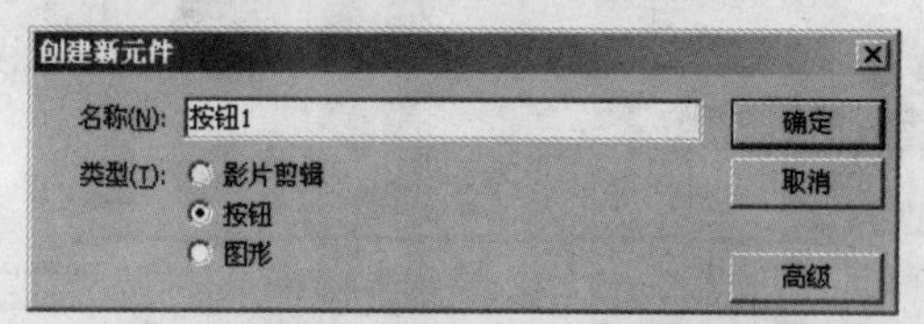

图 15.2.7 “创建新元件”对话框

（8）按“Ctrl+L”快捷键打开库，将“按钮”图片拖入到工作区，如图 15.2.8 所示。

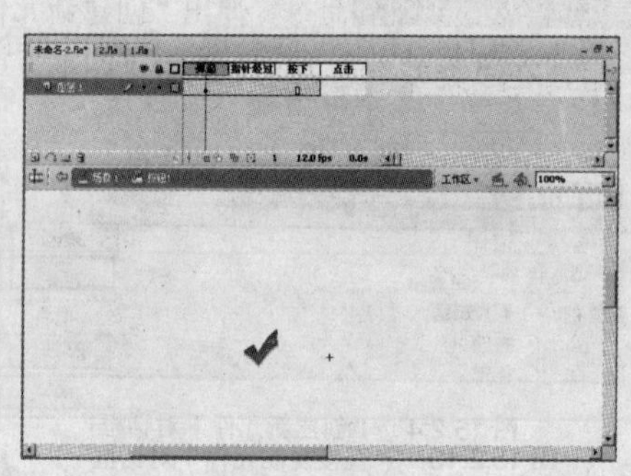

图 15.2.8 拖入“按钮”图片

（9）选择“封面”元件，打开属性面板，设置按钮“宽”为 48，“高”为 48，如图 15.2.9 所示。

图 15.2.9 设置按钮属性

（10）选择工具箱中的文本工具 T，在属性面板中设置“字体”为“宋体”，“字号”为“15”，“文本颜色”为“#91BCE8”，在图片的右侧输入文本“封面”，如图 15.2.10 所示。

（11）选择“按下”帧，按“F6”键插入关键帧，选择“001.png”图片，单击鼠标右键，在弹出的下拉列表中选择 交换位图... 命令，弹出“交换位图”对话框，并选择要交换的“005.png”图片

（见图 15.2.11），单击确定按钮，更改文本的颜色为“黑色”，如图 15.2.12 所示。

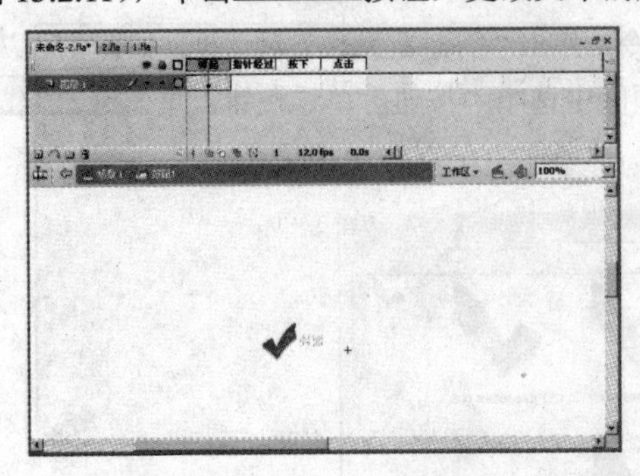

图 15.2.10　输入文本

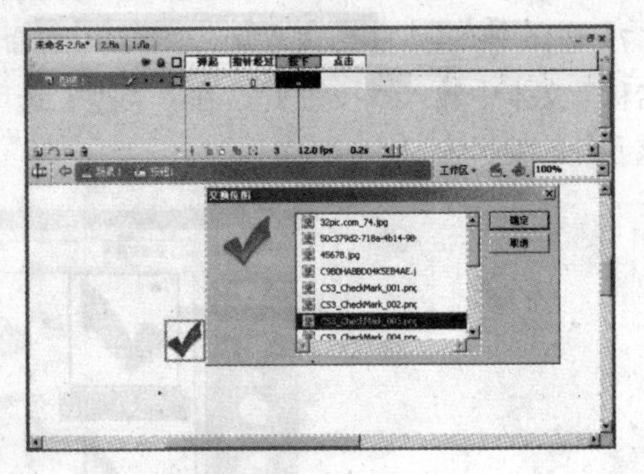

图 15.2.11　交换位图

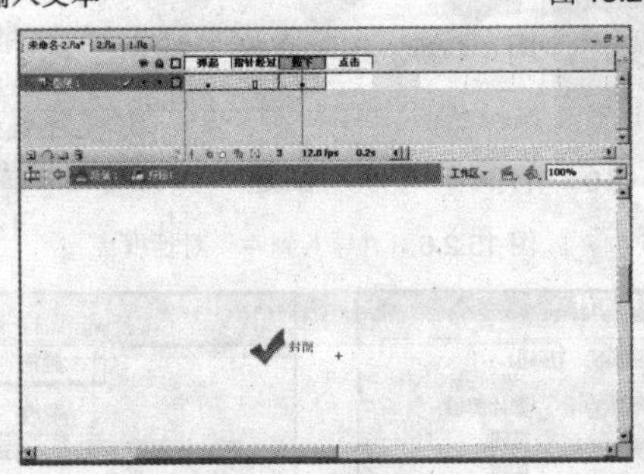

图 15.2.12　更改文本颜色

（12）选择文件(F)→导入(I)→导入到库(L)...命令，弹出“导入到库”对话框，导入“002.png”图片。

（13）在库面板中选择“按钮 1”元件，单击鼠标右键，在弹出的下拉列表中选择直接复制命令，弹出“直接复制元件”对话框，在“名称”文本框中输入“按钮 2”，在“类型”选项区中选中“按钮”单选按钮（见图 15.2.13），单击确定按钮，关闭对话框。

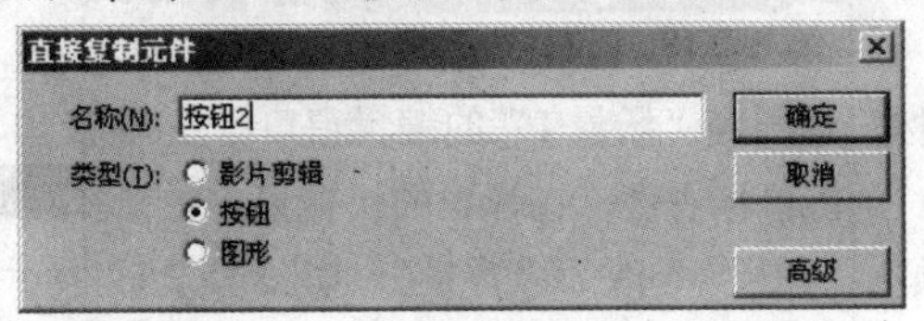

图 15.2.13　“直接复制元件”对话框

（14）在库面板中双击“按钮 2”元件，进入其编辑窗口（见图 15.2.14），更改其中的所有文本为“末记”，如图 15.2.15 所示。

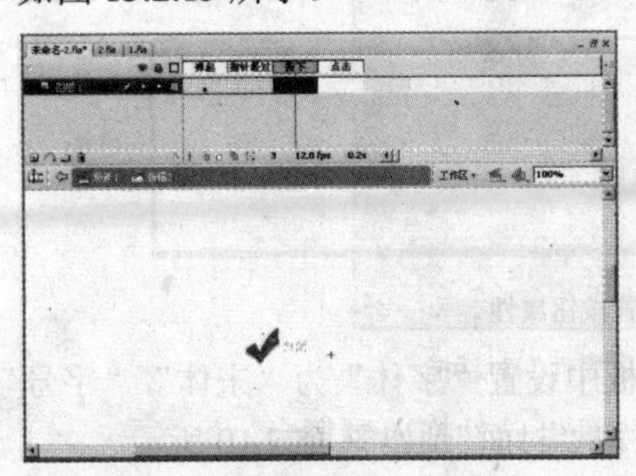

图 15.2.14　“按钮 2”元件的编辑窗口

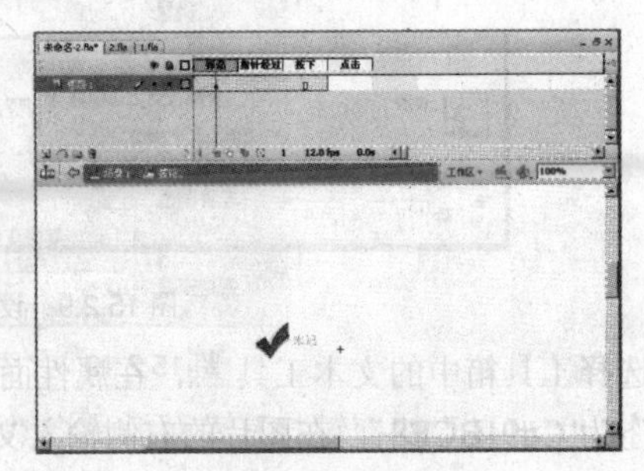

图 15.2.15　更改文本

（15）选择“弹起”帧中的图片，单击属性面板中的交换...按钮，在弹出的“交换位图”对话框

中选择“002.png”图片（见图 15.2.16），单击确定按钮进行交换，如图 15.2.17 所示。

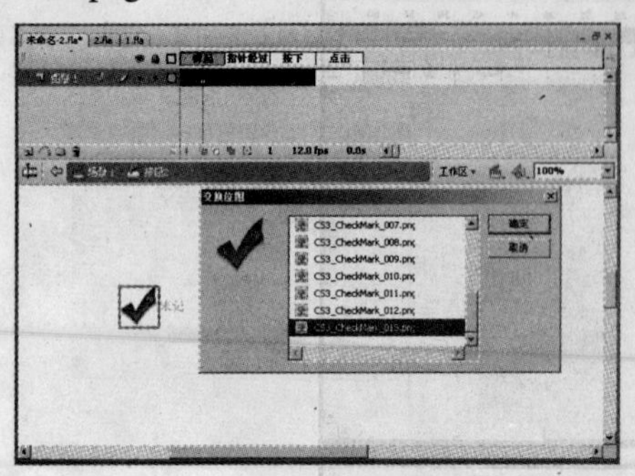

图 15.2.16　选择用于交换的图片

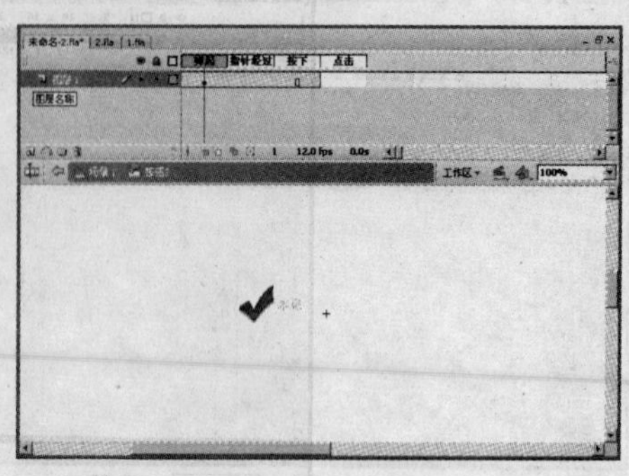

图 15.2.17　交换图片

（16）重复步骤（11）的操作，用“005.png”交换“按下”帧中的图片并设置“文本”颜色为黑色。

（17）重复步骤（12）～（16）的操作，分别创建“按钮 3”和“按钮 4”元件，并更改其中的文本及图片，如图 15.2.18 所示。

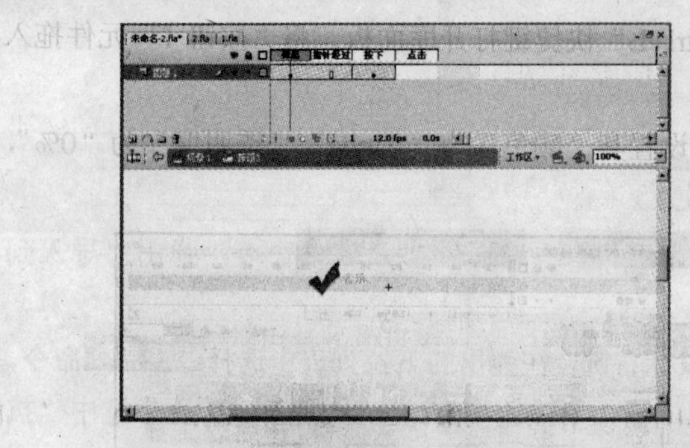

创建“按钮 3”元件

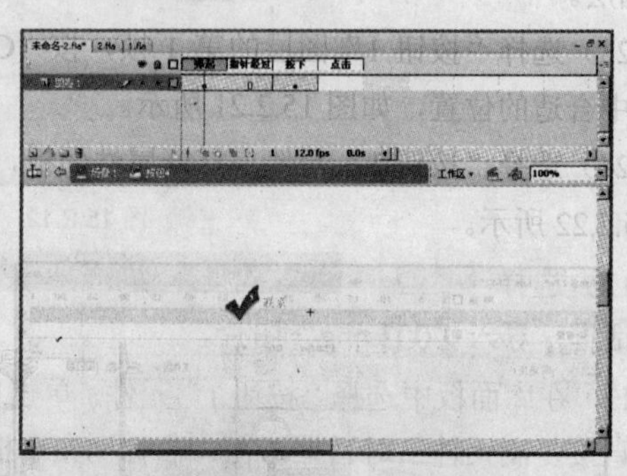

创建“按钮 4”元件

图 15.2.18　创建“按钮 3”和“按钮 4”元件

（18）单击场景 1图标，返回到“场景 1”的编辑窗口。

（19）选择“图层 1”，单击鼠标右键，在弹出的快捷菜单中选择属性...命令，弹出“图层属性”对话框，将名称选项的“图层 1”改为“背景”，如图 15.2.19 所示。

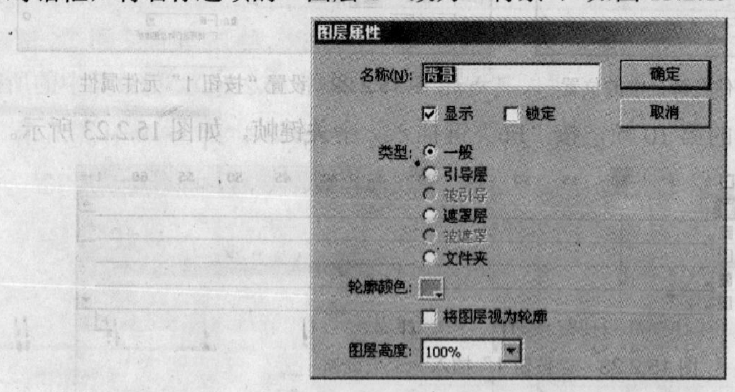

图 15.2.19　“图层属性”对话框

（20）按“Ctrl+L”快捷键打开库面板，将“背景”元件拖入到舞台。

（21）选择属性面板，设置图片“宽”为 550，“高”为 400，“X”为 0，“Y”为 0，在“颜色”下拉列表中选择“Alpha”，“透明度”为“55%”，如图 15.2.20 所示。

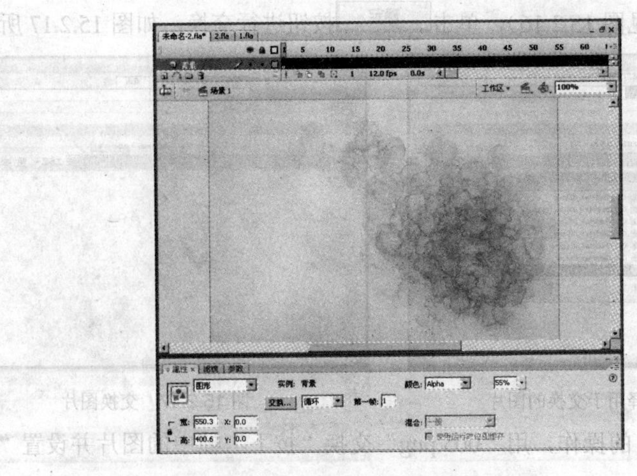

图 15.2.20　设置背景属性面板

（22）单击“插入图层”按钮 4 次，分别插入名为“按钮 1”、“按钮 2”、“按钮 3”和“按钮 4”的图层。

（23）选择“按钮 1”图层的第 1 帧，按“Ctrl+L”快捷键打开库面板，将“按钮 1”元件拖入到舞台中合适的位置，如图 15.2.21 所示。

（24）选择“按钮 1”元件，打开属性面板，设置其“颜色”为“Alpha”，“透明度”为“0%”，如图 15.2.22 所示。

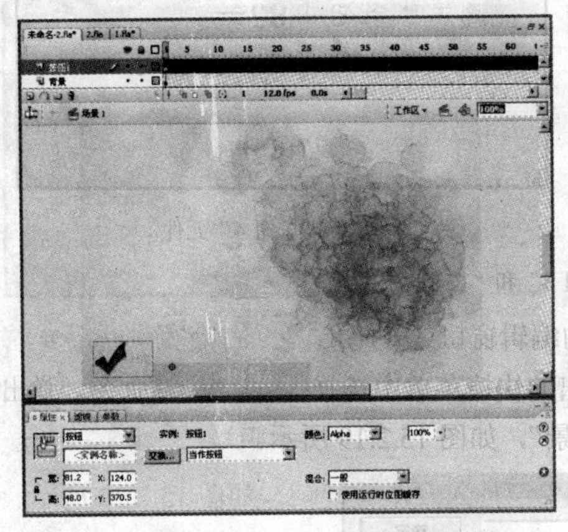

图 15.2.21　“按钮 1”元件在舞台中的位置

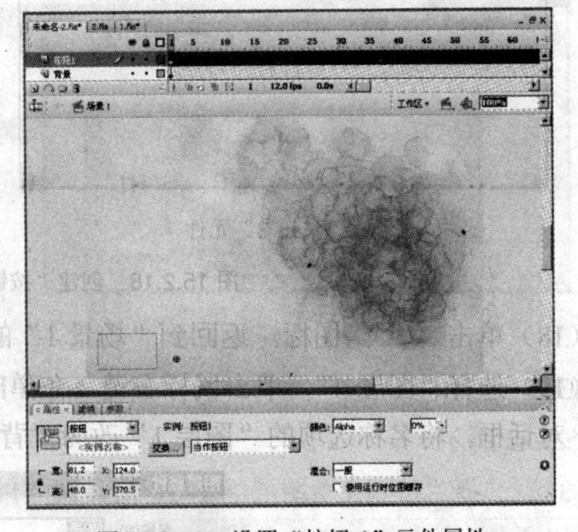

图 15.2.22　设置“按钮 1”元件属性

（25）选择“按钮 1”图层的第 10 帧，按“F6”键插入一个关键帧，如图 15.2.23 所示。

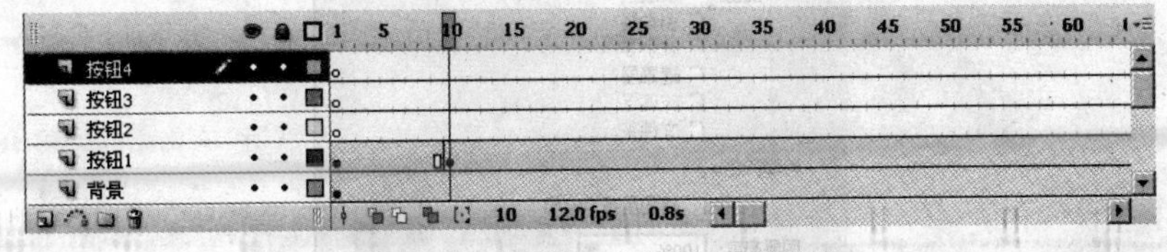

图 15.2.23　“按钮 1”插入一个关键帧

（26）选择第 10 帧的“按钮 1”元件，将其水平上移到合适的位置，如图 15.2.24 所示。

（27）选择“按钮 1”元件，打开属性面板，设置其“颜色”为“Alpha”，“透明度”为“100%”，如图 15.2.25 所示。

（28）选择“按钮 1”图层的第 1～10 帧中任意一帧，单击鼠标右键，在弹出的快捷菜单中选择

创建补间动画命令，如图 15.2.26 所示。

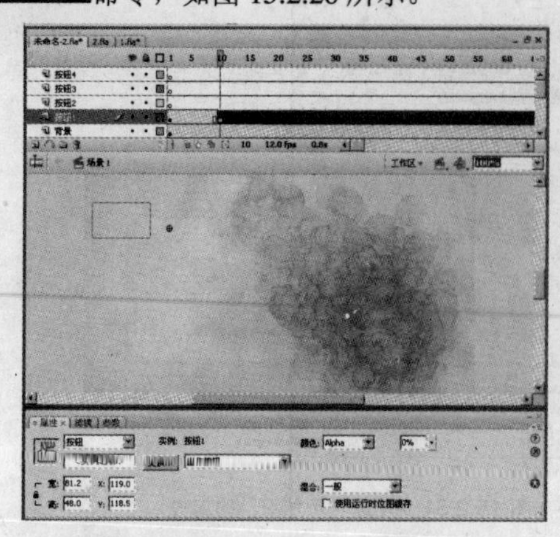

图 15.2.24 “按钮 1”元件位置

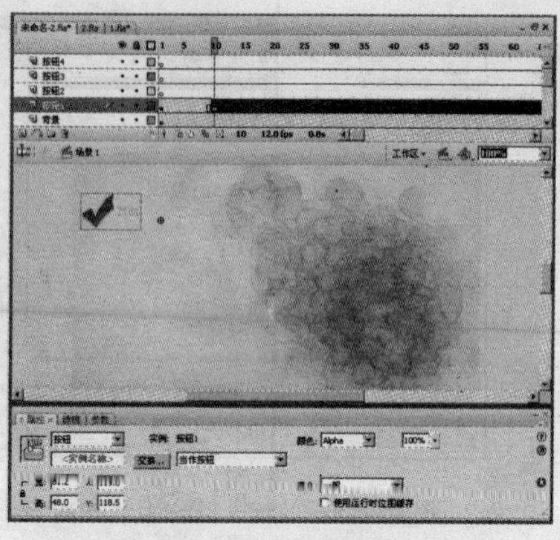

图 15.2.25 设置“按钮 1”的属性

（29）选择“按钮 2”图层的第 10 帧，按“Ctrl+L”快捷键，打开库面板，将“按钮 2”元件拖入到舞台中并设置其位置，如图 15.2.27 所示。

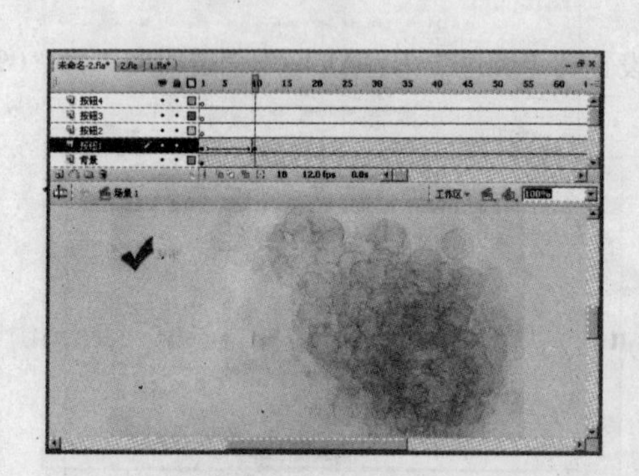

图 15.2.26 创建补间动画

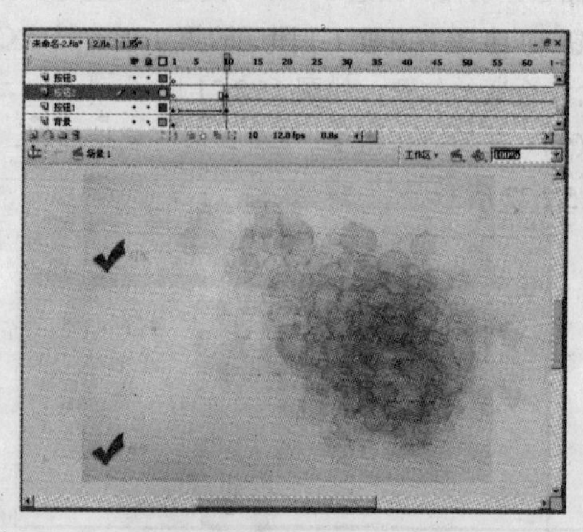

图 15.2.27 “按钮 2”元件在舞台中的位置

（30）选择“按钮 2”元件，打开属性面板，设置其“颜色”为“Alpha”，“透明度”为“0%”，如图 15.2.28 所示。

（31）选择“按钮 2”图层的第 20 帧，按“F6”键插入一个关键帧，如图 15.2.29 所示。

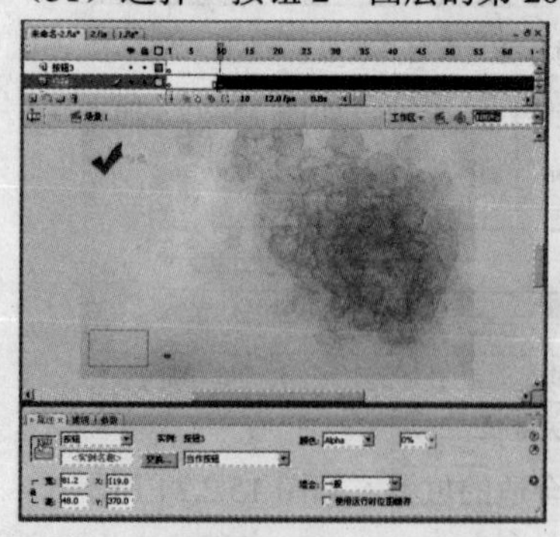

图 15.2.28 设置“按钮 2”元件属性

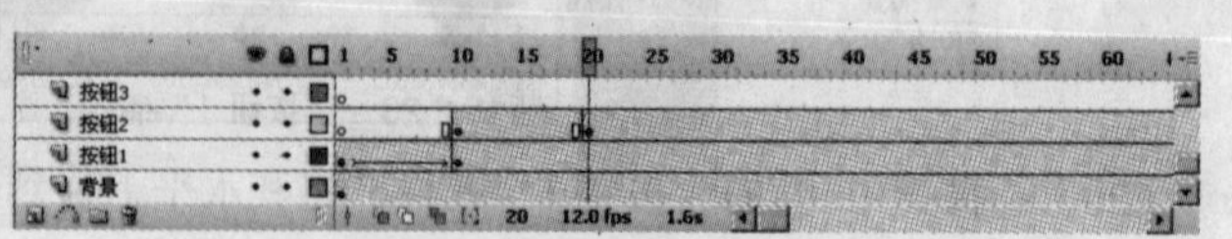

图 15.2.29 “按钮 2”插入一个关键帧

（32）选择第 20 帧的“按钮 2”元件，将其水平上移到合适的位置，如图 15.2.30 所示。

（33）选择“按钮 2”元件，打开属性面板，设置其“颜色”为“Alpha”，“透明度”为“100%”。

如图 15.2.31 所示。

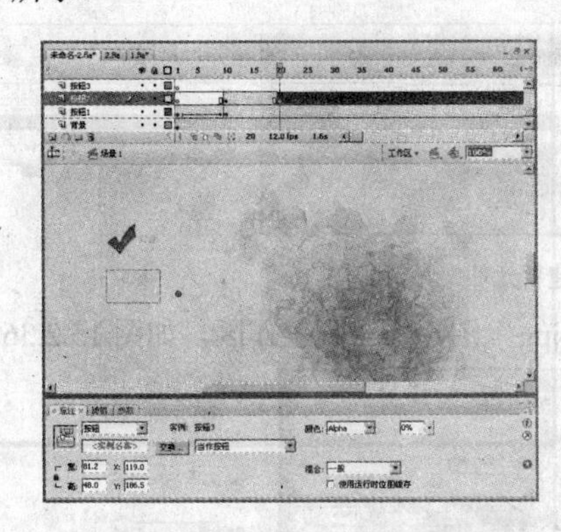

图 15.2.30　“按钮 2”元件位置

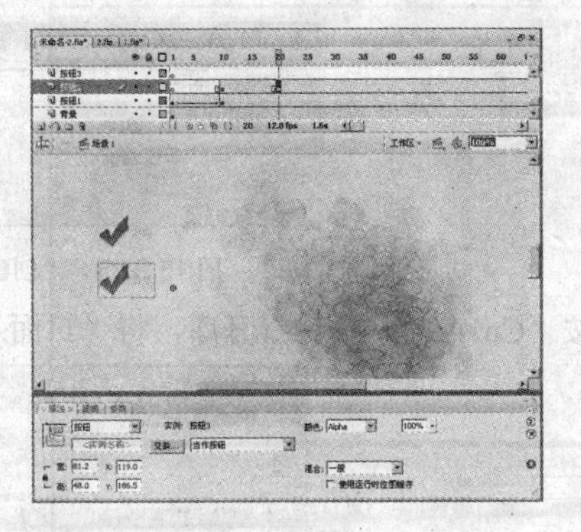

图 15.2.31　设置“按钮 2”的属性

（34）选择“按钮 2”图层的第 10～20 帧中任意一帧，单击鼠标右键在弹出的快捷菜单中选择创建补间动画命令，如图 15.2.32 所示。

（35）分别在“图层 3”和“图层 4”重复步骤（23）～（34）的操作，分别创建图层“按钮 3”和“按钮 4”并设置其帧、属性和位置，如图 15.2.33 所示。

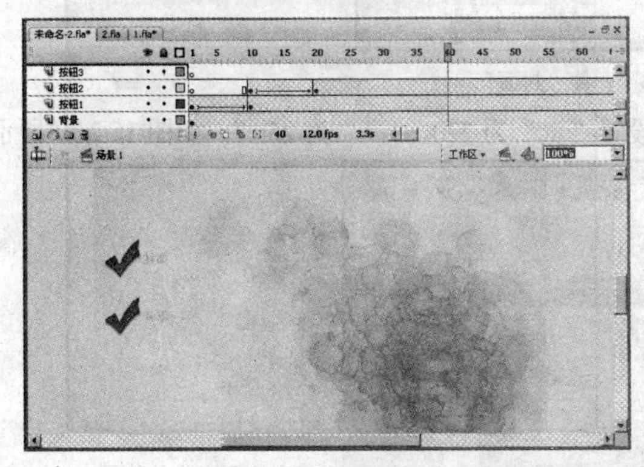

图 15.2.32　创建补间动画

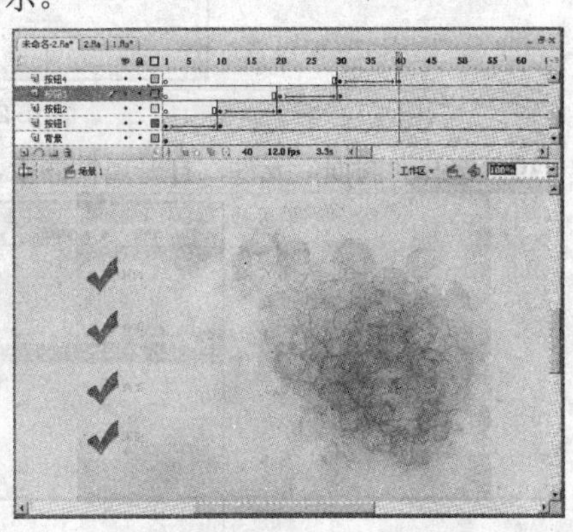

图 15.2.33　创建“按钮 3”和“按钮 4”图层

（36）选择文件(F)→导入(I)→导入到库(L)...命令，弹出“导入到库”对话框，导入“封面.jpg”图片，如图 15.2.34 所示。

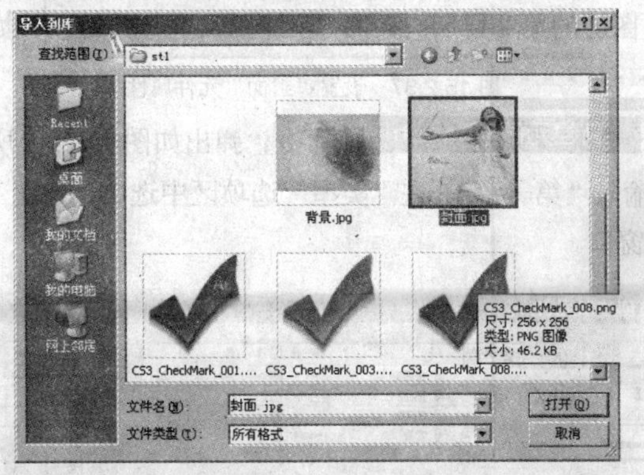

图 15.2.34　“导入到库”对话框

（37）选择插入(I)→新建元件(N)...　Ctrl+F8命令，弹出如图 15.2.35 所示的“创建新元件”对话框，在“名称”文本框中输入“封面”，在“类型”选项区中选中“图形”单选按钮，单击确定按

钮，进入该元件的编辑窗口。

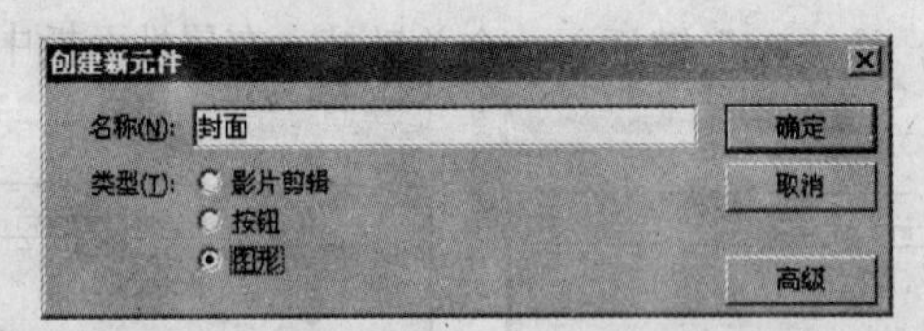

图 15.2.35 “创建新元件”对话框

（38）按“Ctrl+L”快捷键打开库，将“封面.jpg”图片拖入到工作区，如图 15.2.36 所示。

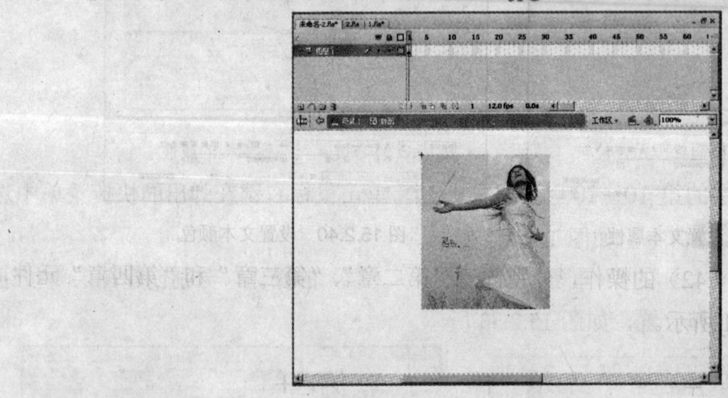

图 15.2.36 元件“封面”

（39）选择“封面”元件，打开属性面板，设置“宽”为 220，“高”为 259.7，如图 15.2.37 所示。

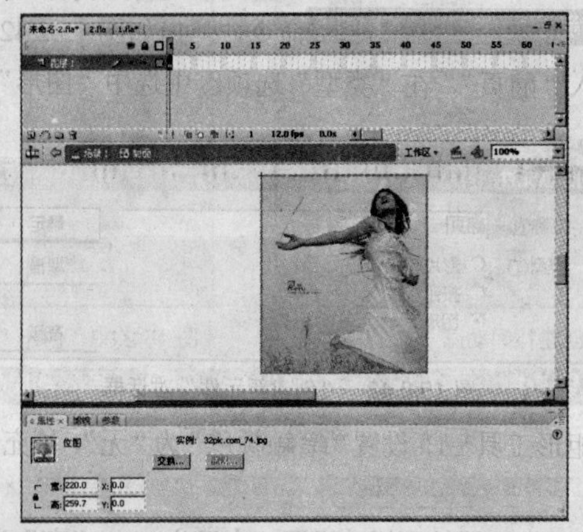

图 15.2.37 设置“封面”元件属性

（40）选择 插入(I) → 新建元件(N)... Ctrl+F8 命令，弹出如图 15.2.38 所示的“创建新元件”对话框，在“名称”文本框中输入“第一章”，在“类型”选项区中选中“按钮”单选按钮，单击 确定 按钮，进入该元件的编辑窗口。

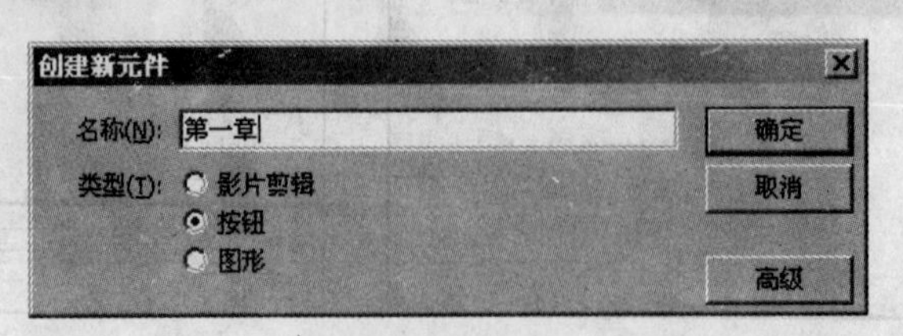

图 15.2.38 “创建新元件”对话框

（41）选择工具箱中的文本工具 T，在属性面板中设置“字体”为“Times New Roman”，“字号”

为“15”，“文本颜色”为“#59B4E3”，输入文本“第一章”，如图 15.2.39 所示。

（42）选择“按下”帧，按“F6”键插入一个关键帧，在属性面板中设置文本颜色为“黑色”，如图 15.2.40 所示。

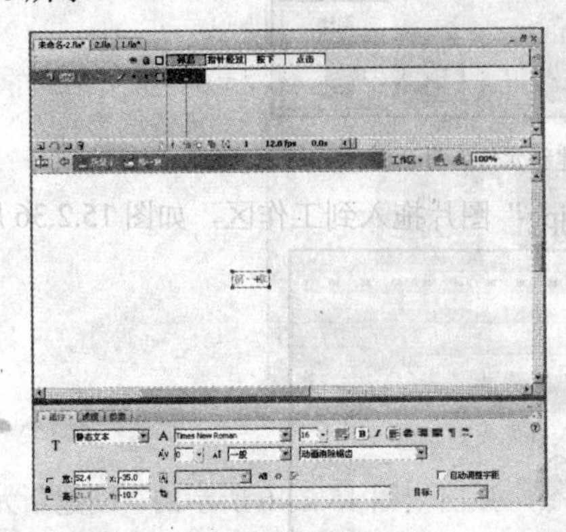

图 15.2.39　设置文本属性

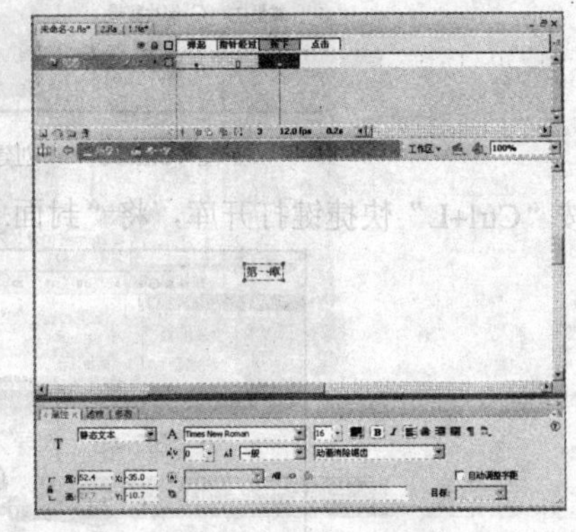

图 15.2.40　设置文本颜色

（43）重复步骤（40）～（42）的操作，分别创建“第二章”、“第三章”和“第四章”元件，并设置颜色和大小，如图 15.2.41 所示。

第二章　　第三章　　第四章

图 15.2.41　创建其他按钮元件

（44）选择 插入(I) → 新建元件(N)... Ctrl+F8 命令，弹出如图 15.2.42 所示的“创建新元件”对话框，在“名称”文本框中输入“翻页”，在“类型”选项区中选中“图形”单选按钮，单击 确定 按钮，进入该元件的编辑窗口。

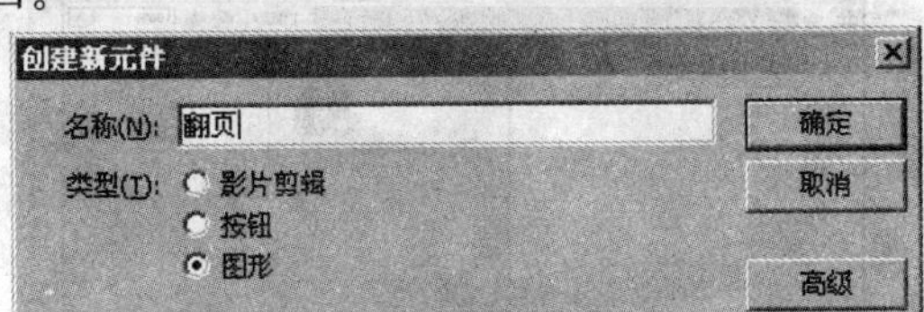

图 15.2.42　“创建新元件”对话框

（45）选择工具箱中的矩形工具，设置“笔触颜色”为“无”，填充颜色为“白色”，如图 15.2.43 所示。

（46）选择“翻页”元件，打开属性面板，设置“宽”为 220，“高”为 259.7，如图 15.2.44 所示。

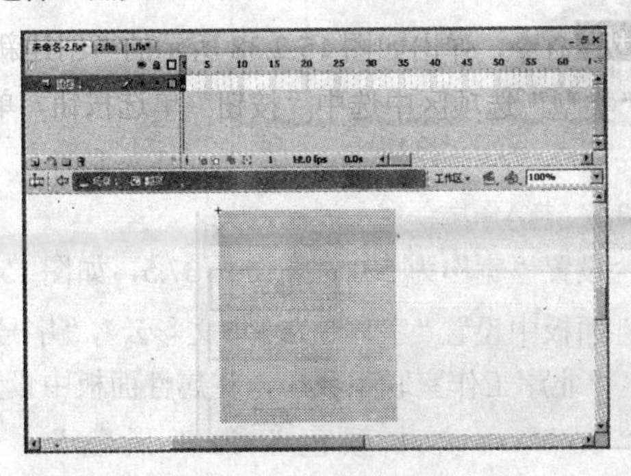

图 15.2.43　绘制“矩形”　　图 15.2.44　设置矩形属性

（47）选择 文件(F) → 导入(I) → 导入到库(L)... 命令，弹出“导入到库”

对话框，导入“logo.jpg”图片，如图 15.2.45 所示。

图 15.2.45 “导入到库”对话框

（48）选择 插入(I) → 新建元件(N)... Ctrl+F8 命令，弹出如图 15.2.46 所示的“创建新元件”对话框，在“名称”文本框中输入“logo”，在“类型”选项区中选中“图形”单选按钮，单击 确定 按钮，进入该元件的编辑窗口。

图 15.2.46 “创建新元件”对话框

（49）按“Ctrl+L”快捷键打开库面板，将“logo.jpg”拖入到工作区，如图 15.2.47 所示。

图 15.2.47 拖入图片

（50）选择“logo”元件，打开属性面板，设置“宽”为 50，“高”为 37.5，如图 15.2.48 所示。

（51）选择工具箱中的文本工具 T，在属性面板中设置“字体”为“华文彩云”，“字号”为“41”，“文本颜色”为“黑色”，在图片右侧输入文本“北岸工作室联系我:”，在属性面板中设置“字体”为“Times New Roman”，“字号”为“36”，“文本颜色”为“黑色”，输入文本“http://stsnow23.sohu.blog.com”，选择整个文本，在“URL 链接”文本框中输入“http://stsnow23.sohu.blog.com”，如图 15.2.49 所示。

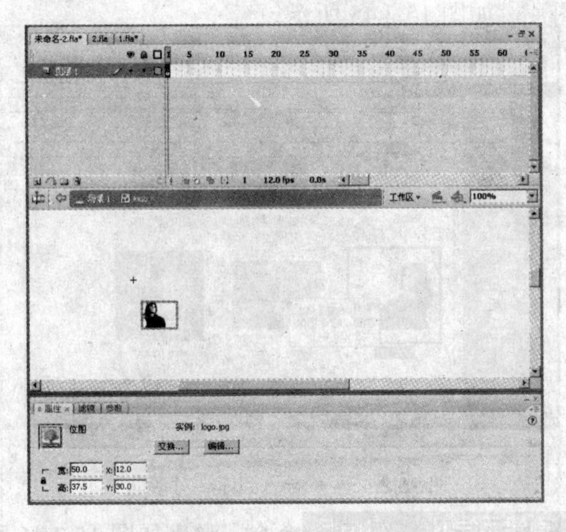

图 15.2.48　设置图片属性

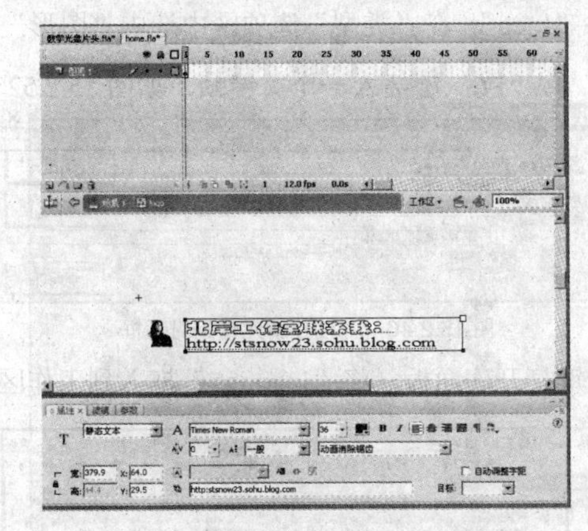

图 15.2.49　输入文本并设置属性

（52）单击 场景 1 图标，返回到“场景 1”的编辑窗口。

（53）单击“插入图层”按钮 两次，分别插入名为“封面”和“翻页”的图层。

（54）选择“封面”层，按“Ctrl+L”快捷键打开库面板，拖入“封面”元件到舞台中合适的位置，如图 15.2.50 所示。

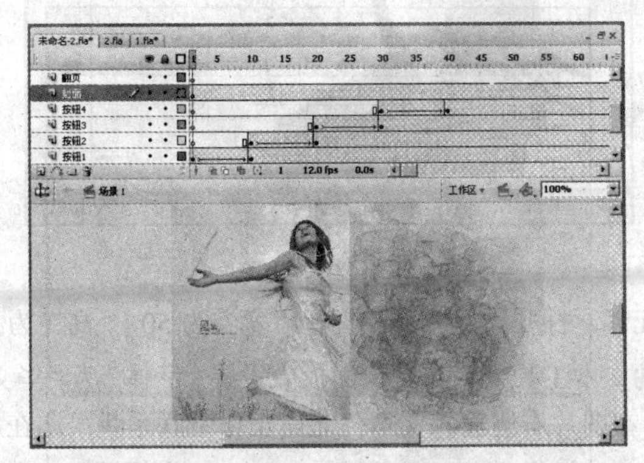

图 15.2.50　“封面”元件在舞台中的位置

（55）选择“封面”元件，打开属性面板，设置“颜色”为“Alpha”，“透明度”为“0%”，如图 15.2.51 所示。

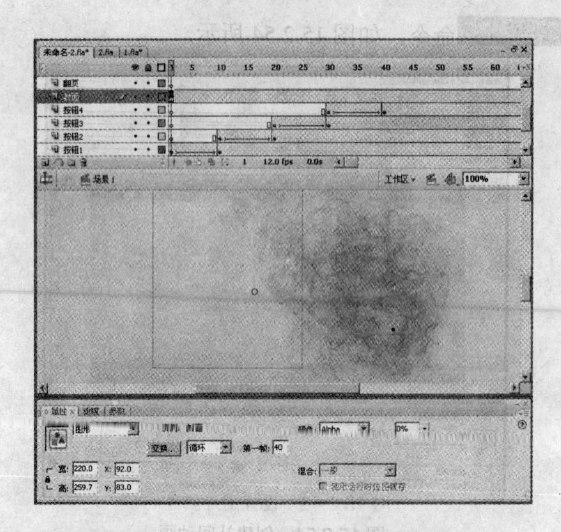

图 15.2.51　设置“封面”元件属性

（56）选择“第 40 帧”，按“F6”键插入一个关键帧，如图 15.2.52 所示。

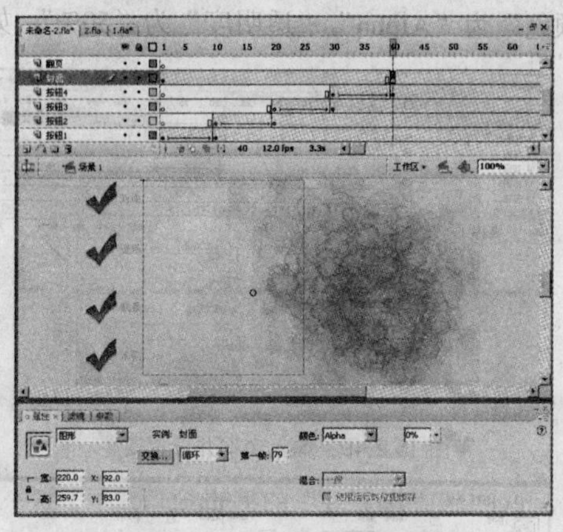

图 15.2.52　插入一个关键帧

（57）选择“封面”元件，打开属性面板，设置“颜色”为“Alpha”，“透明度”为“100%”，如图 15.2.53 所示。

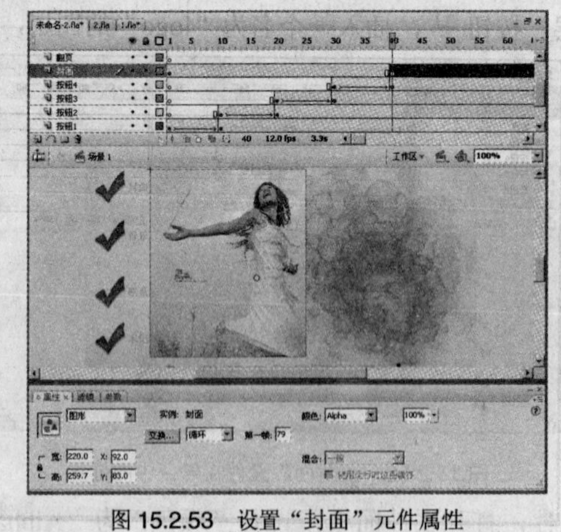

图 15.2.53　设置“封面”元件属性

（58）选择“封面”图层的第 1～40 帧中任意一帧，单击鼠标右键在弹出的快捷菜单中选择

创建补间动画命令，如图 15.2.54 所示。

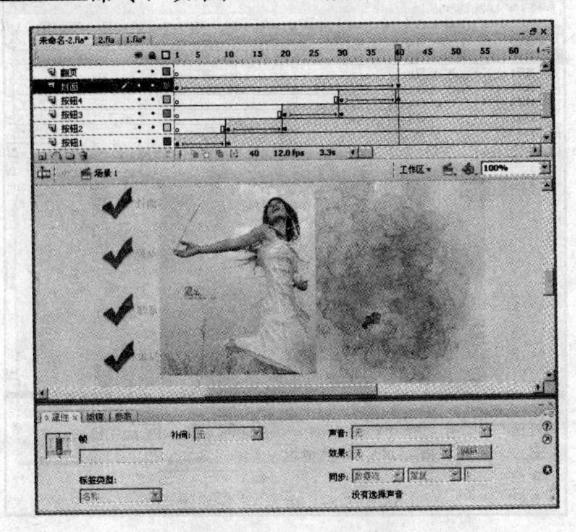

图 15.2.54　创建补间动画

（59）重复步骤（54）～（58）的操作，将“翻页”元件平行放置在“封面”元件的右侧并设置“翻页”图层第 40 帧的“颜色”为“Alpha”，“透明度”为“50%”，如图 15.2.55 所示。

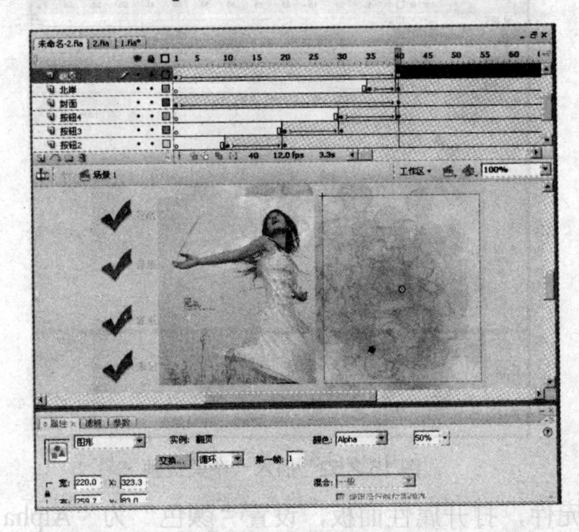

图 15.2.55　创建“翻页”并设置属性

（60）单击“插入图层”按钮，插入一个名为“logo”的图层，如图 15.2.56 所示。

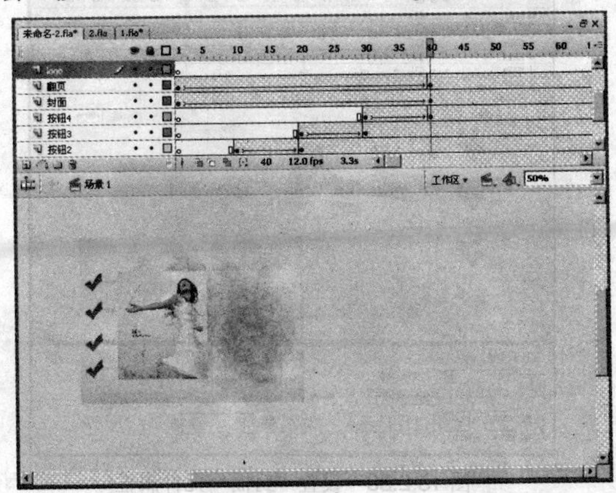

图 15.2.56　插入新图层

（61）选择“logo”图层中的第 35 帧，按“F6”键插入一个关键帧，如图 15.2.57 所示。

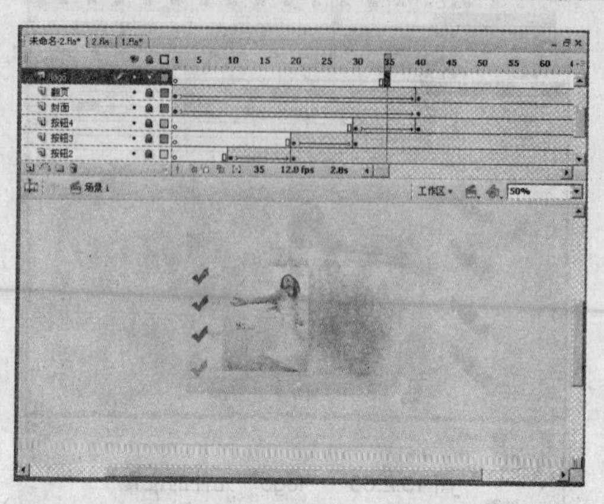

图 15.2.57　插入一个关键帧

（62）按“Ctrl+L”快捷键打开库面板，将“logo”元件拖入到舞台外合适的位置，如图 15.2.58 所示。

图 15.2.58　拖入元件

（63）选择“logo”图层中的第 40 帧，按“F6”键插入一个关键帧，如图 15.2.59 所示。

图 15.2.59　插入一个关键帧

（64）选择“logo”图层中第 40 帧中的“logo”元件，水平左移到舞台合适的位置，如图 15.2.60 所示。

图 15.2.60　“logo”元件的位置

（65）选择“logo”图层中第 35～40 帧中任意一帧，单击鼠标右键在弹出的快捷菜单中选择 创建补间动画 命令，如图 15.2.61 所示。

图 15.2.61　创建补间动画

（66）单击“插入图层”按钮 4 次，分别插入名为“第一章”、“第二章”、“第三章”、“第四章”的图层。

（67）选择“第一章”图层中的第 40 帧，按“F6”键插入一个关键帧，如图 15.2.62 所示。

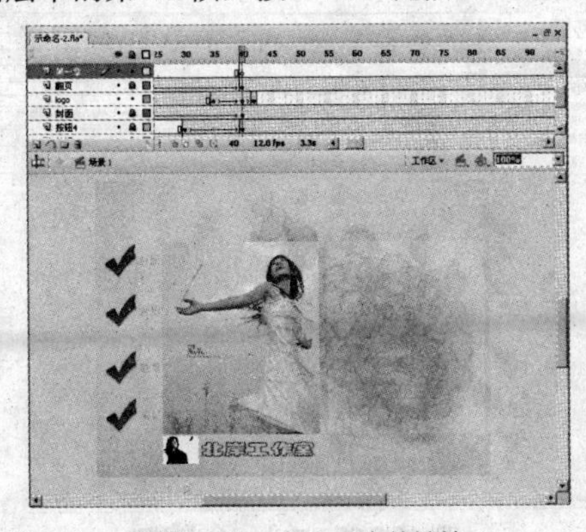

图 15.2.62　插入一个关键帧

（68）按“Ctrl+L”快捷键打开库，将“第一章”元件拖入到舞台上方合适的位置，如图 15.2.63 所示。

图 15.2.63 “第一章”元件在舞台中的位置

（69）选择“第一章”图层“第一章”元件，打开属性面板，设置“颜色”为“Alpha”，“透明度”为“0%”，如图 15.2.64 所示。

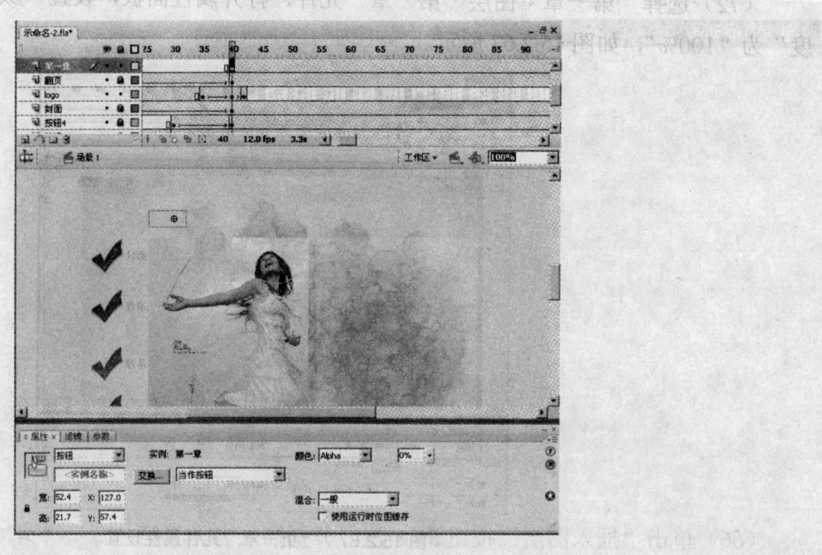

图 15.2.64 设置“第一章”元件属性

（70）选择“第一章”图层“第 53 帧”，按“F6”键插入一个关键帧，如图 15.2.65 所示。

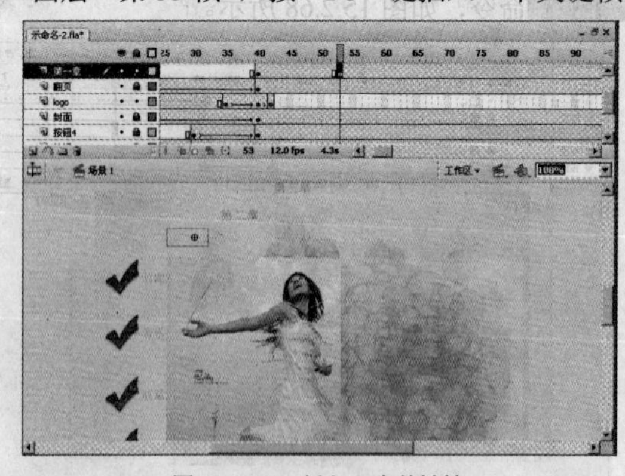

图 15.2.65 插入一个关键帧

（71）选择“第一章”图层“第一章”元件，将其垂直下移到舞台中合适的位置，如图 15.2.66 所示。

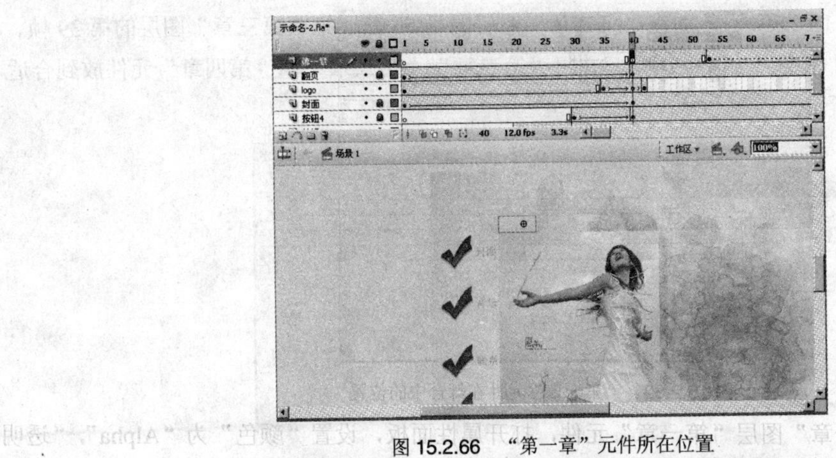

图 15.2.66　“第一章”元件所在位置

（72）选择“第一章”图层“第一章”元件，打开属性面板，设置“颜色”为“Alpha”，“透明度”为“100%”，如图 15.2.67 所示。

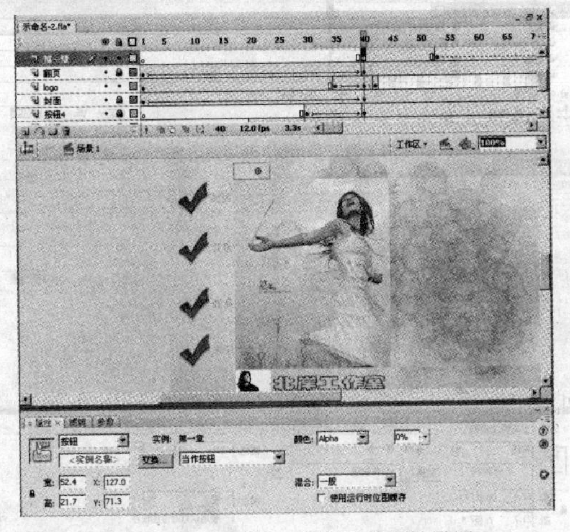

图 15.2.67　“第一章”元件属性设置

（73）选择“第一章”图层第 40～53 帧中任意一帧，单击鼠标右键在弹出的快捷菜单中选择创建补间动画命令，如图 15.2.68 所示。

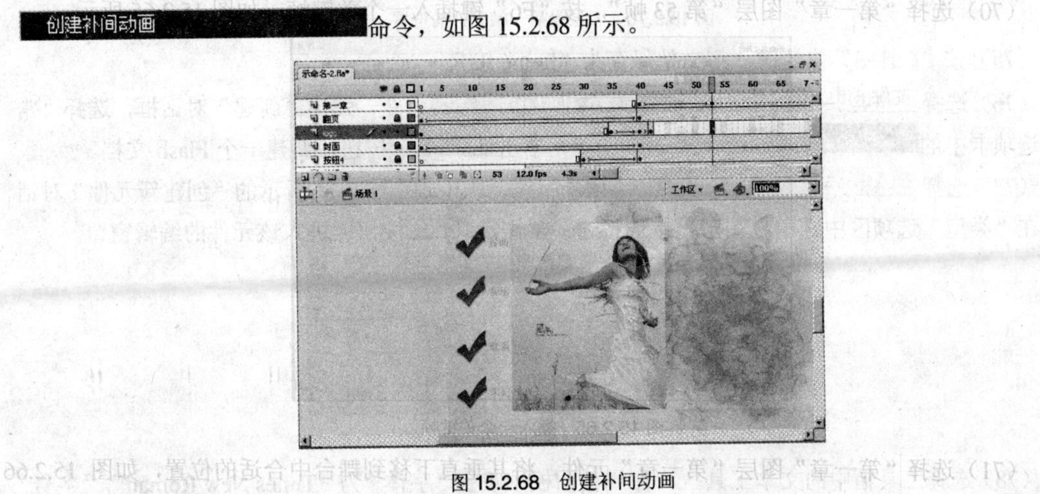

图 15.2.68　创建补间动画

（74）重复步骤（67）～（73）的操作，将第 40 帧的“第二章”、“第三章”和“第四章”元件放在合适的位置（见图 15.2.69），分别在“第二章”图层的第 56 帧、第“第三章”图层的第 39 帧、“第四章”图层的第 62 帧插入一个关键帧，并将“第二章”、“第三章”和“第四章”元件放到合适的位置，如图 15.2.70 所示。

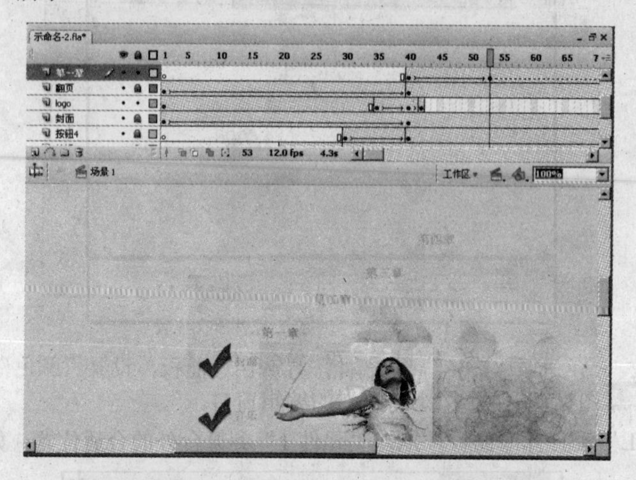

图 15.2.69　“第 40 帧”中元件的位置

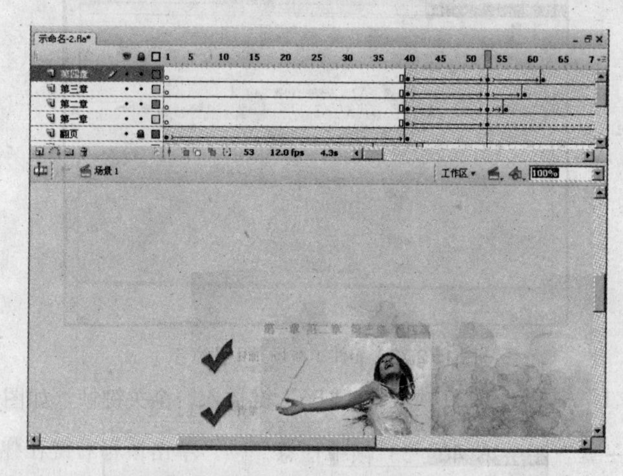

图 15.2.70　各层最后一帧元件的位置

（75）按“Ctrl+S”快捷键，将文件保存为“home.fla”。

（76）选择 文件(F) → 新建(N)... Ctrl+N 命令，弹出“新建”对话框，选择“常规”选项卡中的 Flash 文件(ActionScript 3.0) 选项，单击 确定 按钮，新建一个 Flash 文档。

（77）选择 插入(I) → 新建元件(N)... Ctrl+F8 命令，弹出如图 15.2.71 所示的“创建新元件”对话框，在“类型”选项区中选中“图形”单选按钮，单击 确定 按钮，进入该元件的编辑窗口。

图 15.2.71　“创建新元件”对话框

（78）选择工具箱中的文本工具 T，在属性面板中设置“字体”为“Times New Roman”，“字号”为“36”，“文本颜色”为“#B0DBF2”，输入文本“风筝的故事 1……”，如图 15.2.72 所示。

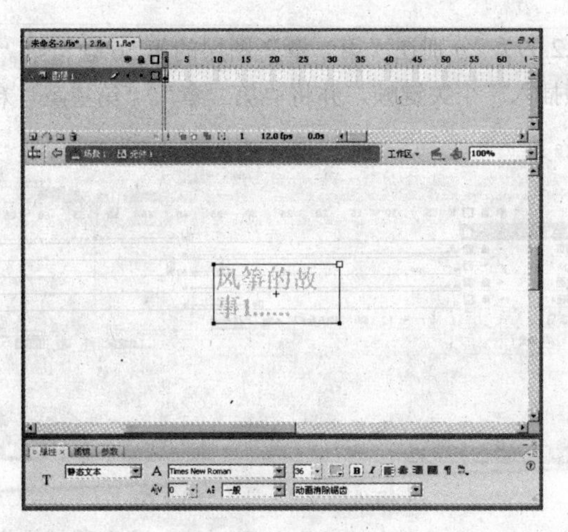

图 15.2.72　输入文本

（79）单击 场景 1 图标，返回到“场景 1”的编辑窗口。

（80）按“Ctrl+L”键打开库面板，拖入“元件 1”到舞台外的合适位置，如图 15.2.73 所示。

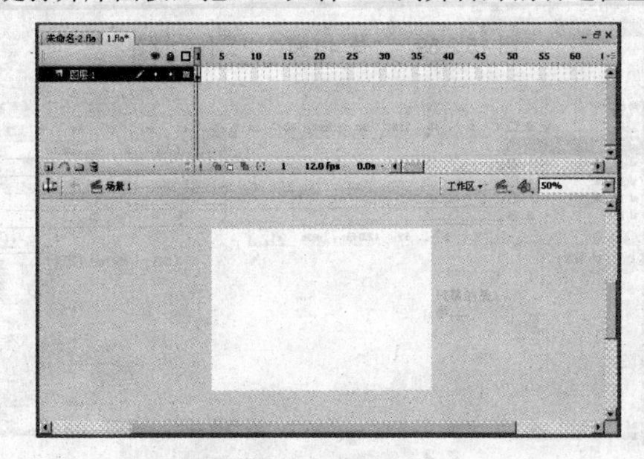

图 15.2.73　元件 1 在场景中的位置

（81）选择“图层 1”中的“第 20 帧”，按“F6”键插入一个关键帧，如图 15.2.74 所示。

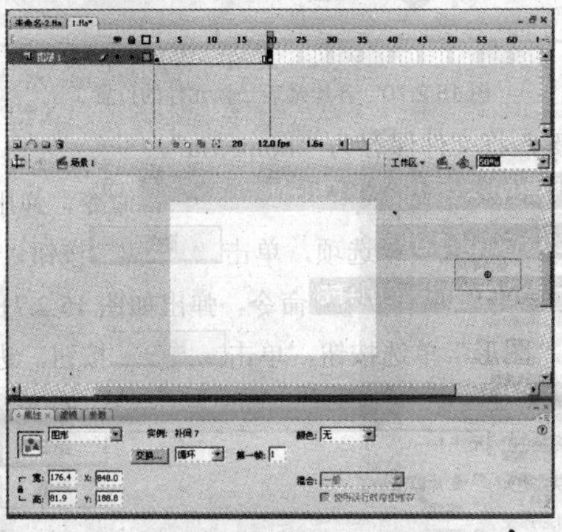

图 15.2.74　插入一个关键帧

（82）选择“图层 1”中的第 20 帧中的“元件 1”，将其水平向左移动到合适的位置，如图 15.2.75 所示。

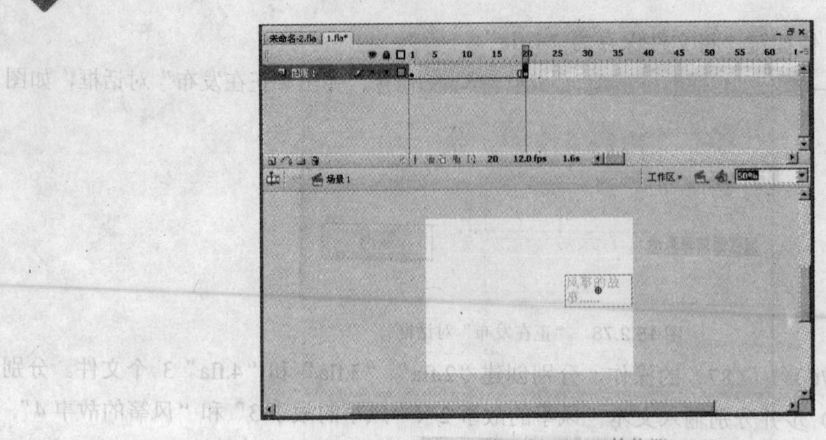

图 15.2.75 “元件 1”的位置

（83）选择“第一章”图层中第 1～20 帧中任意一帧，单击鼠标右键在弹出的快捷菜单中选择 创建补间动画 命令，如图 15.2.76 所示。

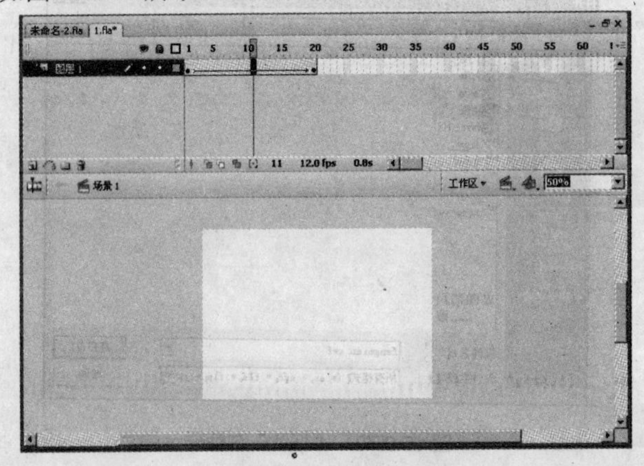

图 15.2.76 创建补间动画

（84）选择 窗口(W) → 動作(A) F9 命令，弹出“动作”对话框，如图 15.2.77 所示。

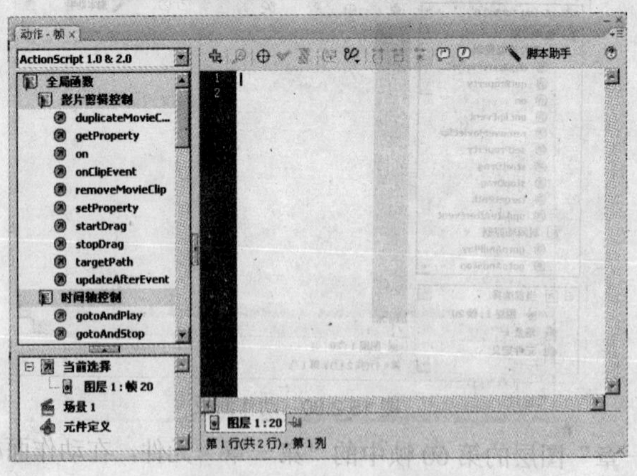

图 15.2.77 “动作”对话框

（85）选择“图层 1”层的第 20 帧，在动作面板中输入以下代码：

```
stop();
```

（86）按“Ctrl+S”快捷键，将文件保存为“1.fla”。

（87）选择 文件(F) → 发布(B)　Shift+F12 命令，弹出“正在发布”对话框，如图 15.2.78 所示。

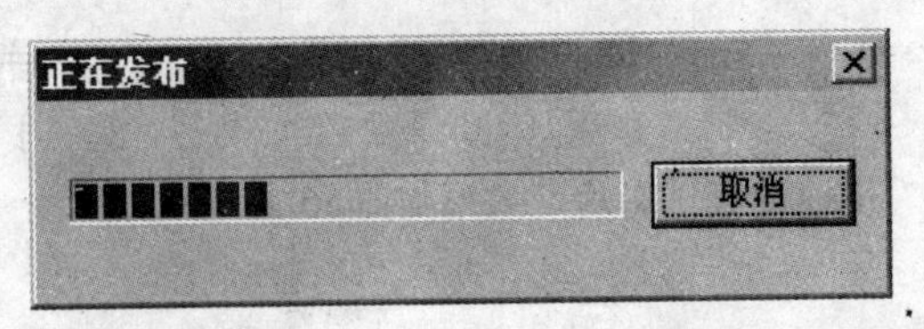

图 15.2.78　“正在发布”对话框

（88）重复步骤（76）～（87）的操作，分别创建“2.fla”、“3.fla”和“4.fla”3 个文件。分别在 3 个文件重复第（78）步并分别输入文本“风筝的故事 2”、“风筝的故事 3”和“风筝的故事 4”。

（89）选择 文件(F) → 打开(O)...　Ctrl+O 命令，弹出“打开”对话框，如图 15.2.79 所示。

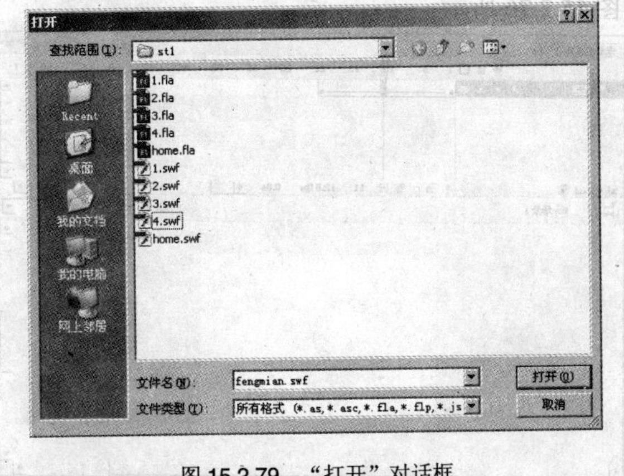

图 15.2.79　“打开”对话框

（90）选择“home.fla”打开文件。

（91）选择 窗口(W) → 動作(A)　F9 命令，弹出动作面板，如图 15.2.80 所示。

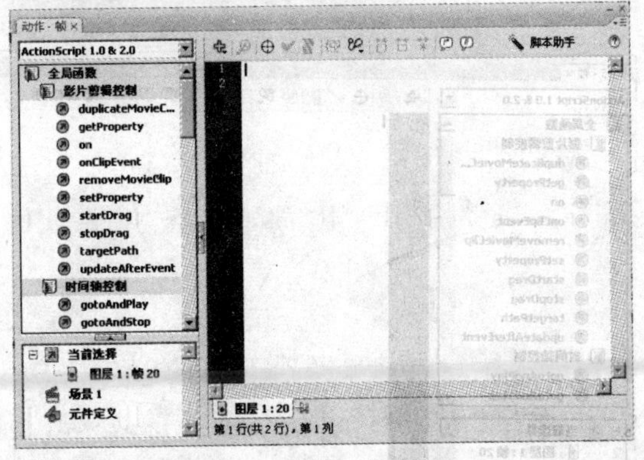

图 15.2.80　动作面板

（92）选择“第一章”图层的第 60 帧中的“第一章”元件，在动作面板中输入以下代码：

```
on (release) {
loadMovie("1.swf",1);
}
```

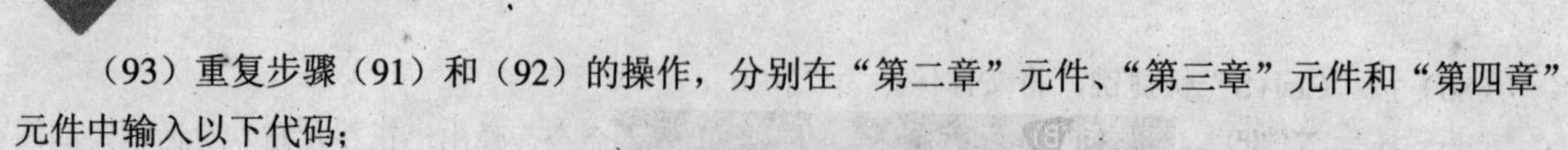

（93）重复步骤（91）和（92）的操作，分别在“第二章”元件、“第三章”元件和“第四章”元件中输入以下代码：

```
on (release) {
loadMovie("2.swf",1);
}
```

```
on (release) {
loadMovie("3.swf",1);
}
```

```
on (release) {
loadMovie("4.swf",1);
}
```

（94）按“Ctrl+Enter”快捷键测试影片，效果如图 15.2.1 所示。